MATLAB 模拟的电磁学时域有限差分法

[美] Atef Elsherbeni   Veysel Demir   著

喻志远   译

国防工业出版社
·北京·

著作权合同登记号：军-2012-022 号

图书在版编目(CIP)数据

MATLAB模拟的电磁学时域有限差分法/(美)艾谢贝里(Elsherbeni,A. Z.),(美)德米尔(Demir,V.)著；喻志远译.—北京：国防工业出版社,2022.4(重印)
书名原文：The Finite-Difference Time-Domain Method for Electromagnetics with MATLAB Simulations
ISBN 978-7-118-08053-7

Ⅰ.①M… Ⅱ.①艾… ②德… ③喻… Ⅲ.①电磁波—时域分析—有限差分法—Matlab软件 Ⅳ.①O441.4-39

中国版本图书馆CIP数据核字(2012)第165602号

The Finite-Difference Time-Domain Method in Electromagnetics; with MATLAB by Atef Elsherbeni and Vesel Demir.
Original English language edition © 2006 by SciTech Publishing, Inc., Raleigh, NC, USA.
The Chinese Translation edition Copyright © 2012 by National Defense Industry Press. No part of this book may be reproduced or transmitted in any form or by any means, electronic or mechanical, including photocopying, recording or by any information storage retrieval system, without permission in writing from the Proprietor.
All rights reserved.

本书简体中文版由SciTech Publishing,Inc.授权国防工业出版社独家出版。
版权所有，侵权必究。

MATLAB模拟的电磁学时域有限差分法　　(美)艾谢贝里，(美)德米尔　著
　　　　　　　　　　　　　　　　　　　　　　喻志远　译

出版发行　国防工业出版社
地址邮编　北京市海淀区紫竹院南路23号　100048
经　　售　新华书店
印　　刷　北京虎彩文化传播有限公司
开　　本　787×1092　1/16
印　　张　24
字　　数　554千字
版　　次　2022年4月第1版第3次印刷
印　　数　4001—5000册
定　　价　99.00元

(本书如有印装错误，我社负责调换)

国防书店：(010)88540777　　　　发行邮购：(010)88540776
发行传真：(010)88540755　　　　发行业务：(010)88540717

前　言

本书内容包含了多年来作者在密西西比大学教授研究生水平的计算电磁学的一般内容,特别是时域有限差分法(FDTD)的教学内容。本书的第一作者 Atef Elsherbeni 在许多教学机构中和日益增多的国际会议中举办了无数次小型学习班以教授 FDTD 方法。本书的第二作者 Veysel Demir 在理论、数值以及程序编制方面的经验是本书得以成功完成的一个关键因素。

目标

本书的目标是向学生、感兴趣的研究人员和读者介绍时域有限差分法。有效的介绍,是伴随着通过一步步地完成各种天线和微波器件设计和分析工作代码的过程中,培养能力和建立信心而实现的。本书是为研究生、工业和政府中使用其他电磁仿真工具和方法的研究人员需要独立运行数值仿真而编写的。本书不需要读者具有使用差分方法的经验。

主要论题

(1)微分麦克斯韦方程的有限差分近似;
(2)几何结构的离散空间:法向和切向电场及磁场在两种不同媒质界面上的处理;
(3)外部边界条件的处理;
(4)选择适当的时间步长和空间步长的方法;
(5)激励源波形的选择;
(6)时域到频域变换中参数的选择;
(7)细导线仿真;
(8)集总无源器件和集总有源器件在 FDTD 中的表示;
(9)通过总场公式的散射;
(10)近场和远场区域源的定义和公式表示;
(11)采用图像处理单元来加速 FDTD 仿真。

MATLAB 的使用

本书中工作代码的开发是建立在 MATLAB 程序语言基础上的。这是因为 MATLAB 程序易于使用、实用性广,并且大多数电子工程师对 MATLAB 语言较为熟悉,同时,它具有强大的图形输出功能和可视化功能。本书介绍 FDTD 的关键方程的推导,并给出编程执行的最终表达式,以及由这些公式导出的例子的 MATLAB 代码。本书中使用 MATLAB7.5 版本,以开发 m 文件。

本书附赠所有例子的 MATLAB 的 m 文件。读者在网站 www.scitechpub.com/

FDTDtext.htm,将得到更多的例子和电子文件及图片。

本书特点

(1)FDTD 的差分公式的推导,以一种可理解的、详细的、完整的方式给出。它使得初学者易于掌握 FDTD 概念。另外,对不同的目标要用不同的处理方式,例如,对介质、导体、集总参数器件、有源器件或细导线,FDTD 更新计算公式以一种一致的符号给出。

(2)伴随着公式推导给出了许多三维图。提供给读者一种可视化的帮助和理解,将场方程的分量与离散的 FDTD 三维空间相连接。

(3)众所周知,即便是理解理论,读者在电磁应用中,要开发数学工具,仍会面临困难。因此,随着章节的进展,以从上到下的软件设计方式,将理论概念与程序开发联系起来,在构造 FDTD 仿真工具中帮助读者。

(4)给出的例子展示了 MATLAB 程序的开发,有助于读者的理解和提供例子的可视化图像。例如,程序中 FDTD 参数的设置,计算过程的创建,最后给出问题时域和频域的解。

每章后附有练习,此练习给出了本章的重点。大多数练习要求编程,其中的结构和激励源可以任意选择。大多数练习中,建议的结构为三维图形。

希望读者学会本书所涉及的 FDTD 方法和提供的 MATLAB 代码,并开发自己的FDTD 仿真工具,在自信中享受仿真各种电磁问题的乐趣。

读者可通过扫描二维码下载附赠的程序代码。

IOS 系统用户通过微信扫描二维码下载附赠程序代码;Android 系统用户通过企业微信、QQ 扫描二维码下载附赠程序代码。

教员资源

一旦将本书作为教科书使用,教员将有权得到各章末尾的练习的解。练习的解答大多数以 m 文件的形式给出。与出版者联系可以得到这些文件。

错误和建议

为改善本书内容,欢迎读者反馈相关错误,相关错误将会列到本书网页上。

目 录

第1章 FDTD 简介 ··· 1
- 1.1 时域有限差分法的基本方程 ··· 2
- 1.2 导数的差分近似 ··· 3
- 1.3 三维问题的 FDTD 更新方程 ··· 10
- 1.4 二维问题的 FDTD 迭代方程 ··· 17
- 1.5 一维 FDTD 问题的更新方程 ··· 20
- 1.6 练习 ··· 23

第2章 数值稳定性和色散 ··· 25
- 2.1 数值的稳定性 ··· 25
  - 2.1.1 时域算法中的稳定性 ··· 25
  - 2.1.2 FDTD 方法的 CFL 稳定条件 ··· 26
- 2.2 数值色散 ··· 27
- 2.3 练习 ··· 30

第3章 在 Yee 网格中创建目标 ··· 31
- 3.1 目标的定义 ··· 31
  - 3.1.1 定义问题空间参量 ··· 32
  - 3.1.2 在问题空间中定义目标 ··· 35
- 3.2 媒质近似 ··· 37
- 3.3 切向和法向分量的子网格平均方案 ··· 38
- 3.4 定义目标 ··· 40
- 3.5 创建媒质网格 ··· 42
- 3.6 改善8个网格平均 ··· 52
- 3.7 练习 ··· 52

第4章 有源和无源集总参数电路 ··· 55
- 4.1 FDTD 中集总参数元件的更新公式 ··· 55
  - 4.1.1 电压源 ··· 55
  - 4.1.2 硬激励电压源 ··· 57
  - 4.1.3 电流源 ··· 57
  - 4.1.4 电阻的 FDTD 建模 ··· 58
  - 4.1.5 电容的 FDTD 建模 ··· 59

4.1.6　电感的 FDTD 建模 ……………………………………………… 60
　　　4.1.7　位于表面或体积内的集总参数元件 ……………………………… 60
　　　4.1.8　二极管的 FDTD 模拟 ……………………………………………… 62
　　　4.1.9　总结 ……………………………………………………………… 65
　　4.2　集总参数元件的定义,初始化和模拟 …………………………………… 65
　　　4.2.1　集总参数元件的定义 ……………………………………………… 65
　　　4.2.2　FDTD 参量和数组的初始化 ……………………………………… 68
　　　4.2.3　集总参数元件的初始化 …………………………………………… 69
　　　4.2.4　更新系数的初始化 ………………………………………………… 77
　　　4.2.5　电场和磁场以及电压和电流的取样 ……………………………… 88
　　　4.2.6　输出参数的定义与初始化 ………………………………………… 90
　　　4.2.7　运行 FDTD 模拟:时进循环 ………………………………………… 98
　　　4.2.8　显示 FDTD 模拟结果 …………………………………………… 110
　　4.3　模拟例子 …………………………………………………………………… 114
　　　4.3.1　正弦波电压源激励的电阻 ………………………………………… 114
　　　4.3.2　由正弦波源激励的二极管 ………………………………………… 118
　　　4.3.3　由单位阶跃电压源激励的电容 …………………………………… 120
　　4.4　练习 ………………………………………………………………………… 123

第 5 章　激励源的波形与从时域到频域的变换 ……………………………………… 125
　　5.1　常用 FDTD 仿真波形 …………………………………………………… 125
　　　5.1.1　正弦波形 …………………………………………………………… 125
　　　5.1.2　高斯波形 …………………………………………………………… 127
　　　5.1.3　高斯波形的导数归一化 …………………………………………… 129
　　　5.1.4　余弦函数调制的高斯波形 ………………………………………… 130
　　5.2　FDTD 模拟中激励源的定义和初始化 ………………………………… 131
　　5.3　从时域到频域的变换 ……………………………………………………… 135
　　5.4　仿真举例 …………………………………………………………………… 145
　　　5.4.1　由傅里叶变换重新获得时域波形 ………………………………… 145
　　　5.4.2　由余弦调制高斯波形激励的 RCL 电路 ………………………… 146
　　5.5　练习 ………………………………………………………………………… 151

第 6 章　散射参量 ………………………………………………………………………… 152
　　6.1　S 参量和回波损耗的定义 ……………………………………………… 152
　　6.2　S 参数的计算 …………………………………………………………… 153
　　6.3　模拟例子 …………………………………………………………………… 161
　　　6.3.1　1/4 波长变换器 …………………………………………………… 161
　　6.4　练习 ………………………………………………………………………… 166

第7章 完善匹配层吸收边界 ·· 168
7.1 PML 的理论 ·· 168
7.1.1 PML 在 PML 与真空间界面上的理论 ······················· 168
7.1.2 PML 在 PML-PML 的界面上的理论 ························ 170
7.2 三维问题空间中的 PML 方程 ································· 172
7.3 PML 损耗函数 ·· 173
7.4 PML 的 FDTD 更新方程及 MATLAB 实现 ····················· 174
7.4.1 二维 TEz 情况下的 PML 更新方程 ·························· 174
7.4.2 二维 TMz 极化情况下的 PML 更新方程 ···················· 176
7.4.3 以 PML 为吸收边界的二维 FDTD 方法的 MATLAB 程序实现 ····· 178
7.5 模拟举例 ·· 197
7.5.1 PML 吸收边界的有效性 ···································· 197
7.5.2 Electri field Distribution ··································· 198
7.5.3 使用离散傅里叶变换的电场分布图 ························· 205
7.6 练习 ··· 207

第8章 卷积完善匹配层 ·· 208
8.1 CPML 的公式 ·· 208
8.1.1 延伸坐标中的 PML ·· 208
8.1.2 CFS-PML 中的延伸变量 ··································· 209
8.1.3 在 PML 与 PML 之间的界面上匹配条件 ····················· 209
8.1.4 时域方程 ··· 209
8.1.5 离散卷积 ··· 210
8.1.6 卷积的递归算法 ·· 211
8.2 CPML 算法 ·· 211
8.2.1 CPML 更新方程 ··· 212
8.2.2 在各区域内增加 CPML 辅助项 ····························· 213
8.3 CPML 参数分布 ·· 214
8.4 在三维 FDTD 问题中的 CPML 的 MATLAB 程序执行 ············ 215
8.4.1 CPML 定义 ··· 215
8.4.2 CPML 的初始化 ··· 217
8.4.3 CPML 在 FDTD 时进循环中的应用 ·························· 223
8.5 模拟举例 ·· 226
8.5.1 微带低通滤波器 ·· 226
8.5.2 微带分支耦合器 ·· 228
8.5.3 微带线的特性阻抗 ·· 236
8.6 练习 ··· 241

第9章 近场到远场的变换 ... 243
9.1 表面等效定律的执行 ... 244
9.1.1 表面等效定律 ... 244
9.1.2 FDTD仿真中的等效电流和磁流 ... 245
9.1.3 在无限地平面上的天线 ... 247
9.2 频域近场到远场的变换 ... 247
9.2.1 时域到频域的变换 ... 247
9.2.2 矢量势研究 ... 248
9.2.3 辐射场的极化 ... 249
9.2.4 辐射效率 ... 250
9.3 MATLAB运行近场到远场的变换 ... 250
9.3.1 定义近场到远场变换参量 ... 250
9.3.2 近场到远场参量的初始化 ... 251
9.3.3 时间步进循环中的近场到远场DFT ... 254
9.3.4 远场计算的后处理 ... 258
9.4 仿真举例 ... 269
9.4.1 倒F天线 ... 269
9.4.2 带线馈入的矩形介质谐振天线 ... 276
9.5 练习 ... 281

第10章 细导线模拟 ... 283
10.1 细导线公式 ... 283
10.2 细导线公式的MATLAB程序执行 ... 286
10.3 仿真例子 ... 289
10.3.1 细导线偶极子天线 ... 289
10.4 练习 ... 293

第11章 散射体公式 ... 295
11.1 散射场基本方程 ... 295
11.2 散射场更新方程 ... 296
11.3 入射平面波的表达式 ... 298
11.4 散射场公式的MATLAB程序执行 ... 301
11.4.1 入射平面波的定义 ... 301
11.4.2 入射场的初始化 ... 302
11.4.3 更新系数的初始化 ... 306
11.4.4 散射场的计算 ... 307
11.4.5 仿真结果的后处理 ... 310
11.5 仿真举例 ... 313
11.5.1 由介质球引起的散射 ... 313

  11.5.2 介质立方体的散射 …… 317
  11.5.3 介质条的反射与传输系数 …… 320
 11.6 练习 …… 324

第 12 章 时域有限差分计算的图形处理单元的加速 …… 326
 12.1 图像处理与一般的数学 …… 328
 12.2 Brook 语言的介绍 …… 329
 12.3 使用 Brook 系统的二维 FDTD 执行举例 …… 331
 12.4 向三维的扩展 …… 347
 12.5 三维参数研究 …… 348

附录 A 一维 FDTD 代码 …… 353
 A.1 一维 FDTD,MATLAB 代码 …… 353
 A.2 绘图参数的初始化 …… 355
 A.3 场量绘图 …… 355

附录 B 三维结构的卷积完善匹配层区域及相关场的更新计算 …… 356
 B.1 卷积完善匹配层区域的 E_x 的更新(图 B.1) …… 356
 B.2 CPML 区域内更新 E_y(图 B.2) …… 357
 B.3 CPML 区域内更新 E_z(图 B.3) …… 358
 B.4 CPML 区域内更新 H_x(图 B.4) …… 359
 B.5 CPML 区域内更新 H_y(图 B.5) …… 360
 B.6 CPML 区域内更新 H_z(图 B.6) …… 362

附录 C 计算远场方向的 MATLAB 代码 …… 364
 C.1 绘制 θ 为常数时的平面内的远场方向图 …… 364
 C.2 绘制 ϕ 为常数的平面的远场方向图 …… 365

参考文献 …… 367

第1章 FDTD 简介

计算电磁学经过 10 年的发展，已可以对各种电磁问题都能给出十分精确的预测，例如，目标的雷达散射截面(RCS)、天线以及各种微波器件的精确设计。

一般来说，常用的计算电磁方法可以分为两大类：一类为基于微分方程的解法；另一类为基于积分方程的解法。两类解法都是基于应用麦克斯韦方程求给定边界条件问题的解。积分方程法是以有限和的形式给出的积分方程的近似解；而微分方程解法给出以有限差分法的微分方程的近似解。

早年的电磁数值分析，在假定解是以时谐场的形式存在的前提下，大多数是在频域下求解的。

对规范问题，频域解优于时域解，是因为应用频域解易于得到解析解。解析解可以用来验证数值解。这是在发展一种新的数值解，把它用于求解实际问题之前的第一步。另外，由以前的实验硬件得到的测试数据大多都限于频域研究。近年来速度更快，功能更强大的计算机的发展，使得更加先进的时域计算电磁学建模成为可能。研究的焦点集中在微分方程的时域解，因为它易于公式化，适合计算机模拟建模，数学上也相对简单。时域解也能提供所解问题的电磁特性的物理意义。

因此，本书的内容主要涉及计算电磁学中的时域差分法(FDTD)的分析与程序的执行。其中包括天线、微波滤波器的设计以及三维目标的雷达散射截面的分析。

在过去的 10 年，FDTD 作为麦克斯韦方程解的一种数值方法，赢得了极为广泛的应用。它是基于简单的公式迭代，而不需要复杂的渐近逼近或格林函数。虽然它是一种时域解，但通过傅里叶变换，可以得到解在宽频带中的频域响应。它可以很容易地处理由不同的媒质构成的电磁结构，如介质、磁体、与频率相关的媒质、非线性或各向异性媒质。FDTD 算法易于使用并行计算方法。这些特点使得 FDTD 在计算电磁学中成为诸多微波器件、天线的应用中最赋吸引力的方法。

FDTD 已用于大量各种实用工程中出现的问题：
(1) 雷达散射截面；
(2) 微波电路、波导及光纤问题；
(3) 天线问题(辐射与阻抗问题等)；
(4) 传播问题；
(5) 医学问题；
(6) 屏蔽、耦合、电磁兼容以及电磁脉冲保护问题；
(7) 非线性及其他特殊材料相关的电磁问题；
(8) 地质应用；
(9) 逆散射；
(10) 等离子体。

1.1 时域有限差分法的基本方程

构造 FDTD 算法的出发点是麦克斯韦时域方程。用来在时域内的行为的麦克斯韦时域微分方程为

$$\nabla \times \boldsymbol{H} = \frac{\partial \boldsymbol{D}}{\partial t} + \boldsymbol{J} \tag{1.1a}$$

$$\nabla \times \boldsymbol{E} = -\frac{\partial \boldsymbol{B}}{\partial t} - \boldsymbol{M} \tag{1.1b}$$

$$\nabla \cdot \boldsymbol{D} = \rho_e \tag{1.1c}$$

$$\nabla \cdot \boldsymbol{B} = \rho_m \tag{1.1d}$$

式中:$\boldsymbol{E}$ 为电场强度(V/m);$\boldsymbol{D}$ 为电位移(C/m^2);$\boldsymbol{H}$ 为磁场强度(A/m);$\boldsymbol{B}$ 为磁通量密度(Wb/m^2);$\boldsymbol{J}$ 为电流密度(A/m^2);$\boldsymbol{M}$ 为磁流密度(V/m^2);ρ_e 为电荷密度(C/m^3);ρ_m 为磁荷密度(Wb/m^3)。

本构关系对补充麦克斯韦方程和描述媒质的特性是必要的,本构关系对线性、各向同性和非色散媒质可以写成

$$\boldsymbol{D} = \varepsilon \boldsymbol{E} \tag{1.2a}$$

$$\boldsymbol{B} = \mu \boldsymbol{H} \tag{1.2b}$$

式中:ε 为媒质的介电常数;μ 为媒质的磁导率。在自由空间,有

$$\varepsilon = \varepsilon_0 = 8.854 \times 10^{-12} \text{ F/m}$$

$$\mu = \mu_0 = 4\pi \times 10^{-7} \text{ H/m}$$

在推导 FDTD 方程时,因为在 FDTD 的更新方程的过程中满足散度方程[1],所以只需要考虑两个旋度方程即可。

式(1.1a)中的电流密度 $\boldsymbol{J}$ 等于导体电流密度 $\boldsymbol{J}_c$ 与施加电流密度 $\boldsymbol{J}_i$ 之和,即

$$\boldsymbol{J} = \boldsymbol{J}_c + \boldsymbol{J}_i$$

式中:$\boldsymbol{J}_c = \sigma^e \boldsymbol{E}$,$\sigma^e$ 为电导率(S/m)。

同样,对于磁流密度,有

$$\boldsymbol{M} = \boldsymbol{M}_c + \boldsymbol{M}_i$$

式中

$$\boldsymbol{M}_c = \sigma^m \boldsymbol{H}$$

其中:σ^m 为磁导率(Ω/m)。

将电流密度分解为导体电流密度 $\boldsymbol{J}_c$ 和施加电流密度 $\boldsymbol{J}_i$,应用本构关系式(1.2)可重写麦克斯韦方程为

$$\nabla \times \boldsymbol{H} = \varepsilon \frac{\partial \boldsymbol{E}}{\partial t} + \sigma^e \boldsymbol{E} + \boldsymbol{J}_i \tag{1.3a}$$

$$\nabla \times \boldsymbol{E} = -\mu \frac{\partial \boldsymbol{H}}{\partial t} - \sigma^m \boldsymbol{H} - \boldsymbol{M}_i \tag{1.3b}$$

上面的方程仅涉及电磁场 $\boldsymbol{E}$ 和 $\boldsymbol{H}$,而未涉及通量密度矢量 $\boldsymbol{D}$ 和 $\boldsymbol{B}$。公式中出现了 ε、μ、σ^e、σ^m 四个本构关系参量,所以只能描述任意线性、各向同性的媒质。虽然 FDTD 公式中未出现散度方程,但散度方程可以用来检测 FDTD 的仿真结果。即用本构公式

得到$D=\varepsilon E$和$B=\mu H$(其中E和H由FDTD仿真得到),则D和B应满足散度方程。

方程(1.3)由两个矢量方程组成,在三维空间每个矢量方程可以分解为3个标量方程。因此,麦克斯韦旋度方程可以表示成6个标量方程,在直角坐标下,有

$$\frac{\partial E_x}{\partial t}=\frac{1}{\varepsilon_x}\left(\frac{\partial H_z}{\partial y}-\frac{\partial H_y}{\partial z}-\sigma_x^e E_x-J_{ix}\right) \quad (1.4a)$$

$$\frac{\partial E_y}{\partial t}=\frac{1}{\varepsilon_y}\left(\frac{\partial H_x}{\partial z}-\frac{\partial H_z}{\partial x}-\sigma_y^e E_y-J_{iy}\right) \quad (1.4b)$$

$$\frac{\partial E_z}{\partial t}=\frac{1}{\varepsilon_z}\left(\frac{\partial H_y}{\partial x}-\frac{\partial H_x}{\partial y}-\sigma_z^e E_z-J_{iz}\right) \quad (1.4c)$$

$$\frac{\partial H_x}{\partial t}=\frac{1}{\mu_x}\left(\frac{\partial E_y}{\partial z}-\frac{\partial E_z}{\partial y}-\sigma_x^m H_x-M_{ix}\right) \quad (1.4d)$$

$$\frac{\partial H_y}{\partial t}=\frac{1}{\mu_y}\left(\frac{\partial E_z}{\partial x}-\frac{\partial E_x}{\partial z}-\sigma_y^m H_y-M_{iy}\right) \quad (1.4e)$$

$$\frac{\partial H_z}{\partial t}=\frac{1}{\mu_z}\left(\frac{\partial E_x}{\partial y}-\frac{\partial E_y}{\partial x}-\sigma_z^m H_z-M_{iz}\right) \quad (1.4f)$$

从这里可以看到,媒质参量ε_x、ε_y、ε_z通过本构关系$D_x=\varepsilon_x E_x$,$D_y=\varepsilon_y E_y$,$D_z=\varepsilon_z E_z$分别与E_x、E_y、E_z相关联;同样,μ_x、μ_y、μ_z通过本构关系$B_x=\mu_x H_x$,$B_y=\mu_y H_y$,$B_z=\mu_z H_z$分别与H_x、H_y、H_z相关联。

相同的分解在其他坐标中也是可能的,但是从应用的角度来看,它们并没有吸引力。

FDTD算法将问题的几何空间离散为空间网格点,在这些网格点上电场和磁场分量被置于空间离散的位置上,并以离散时间的方式来解麦克斯韦方程。

FDTD的计算,首先用有限差分来近似麦克斯韦方程中的空间和时间导数;其次构造一组方程,以前一时间步的瞬时场值来计算后一时间步的瞬时场值,由此来构造时间向前推进的算法,以模拟电磁场在时域的进程[2]。

1.2 导数的差分近似

任意一连续的函数可以用离散点来取样,如果自变量的取样率足够高,则取样函数能很好地近似原函数。这里离散函数近似于原连续函数的精度,也取决于取样率的高低。然而,对精度影响的另一个因素是离散算子的选取。通常,离散算子有多种选择,这里考虑微分算子。考虑图1.1(a)~(c)所示的在离散点取样的连续函数$f(x)$,在x点的导数为

$$f'(x)=\lim_{\Delta x\to 0}\frac{f(x+\Delta x)-f(x)}{\Delta x} \quad (1.5)$$

然而,因为Δx是固定非零数,$f(x)$的导数可以近似为

$$f'(x)\approx\frac{f(x+\Delta x)-f(x)}{\Delta x} \quad (1.6)$$

在图1.1(a)中,$f(x)$的导数是虚线的斜率。因为在计算$f(x)$的导数时,使用了$f(x+\Delta x)$和$f(x)$的值,所以式(1.6)称为前向差分公式。

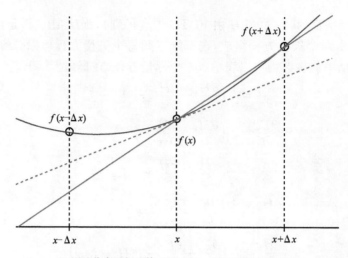

(a) 用差分来近似函数 $f(x)$，在 x 点的导数：前向差分

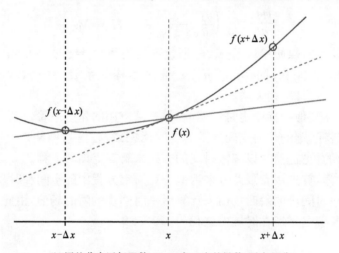

(b) 用差分来近似函数 $f(x)$，在 x 点的导数：后向差分

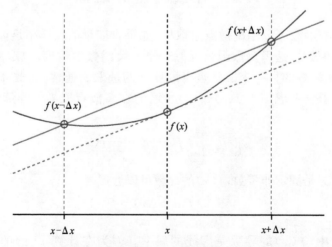

(c) 用差分来近似函数 $f(x)$，在 x 点的导数：中心差分

图 1.1 前向差分、后向差分和中心差分

很明显,使用后向点函数值 $f(x-\Delta x)$ 来取代前向点函数值 $f(x+\Delta x)$,可以得到另一种 $f(x)$ 导数的近似表达式(图1.1(b)),即

$$f'(x) \approx \frac{f(x)-f(x-\Delta x)}{\Delta x} \tag{1.7}$$

因为式(1.7)使用了后向点函数值 $f(x-\Delta x)$,所以式(1.7)称为后向差分公式。

第三种 $f(x)$ 导数的近似表达式,可以从前向差分式子与后向差分式子的平均得到,即

$$f'(x) \approx \frac{f(x+\Delta x)-f(x-\Delta x)}{2\Delta x} \tag{1.8}$$

因为式(1.8)同时应用了前向点和后向点函数值,所以式(1.8)称为中心差分公式,如图1.1(c)所示。值得一提的是,函数在 x 点的值,$f(x)$ 在中心差分公式中没有用到。分析图1.1可以看到,三种不同的导数近似表达式产生不同精度的 $f(x)$ 导数近似值。这三种不同的近似表达式引入的误差,可以由泰勒级数来分析。式子 $f(x+\Delta x)$ 的泰勒级数展开为

$$f(x+\Delta x)=f(x)+\Delta x f'(x)+\frac{(\Delta x)^2}{2}f''(x)+\frac{(\Delta x)^3}{6}f'''(x)+\frac{(\Delta x)^4}{24}f''''(x)+\cdots \tag{1.9}$$

上式以 Δx 和 $f(x+\Delta x)$ 的导数给出了 $f(x+\Delta x)$ 的表达式。如果 $f(x)$ 满足一定的条件,并且取无限项,则式(1.9)从理论上说是 $f(x+\Delta x)$ 的精确表达式。利用式(1.9),有

$$f'(x)=\frac{f(x+\Delta x)-f(x)}{\Delta x}-\frac{\Delta x}{2}f''(x)-\frac{(\Delta x)^2}{6}f'''(x)-\frac{(\Delta x)^3}{24}f''''(x)-\cdots \tag{1.10}$$

可以看出,式(1.10)等号右边第一项是式(1.6)给出的前向差分,而其他项的和是函数 $f(x)$ 的导数的精确值与前向差分之差。此项和就是前向差分引入的误差。方程(1.10)可以重写成

$$f'(x)=\frac{f(x+\Delta x)-f(x)}{\Delta x}+O(\Delta x) \tag{1.11}$$

式中:$O(x)$ 代表误差项。$O(x)$ 中的主要项为 $\Delta x/2$。而 Δx 为一阶,所以前向差分为一阶精度。上面的关于一阶精度的推导,说明误差中最重要的项正比于取样周期。例如,如果取样周期减小 $1/2$,则误差也减小 $1/2$。

展开 $f(x-\Delta x)$ 的泰勒级数,同样可以推导,后向差分的误差,即

$$f(x-\Delta x)=f(x)-\Delta x f'(x)+\frac{(\Delta x)^2}{2}f''(x)-\frac{(\Delta x)^3}{6}f'''(x)+\frac{(\Delta x)^4}{24}f''''(x)+\cdots \tag{1.12}$$

移项后,可以得到 $f(x)$ 的导数表达式为

$$f'(x)=\frac{f(x)-f(x-\Delta x)}{\Delta x}+\frac{\Delta x}{2}f''(x)-\frac{(\Delta x)^2}{6}f'''(x)+\frac{(\Delta x)^3}{24}f''''(x)+\cdots \tag{1.13}$$

式(1.13)等号右边第一项为后向差分,而其他项的和是由后向差分引入的与 $f(x)$ 的导数精确值之间的误差,即有

$$f'(x)=\frac{f(x)-f(x-\Delta x)}{\Delta x}+O(\Delta x) \tag{1.14}$$

$O(x)$中最重要的项 Δx 为一阶,因此后向差分的精度也是一阶精度。

取 $f(x+\Delta x)$ 和 $f(x-\Delta x)$ 的泰勒级数的差,得

$$f(x+\Delta x)-f(x-\Delta x)=2\Delta x f'(x)+\frac{2(\Delta x)^3}{6}+\cdots \tag{1.15}$$

重写上面的式子,$f(x)$的导数可以表示为

$$f'(x)=\frac{f(x+\Delta x)-f(x-\Delta x)}{2\Delta x}-\frac{(\Delta x^2)}{6}+\cdots=\frac{f(x+\Delta x)-f(x-\Delta x)}{2\Delta x}+O((\Delta x)^2)$$
(1.16)

式(1.16)等号右边第一项为式(1.8)给出的中心差分,而$O(x)$中最重要的项 Δx 为二阶,因此中心差分的精度为二阶精度。二阶精度意味着,由二阶精度公式引入的最重要的项正比于取样周期的平方。例如,如果取样周期减小原来的1/2,则误差减小到原来的1/4。因此,一个二阶精度的公式,如中心差分公式,比一阶精度公式更为精确。

例如,考虑函数 $f(x)=\sin(x)\mathrm{e}^{-0.3x}$,如图1.2(a)所示,其精确的一阶导数为$f'(x)=\cos(x)\mathrm{e}^{-0.3x}-0.3\sin(x)\mathrm{e}^{-0.3x}$。

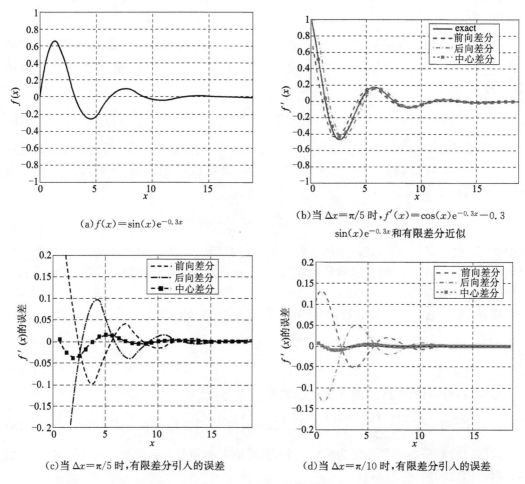

(a) $f(x)=\sin(x)\mathrm{e}^{-0.3x}$

(b) 当 $\Delta x=\pi/5$ 时,$f'(x)=\cos(x)\mathrm{e}^{-0.3x}-0.3\sin(x)\mathrm{e}^{-0.3x}$ 和有限差分近似

(c) 当 $\Delta x=\pi/5$ 时,有限差分引入的误差

(d) 当 $\Delta x=\pi/10$ 时,有限差分引入的误差

图1.2 $f(x)$、$f'(x)$和当 $\Delta x=\pi/5,\pi/10$ 时,$f'(x)$与$f'(x)$的差分近似之间的差

这里函数的取样周期 $\Delta x=\pi/5$,分别用三种不同的差分近似公式(即前向差分、后向

差分和中心差分)来计算函数导数的近似值。图1.2(b)给出了函数的导数和有限差分近似。图1.2(c)给出了当$\Delta x=\pi/5$时,有限差分引入的误差,即$f'(x)$与有限差分之间的差值。很明显,中心差分引入的误差要远小于其他两种差分公式。图1.2(d)给出了$\Delta x=\pi/10$时,有限差分引入的误差。由图可以看出,到当取样周期减小原来的1/2时,前向差分和后向差分的误差也减小到原来的1/2,而中心差分减小到原来的1/4。

MATLAB编程给出了函数$f(x)$和它的有限差分导数的计算,图1.2给出了它们的计算结果。MATLAB程序见程序1.1。

程序1.1　MATLAB程序

```matlab
% create exact function and its derivative
N_exact= 301; % number of sample points for exact function
x_exact= linspace (0,6* pi ,N_exact);
f_exact= sin (x_exact).* exp (- 0.3* x_exact);
f_derivative_exact= cos (x_exact).* exp (- 0.3* x_exact) ...
        - 0.3* sin (x_exact).* exp (- 0.3* x_exact);

% plot exact function
figure (1);
plot (x_exact,f_exact,'k- ','linewidth',1.5);
set (gca ,'FontSize',12,'fontweight','demi');
axis ([0 6* pi - 1 1]); grid on;
xlabel ('$'x$','Interpreter','latex','FontSize',16);
ylabel ('$ f(x)$','Interpreter','latex','FontSize',16);

% create exact function for pi/5 sampling period
% and its finite difference derivatives
N_a= 31; % number of points for pi/5 sampling period
x_a= linspace (0,6* pi ,N_a);
f_a= sin (x_a).* exp (- 0.3* x_a);
f_derivative_a= cos (x_a).* exp (- 0.3* x_a) ...
        - 0.3* sin (x_a).* exp (- 0.3* x_a);

dx_a= pi /5;
f_derivative_forward_a= zeros (1,N_a);
f_derivative_backward_a= zeros (1,N_a);
f_derivative_central_a= zeros (1,N_a);
f_derivative_forward_a(1:N_a- 1)= ...
      (f_a(2:N_a)- f_a(1:N_a- 1))/dx_a;
f_derivative_backward_a(2:N_a)= ...
      (f_a(2:N_a)- f_a(1:N_a- 1))/dx_a;
f_derivative_central_a(2:N_a- 1)= ...
      (f_a(3:N_a)- f_a(1:N_a- 2))/(2* dx_a);
```

```matlab
% create exact function for pi/10 sampling period
% and its finite difference derivatives
N_b= 61; % number of points for pi/10 sampling period
x_b= linspace (0,6* pi ,N_b);
f_b= sin (x_b) .* exp (- 0.3* x_b);
f_derivative_b= cos (x_b) .* exp (- 0.3* x_b) ...
                - 0.3* sin (x_b) .* exp (- 0.3* x_b);
dx_b= pi /10;
f_derivative_forward_b= zeros (1,N_b);
f_derivative_backward_b= zeros (1,N_b);
f_derivative_central_b= zeros (1,N_b);
f_derivative_forward_b(1:N_b- 1)= ...
        (f_b(2:N_b)- f_b(1:N_b- 1))/dx_b;
f_derivative_backward_b(2:N_b)= ...
        (f_b(2:N_b)- f_b(1:N_b- 1))/dx_b;
f_derivative_central_b(2:N_b- 1)= ...
        (f_b(3:N_b)- f_b(1:N_b- 2))/(2* dx_b);

% plot exact derivative of the function and its finite difference
% derivatives using pi/5 sampling period
figure (2);
plot (x_exact,f_derivative_exact,'k',...
    x_a(1:N_a- 1),f_derivative_forward_a(1:N_a- 1),'b- - ',...
    x_a(2:N_a),f_derivative_backward_a(2:N_a),'r- .',...
    x_a(2:N_a- 1),f_derivative_central_a(2:N_a- 1),':ms',...
    'MarkerSize',4, 'linewidth',1.5);
set (gca ,'FontSize',12,'fontweight','demi');
axis ([0 6* pi - 1 1]);
grid on;
legend ('exact', 'forward difference',...
    'backward difference','central difference');
xlabel ('$x$','Interpreter','latex','FontSize',16);
ylabel ('$f''(x)$','Interpreter','latex','FontSize',16);
text (pi ,0.6,'$\\Delta x =  \\pi/5$','Interpreter',...
    'latex','fontsize',16, 'BackgroundColor','w','EdgeColor','k');

% plot error for finite difference derivatives
% using pi/5 sampling period
error_forward_a= f_derivative_a -  f_derivative_forward_a;
error_backward_a= f_derivative_a -  f_derivative_backward_a;
error_central_a= f_derivative_a -  f_derivative_central_a;
```

```
figure(3);
plot(x_a(1:N_a-1),error_forward_a(1:N_a-1),'b--',…
    x_a(2:N_a),error_backward_a(2:N_a),'r-.',…
    x_a(2:N_a-1),error_central_a(2:N_a-1),':ms',…
    'MarkerSize',4,'linewidth',1.5);

set(gca,'FontSize',12,'fontweight','demi');
axis([0 6*pi -0.2 0.2]);
grid on;
legend('forward difference','backward difference',…
    'central difference');
xlabel('$x$','Interpreter','latex','FontSize',16);
ylabel('error $[f''(x)]$','Interpreter','latex','FontSize',16);
text(pi,0.15,'$\Delta x = \pi/5$','Interpreter',…
    'latex','fontsize',16,'BackgroundColor','w','EdgeColor','k');

% plot error for finite difference derivatives
% using pi/10 sampling period
error_forward_b= f_derivative_b - f_derivative_forward_b;
error_backward_b= f_derivative_b - f_derivative_backward_b;
error_central_b= f_derivative_b - f_derivative_central_b;

figure(4);
plot(x_b(1:N_b-1),error_forward_b(1:N_b-1),'b--',…
    x_b(2:N_b),error_backward_b(2:N_b),'r-.',…
    x_b(2:N_b-1),error_central_b(2:N_b-1),':ms',…
    'MarkerSize',4,'linewidth',1.5);

set(gca,'FontSize',12,'fontweight','demi');
axis([0 6*pi -0.2 0.2]);
grid on;
legend('forward difference','backward difference',…
    'central difference');
xlabel('$x$','Interpreter','latex','FontSize',16);
ylabel('error $[f''(x)]$','Interpreter','latex','FontSize',16);
text(pi,0.15,'$\Delta x = \pi/10$','Interpreter',…
    'latex','fontsize',16,'BackgroundColor','w','EdgeColor','k');
```

在中心差分法中，应用了邻近 x 点的函数值得到二阶精度的差分公式，以近似函数的导数。在差分公式中，增加 x 邻近点的数目，以更高阶精度来近似函数的导数是可能的。虽然文献中有基于高阶精度差分公式的 FDTD 算法，但是常规的 FDTD 算法是基于有二阶精度的中心差分公式的算法。这种算法在大多数电磁应用中精度是足够的，具有编程简单、易于理解的特点。

导出高阶导数的差分公式也是可能的。例如，如果应用式(1.9)和式(1.12)，取 $f(x+\Delta x)$ 和 $f(x-\Delta x)$ 的泰勒级数的和，得

$$f(x+\Delta x)+f(x-\Delta x)=2f(x)+(\Delta x)^2 f''(x)+\frac{(\Delta x)^4}{12}f''''(x)+\cdots \quad (1.17)$$

重写上式，将 $f(x)$ 的二阶导数项移到等式的左边，得

$$f''(x)=\frac{f(x+\Delta x)-2f(x)+f(x-\Delta x)}{\Delta x^2}-\frac{(\Delta x)^2}{12}f''''(x)+\cdots$$

$$=\frac{f(x+\Delta x)-2f(x)+f(x-\Delta x)}{\Delta x^2}+O((\Delta x)^2) \quad (1.18)$$

使用式(1.18)得二阶导数的中心差分公式为

$$f''(x)\approx\frac{f(x+\Delta x)-2f(x)+f(x-\Delta x)}{(\Delta x)^2} \quad (1.19)$$

由于 $O(\Delta x)^2$，上式为二阶精度，同样可以得到一阶导数和二阶导数的不同差分格式，在不同的取样点，它们具有不同的精度。作为参考，表1.1列出了一阶导数和二阶导数的差分格式。

表1.1 函数的一阶导数和二阶导数的差分格式

一阶导数 $\partial f/\partial x$		二阶导数 $\partial^2 f/\partial x^2$	
差 分 格 式	典型误差	差 分 格 式	典型误差
$\frac{f_{i+1}-f_i}{\Delta x}$	FD $O(\Delta x)$	$\frac{f_{i+2}-2f_{i+1}+f_i}{(\Delta x)^2}$	FD $O(\Delta x)$
$\frac{f_i-f_{i-1}}{\Delta x}$	BD $O(\Delta x)$	$\frac{f_i-2f_{i-1}+f_{i-2}}{(\Delta x)^2}$	BD $O(\Delta x)$
$\frac{f_{i+1}-f_{i-1}}{2\Delta x}$	CD $O((\Delta x)^2)$	$\frac{f_{i+1}-2f_i+f_{i-1}}{(\Delta x)^2}$	CD $O((\Delta x)^2)$
$\frac{-f_{i+2}+4f_{i+1}-3f_i}{2\Delta x}$	FD $O((\Delta x)^2)$	$\frac{-f_{i+2}+16f_{i+1}-30f_i+16f_{i-1}-f_{i-2}}{12(\Delta x)^2}$	CD $O((\Delta x)^4)$
$\frac{3f_i-4f_{i-1}+f_{i-2}}{2\Delta x}$	BD $O((\Delta x)^2)$		
$\frac{-f_{i+2}+8f_{i+1}-8f_{i-1}+f_{i-2}}{12\Delta x}$	CD $O((\Delta x)^4)$		

注：带下标的 f_i 表示函数 $f(x)$ 的缩写。同样的符号可用于 $f(x+\Delta x)$ 和 $f(x+2\Delta x)$ 的表示，如图1.3所示。FD表示前向差分，BD表示后向差分，CD表示中心差分

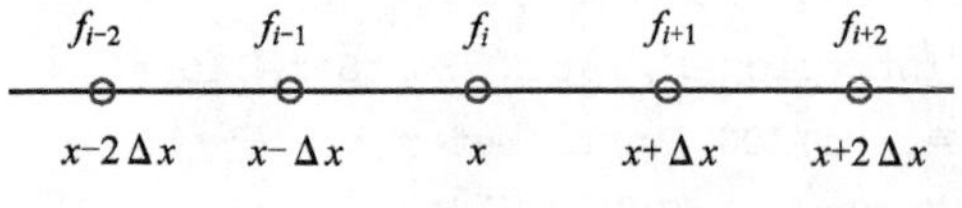

图1.3 $f(x)$ 的取样点

1.3 三维问题的FDTD更新方程

1966年，Yee首次给出了麦克斯韦旋度方程的一组差分方程[2]。这组方程在空间和时间上以离散的形式给出，使用的是中心差分格式。如前所述，电场和磁场分量可以在时

间和空间中以离散点的方式取样。FDTD技术将三维问题的几何结构分解为单元,以构成相应的网格。图1.4示出由$(N_x \times N_y \times N_z)$个Yee单元构成的网格。使用矩形Yee单元,以单元的大小作为分辨率,用阶跃或阶梯形式来近似表面和内部几何结构。

图1.5示出了标志为(i,j,k)的Yee单元方式中离散空间各场分量位置。电场分量放置在Yee单元各棱的中间,平行于各棱;磁场分量放置在Yee单元各面的中心,平行于各面的法线。

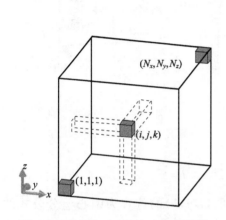 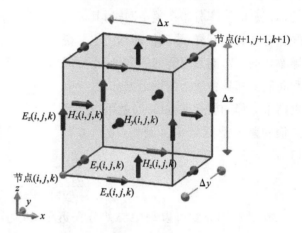

图1.4 由$(N_x \times N_y \times N_z)$个Yee单元构成的三维FDTD计算空间

图1.5 在标志为(i,j,k)的Yee单元方式中离散空间各场分量位置

这种安排给出了一幅三维空间画,此三维空间填满了与法拉第和安培定律相关的场分量阵列。从图1.5可以看出,每一磁场矢量都被四个电场所环绕形成磁场的旋度,模拟法拉第定律;如果增加邻近的单元,同样可以看到每一电场矢量都被四个磁场矢量所环绕,模拟Ampere定律。

图1.5给出了在标志为(i,j,k)的Yee单元上,标记为(i,j,k)的每一场分量的实际位置。Yee单元在x、y、z坐标方向中的尺寸分别为Δx、Δy、Δz。每一场分量的实际位置与标志(i,j,k)有如下关系:

$$E_x(i,j,k) \Rightarrow ((i-0.5)\Delta x, (j-1)\Delta y, (k-1)\Delta z),$$
$$E_y(i,j,k) \Rightarrow ((i-1)\Delta x, (j-0.5)\Delta y, (k-1)\Delta z),$$
$$E_z(i,j,k) \Rightarrow ((i-1)\Delta x, (j-1)\Delta y, (k-0.5)\Delta z),$$
$$H_x(i,j,k) \Rightarrow ((i-1)\Delta x, (j-0.5)\Delta y, (k-0.5)\Delta z),$$
$$H_y(i,j,k) \Rightarrow ((i-0.5)\Delta x, (j-1)\Delta y, (k-0.5)\Delta z),$$
$$H_z(i,j,k) \Rightarrow ((i-0.5)\Delta x, (j-0.5)\Delta y, (k-1)\Delta z)。$$

FDTD算法在离散的时间瞬间取样和计算场值,但是电场和磁场取样计算并不是在相同的时刻。对时间步Δt,电场的取样时刻为:$0, \Delta t, 2\Delta t, 3\Delta t, \cdots, n\Delta t$,而磁场取样时刻为:$0.5\Delta t, 1.5\Delta t, 2.5\Delta t, \cdots (1+\frac{1}{2})\Delta t$,即电场取样在时间的整数步长时刻,而磁场取样时刻为半整数时间步时刻。它们之间的时间差为半个时间步。场分量不仅与空间标志有关(此标志表示其空间位置),而且也与时间相关(用空间标志表示时间瞬间)。因此,用上标表示其时间标志。例如,对电场的E_z分量,取样时刻为$n\Delta t$。位置在$((i-1)\Delta x, (j-$

$1)\Delta y,(k-0.5)\Delta z)$记为$E_z^n(i,j,k)$,同样,对磁场的$y$分量,采样时刻为$(n+0.5)\Delta t$,位置在$((i-0.5)\Delta x,(j-1)\Delta y,(k-0.5)\Delta z)$记为$H_y^n(i,j,k)$。

物质参量(介电常数、磁导率、电导率和导磁性)分布在整个FDTD网格上,并且与场量相关,因此它们的标记与专场量相同。图1.6给出了介电常数和磁导率的标记。电导率分布在整个网格,其标记同介电常数。同样,导磁性的标记也与磁导率相同。对离散取样的场分量,在空间和时间上都具备适当的标记方式,这样麦克斯韦方程的旋度方程(1.4)就可以标量方程的差分形式给出。例如,考虑方程(1.4a),有

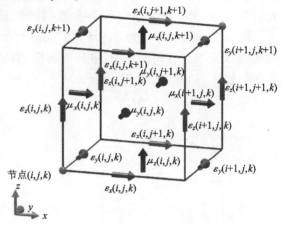

图1.6 媒质参量

$$\frac{\partial E_x}{\partial t}=\frac{1}{\varepsilon_x}\left(\frac{\partial H_z}{\partial y}-\frac{\partial H_y}{\partial z}-\sigma_x^e E_x-J_{ix}\right)$$

方程中的导数可以用中心差分来近似,此时$E_x^n(i,j,k)$的位置为中心差分公式的中心点,而时间上应以$(n+0.5)\Delta t$作为中心点。考虑图1.7的场分量的位置,可以写出

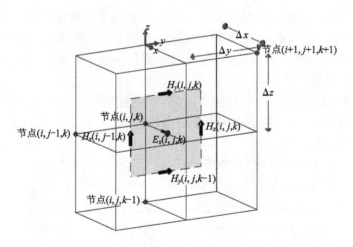

图1.7 环绕电场$E_x(i,j,k)$的场分量

$$\frac{E_x^{n+1}(i,j,k)-E_x^n(i,j,k)}{\Delta t}=\frac{1}{\varepsilon_x(i,j,k)}\frac{H_z^{n+\frac{1}{2}}(i,j,k)-H_z^{n+\frac{1}{2}}(i,j-1,k)}{\Delta y}-$$

$$\frac{1}{\varepsilon_x(i,j,k)}\frac{H_y^{n+\frac{1}{2}}(i,j,k)-H_y^{n+\frac{1}{2}}(i,j,k-1)}{\Delta y}-$$

$$\frac{\sigma_x^e(i,j,k)}{\varepsilon_x(i,j,k)}E_x^{n+\frac{1}{2}}(i,j,k)-\frac{J_{ix}^{n+\frac{1}{2}}(i,j,k)}{\varepsilon_x(i,j,k)} \quad (1.20)$$

电场分量是定义在时间步的整数倍时刻的,式(1.20)右边包含的电场是$(n+0.5)\Delta t$时刻的。这些电场可以写为$(n+1)\Delta t$和$n\Delta t$时刻的电场的平均,即

$$E_x^{n+\frac{1}{2}}(i,j,k)=\frac{E_x^{n+1}(i,j,k)+E_x^n(i,j,k)}{2} \tag{1.21}$$

应用式(1.20)和式(1.21),将下一时刻的场量置于等式左边,而其他项置于等式右边,有

$$\frac{2\varepsilon_x(i,j,k)+\Delta t\sigma_x^e(i,j,k)}{2\varepsilon_x(i,j,k)}E_x^{n+1}(i,j,k)=\frac{2\varepsilon_x(i,j,k)-\Delta t\sigma_x^e(i,j,k)}{2\varepsilon_x(i,j,k)}E_x^n(i,j,k)+$$

$$\frac{\Delta t}{\varepsilon_x(i,j,k)\Delta y}(H_z^{n+\frac{1}{2}}(i,j,k)-H_z^{n+\frac{1}{2}}(i,j-1,k))-$$

$$\frac{\Delta t}{\varepsilon_x(i,j,k)\Delta z}(H_y^{n+\frac{1}{2}}(i,j,k)-H_y^{n+\frac{1}{2}}(i,j,k-1))-$$

$$\frac{\Delta t}{\varepsilon_x(i,j,k)}J_{ix}^{n+\frac{1}{2}}(i,j,k) \tag{1.22}$$

整理,得

$$E_x^{n+1}(i,j,k)=\frac{2\varepsilon_x(i,j,k)-\Delta t\sigma_x^e(i,j,k)}{2\varepsilon_x(i,j,k)+\Delta t\sigma_x^e(i,j,k)}E_x^n(i,j,k)+$$

$$\frac{2\Delta t}{(2\varepsilon_x(i,j,k)+\Delta t\sigma_x^e(i,j,k))\Delta y}(H_z^{n+\frac{1}{2}}(i,j,k)-H_z^{n+\frac{1}{2}}(i,j-1,k))-$$

$$\frac{2\Delta t}{(2\varepsilon_x(i,j,k)+\Delta t\sigma_x^e(i,j,k))\Delta z}(H_y^{n+\frac{1}{2}}(i,j,k)-H_y^{n+\frac{1}{2}}(i,j,k-1))-$$

$$\frac{2\Delta t}{2\varepsilon_x(i,j,k)+\Delta t\sigma_x^e(i,j,k)}J_{ix}^{n+\frac{1}{2}}(i,j,k) \tag{1.23}$$

式(1.23)表示如何用过去时刻的电场/磁场分量和激励源分量来计算下一时间步的电场分量。这种形式的方程称为FDTD的更新方程。使用相同的方法,电场分量$E_y^{n+1}(i,j,k)$的更新方程可以从式(1.4b)得到,遵循式(1.23)相同的方法$E_z^{n+1}(i,j,k)$可以从式(1.4c)得到。

用同样方法可以得到磁场的更新方程。这里应用时域中心差分时,其中点为$n\Delta t$,例如式(1.4d)

$$\frac{\partial H_x}{\partial t}=\frac{1}{\mu_x}\left(\frac{\partial E_y}{\partial z}-\frac{\partial H_z}{\partial y}-\sigma_x^m H_x-M_{ix}\right)$$

基于图1.8场的位置,上式可以用差分公式近似为

$$\frac{H_x^{n+\frac{1}{2}}(i,j,k)-H_x^{n-\frac{1}{2}}(i,j,k)}{\Delta t}=\frac{1}{\mu_x(i,j,k)}\frac{E_y^n(i,j,k+1)-E_y^n(i,j,k)}{\Delta z}-$$

$$\frac{1}{\mu_x(i,j,k)}\frac{E_z^n(i,j+1,k)-E_z^n(i,j,k)}{\Delta y}-$$

$$\frac{\sigma_x^m(i,j,k)}{\mu_x(i,j,k)}H_x^n(i,j,k)-\frac{1}{\mu_x(i,j,k)}M_{ix}^n(i,j,k) \tag{1.24}$$

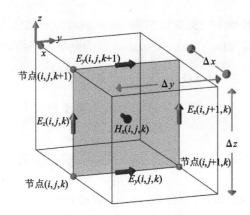

图 1.8 环绕磁场 $H_x(i,j,k)$ 的场分量

经过整理式(1.24),可以将 $H_x^{n+\frac{1}{2}}(i,j,k)$ 移到等式的左边,而其他的项移至等式的右边,有

$$H_x^{n+\frac{1}{2}}(i,j,k)=\frac{2\mu_x(i,j,k)-\Delta t\sigma_x^m(i,j,k)}{2\mu_x(i,j,k)-\Delta t\sigma_x^m(i,j,k)}H_x^{n-\frac{1}{2}}(i,j,k)$$

$$+\frac{2\Delta t}{(2\mu_x(i,j,k)+\Delta t\sigma_x^m(i,j,k))\Delta z}(E_y^n(i,j,k+1)-E_y^n(i,j,k))$$

$$-\frac{2\Delta t}{(2\mu_x(i,j,k)+\Delta t\sigma_x^m(i,j,k))\Delta y}(E_z^n(i,j+1,k)-E_z^n(i,j,k))$$

$$-\frac{2\Delta t}{2\mu_x(i,j,k)+\Delta t\sigma_x^m(i,j,k)}M_{ix}^n(i,j,k)$$

(1.25)

此式用来更新磁场 $H_x^{n+\frac{1}{2}}(i,j,k)$,磁场 $H_y^{n+\frac{1}{2}}(i,j,k)$、$H_z^{n+\frac{1}{2}}(i,j,k)$ 也可以从式(1.4e)和式(1.4f),用相同的方法得到各自的更新公式。

最后,引入各自的系数项,式(1.4a)~式(1.4f)可以用差分公式来表示,对电磁场的 6 个分量,构造如下 FDTD 更新方程:

$$\begin{aligned}E_x^{n+1}(i,j,k)=&C_{exe}(i,j,k)\times E_x^n(i,j,k)\\&+C_{exhz}(i,j,k)\times(H_z^{n+\frac{1}{2}}(i,j,k)-H_z^{n+\frac{1}{2}}(i,j-1,k))\\&+C_{exhy}(i,j,k)\times(H_y^{n+\frac{1}{2}}(i,j,k)-H_y^{n+\frac{1}{2}}(i,j,k-1))\\&+C_{exj}(i,j,k)\times J_{ix}^{n+\frac{1}{2}}(i,j,k)\end{aligned}$$

(1.26)

式中

$$C_{exe}(i,j,k)=\frac{2\varepsilon_x(i,j,k)-\Delta t\sigma_x^e(i,j,k)}{2\varepsilon_x(i,j,k)+\Delta t\sigma_x^e(i,j,k)}$$

$$C_{exhz}(i,j,k)=\frac{2\Delta t}{(2\varepsilon_x(i,j,k)+\Delta t\sigma_x^e(i,j,k))\Delta y}$$

$$C_{exhy}(i,j,k)=-\frac{2\Delta t}{(2\varepsilon_x(i,j,k)+\Delta t\sigma_x^e(i,j,k))\Delta z}$$

$$C_{exj}(i,j,k)=-\frac{2\Delta t}{2\varepsilon_x(i,j,k)+\Delta t\sigma_x^e(i,j,k)}$$

$$\begin{aligned}E_y^{n+1}(i,j,k)=&C_{eye}(i,j,k)\times E_y^n(i,j,k)\\&+C_{eyhx}(i,j,k)\times(H_x^{n+\frac{1}{2}}(i,j,k)-H_x^{n+\frac{1}{2}}(i,j,k-1))\\&+C_{eyhz}(i,j,k)\times(H_z^{n+\frac{1}{2}}(i,j,k)-H_z^{n+\frac{1}{2}}(i-1,j,k))\\&+C_{eyj}(i,j,k)\times J_{iy}^{n+\frac{1}{2}}(i,j,k)\end{aligned} \quad (1.27)$$

式中

$$C_{eye}(i,j,k)=\frac{2\varepsilon_y(i,j,k)-\Delta t\sigma_y^e(i,j,k)}{2\varepsilon_y(i,j,k)+\Delta t\sigma_y^e(i,j,k)}$$

$$C_{eyhx}(i,j,k)=\frac{2\Delta t}{(2\varepsilon_y(i,j,k)+\Delta t\sigma_y^e(i,j,k))\Delta z}$$

$$C_{eyhz}(i,j,k)=-\frac{2\Delta t}{(2\varepsilon_y(i,j,k)+\Delta t\sigma_y^e(i,j,k))\Delta x}$$

$$C_{eyj}(i,j,k)=-\frac{2\Delta t}{2\varepsilon_y(i,j,k)+\Delta t\sigma_y^e(i,j,k)}$$

$$\begin{aligned}E_z^{n+1}(i,j,k)=&C_{eze}(i,j,k)\times E_z^n(i,j,k)\\&+C_{ezhy}(i,j,k)\times(H_y^{n+\frac{1}{2}}(i,j,k)-H_y^{n+\frac{1}{2}}(i-1,j,k))\\&+C_{ezhx}(i,j,k)\times(H_x^{n+\frac{1}{2}}(i,j,k)-H_x^{n+\frac{1}{2}}(i,j-1,k))\\&+C_{ezj}(i,j,k)\times J_{iz}^{n+\frac{1}{2}}(i,j,k)\end{aligned} \quad (1.28)$$

式中

$$C_{eze}(i,j,k)=\frac{2\varepsilon_z(i,j,k)-\Delta t\sigma_z^e(i,j,k)}{2\varepsilon_z(i,j,k)+\Delta t\sigma_z^e(i,j,k)}$$

$$C_{ezhy}(i,j,k)=\frac{2\Delta t}{(2\varepsilon_z(i,j,k)+\Delta t\sigma_z^e(i,j,k))\Delta x}$$

$$C_{ezhx}(i,j,k)=-\frac{2\Delta t}{(2\varepsilon_z(i,j,k)+\Delta t\sigma_z^e(i,j,k))\Delta y}$$

$$C_{ezj}(i,j,k)=-\frac{2\Delta t}{2\varepsilon_z(i,j,k)+\Delta t\sigma_z^e(i,j,k)}$$

$$\begin{aligned}H_x^{n+\frac{1}{2}}(i,j,k)=&C_{hxh}(i,j,k)\times H_x^{n-\frac{1}{2}}(i,j,k)\\&+C_{hxey}(i,j,k)\times(E_y^n(i,j,k+1)-E_y^n(i,j,k))\\&+C_{hxez}(i,j,k)\times(E_z^n(i,j+1,k)-E_z^n(i,j,k))\\&+C_{hxm}(i,j,k)\times M_{ix}^n(i,j,k)\end{aligned} \quad (1.29)$$

式中

$$C_{hxh}(i,j,k)=\frac{2\mu_x(i,j,k)-\Delta t\sigma_x^m(i,j,k)}{2\mu_x(i,j,k)+\Delta t\sigma_x^m(i,j,k)}$$

$$C_{hxey}(i,j,k)=\frac{2\Delta t}{(2\mu_x(i,j,k)+\Delta t\sigma_x^m(i,j,k))\Delta z}$$

$$C_{hxez}(i,j,k)=-\frac{2\Delta t}{(2\mu_x(i,j,k)+\Delta t\sigma_x^m(i,j,k))\Delta y}$$

$$C_{hxm}(i,j,k)=-\frac{2\Delta t}{2\mu_x(i,j,k)+\Delta t\sigma_x^m(i,j,k)}$$

$$H_y^{n+1/2}(i,j,k) = C_{hyh}(i,j,k) \times H_y^{n-\frac{1}{2}}(i,j,k) + C_{hyez}(i,j,k)$$
$$\times (E_z^n(i+1,j,k) - E_z^n(i,j,k)) + C_{hyex}(i,j,k) \quad (1.30)$$
$$\times (E_x^n(i,j,k+1) - E_x^n(i,j,k)) + C_{hym}(i,j,k) \times M_{iy}^n(i,j,k)$$

式中

$$C_{hyh}(i,j,k) = \frac{2\mu_y(i,j,k) - \Delta t \sigma_y^m(i,j,k)}{2\mu_y(i,j,k) + \Delta t \sigma_y^m(i,j,k)}$$

$$C_{hyez}(i,j,k) = \frac{2\Delta t}{(2\mu_y(i,j,k) + \Delta t \sigma_y^m(i,j,k))\Delta x}$$

$$C_{hyex}(i,j,k) = -\frac{2\Delta t}{(2\mu_y(i,j,k) + \Delta t \sigma_y^m(i,j,k))\Delta z}$$

$$C_{hym}(i,j,k) = -\frac{2\Delta t}{2\mu_y(i,j,k) + \Delta t \sigma_y^m(i,j,k)}$$

$$H_z^{n+\frac{1}{2}}(i,j,k) = C_{hzh}(i,j,k) \times H_z^{n-\frac{1}{2}}(i,j,k) + C_{hzex}(i,j,k) \times$$
$$(E_x^n(i,j+1,k) - E_x^n(i,j,k)) + C_{hzey}(i,j,k) \times \quad (1.31)$$
$$(E_y^n(i+1,j,k) - E_y^n(i,j,k)) + C_{hzm}(i,j,k) \times M_{iz}^n(i,j,k)$$

式中

$$C_{hzh}(i,j,k) = \frac{2\mu_z(i,j,k) - \Delta t \sigma_z^m(i,j,k)}{2\mu_z(i,j,k) + \Delta t \sigma_z^m(i,j,k)}$$

$$C_{hzex}(i,j,k) = \frac{2\Delta t}{(2\mu_z(i,j,k) + \Delta t \sigma_z^m(i,j,k))\Delta y}$$

$$C_{hzey}(i,j,k) = -\frac{2\Delta t}{(2\mu_z(i,j,k) + \Delta t \sigma_z^m(i,j,k))\Delta x}$$

$$C_{hzm}(i,j,k) = -\frac{2\Delta t}{2\mu_z(i,j,k) + \Delta t \sigma_z^m(i,j,k)}$$

应该注意的是,在所有系数项中,第一、二个系数下标与更新的场量相关,而对三个下标系数,第三个下标与所乘的场或源相关,对四下标系数,第三个和第四个下标与所乘的场量相关。

推导出FDTD的更新公式后,可以构造出时间步进的算法,程序流程图如图1.9所示。首先设置问题的空间(包括目标,材料类型)和激励源(以及定义其他在FDTD计算中用到的参量);然后计算式(1.26)~式(1.31)中的系数项,在迭代计算开始之前,作为数组存储。因为在大多数情况下场的初值是零,场分量应作为数组定义和初始化。当迭代进行时,问题区域中的场将受到感应。在时间迭代的每一步,磁场将以式(1.29)~式(1.31),在$(n+0.5)\Delta t$时刻更新,然后电场在$(n+1)\Delta t$时刻应用式(1.26)~式(1.28)更新。问题的空间具有有限的尺寸,有特殊的边界条件加在问题空间的边界上。因此在迭代的过程中,边界上的场应根据不同的边界条件的类型进行处理。这些边界条件以及将它们融入FDTD算法的技术,将在第7章和第8章中讨论。在场被更新以及边界上的场满足边界条件后,则任意当前场分量的值都可以作为输出数据进行存储。这些数据可以进行实时处理或后处理,以得到其他需要的参量。当某种判据得到满足后,就可以结束FDTD计算。

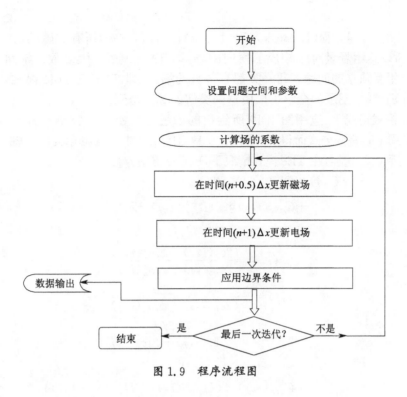

图 1.9　程序流程图

1.4　二维问题的 FDTD 迭代方程

式(1.26)~式(1.31)给出的 FDTD 迭代方程可以用来解三维问题。在二维情况下,问题的几何形状在某一方向上无变化,而场仅在一维方向上分布。从麦克斯韦方程(1.4)出发,可以推导出一简单的更新方程。因为在某一坐标方向中无变化,所以与此坐标相关的导数就不存在。如问题与 z 坐标无关,方程(1.4)可以简化为

$$\frac{\partial E_x}{\partial t} = \frac{1}{\varepsilon_x}\left(\frac{\partial H_z}{\partial y} - \sigma_x^e E_x - J_{ix}\right) \tag{1.32a}$$

$$\frac{\partial E_y}{\partial t} = \frac{1}{\varepsilon_y}\left(-\frac{\partial H_z}{\partial x} - \sigma_y^e E_y - J_{iy}\right) \tag{1.32b}$$

$$\frac{\partial E_z}{\partial t} = \frac{1}{\varepsilon_z}\left(\frac{\partial H_y}{\partial x} - \frac{\partial H_x}{\partial y} - \sigma_z^e E_z - J_{iz}\right) \tag{1.32c}$$

$$\frac{\partial H_x}{\partial t} = \frac{1}{\mu_x}\left(-\frac{\partial E_z}{\partial y} - \sigma_x^m H_x - M_{ix}\right) \tag{1.32d}$$

$$\frac{\partial H_y}{\partial t} = \frac{1}{\mu_y}\left(\frac{\partial E_z}{\partial x} - \sigma_y^m H_y - M_{iy}\right) \tag{1.32e}$$

$$\frac{\partial H_z}{\partial t} = \frac{1}{\mu_z}\left(\frac{\partial E_x}{\partial y} - \frac{\partial E_y}{\partial x} - \sigma_z^m H_z - M_{iz}\right) \tag{1.32f}$$

从上面的方程可以看出,方程(1.32a)、方程(1.32b)、方程(1.32f)仅与场量 E_x、E_y 和 H_z 相关;而方程(1.32c)、方程(1.32d)、方程(1.32e)仅与场量 H_x、H_y 和 E_z 相关。这样就可以将方程(1.32)分为两组。第一组中,方程(1.32a)、方程(1.32b)、方程(1.32f)中,所有的电场对 z 坐标而言为横向电场,所以这组方程构成了对 z 而言的横向电场—

TEz. 在第二组中,即方程(1.32c)、方程(1.32d)、方程(1.32e)所有的磁场对 z 轴而言为横向磁场,所以这组场量对 z 构成了横向磁场,即 TMz 模式。大多数二维问题,都可以分解为两类相互独立的问题。每一类都有各自的场量,即 TEz 或 TMz 模式。对这两类问题可以分别求解,问题的全解可以由这两类解的和来得到。

在 TEz 模式情况下,应用图 1.10 所给出的场量的位置,FDTD 更新方程可以由构成 TEz 方程应用中心差分公式而得到。图 1.10 是由图 1.5 中的 Yee 单元向 z 轴方向投影到 xy 平面而得到的。这样,在 TEz 模式情况下,FDTD 更新方程为

$$E_x^{n+1}(i,j) = C_{exe}(i,j) \times E_x^n(i,j) \\
+ C_{exhz}(i,j) \times (H_z^{n+\frac{1}{2}}(i,j) - H_z^{n+\frac{1}{2}}(i,j-1)) \\
+ C_{exj}(i,j) \times J_{ix}^{n+\frac{1}{2}}(i,j)$$ (1.33)

$$C_{exe}(i,j) = \frac{2\varepsilon_x(i,j) - \Delta t \sigma_x^e(i,j)}{2\varepsilon_x(i,j) + \Delta t \sigma_x^e(i,j)}$$

$$C_{exhz}(i,j) = -\frac{2\Delta t}{(2\varepsilon_x(i,j) + \Delta t \sigma_x^e(i,j))\Delta y}$$

$$C_{exj}(i,j) = -\frac{2\Delta t}{2\varepsilon_x(i,j) + \Delta t \sigma_x^e(i,j)}$$

$$E_y^{n+1}(i,j) = C_{eye}(i,j) \times E_y^n(i,j) \\
+ C_{eyhz}(i,j) \times (H_z^{n+\frac{1}{2}}(i,j) - H_z^{n+\frac{1}{2}}(i-1,j)) \\
+ C_{eyj}(i,j) \times J_{iy}^{n+\frac{1}{2}}(i,j)$$ (1.34)

式中

$$C_{eye}(i,j) = \frac{2\varepsilon_y(i,j) - \Delta t \sigma_y^e(i,j)}{2\varepsilon_y(i,j) + \Delta t \sigma_y^e(i,j)}$$

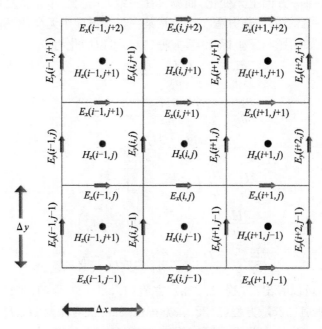

图 1.10 二维 TEz 模的 FDTD 场分量

$$C_{eyhz}(i,j) = -\frac{2\Delta t}{(2\varepsilon_y(i,j)+\Delta t\sigma_y^e(i,j))\Delta x}$$

$$C_{eyj}(i,j) = -\frac{2\Delta t}{2\varepsilon_y(i,j)+\Delta t\sigma_y^e(i,j)}$$

$$\begin{aligned}H_z^{n+\frac{1}{2}}(i,j) =& C_{hzh}(i,j)\times H_z^{n-\frac{1}{2}}(i,j)\\&+C_{hzex}(i,j)\times(E_x^n(i,j+1)-E_x^n(i,j))+C_{hzey}(i,j)\\&\times(E_y^n(i+1,j)-E_y^n(i,j))+C_{hzm}(i,j)\times M_{iz}^n(i,j)\end{aligned} \quad (1.35)$$

式中

$$C_{hzh}(i,j) = \frac{2\mu_z(i,j)-\Delta t\sigma_z^m(i,j)}{2\mu_z(i,j)+\Delta t\sigma_z^m(i,j)}$$

$$C_{hzex}(i,j) = \frac{2\Delta t}{(2\mu_z(i,j)+\Delta t\sigma_z^m(i,j))\Delta y}$$

$$C_{hzey}(i,j) = -\frac{2\Delta t}{(2\mu_z(i,j)+\Delta t\sigma_z^m(i,j))\Delta x}$$

$$C_{hzm}(i,j) = -\frac{2\Delta t}{2\mu_z(i,j)+\Delta t\sigma_z^m(i,j)}$$

因为 FDTD 三维公式很容易得到,设置系数中令 $1/\Delta z=0$,可以用来推导式(1.33)~式(1.35)。因此,TMz 模的 FDTD 更新公式可以在式(1.29)中消去 C_{hzey} 项,在式(1.30)中消去 C_{hyex} 项,并使用图 1.11 给出的场量位置:

$$\begin{aligned}E_z^{n+1}(i,j) =& C_{eze}(i,j)\times E_z^n(i,j)\\&+C_{ezhy}(i,j)\times(H_x^{n+\frac{1}{2}}(i,j)-H_x^{n+\frac{1}{2}}(i-1,j))\\&+C_{ezhx}(i,j)\times(H_z^{n+\frac{1}{2}}(i,j)-H_z^{n+\frac{1}{2}}(i,j-1))\\&+C_{ezj}(i,j)\times J_{iz}^{n+\frac{1}{2}}(i,j)\end{aligned} \quad (1.36)$$

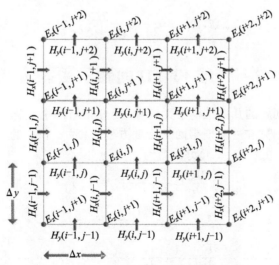

图 1.11 二维 TMZ 模的 FDTD 场分量

式中

$$C_{eze}(i,j) = \frac{2\varepsilon_z(i,j)-\Delta t\sigma_z^e(i,j)}{2\varepsilon_z(i,j)+\Delta t\sigma_z^e(i,j)}$$

$$C_{ezhy}(i,j) = \frac{2\Delta t}{(2\varepsilon_z(i,j) + \Delta t\sigma_z^e(i,j))\Delta x}$$

$$C_{ezhx}(i,j) = -\frac{2\Delta t}{(2\varepsilon_z(i,j) + \Delta t\sigma_z^e(i,j))\Delta y}$$

$$C_{ezj}(i,j) = -\frac{2\Delta t}{2\varepsilon_z(i,j) + \Delta t\sigma_z^e(i,j)}$$

$$\begin{aligned}H_x^{n+\frac{1}{2}}(i,j) =\ &C_{hxh}(i,j) \times H_x^{n-\frac{1}{2}}(i,j) \\ &+ C_{hxez}(i,j) \times (E_z^n(i,j+1) - E_z^n(i,j)) \\ &+ C_{hxm}(i,j) \times M_{ix}^n(i,j)\end{aligned} \quad (1.37)$$

式中

$$C_{hxh}(i,j) = \frac{2\mu_x(i,j) - \Delta t\sigma_x^m(i,j)}{2\mu_x(i,j) + \Delta t\sigma_x^m(i,j)}$$

$$C_{hxez}(i,j) = -\frac{2\Delta t}{(2\mu_x(i,j) + \Delta t\sigma_x^m(i,j))\Delta y}$$

$$C_{hxm}(i,j) = -\frac{2\Delta t}{2\mu_x(i,j) + \Delta t\sigma_x^m(i,j)}$$

$$\begin{aligned}H_y^{n+\frac{1}{2}}(i,j) =\ &C_{hyh}(i,j) \times H_y^{n-\frac{1}{2}}(i,j) \\ &+ C_{hyez}(i,j) \times (E_z^n(i+1,j) - E_z^n(i,j)) \\ &+ C_{hym}(i,j) \times M_{iy}^n(i,j)\end{aligned} \quad (1.38)$$

式中

$$C_{hyh}(i,j) = \frac{2\mu_y(i,j) - \Delta t\sigma_y^m(i,j)}{2\mu_y(i,j) + \Delta t\sigma_y^m(i,j)}$$

$$C_{hyez}(i,j) = \frac{2\Delta t}{(2\mu_y(i,j) + \Delta t\sigma_y^m(i,j))\Delta x}$$

$$C_{hym}(i,j) = -\frac{2\Delta t}{2\mu_y(i,j) + \Delta t\sigma_y^m(i,j)}$$

1.5 一维FDTD问题的更新方程

在一维情况下,问题的几何结构中无变量,场分布与两个坐标变量无关。例如,如果在 y、z 方向上无变化,则在麦克斯韦两个旋度方程中,对 y 和 z 的导数就为零。因此,二维旋度方程(1.32a)~方程(1.32f)可重写为

$$\frac{\partial E_x}{\partial t} = \frac{1}{\varepsilon_x}(-\sigma_x^e E_x - J_{ix}) \quad (1.39a)$$

$$\frac{\partial E_y}{\partial t} = \frac{1}{\varepsilon_y}(-\frac{\partial H_z}{\partial x} - \sigma_y^e E_y - J_{iy}) \quad (1.39b)$$

$$\frac{\partial E_z}{\partial t} = \frac{1}{\varepsilon_z}(\frac{\partial H_y}{\partial x} - \sigma_z^e E_z - J_{iz}) \quad (1.39c)$$

$$\frac{\partial H_x}{\partial t} = \frac{1}{\mu_x}(-\sigma_x^m H_x - M_{ix}) \quad (1.39d)$$

$$\frac{\partial H_y}{\partial t} = \frac{1}{\mu_y}(\frac{\partial E_z}{\partial x} - \sigma_y^m H_y - M_{iy}) \quad (1.39e)$$

$$\frac{\partial H_z}{\partial t}=\frac{1}{\mu_z}\left(-\frac{\partial E_y}{\partial x}-\sigma_z^{\mathrm{m}}H_z-M_{iz}\right) \tag{1.39f}$$

注意到方程(1.39a)和方程(1.39d)中仅包含对时间的导数而不包含对空间的导数,因此,这些方程不代表传播场,场分量 E_x 和 H_x 仅存在在方程中而不传播。而其他四个方程代表传播场,这四个方程中的电场和磁场对于 x 轴属于横向场。因此,在一维情况下存在 TEM 波,其传播如同平面波的传播。

如同二维情况,一维情况波也可以分解为两类分离的类型,因为方程(1.39b)和方程(1.39f)仅含 E_y 和 H_z 两项,它们与方程(1.39c)、方程(1.39e)是去耦合的。后者只含有 E_z 和 H_y 两项。对方程(1.39b)和方程(1.39f),考虑图 1.12 中场量的空间位置,使用中心差分法可得到 FDTD 的更新方程为

Ey(i−1)
Hz(i−1)
Ey(i)
Hz(i)
Ey(i+1)
Hz(i+1)
Ey(i+2)
Δx

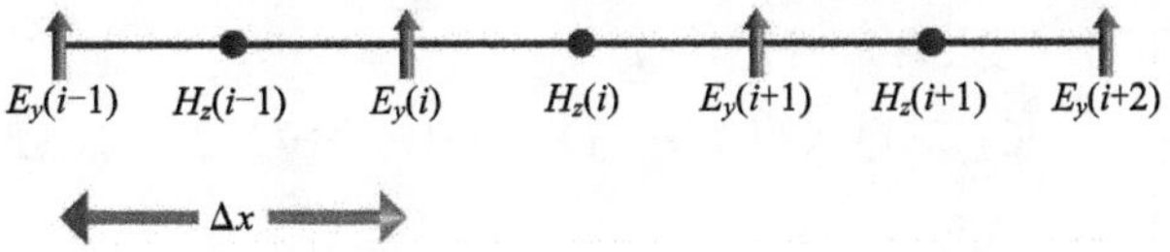

图 1.12　一维 FDTD 中场量 E_y 和 H_z 的位置

$$\begin{aligned} E_y^{n+1}(i)=&C_{eye}(i)\times E_y^n(i)\\ &+C_{eyhz}(i)\times(H_z^{n+\frac{1}{2}}(i)-H_z^{n+\frac{1}{2}}(i-1))+C_{eyj}(i)\times J_{iy}^{n+\frac{1}{2}}(i) \end{aligned} \tag{1.40}$$

$$C_{eye}(i)=\frac{2\varepsilon_y(i)-\Delta t\sigma_y^{\mathrm{e}}(i)}{2\varepsilon_y(i)+\Delta t\sigma_y^{\mathrm{e}}(i)}$$

$$C_{eyhz}(i)=-\frac{2\Delta t}{(2\varepsilon_y(i)+\Delta t\sigma_y^{\mathrm{e}}(i))\Delta x}$$

$$C_{eyj}(i)=-\frac{2\Delta t}{2\varepsilon_y(i)+\Delta t\sigma_y^{\mathrm{e}}(i)}$$

$$\begin{aligned} H_z^{n+\frac{1}{2}}(i)=&C_{hzh}(i)\times H_z^{n-\frac{1}{2}}(i)\\ &+C_{hzey}(i)\times(E_y^n(i+1)-E_y^n(i))+C_{hzm}(i)\times M_{iz}^n(i) \end{aligned} \tag{1.41}$$

$$C_{hzh}(i)=\frac{2\mu_z(i)-\Delta t\sigma_z^{\mathrm{m}}(i)}{2\mu_z(i)+\Delta t\sigma_z^{\mathrm{m}}(i)}$$

$$C_{hzey}(i)=-\frac{2\Delta t}{(2\mu_z(i)+\Delta t\sigma_z^{\mathrm{m}}(i))\Delta x}$$

$$C_{hzm}(i)=-\frac{2\Delta t}{2\mu_z(i)+\Delta t\sigma_z^{\mathrm{m}}(i)}$$

对方程(1.39c)和方程(1.39e),考虑图 1.13 中场量的空间位置,使用中心差分法可得到 FDTD 的更新方程为

Ez(i−1)
Hy(i−1)
Ez(i)
Hy(i)
Ez(i+1)
Hy(i+1)
Ez(i+2)
Δx

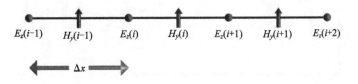

图 1.13　一维 FDTD 中场量 E_z 和 H_y 的位置

$$E_z^{n+1}(i) = C_{eze}(i) \times E_z^n(i) + C_{ezhy}(i) \times (H_y^{n+\frac{1}{2}}(i) - H_y^{n+\frac{1}{2}}(i-1)) + C_{ezj}(i) \times J_{iz}^{n+\frac{1}{2}}(i)$$
(1.42)

式中

$$C_{eze}(i) = \frac{2\varepsilon_z(i) - \Delta t \sigma_z^e(i)}{2\varepsilon_z(i) + \Delta t \sigma_z^e(i)}$$

$$C_{ezhy}(i) = \frac{2\Delta t}{(2\varepsilon_z(i) + \Delta t \sigma_z^e(i))\Delta x}$$

$$C_{ezj}(i) = -\frac{2\Delta t}{2\varepsilon_z(i) + \Delta t \sigma_z^e(i)}$$

$$H_y^{n+\frac{1}{2}}(i) = C_{hyh}(i) \times H_y^{n-\frac{1}{2}}(i) \\ + C_{hyez}(i) \times (E_z^n(i+1) - E_z^n(i)) + C_{hym}(i) \times M_{iy}^n(i)$$
(1.43)

式中

$$C_{hyh}(i) = \frac{2\mu_y(i) - \Delta t \sigma_y^m(i)}{2\mu_y(i) + \Delta t \sigma_y^m(i)}$$

$$C_{hyez}(i) = \frac{2\Delta t}{(2\mu_y(i) + \Delta t \sigma_y^m(i))\Delta x}$$

$$C_{hym}(i) = -\frac{2\Delta t}{2\mu_y(i) + \Delta t \sigma_y^m(i)}$$

附录 A 中给出了基于式(1.42)和式(1.43)的一维 FDTD MATLAB 仿真程序。程序计算了由 z 向电流屏 J_z 所产生的电场和磁场。此电流屏放置在问题空间的中心,与两个相互平行的完善导体平面平行,整个区间填充的是空气。图 1.14 给出了 FDTD 计算区域中的瞬间电场和磁场,以证明场在两完善金属板之间的传播和反射。在此例中,两板之间的距离为 1m,用空间步 $\Delta x = 1$mm 的网格来模拟。中心电流屏的电流密度为 1A/m^2,随时间变化的波形为高斯波形

$$J_z(t) = e^{-\left(\frac{t - 2 \times 10^{-10}}{5 \times 10^{-11}}\right)^2}$$

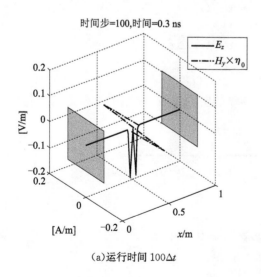

(a) 运行时间 $100\Delta t$

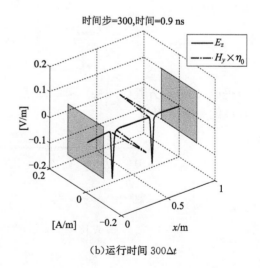

(b) 运行时间 $300\Delta t$

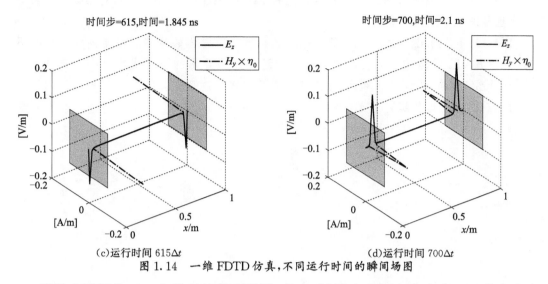

(c)运行时间 615Δt　　　　　　　　(d)运行时间 700Δt

图 1.14　一维 FDTD 仿真，不同运行时间的瞬间场图

激励电流屏位于一个单元的截面激励，将 J_z 转换为表面电流密度 K_z，其大小为 1×10^{-3} A/m，表面电流密度导致磁场不连续，而产生磁场 H_y，它满足边界 $\boldsymbol{K}=\boldsymbol{n}\times\boldsymbol{H}$ 条件，因此在电流屏的两侧产生磁场 H_y，幅度为 5×10^{-4} A/m。因为场在自由空间中传播，所以产生的电场为 $\eta_0\times 5\times10^{-4}=0.1885$ V/m，其中，η_0 是自由空间的波阻抗（$\eta_0\approx 377\Omega$）。

查看附录 A 中的程序，会发现 E_z 和 H_y 数组的大小是不相同的。在一维问题空间中，把区间划分为 n_x 个间隔，因此有 (n_x+1) 个节点，其中包含两个端点。程序中场的位置遵循图 1.13 所示的方案，其中电场 E_z 分量定义在节点所在的位置，而磁场定义在间隔的中心位置，故电场数组的大小为 (n_x+1)，而磁场数组在大小为 n_x。

另一点值得考虑的是边界条件的应用。在此问题中，边界条件为完善金属（PEC），因此，切向电场分量（这里是 E_z）在 PEC 上将消失。在程序中将迫使电场满足此边界条件，即 $E_z(1)=E_z(n_x+1)=0$，在程序中会看到这一点。观察图 1.14 中场在时间 $t=(650\sim 700)\Delta t$ 的变化，可以看出场在 PEC 表面的入射和反射的正确行为。很明显的是，在从完善金属板边界反射后，反射电场将倒转电场 E_z 峰值的方向，这代表反射系数为 -1，而反射后磁场 H_y 的行为，如所期待的是方向不变，这表示反射系数为 $+1$。

1.6　练　习

1.1　利用 1.2 节给出的步骤，用前向差分公式和后向差分公式给出函数的一阶导数的适当近似表达式，使其具有二级精度；应用中心差分公式近似，使其具有四级精度。将推导出的表达式与表 1.2 中的式子进行比较。

1.2　更新 MATLAB 程序（表 1.1），对同样的函数，用二级精度的前向差分公式和后向差分公式及四级精度的中心差分公式重新产生图 1.2。

1.3 在表 1.2 中选择适当的表达式更新 MATLAB 程序(表 1.1),对函数的二阶导数,产生与图 1.2 对应的图。

1.4 1.3 节给出了对电场的 E_x 分量,推导出更新方程的步骤。用相同的步骤推导出电场的 E_y、E_z 分量的更新表达式。推导的过程中推导出的表达式中每一个场量的标注。参考图 1.6 给出的 Yee 单元,对正确的理解这些标注是有益的。

1.5 对磁场重复练习 1.4。

第 2 章 数值稳定性和色散

2.1 数值的稳定性

在 FDTD 的算法中,电场与磁场在空间和时间内的取样都是在离散点进行的。取样的周期,即计算中的空间步长和时间步,必须遵守一定的限制,以确保解的稳定性。此外,这些参量的选择,还决定解精度的高低。本章讨论解的稳定性。首先,用时域和空间偏微分方程来说明稳定性的定义;其次,在一维 FDTD 例子中,讨论 FDTD 的 CFL(Courant Friedrichs Lewy)条件[3]。

2.1.1 时域算法中的稳定性

在设计时域数值算法中,一个重要的问题就是稳定性条件。为了理解稳定性概念,首先从一简单的波方程开始:

$$\frac{\partial u(x,t)}{\partial t}+\frac{\partial u(x,t)}{\partial x}=0, \quad u(x,t=0)=u_0(x) \tag{2.1}$$

式中:$u(t,x)$ 为一未知的波函数;$u_0(x)$ 为 $t=0$ 时的初始条件。

应用偏微分方程的知识,此方程可以解析地解出:

$$u(x,t)=u_0(x-t) \tag{2.2}$$

可以导出一时域数值算法,来解上述方程。首先将函数 $u(t,x)$ 在空间和时间中离散化:

$$\begin{aligned} x_i &= i\Delta x, \quad i=0,1,2,\cdots \\ t_n &= n\Delta t, \quad n=0,1,2,\cdots \\ u_i^n &= u(x_i,t_n) \end{aligned} \tag{2.3}$$

式中:Δt、Δx 分别为时间和空间的离散步长。

其次用有限差分法来计算方程中的导数,可得到如下方程:

$$\frac{u_i^{n+1}-u_i^{n-1}}{2\Delta t}+\frac{u_{i-1}^n-u_{i+1}^n}{2\Delta x}=0 \tag{2.4}$$

经过整理,可写成如下时域数值计算式:

$$u_i^{n+1}=u_i^{n-1}+\lambda(u_{i+1}^n-u_{i-1}^n)=0, \quad \lambda=\frac{\Delta t}{\Delta x} \tag{2.5}$$

图 2.1 表示时间和空间中的网格,其中水平轴代表空间轴 x,垂直轴代表时间轴 t,假定对 u,在时间标记为 n 和 $(n-1)$ 的时刻是已知的。为简单起见,假定所有这些值都为零。还假定,在时间标注为 n 时,空间下标为 i 时,有一小的误差量,用 ε 来表示。当时间向前推进时,u 在 $(n+1)$ 的值,用式(2.5)可以由低两行的相应 u 值算出。

假定数值误差 ε 在此时域算法中传播。注意,此数值误差可能由一实数的数值截断而引入。当 $\lambda=1/2$ 时(图 2.1),此误差在时域中持续传播,但是大小不超过其初始的值。而当 $\lambda=1$ 时,传播的误差的最大绝对值等于其初始值,从图 2.2 可以观察到这一现象。与此相反,当 $\lambda=2$ 时,当时间向前推进时,传播的误差持续增长,最后此误差将变得足够大并将破坏 u 的原值,由于这种放大作用,而使得算法在误差很小的情况下也得不精确的计算结果,如图 2.3 所示。总之,式(2.5)可认为是有条件稳定的。对小的 λ 值它是稳定的,而对大的 λ 值它是不稳定的,稳定条件的临界值 $\lambda=1$。

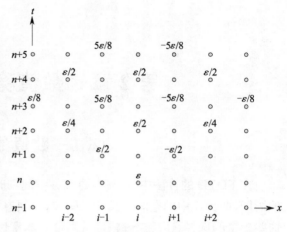

图 2.1　当 $\lambda=1/2$ 时,误差时—空域网格中的传播

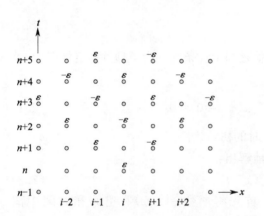

图 2.2　当 $\lambda=1$ 时,误差在时—空网格中的传播

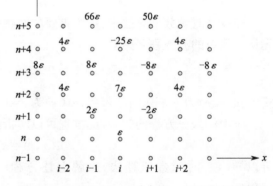

图 2.3　当 $\lambda=2$ 时,误差在时—空网格中的传播

2.1.2　FDTD 方法的 CFL 稳定条件

FDTD 方法的数值稳定由 CFL 条件确定。它要求时间增量 Δt 相对于空间网格小于一特定的值,即有

$$\Delta t \leqslant \frac{1}{c\sqrt{\dfrac{1}{(\Delta x)^2}+\dfrac{1}{(\Delta y)^2}+\dfrac{1}{(\Delta z)^2}}} \tag{2.6}$$

式中:c 为自由空间的光速。

方程(2.6)可以重写成

$$c\Delta t\sqrt{\frac{1}{(\Delta x)^2}+\frac{1}{(\Delta y)^2}+\frac{1}{(\Delta z)^2}}\leqslant 1 \tag{2.7}$$

对立方空间网格,有 $\Delta x=\Delta y=\Delta z$,则 CFL 条件变为

$$\Delta t\leqslant\frac{\Delta x}{c\sqrt{3}} \tag{2.8}$$

从式(2.6)可知,Δx、Δy、Δz 中最小的值是控制最大时间步 Δt 的主要因素。而最大的时

间步 Δt 总是小于 $\min(\Delta x,\Delta y,\Delta z)/\Delta t$。

在一维情况下,式(2.6)中,$\Delta y \to \infty$,$\Delta z \to \infty$,CFL 条件化简为

$$\Delta t \leqslant \Delta x/c \quad \text{或} \quad c\Delta t \leqslant \Delta x \tag{2.9}$$

此方程表明,在一个时间步内,不容许波行进的距离超过一个网格的尺寸。稳定性问题的存在表明,当 FDTD 迭代进行时,在问题空间可能激励出虚假的收敛场。例如,第 1 章中给出的一维 FDTD,其问题空间的单元尺寸 $\Delta x=1$mm,由 CFL 条件式(2.9)给出的,时间步 $\Delta t \leqslant 3.3356$ps。运行时分别取时间步 $\Delta t=3.3356$ps 和 $\Delta t=3.3357$ps,记录每个时间步中的电场值绘于图 2.4 中。电场幅度的跳动是由于场通过问题空间中部时源的激励,电场值为零是因为当电场行进到 PEC 边界时,切向电场消失。然而时间步 $\Delta t=3.3357$ps,当迭代计算进行到一定时间时,出现电场的发散现象。此项运行证明,当时间步大于 CFL 条件允许值时,在 FDTD 中产生的不稳定。

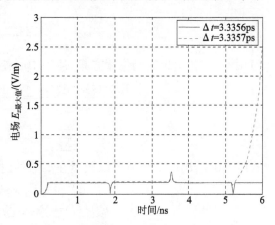

图 2.4 当 Δt 为 3.3356ps、3.3357ps 时,电场 E_z 在一维问题中的仿真

CFL 条件也可以应用于非均匀媒质,因为电磁波在媒质中的传播速度低于自由空间中的光速,然而数值稳定性还受其他因素的影响,如吸收边界条件、非均匀空间网格以及非线性材料。

虽然数值计算是稳定的,CFL 条件的满足并不能保证计算结果的精度。稳定性条件仅能提供空间网格尺寸与时间步大小之间的一个关系。单元网格的大小还须满足激励信号中最高频率分量的采样理论的要求。

2.2 数 值 色 散

FDTD 方法为场的行为提供了一种解,通常它是真实场物理行为的一个很好近似。连续函数的导数有限差分近似给解引入了一个误差。例如,即使对均匀自由空间而言,数值解的波传播速度一般来说与光速不同,并且它随频率一起变化,也与空间网格的尺寸和波的传播方向相关。用 FDTD 数值方法得到的相速与实际的相速之间的差别称为数值色散。

例如,考虑一自由空间中沿 x 方向传播的平面波,由下式给出:

$$E_z(x,t)=E_0\cos(k_x x-\omega t) \tag{2.10a}$$

$$H_y(x,t)=H_0\cos(k_x x-\omega t) \tag{2.10b}$$

式(2.10a)中,$E_z(x,t)$ 满足波方程:

$$\frac{\partial^2}{\partial x^2}E_z-\mu_0\varepsilon_0\frac{\partial^2}{\partial t^2}E_z=0 \tag{2.11}$$

将方程(2.10a)代入方程(2.11),得

$$k_x^2=\omega^2\mu_0\varepsilon_0=\left(\frac{\omega}{c}\right)^2 \tag{2.12}$$

此方程称为色散关系。此色散关系提供了空间频率 k_x 与时间频率 ω 之间的关系[4]。式(2.12)是解析式,因而是精确的。

色散方程可由基于麦克斯韦旋度方程的差分近似得到。对于前面讨论过的一维情况,平面波表达式 $E_z(x,t)$、$H_y(x,t)$ 满足一维旋度方程,对于无源区域有

$$\frac{\partial E_z}{\partial t} = \frac{1}{\varepsilon_0}\frac{\partial H_y}{\partial x} \tag{2.13a}$$

$$\frac{\partial H_y}{\partial t} = \frac{1}{\mu_0}\frac{\partial E_z}{\partial x} \tag{2.13b}$$

应用图1.13给出的场位置方案,使用中心差分法,式(2.13a)和式(2.13b)可重写为

$$\frac{E_z^{n+1}(i) - E_z^n(i)}{\Delta t} = \frac{1}{\varepsilon_0}\frac{H_y^{n+\frac{1}{2}}(i) - H_y^{n+\frac{1}{2}}(i-1)}{\Delta x} \tag{2.14a}$$

$$\frac{H_y^{n+\frac{1}{2}}(i) - H_y^{n-\frac{1}{2}}(i)}{\Delta t} = \frac{1}{\mu_0}\frac{E_z^n(i+1) - E_z^n(i)}{\Delta x} \tag{2.14b}$$

式(2.10)给出的平面波可以表示在离散的时间和空间中,即

$$E_z^n(i) = E_0\cos(k_x i\Delta x - \omega n\Delta t) \tag{2.15a}$$

$$E_z^{n+1}(i) = E_0\cos[k_x i\Delta x - \omega(n+1)\Delta t] \tag{2.15b}$$

$$E_z^n(i+1) = E_0\cos[k_x(i+1)\Delta x - \omega n\Delta t] \tag{2.15c}$$

$$H_y^{n+\frac{1}{2}}(i) = H_0\cos[k_x(i+0.5)\Delta x - \omega(n+0.5)\Delta t] \tag{2.15d}$$

$$H_y^{n+\frac{1}{2}}(i-1) = H_0\cos[k_x(i-0.5)\Delta x - \omega(n+0.5)\Delta t] \tag{2.15e}$$

$$H_y^{n-\frac{1}{2}}(i) = H_0\cos[k_x(i+0.5)\Delta x - \omega(n-0.5)\Delta t] \tag{2.15f}$$

将式(2.15a)、式(2.15b)、式(2.15d)和式(2.15e)代入式(2.14a),得

$$\frac{E_0}{\Delta t}[\cos(k_x i\Delta x - \omega(n+1)\Delta t) - \cos(k_x i\Delta x - \omega n\Delta t)]$$

$$= \frac{H_0}{q_0\Delta x}[\cos(k_x(i+0.5)\Delta x - \omega(n+0.5)\Delta t) - \cos(k_x(i-0.5)\Delta x - \omega(n+0.5)\Delta t)] \tag{2.16}$$

使用三角恒等式

$$\cos(u-v) - \cos(u+v) = 2\sin(u)\sin(v)$$

在式(2.16)的左边,令 $u = k_x i\Delta x - \omega(n+0.5)\Delta t$, $v = 0.5\Delta t$,在式右边令 $u = k_x i\Delta x - \omega(n+0.5)\Delta t$, $v = -0.5\Delta t$,得

$$\frac{E_0}{\Delta t}\sin(0.5\omega\Delta t) = -\frac{H_0}{\varepsilon_0\Delta x}\sin(0.5k_x\Delta x) \tag{2.17}$$

同样,将式(2.15a)、式(2.15c)、式(2.15d)和式(2.15f)代入式(2.14b),得

$$\frac{H_0}{\Delta t}\sin(0.5\omega\Delta t) = -\frac{E_0}{\mu_0\Delta x}\sin(0.5k_x\Delta x) \tag{2.18}$$

合并式(2.17)与式(2.18),可以得到一维情况下的数值色散关系式为

$$\left[\frac{1}{c\Delta t}\sin\left(\frac{\omega\Delta t}{2}\right)\right]^2 = \left[\frac{1}{\Delta x}\sin\left(\frac{k_x\Delta x}{2}\right)\right]^2 \tag{2.19}$$

注意,式(2.19)与理想的色散关系式是不同的。其差别意味着,存在一与实际解的偏差,因此由于有限差分的近似,给问题的数值解带来误差。对于一维情况,有趣的是,如果

设 $\Delta t = \Delta x/c$,式(2.19)就简化为式(2.12),这意味着对自由空间中的传播,这里无色散误差。因为一旦引入一种媒质,又会造成色散,这对于实际运用意义并不大。

到目前为止,已证明了在一维情况下数值色散引入的偏差。同样,对二维问题也可以得到数值色散关系。使用同样的方法,有

$$\left[\frac{1}{c\Delta t}\sin\left(\frac{\omega\Delta t}{2}\right)\right]^2 = \left[\frac{1}{\Delta x}\sin\left(\frac{k_x\Delta x}{2}\right)\right]^2 + \left[\frac{1}{\Delta y}\sin\left(\frac{k_y\Delta y}{2}\right)\right]^2 \tag{2.20}$$

这里场和目标的几何形状在 z 方向没有变化。对于特殊的情况,当下面条件满足时:

$$\Delta x = \Delta y = \Delta, \quad \Delta t = \frac{\Delta}{c\sqrt{2}}, \quad k_x = k_y$$

可以恢复到理想情况下的色散关系:

$$k_x^2 + k_y^2 = \left(\frac{\omega}{c}\right)^2 \tag{2.21}$$

扩展到三维情况,虽然冗长,然而是直接的,可以产生:

$$\left[\frac{1}{c\Delta t}\sin\left(\frac{\omega\Delta t}{2}\right)\right]^2 = \left[\frac{1}{\Delta x}\sin\left(\frac{k_x\Delta x}{2}\right)\right]^2 + \left[\frac{1}{\Delta y}\sin\left(\frac{k_y\Delta y}{2}\right)\right]^2 + \left[\frac{1}{\Delta z}\sin\left(\frac{k_z\Delta z}{2}\right)\right]^2$$
$$\tag{2.22}$$

与一维和二维情况相似,如果适当地选择 Δx、Δy、Δz、Δt 和传播角度,也可以得到理想的三维色散关系:

$$k_x^2 + k_y^2 + k_z^2 = \left(\frac{\omega}{c}\right)^2 \tag{2.23}$$

重写式(2.22),有

$$\left[\frac{\omega}{2c}\frac{\sin(\omega\Delta t/2)}{(\omega\Delta t/2)}\right]^2 = \left[\frac{k_x}{2}\frac{\sin(k_x\Delta x/2)}{(k_x\Delta x/2)}\right]^2 + \left[\frac{k_y}{2}\frac{\sin(k_y\Delta y/2)}{(k_y\Delta y/2)}\right]^2 + \left[\frac{k_z}{2}\frac{\sin(k_z\Delta z/2)}{(k_z\Delta z/2)}\right]^2$$
$$\tag{2.24}$$

因为

$$\lim_{x\to 0}\frac{\sin x}{x} = 1$$

当 $\Delta x \to 0$,$\Delta y \to 0$,$\Delta z \to 0$,$\Delta t \to 0$,式(2.24)就简化为式(2.23)。这是预料的结果,因为当取样周期趋于零时,离散近似函数就变为了连续函数。这也表明,如果取样周期 Δx、Δy、Δz、Δt 变小,数值色散也就减小。

到目前为止,讨论了波在自由空间传播时的数值色散。关于数值稳定性、色散,包括二维、三维色散关系的偏差,其他影响数值色散的因素,以及减小相关误差的策略,更详细的讨论参见文献[1]。下面以证明数值色散例子结束讨论。

由于数值色散,不同频率的波以不同的相速传播。任意波形的波都是不同频率的正弦波的和,由于色散关系,各频率的正弦波以不同的速度传播,所以波的传播不可能保持其波形不变。因此,数值色散使其本身产生波形失真。例如,图 2.5 给出了电场和磁场在一维问题空间中的计算。计算代码在第 1 章中已给出。问题空间为宽 1m,$\Delta t = 3$ps,图 2.5(a)给出了场在 3ns 时刻的分布,如同程序的计算,此时,$\Delta x = 1$mm,$J_z = 1\text{A/m}^2$。同样,图 2.5(b)给出了场在 3ns 时刻的分布,此时 $\Delta x = 4$mm,$J_z = 0.25\text{A/m}^2$,这是为了保持表面电流密度 $K_z = 1 \times 10^{-3}\text{A/m}$ 不变而设置的。这样电场和磁场的幅度几乎不变。

图 2.5(a)表明,高斯脉冲没有失真,尽管有数值色散,但它不显著。然而在图 2.5(b)中,由于使用了较大的网格尺寸,由数值色散引入的误差较明显。

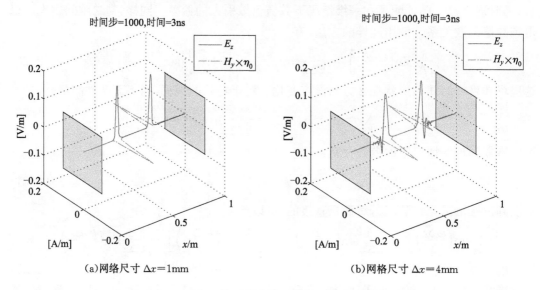

(a)网格尺寸 $\Delta x=1$mm (b)网格尺寸 $\Delta x=4$mm

图 2.5 在一维问题空间,电场 E_z 的最大幅度

2.3 练 习

2.1 使用附录中的 MATLAB 程序,证明图 2.5 中的结果。

2.2 更新一维 FDTD MATLAB 程序,使得波在有电耗损的媒质中传播,而不是在自由空间中传播。观察传播脉冲的幅度的衰减以及损耗对色散的影响,如同图 2.5(b)所示的波的图像。

2.3 重复练习 2.2,但在媒质中引入磁损耗,记录在时间 $t=3$ns 时刻你的观察。

第3章 在Yee网格中创建目标

第1章推导了FDTD的更新公式。这些公式建立在直角坐标中，由Yee单元构成的阶梯网格的基础之上。定义了与场分量相关的材料参量：ε、μ、α^e、α^m。如线性媒质、各向异性媒质、非色散媒质等。由于应用了阶梯网格，在FDTD空间中表示的目标是由构造网格的尺寸大小来体现的。因此阶梯网格对问题空间中精确表示目标，引入了一定的限制。有一些先进的建模技术，如局域子网格技术，可以用更细的网格定义目标。另一些基于非正交的和松散的网格形式的FDTD公式，用于解某些含有与阶梯网格不一致的结构的问题[1]。然而对大多数问题，阶梯网格可以提供充分精度的解。本章将通过MATLAB程序例子来讨论用阶梯FDTD网格的建模。

3.1 目标的定义

当描述FDTD的概念时，同时也对FDTD程序的结构进行说明。在完成本书的学习之后，读者应能够编程解决中等难度的三维电磁问题。本章开始提供三维FDTD程序模块。

命名一个文件名为fdtd_solve的程序作为运行FDTD计算的MATLAB主程序，见程序3.1。

其中子程序以它们的功能命名。通常，将程序按其功能分成几个模块是一种良好的习惯。这可以使编程简单和方便，也简化了程序的调试过程。此文件并非完整的FDTD程序，随着本章内容的介绍，将在其中加入具有附加功能的子程序。讨论这些程序的功能，并给出部分程序段来说明已在本章描述的各子程序的概念。本书给出的FDTD程序不是效率最高的程序。将一概念翻译成代码有诸多方法，读者在写他们自已的代码时，可以用他们认为效率更高的方式来开发编程结构和计算程序。然而在本书中，当涉及FDTD概念时，作者将尽可能用更直接的方式来编写代码。

程序3.1　fdtd_solve.m

```
% initialize the matlab workspace
clear all; close all; clc;

% define the problem
define_problem_space_parameters;
define_geometry;
define_sources_and_lumped_elements;
define_output_parameters;

% initialize the problem space and parameters
```

```
initialize_fdtd_material_grid;
display_problem_space;
display_material_mesh;
if run_simulation
  initialize_fdtd_parameters_and_arrays;
  initialize_sources_and_lumped_elements;
  initialize_updating_coefficients;
  initialize_boundary_conditions;
  initialize_output_parameters;
  initialize_display_parameters;

  % FDTD time marching loop
  run_fdtd_time_marching_loop;

  % display simulation results
  post_process_and_display_results;
end
```

在FDTD算法中,开始FDTD时间步进迭代之前,如同图1.9给出的简明程序流程图所指出的,第一步应该创建问题。问题的创建需要运行两个子程序:一是定义问题的子程序;二是初始化问题空间和FDTD参量的子程序。问题的定义过程,包括创建数据结构和存储与要解的电磁问题相关的构成信息。其中信息部分包括:在问题空间中的目标几何形状;构成材料的类型;材料的电磁特性;激励源的类型和波形;由FDTD所得仿真结果的类型;其他定义FDTD算法的参量。如时间步数、问题边界的类型。初始化处理,将结构数据嵌入到FDTD媒质网格中,并构造和初始化数据。这包括FDTD更新参量数组、场的系数数组和在FDTD迭代中及迭代后用到的数据。简而言之,它为FDTD计算和后处理准备数据结构。

3.1.1 定义问题空间参量

程序3.1从初始化MATLAB工作空间开始。MATLAB命令clear all,从当前工作空间中清除所有变量,并释放所有的存储空间。Close all将删去打开的图形,而clc命令清除命令窗口。在MATLAB工作空间初始化后,有四个子程序见程序3.1中。它们与问题的初始化以及FDTD其他子程序的初始化相关。在本章将运行这些子程序:define_problem_space_parameters,define_geometry,initialize_fdtd_material-grid。

子程序define_problem_space_parameters见程序3.2。此程序开始于disp,此命令在MATLAB命令窗口显示字符串中的变量内容。这里字符串变量表明,已开始运行定义问题空间参数子程序。这种类型信息的显示将出现在程序运行的各个阶段,以表示程序的进展以及显示调试中出现错误时的帮助信息。

程序3.2 define_problem_space_parameters.m

```
disp ('defining the problem space parameters');
```

```matlab
% maximum number of time steps to run FDTD simulation
number_of_time_steps = 700;

% A factor that determines duration of a time step
% wrt CFL limit
courant_factor = 0.9;

% A factor determining the accuracy limit of FDTD results
number_of_cells_per_wavelength = 20;

% Dimensions of a unit cell in x,y,and z directions(meters)
dx= 2.4e-3;
dy= 2.0e-3;
dz= 2.2e-3;

% = = < boundary conditions> = = = = = = = =
% Here we define the boundary conditions parameters
% 'pec' : perfect electric conductor
boundary.type_xp = 'pec';
boundary.air_buffer_number_of_cells_xp = 5;
boundary.type_xn = 'pec';
boundary.air_buffer_number_of_cells_xn = 5;

boundary.type_yp = 'pec';
boundary.air_buffer_number_of_cells_yp = 10;

boundary.type_yn = 'pec';
boundary.air_buffer_number_of_cells_yn = 5;

boundary.type_zp = 'pec';
boundary.air_buffer_number_of_cells_zp = 5;

boundary.type_zn = 'pec';
boundary.air_buffer_number_of_cells_zn = 0;
% = = = < material types> = = = = = = = = = = = = =
% Here we define and initialize the arrays of material types
% eps_r: relative permittivity
% mu_r: relative permeability
% sigma_e : electric conductivity
% sigma_m : magnetic conductivity

% air
material_types(1).eps_r = 1;
```

```
material_types(1).mu_r    = 1;
material_types(1).sigma_e = 0;
material_types(1).sigma_m = 0;
material_types(1).color   = [1 1 1];

% PEC : perfect electric conductor
material_types(2).eps_r   = 1;
material_types(2).mu_r    = 1;
material_types(2).sigma_e = 1e10;
material_types(2).sigma_m = 0;
material_types(2).color   = [1 0 0];

% PMC : perfect magnetic conductor
material_types(3).eps_r   = 1;
material_types(3).mu_r    = 1;
material_types(3).sigma_e = 0;
material_types(3).sigma_m = 1e10;
material_types(3).color   = [0 1 0];

% a dielectric
material_types(4).eps_r   = 2.2;
material_types(4).mu_r    = 1;
material_types(4).sigma_e = 0;
material_types(4).sigma_m = 0.2;
material_types(4).color   = [0 0 1];

% a dielectric
material_types(5).eps_r   = 3.2;
material_types(5).mu_r    = 1.4;
material_types(5).sigma_e = 0.5;
material_types(5).sigma_m = 0.3;
material_types(5).color   = [1 1 0];

% index of material types defining air, PEC and PMC
material_type_index_air = 1;
material_type_index_pec = 2;
material_type_index_pmc = 3;
```

总的 FDTD 步进迭代数，定义在程序 3.2 第 4 行的 number_of_time_steps。第 8 行定义了参数变量 courant_factor，它是根据 CFL 定义的与时间步相关的一个因子，如第 2 章所讨论的 CFL 条件。第 11 行定义了参量 number_of_cells_per_wavelength，此参量由激励信号的最高频谱所确定，可以得到一定的计算精度。第 5 章中对此参量进行了详细论述，并讨论了激励波形。第 14、15 和 16 行给出了均匀段 FDTD 单元的尺寸，它们分别以 dx、dy、dz 给出。

FDTD 中的一个重要概念就是处理问题空间的边界。在第 1 章的一维 FDTD 程序中，给出了完善导体(PEC)的边界处理。然而其他电磁问题中，将出现不同类型的边界。例如，天线问题，要求模拟辐射场向外传播，即从有限空间到无穷远处的传播。与 PEC 边界不同，这种边界要求有全新的算法，这种算法是以后章节讨论的内容。现在仅讨论 PEC 边界条件。常规的 FDTD 问题空间由均匀的 Yee 单元构成，它是一矩形区域，它有 6 个面。在程序 3.2 中的另 21～37 行，用一个称为 boundary 的数组，定义此 6 个面的边界条件的类型。此数组其有两个类型的量，即 type 和 air_buffer_number_of_cells，其中扩展字符表示所考虑的面所在的区域。例如，_xn 表示涉及的面的法线是 x 坐标轴的负方向，这里 n 表示 negative direction 相样，扩展字符'_zp'涉及的面，是指其法线指向 z 轴的正向的面，这里 p 表示 positive direction。其他 4 个扩展字符表示 4 个其他面。场的类型定义了所考虑的边界的类型。在这里所考虑的是 pec，所以其类型为 pec。其他类型的边界以其他字符定义。有时边界条件要求边界到目标要有一定的间隔，大多数情况下此间隔中填充的是空气，间隔大小以网格单元的数目给出。为此变量 air_buffer_number_of_cells 定义为问题空间的矩形的各个边界面到问题空间中的目标之间的距离。如果此值为零，则表示边界面"接触"到了目标。

最后定义目标的材料类型。因为构成目标的材料通常不只一种，所以使用了一名为 material_types 的数组，见程序 3.2 中第 47～79 行。material_types(i)中的指标 i，表示第 i 种材料类型。以后，每一目标通过此指标来指定一种材料类型。如一各向同性均匀电磁媒质，可以用此指标来定义：相对介电常数 ε_r、相对磁导率 μ_r、电导率 σ^e 和磁导率 σ^m，因此类 eps_r，mu_r，sigma_e 和 sigma_m 分别与 material_types(i)一起应用来定义第 i 种电磁媒质的参量。在给出的编程例子中，将 material_types(2).sigma_e 赋以高值来模拟 PEC，而将 material_types(3).sigma_m 赋以高值来模拟完善磁导体(PMC)。material_types(i)中第 5 类量 color 指定每种材料的颜色，用于问题空间的 MATLAB 图像中，以区别目标的不同材料。color 为三个量的矢量，每个量的值在 0～1 之间，分别表示红、绿、蓝的三色的强度。

当定义 material_types 时，最好为常用的媒质保留某些指标。常用的媒质有空气、完善导体、完善磁导体。这些媒质类型在 material_types 中分别用指标 1、2、3 来表示。这样就可以定义三个附加参量 material_type_index_air，material_type_index_pec，material_type_index_pmc，它们存储这些媒质指标，并可以在程序中来验证。

3.1.2 在问题空间中定义目标

3.1.1 节讨论了问题空间中的某些参量，包括边界类型和材料类型。本节将讨论子程序 define_geometry 中的内容。define_geometry 列于程序 3.3。因为结构简单，不同类型的三维目标可以放置在问题空间，下面将给出棱柱和球体的例子，使用两个简单的物体可以构造更复杂的形状。这里用 brick(长方体)来表示 prism(棱柱)。一个面平行于坐标轴的长方体，可以用两个角点来表示：一个 x、y、z 坐标值较小的顶点；另一个 x、y、z 坐标值较大的顶点，如图 3.1(a)所示。因此一名为 brick 结构数组应用于程序 3.3。和 brick 一起的类有 min_x、min_y、min_z、和 max_x、max_y、max_z，其中 brick 的位置坐标也含在其中。每一 brick 数组中的元素，为长方体目标的指标，用 brick(i) 来表示。参数 brick(i) 的另一个类为 material_type，与媒质的类型相关。程序程序3.3中，brick(1)，material_type=4，意味着 brick(1) 由 material_type(4) 的媒质构成。程序3.2中，此种类型的媒质定义为一种 $\varepsilon_r=2.2$，$\sigma^m=0.2$ 的介质。同样 brick(2)，material_type=2，表明它是 PEC。

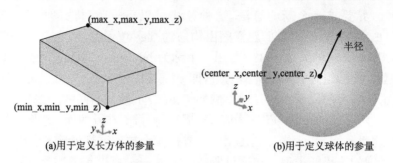

(a)用于定义长方体的参量   (b)用于定义球体的参量

图 3.1 在直角坐标中定义方块的参量和球体的参量

球体可以用球心坐标和半径来定义，如图 3.1(b)所示。因此程序3.3中的结构数组 spheres，与类变量 center_x、center_y、center_z 和 radius 给出相应的直角坐标下的信息。与长方体的情况相同，与 spheres(i)一起，material_type 给出球的媒质类型。例如，程序3.3中给出了两个同心球的定义。球1是半径为20mm，媒质材料为5的介质，而球2是半径为15mm、媒质材料为1的介质。如果它们创建的秩序是球1先创建，球2后创建，因为第二个球的媒质材料为空气，则两者的结合将产生一壁厚为5mm的空心球壳。在程序3.3中程序开始于 bricks 和 spheres 两行数组的定义，并初始化为零。虽然并不打算把它们定义为其他目标，但随着程序的运行，这些数组将被一些子程序调用。

程序 3.3 define_geometry.m

```
disp ('defining the problem geometry');

bricks  = [];
spheres = [];

%  define a brick with material type 4
bricks(1).min_x =  0;
bricks(1).min_y =  0;
bricks(1).min_z =  0;
bricks(1).max_x =  24e-3;
bricks(1).max_y =  20e-3;
bricks(1).max_z =  11e-3;
bricks(1).material_type =  4;

%  define a brick with material type 2
bricks(2).min_x =  -20e-3;
bricks(2).min_y =  -20e-3;
```

```
bricks(2).min_z = -11e-3;
bricks(2).max_x = 0;
bricks(2).max_y = 0;
bricks(2).max_z = 0;
bricks(2).material_type = 2;

% define a sphere with material type 5
spheres(1).radius   = 20e-3;
spheres(1).center_x = 0;
spheres(1).center_y = 0;
spheres(1).center_z = 40e-3;
spheres(1).material_type = 5;

% define a sphere with material type 1
spheres(2).radius   = 15e-3;
spheres(2).center_x = 0;
spheres(2).center_y = 0;
spheres(2).center_z = 40e-3;
spheres(2).material_type = 1;
```

如果MATLAB需要存取当前工作空间不存在的数据,将会导致程序的失败而停止运行。为了防止这种情况的发生,需要定义一些空数组。

到目前为止定义了FDTD问题空间,以及此空间中的目标参量。结合程序3.2和程序3.3得到了问题空间,如图3.2所示。

图3.2中的网格单元的尺寸与FDTD网格单元尺寸是一样的,因此目标与边界之间的距离如同程序3.2中的定义。并且三维问题空间中的目标尺寸与位置由程序3.3定义,其颜色也由相应的语句确定。

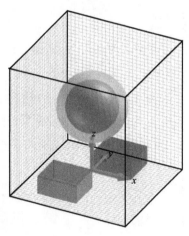

图3.2 一FDTD问题空间和其中的目标

3.2 媒质近似

在三维FDTD问题空间,场分量以离散的形式定义,相关的媒质也以相同的形式定义,如图1.5和图1.6所示。媒质需要被指定为适当的量,来表示它们存在于各自的位置。对目标而言,媒质可能不是均匀的,因此需要某些近似的策略。

其中之一,假定每一种媒质位于一个网格单元的中心。这些网格与FDTD网格之间有一定的位置偏移,称为媒质网格。例如,考虑图3.3中的介电常数的z分量,可以想象为,一媒质单元部分地被其他两种不同的媒质(媒质1ε_1和媒质2ε_2)所填充。最简单的处理方案是,假定此媒质单元完全被媒质1所填充,所以有$\varepsilon_z(i,j,k)=\varepsilon_1$。

较好的处理方案是,用取平均的方法将媒质2也包含在考虑之中。如果能知道两种媒质各自所占的体积,可以使用一简单的体积加权平均的方案,如文献[5]给出的方案。在图 3.3 所示例子中,$\varepsilon_z(i,j,k)$ 可以由下式来计算:

$$\varepsilon_z(i,j,k)=(V_1\times\varepsilon_1+V_2\times\varepsilon_2)/(V_1+V_2)$$

式中:V_1、V_2 分别为 ε_1 和 ε_2 在媒质单元中所占体积。

很多情况下,在媒质单元中计算媒质所占的体积是一件繁琐的事情,因此用点留驻方法来确定媒质是一种简单的方案。文献[6]给出了一种粗略近似加权体积平均,图 3.3 给出的情况可能是有用的。在此方案中,在 Yee 单元中每一媒质单元划分为 8 个子网格,如图 3.4 所示。

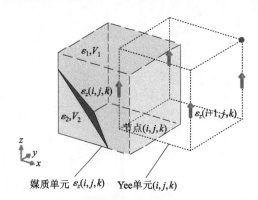 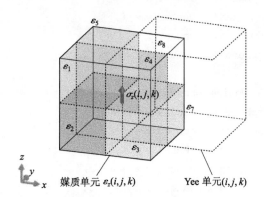

图 3.3 被两种媒质部分填充的媒质单元　　图 3.4 被分为 8 个子网格的媒质单元

对每一子网格,可以确定其中心点的媒质属性,则此子网格的媒质属性就被指定,就可以计算出一个有效的 8 个子网格的平均值,同时可以指定媒质分量。例如,图 3.4 中的 $\varepsilon_z(i,j,k)$ 对均匀网格,尺寸为 x、y、z,有

$$\varepsilon_z(i,j,k)=\frac{\varepsilon_1+\varepsilon_2+\varepsilon_3+\varepsilon_4+\varepsilon_5+\varepsilon_6+\varepsilon_7+\varepsilon_8}{8} \tag{3.1}$$

这种方法的优越性在于,目标可以提高 8 倍的分辨率,而不必增加网格的数量和对存储的要求。

3.3　切向和法向分量的子网格平均方案

先前讨论的方法,并未计入与物质分量相关的场分量的指向,仅考虑了两种不同的媒质交界面。例如,如图 3.5 和图 3.6 所示的情况,媒质单元中由两种不同的媒质填充。第一种情况,媒质分量 ε_z 平行于两种媒质的界面;第二种情况,媒质分量 ε_z 垂直于两种媒质的界面。这样必须用两种不同的方法来得到一等效的媒质类型,来指定此媒质分量 ε_z 的属性。

例如,基于图 3.5,Ampere 定律的积分形式:

$$\oint \boldsymbol{H}\cdot\mathrm{d}\boldsymbol{l}=\frac{\mathrm{d}}{\mathrm{d}t}\int \boldsymbol{D}\cdot\mathrm{d}\boldsymbol{s}=\frac{\mathrm{d}}{\mathrm{d}t}D_z\times(A_1+A_2)$$

式中:D_z 为电位移矢量的 z 向分量,假定在截面上是均匀的;A_1、A_2 是两种媒质的垂直于 D_z 的截面积。两种介质内的电场为 E_{z_1}、E_{z_2},总的通过单元截面的电通量为

$$D_z\times(A_1+A_2)=\varepsilon_1 E_{z_1}A_1+\varepsilon_2 E_{z_2}A_2=\varepsilon_{\mathrm{eff}}E_z\times(A_1+A_2)$$

式中：E_z 为 (i,j,k) 处的电场分量，假设它在单元网格的截面上是均匀的，此网格与等效介电常数 ε_{eff} 相关。在媒质边界，切向电场是连续的，故有 $E_{z_1}=E_{z_2}=E_z$，所以有

$$\varepsilon_1 A_1 + \varepsilon_2 A_2 = \varepsilon_{\text{eff}} \times (A_1 + A_2) \Rightarrow \varepsilon_{\text{eff}}$$

$$= \varepsilon_z(i,j,k) = \frac{\varepsilon_1 A_1 + \varepsilon_2 A_2}{A_1 + A_2} \tag{3.2}$$

因此对媒质分量平行于两种媒质的界面时，用式(3.2)可以计算出其等效介电常数，这里应用了电通量守恒的特性。

对媒质分量垂直于媒质界面的情况，可以应用法拉第定律的积分形式，基于图3.6，有

$$\oint \boldsymbol{E} \cdot \mathrm{d}\boldsymbol{l} = -\frac{\mathrm{d}}{\mathrm{d}t} \int \boldsymbol{B} \cdot \mathrm{d}\boldsymbol{s}$$

$$= -\Delta x E_x(i,j,k) + \Delta x E_x(i,j+1,k) + \Delta z E_z(i,j,k) - \Delta z E_z(i+1,j,k)$$

式中：E_z 为 z 方向上的等效电场矢量，并假定在边界面上是均匀的。但实际上，由于不同的媒质，这里有两个不同的电场值 E_{z_1} 和 E_{z_2}。要求 E_z 代表等效的 E_{z_1} 和 E_{z_2}，以及等效介电常数 ε_{eff} 代表等效的 ε_1 和 ε_2。电场满足：

$$\Delta z E_z(i,j,k) = (l_1+l_2) \times E_z(i,j,k) = l_1 E_{z_1} + l_2 E_{z_2} \tag{3.3}$$

在媒质的边界上法向电通量是连续的，所以有 $D_{z_1}=D_{z_2}=D_z(i,j,k)$，因此有

$$D_z(i,j,k) = \varepsilon_1 E_{z_1} = \varepsilon_2 E_{z_2} = \varepsilon_{\text{eff}} E_z(i,j,k) \tag{3.4}$$

上式可以表示成

$$E_{z_1} = \frac{D_z(i,j,k)}{\varepsilon_1},\ E_{z_2} = \frac{D_z(i,j,k)}{\varepsilon_2},\ E_z(i,j,k) = \frac{D_z(i,j,k)}{\varepsilon_{\text{eff}}} \tag{3.5}$$

使用式(3.3)和式(3.5)可以消去 $D_z(i,j,k)$，得

$$\frac{l_1+l_2}{\varepsilon_{\text{eff}}} = \frac{l_1}{\varepsilon_1} + \frac{l_2}{\varepsilon_2} \Rightarrow \varepsilon_{\text{eff}} = \varepsilon_z(i,j,k) = \frac{\varepsilon_1 \varepsilon_2 (l_1+l_2)}{l_1 \varepsilon_2 + l_2 \varepsilon_1} \tag{3.6}$$

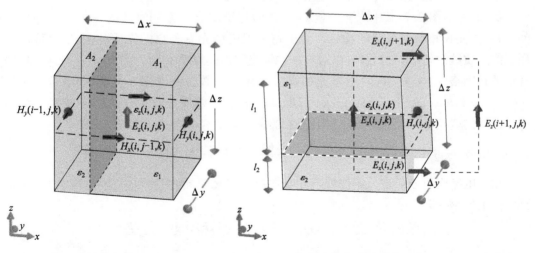

图3.5 媒质分量 $\varepsilon_z(i,j,k)$ 平行于两种填充的媒质边界

图3.6 部分被填充的媒质单元中，两种不同的媒质界面上媒质分量的法向分量 $\varepsilon_z(i,j,k)$

这里应用了磁通量守恒的原理，得等效介电常数的表达式(3.6)。由式(3.2)和式

(3.6)给出的平均方案是较特殊的情况,对更一般情况参见文献[7-9]。

可以证明,这些方案也可以用于其他物质参量,例如,对于等效磁导率 μ,有

$$\mu_{\text{eff}} = \frac{\mu_1 A_1 + \mu_2 A_2}{A_1 + A_2} \quad (\mu \text{ 平行于媒质边界}) \tag{3.7a}$$

$$\mu_{\text{eff}} = \frac{\mu_1 \mu_2 (l_1 + l_2)}{l_1 \mu_2 + l_2 \mu_1} \quad (\mu \text{ 垂直于媒质边界}) \tag{3.7b}$$

对小量电导率 σ^e 和小量磁导率 σ^m,这些方案也是很好的近似:

$$\sigma_{\text{eff}}^e = \frac{\sigma_1^e A_1 + \sigma_2^e A_2}{A_1 + A_2} \quad (\sigma^e \text{ 平行于媒质边界}) \tag{3.8a}$$

$$\sigma_{\text{eff}}^e = \frac{\sigma_1^e \sigma_2^e (l_1 + l_2)}{l_1 \sigma_2^e + l_2 \sigma_1^e} \quad (\sigma^e \text{ 垂直于媒质边界}) \tag{3.8b}$$

及

$$\sigma_{\text{eff}}^m = \frac{\sigma_1^m A_1 + \sigma_2^m A_2}{A_1 + A_2} \quad (\sigma^m \text{ 平行于媒质边界}) \tag{3.9a}$$

$$\sigma_{\text{eff}}^m = \frac{\sigma_1^m \sigma_2^m (l_1 + l_2)}{l_1 \sigma_2^m + l_2 \sigma_1^m} \quad (\sigma^m \text{ 垂直于媒质边界}) \tag{3.9b}$$

3.4 定 义 目 标

3.3节给出的平均方案,通常在子网格技术中讨论。在子网格技术中,保持了子网格的同时引入了等效媒质参量。虽然还有其他更先进的子网格技术可以在 FDTD 中建模,本节仅讨论三维 FDTD 建模,并假定目标与阶梯 Yee 网格共形。因此每个 Yee 网格仅填充了单一的媒质。与上节讨论的子网格技术相比,虽然这种假定给出一种较粗糙的模型,但是它不需要复杂的编程,同时对于诸多问题给出可靠的解是充分的。另外,对于在边界上的填充有不同媒质的网格,还是应用上节讨论的子网格平均技术。

例如,考虑图 3.7,其中媒质分量 $\varepsilon_z(i,j,k)$ 位于填充有不同媒质的 4 个 Yee 网格之间,每一 Yee 网格都有各自的指标。由于每一网格填充有各自的媒质类型,所以可以应用三维媒质数组,其每一元素可以对应一种填充网格的媒质类型。例如,$\varepsilon(i-1,j-1,k)$ 存储的是网格 $(i-1,j-1,k)$ 中填充的媒质的介电常数。考虑图 3.7 中,介电常数标记 $\varepsilon(i-1,j-1,k)$、$\varepsilon(i-1,j,k)$、$\varepsilon(i,j-1,k)$、$\varepsilon(i,j,k)$。媒质分量 $\varepsilon_z(i,j,k)$ 与 4 种环绕的媒质网格的棱相平行,因此可以应用式(3.2)求出等效介电常数 $\varepsilon_z(i,j,k)$,即

$$\varepsilon_z(i,j,k) = \frac{\varepsilon(i,j,k) + \varepsilon(i-1,j,k) + \varepsilon(i,j-1,k) + \varepsilon(i-1,j-1,k)}{4} \tag{3.10}$$

由于电导媒质分量定义的位置与介电常数的定义相同,因此可以应用平均方案来得到等效电导率,即

$$\sigma_{\text{eff}}^e = \frac{\sigma(i,j,k) + \sigma(i-1,j,k) + \sigma(i,j-1,k) + \sigma(i-1,j-1,k)}{4} \tag{3.11}$$

与介电常数和电导率分量不同,与磁导率和导磁性相关的媒质分量位于两个网格之间,并垂直于两网格的边界,如图 3.8 所示。在这种情况下应用式(3.7b)来计算 $\mu_z(i,j,k)$,即

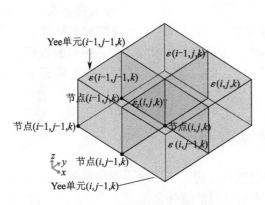

图 3.7 媒质分量 $\varepsilon_z(i,j,k)$ 位于填充有不同媒质的 4 个 Yee 网格之间

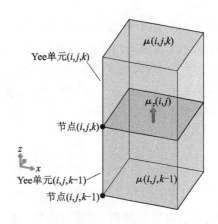

图 3.8 媒质分量 $\mu_z(i,j,k)$ 位于填充有不同媒质的 4 个 Yee 网格之间

$$\mu_z(i,j,k)=\frac{2\mu(i,j,k)\mu(i,j,k-1)}{\mu(i,j,k)+\mu(i,j,k-1)} \qquad (3.12)$$

同样,对于磁导率 $\sigma_z^m(i,j,k)$,有

$$\sigma_z^m(i,j,k)=\frac{2\sigma^m(i,j,k)\sigma^m(i,j,k-1)}{\sigma^m(i,j,k)+\sigma^m(i,j,k-1)} \qquad (3.13)$$

定义零厚度 PEC 目标:

在诸多电磁问题中,特别是平面电路中,存在一些非常薄的金属目标,大多数是微带电路和带线电路结构。在这种情况下,要构造 FDTD 仿真模型,选择网格的尺寸如同带线一样厚是不实际的。因为这样会造成大量的网格,从而导致过大的计算机内存,仿真困难。这样,如果网格尺寸大于带线的厚度,子网格技术(其中一些上节讨论过的)可以用来精确地仿真带线。通常薄带线的子网格建模在 thin_sheet 建模中讨论。这里讨论一种简单的建模技术,此技术对大多数问题可以得到相当高精度的结果,包括将带线定为 PEC 的情况。这里假定带线的厚度为零(这是一个合理的近似,因为大多数情况下带线的厚度比网格的尺寸小得多),因此可以认为在问题空间中带线与 Yee 单元共面。

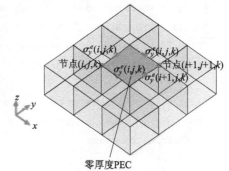

图 3.9 围绕着 4 个导电媒质分量的零厚度 PEC 平板

考虑零厚度 PEC 平板,如图 3.9 所示。它与标记为 (i,j,k) 的 Yee 单元共面,此平板围绕着 4 个导电媒质分量,分别为 $\sigma_x^e(i,j,k)$、$\sigma_x^e(i,j+1,k)$、$\sigma_y^e(i,j,k)$、$\sigma_y^e(i+1,j,k)$。可将这 4 个导电媒质分量指定为 PEC 电导率 σ_{pec}^e,即

$$\sigma_x^e(i,j,k)=\sigma_{pec}^e, \quad \sigma_x^e(i,j+1,k)=\sigma_{pec}^e$$
$$\sigma_y^e(i,j,k)=\sigma_{pec}^e, \quad \sigma_y^e(i+1,j,k)=\sigma_{pec}^e$$

因此,在 FDTD 仿真中,任意环绕着并与 PEC 平板共线的电导分量都可以指定为 PEC 电导率,以便模拟零厚度的 PEC 平板。

同样,如在二维空间,一个 PEC 目标厚度尺寸小于单元网格的尺寸,如一细导线,需

要在 FDTD 中建模，如果某个电导分量与目标一致，则可以将此电导分量指定为 PEC 电导率。此技术给出了细导线在 FDTD 中的合理的近似。然而，由于环绕着细导线的场分量较大，在细导线周围的离散取样点上的场量值可能不精确，因此使用更精确的细导线的建模技术是必要的。为了得到更高的精度，应该计入金属线的半径对场分布的影响。细导线技术将在第 10 章讨论。

3.5 创建媒质网格

本章开始讨论了怎样在 MATLAB 中应用数据结构定义目标。使用这些结构来初始化 FDTD 媒质网格，创建初始化三维数组来表示媒质参量分量：ε、μ、α^e 和 α^m，然后在 3.4 节，又应用平均方案，为这些数组指定适当的媒质参量。以后这些数据将用在 FDTD 更新计算中的系数计算中。

子程序 initialize_fdtd_material_grid 见程序 3.4，它的功能是初始化媒质数组。媒质数组的初始化过程包括多个阶段，因此，initialize_fdtd_material_grid 文件按功能分为多个子程序。将运行描述的程序，以展示 3.4 节中的概念如何以编程实现。

程序 3.4　initialize_fdtd_material_grid.m

```
disp ('initializing FDTD material grid');

% calculate problem space size based on the object
% locations and boundary conditions
calculate_domain_size;

% Array to store material type indices for every cell
% in the problem space. By default the space is filled
% with air by initializing the array by ones
material_3d_space = ones(nx,ny,nz);

% Create the 3D objects in the problem space by
% assigning indices of material types in the cells
% to material_3d_space

% create spheres
create_spheres;

% create bricks
create_bricks;

% Material component arrays for a problem space
% composed of (nx,ny,nz) cells
eps_r_x     = ones(nx,nyp1,nzp1);
```

```
eps_r_y    = ones(nxp1,ny,nzp1);
eps_r_z    = ones(nxp1,nyp1,nz);
mu_r_x     = ones(nxp1,ny,nz);
mu_r_y     = ones(nx,nyp1,nz);
mu_r_z     = ones(nx,ny,nzp1);
sigma_e_x  = zeros(nx,nyp1,nzp1);
sigma_e_y  = zeros(nxp1,ny,nzp1);
sigma_e_z  = zeros(nxp1,nyp1,nz);
sigma_m_x  = zeros(nxp1,ny,nz);
sigma_m_y= zeros(nx,nyp1,nz);
sigma_m_z= zeros(nx,ny,nzp1);

% calculate material component values by averaging
calculate_material_component_values;

% create zero thickness PEC plates
create_PEC_plates;
```

程序 3.4 调用的第一个子程序为 calculate_domain_size,其内容列于程序 3.5。在此子程序中,将确定 FDTD 问题空间的大小。包括构成网格的数量(N_x、N_y、N_z)。一旦在 x、y、z 方向上的网格数确定后,这些量就赋于常数量 n_x、n_y、n_z。基于上节的讨论,假设每个 Yee 网格单元仅填充一种媒质。然后程序 3.4 中的三维数组 material_3d_space 大小为 ($N_x \times N_y \times N_z$),被初始化为 1。在此数组中,每一个元素中存储着一个媒质类型的指标,此种媒质填充对应的问题空间的网格。因为在初始化中 material_3d_space 被赋于 1,参考程序 3.2,这表示所有的网格都由空气填充。

程序 3.5　calculate_domain_size.m

```
disp('calculating the number of cells in the problem space');


number_of_spheres = size(spheres,2);
number_of_bricks  = size(bricks,2);

% find the minimum and maximum coordinates of a
% box encapsulating the objects
number_of_objects = 1;
for i= 1:number_of_spheres
    min_x(number_of_objects)= spheres(i).center_x - spheres(i).radius;
    min_y(number_of_objects)= spheres(i).center_y - spheres(i).radius;
    min_z(number_of_objects)= spheres(i).center_z - spheres(i).radius;
    max_x(number_of_objects)= spheres(i).center_x+ spheres(i).radius;
    max_y(number_of_objects)= spheres(i).center_y+ spheres(i).radius;
    max_z(number_of_objects)= spheres(i).center_z+ spheres(i).radius;
```

```
        number_of_objects = number_of_objects+ 1;
end
for i= 1:number_of_bricks
    min_x(number_of_objects)= bricks(i).min_x;
    min_y(number_of_objects)= bricks(i).min_y;
    min_z(number_of_objects)= bricks(i).min_z;
    max_x(number_of_objects)= bricks(i).max_x;
    max_y(number_of_objects)= bricks(i).max_y;
    max_z(number_of_objects)= bricks(i).max_z;
    number_of_objects = number_of_objects+ 1;
end

fdtd_domain.min_x = min(min_x);
fdtd_domain.min_y = min(min_y);
fdtd_domain.min_z = min(min_z);
fdtd_domain.max_x = max(max_x);
fdtd_domain.max_y = max(max_y);
fdtd_domain.max_z = max(max_z);

% Determine the problem space boundaries including air buffers
fdtd_domain.min_x = fdtd_domain.min_x ...
    - dx * boundary.air_buffer_number_of_cells_xn;
fdtd_domain.min_y = fdtd_domain.min_y ...
    - dy * boundary.air_buffer_number_of_cells_yn;
fdtd_domain.min_z = fdtd_domain.min_z ...
    - dz * boundary.air_buffer_number_of_cells_zn;
fdtd_domain.max_x = fdtd_domain.max_x ...
    + dx * boundary.air_buffer_number_of_cells_xp;
fdtd_domain.max_y = fdtd_domain.max_y ...
    + dy * boundary.air_buffer_number_of_cells_yp;
fdtd_domain.max_z = fdtd_domain.max_z ...
    + dz * boundary.air_buffer_number_of_cells_zp;

% Determining the problem space size
fdtd_domain.size_x = fdtd_domain.max_x - fdtd_domain.min_x;
fdtd_domain.size_y = fdtd_domain.max_y - fdtd_domain.min_y;
fdtd_domain.size_z = fdtd_domain.max_z - fdtd_domain.min_z;

% number of cells in x,y,and z directions
nx = round(fdtd_domain.size_x/dx);
ny = round(fdtd_domain.size_y/dy);
nz = round(fdtd_domain.size_z/dz);
```

```
% adjust domain size by snapping to cells
fdtd_domain.size_x = nx * dx;
fdtd_domain.size_y = ny * dy;
fdtd_domain.size_x = nz * dz;

fdtd_domain.max_x = fdtd_domain.min_x+ fdtd_domain.size_x;
fdtd_domain.max_y = fdtd_domain.min_y+ fdtd_domain.size_y;
fdtd_domain.max_z = fdtd_domain.min_z+ fdtd_domain.size_z;

% some frequently used auxiliary parameters
nxp1 = nx+ 1;    nyp1 = ny+ 1;    nzp1 = nz+ 1;
nxm1 = nx- 1;    nxm2 = nx- 2;    nym1 = ny- 1;
nym2 = ny- 2;    nzm1 = nz- 1;    nzm2 = nz- 2;

% create arrays storing the center coordinates of the cells
fdtd_domain.cell_center_coordinates_x = zeros(nx,ny,nz);
fdtd_domain.cell_center_coordinates_y = zeros(nx,ny,nz);
fdtd_domain.cell_center_coordinates_z = zeros(nx,ny,nz);
for ind = 1:nx
    fdtd_domain.cell_center_coordinates_x(ind,:,:)= ...
        (ind - 0.5)* dx+ fdtd_domain.min_x;
end
for ind = 1:ny
    fdtd_domain.cell_center_coordinates_y(:,ind,:)= ...
        (ind - 0.5)* dy+ fdtd_domain.min_y;
end
for ind = 1:nz
    fdtd_domain.cell_center_coordinates_z(:,,:ind)= ...
        (ind - 0.5)* dz+ fdtd_domain.min_z;
end
```

此后发现，与目标重叠的网格在 define_geometry 中定义，并指定为目标的媒质类型，即数组 material_3d_space 中的相应元素。此过程在子程序 create_spheres 中执行，见程序 3.6，以及子程序 create_bricks，见程序 3.7。在所给的例子中，首先在问题空间中创建球体，然后创建长方体。当它们在子程序 define_geometry 中定义时，依次在程序中被创建。这意味，如果多个目标在相同的网格重叠，则最后定义的目标将重写前面定义。因此，要根据此规律来定义目标。上面两个子程序(create_spheres，create_bricks)可以用更先进的程序代替。在此先进的算法中，目标在重叠情况下可以指定其优先权。在问题空间，改变优先权就可以用想要的秩序创建目标。

程序 3.6　create_spheres.m

```
disp ('creating spheres');

cx = fdtd_domain.cell_center_coordinates_x;
cy = fdtd_domain.cell_center_coordinates_y;
cz = fdtd_domain.cell_center_coordinates_z;
for ind= 1:number_of_spheres
% distance of the centers of the cells from the center of the sphere
    distance = sqrt((spheres(ind).center_x - cx).^2 ...
        + (spheres(ind).center_y - cy).^2 ...
        + (spheres(ind).center_z - cz).^2);
    I = find (distance<= spheres(ind).radius);
    material_3d_space(I)= spheres(ind).material_type;
end
clear cx cy cz;
```

程序 3.7　create_bricks.m

```
disp ('creating bricks');

for ind = 1:number_of_bricks
    % convert brick end coordinates to node indices
    blx = round ((bricks(ind).min_x - fdtd_domain.min_x)/dx)+ 1;
    bly = round ((bricks(ind).min_y - fdtd_domain.min_y)/dy)+ 1;
    blz = round ((bricks(ind).min_z - fdtd_domain.min_z)/dz)+ 1;

    bux = round ((bricks(ind).max_x - fdtd_domain.min_x)/dx)+ 1;
    buy = round ((bricks(ind).max_y - fdtd_domain.min_y)/dy)+ 1;
    buz = round ((bricks(ind).max_z - fdtd_domain.min_z)/dz)+ 1;

% assign material type of the brick to the cells
material_3d_space(blx:bux-1,bly:buy-1,blz:buz-1)...
    = bricks(ind).material_type;
end
```

　　例如，数组 material_3d_space 由所定义的目标的媒质参量指标所赋值。目标的定义在程序 3.3 中，示于图 3.2。由数组 material_3d_space 所代表的网格绘于图 3.10 中。由图 3.10 可看出由程序 display_problem_space 所产生的目标的阶梯近似。子程序 display_problem_space 是在程序 fdtd_solve 中调用的。

　　然后，在初始化程序 initialize_fdtd_material_grid 中创建了一个三维数组来表示媒质参量：ε_x、ε_y、ε_z、μ_x、μ_y、μ_z、σ_x^e、σ_y^e、σ_z^e、σ_x^m、σ_y^m、σ_z^m。这里参量 esp_r_x、esp_r_y、esp_r_z、mu_r_x、mu_r_y、mu_r_z 分别代表相对介电常数和相对磁导率，它们被初始化为 1，而电导率和磁导率数组

被初始化为零。应该注意到,这些数组的大小与和它们相关的场量的大小是不同的。这是因为如图 1.5 所示的场分量的 Yee 网格位置指定方案的缘故。例如,电场的 x 分量 E_x,在由($N_x \times N_y \times N_z$)个网格构成的问题空间,如图 3.11 所示。可以看到这里存在着($N_x \times N_y+1 \times N_z+1$)个电场 E_x 分量。因此,在程序中,代表电场 E_x 的数组和代表与 E_x 相关的媒质分量的数组,必须构造成($N_x \times N_y+1 \times N_z+1$)大小的数组。因此在程序 3.4 中,参数 eps_r_x、sigma_e_x 构造成(nx,nyp1,nzp1)大小的三维数组。这里 nyp1=ny+1,而 nzp1=nz+1。同样,在图 3.12 中,有($N_x+1 \times N_y \times N_z$)个 H_x 分量。因此在程序 3.4 中,参数 mu_r_x 和 sigma_m_x 被构造成(nxp1,ny,nz)大小的数组。这里 nxp1=nx+1。

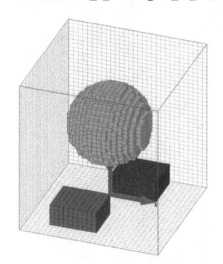

图 3.10 一 FDTD 问题空间及由网格近似的目标

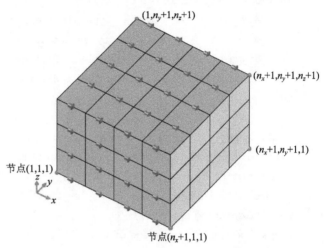

图 3.11 在一 $N_x \times N_y \times N_z$ 网格构成的问题空间中,电场分量 E_x 的位置

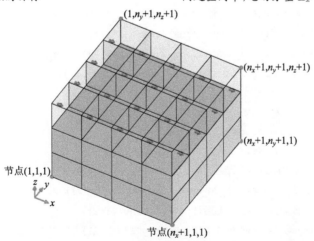

图 3.12 在一 $N_x \times N_y \times N_z$ 网格构成的问题空间中,电场分量 H_x 的位置

因为已创建并初始化了数组 material_3d_space,用阶梯近似的方法来表示 FDTD 问题空间,并对媒质分量数组进行了初始化。所以可以在 3.4 节中所讨论的平均值方案的基础上,对媒质分量数组的元素赋于适当的参量值。此项任务即由子程序 calculate_material_component_values 完成。程序 3.8 给出了其中的部分代码。程序 3.8 中,计算了

媒质分量数组中的 x 分量,其他分量留给读者完成。应该注意到,计算 eps_r_x、sigma_e_x、mu_r_x 及 sigma_m_x 等量,分别应用了式(3.11)~式(3.13)。

程序 3.8 calculate_material_component_values.m

```matlab
disp('filling material components arrays');

% creating temporary 1D arrays for storing
% parameter values of material types
for ind = 1:size(material_types,2)
    t_eps_r(ind)   = material_types(ind).eps_r;
    t_mu_r(ind)    = material_types(ind).mu_r;
    t_sigma_e(ind) = material_types(ind).sigma_e;
    t_sigma_m(ind) = material_types(ind).sigma_m;
end

% assign negligibly small values to t_mu_r and t_sigma_m where they are
% zero in order to prevent division by zero error
t_mu_r(find(t_mu_r==0)) = 1e-20;
t_sigma_m(find(t_sigma_m==0)) = 1e-20;
disp('Calculating eps_r_x');
% eps_r_x(i,j,k) is average of four cells
% (i,j,k),(i,j-1,k),(i,j,k-1),(i,j-1,k-1)
eps_r_x(1:nx,2:ny,2:nz) = ...
    0.25 * (t_eps_r(material_3d_space(1:nx,2:ny,2:nz)) ...
    + t_eps_r(material_3d_space(1:nx,1:ny-1,2:nz)) ...
    + t_eps_r(material_3d_space(1:nx,2:ny,1:nz-1)) ...
    + t_eps_r(material_3d_space(1:nx,1:ny-1,1:nz-1)));

disp('Calculating eps_r_y');
% eps_r_y(i,j,k) is average of four cells
% (i,j,k),(i-1,j,k),(i,j,k-1),(i-1,j,k-1)
eps_r_y(2:nx,1:ny,2:nz) = ...
    0.25 * (t_eps_r(material_3d_space(2:nx,1:ny,2:nz)) ...
    + t_eps_r(material_3d_space(1:nx-1,1:ny,2:nz)) ...
    + t_eps_r(material_3d_space(2:nx,1:ny,1:nz-1)) ...
    + t_eps_r(material_3d_space(1:nx-1,1:ny,1:nz-1)));

disp('Calculating eps_r_z');
% eps_r_z(i,j,k) is average of four cells
% (i,j,k),(i-1,j,k),(i,j-1,k),(i-1,j-1,k)
eps_r_z(2:nx,2:ny,1:nz) = ...
```

```
        0.25 *  (t_eps_r(material_3d_space(2:nx,2:ny,1:nz)) ...
        + t_eps_r(material_3d_space(1:nx- 1,2:ny,1:nz)) ...
        + t_eps_r(material_3d_space(2:nx,1:ny- 1,1:nz)) ...
        + t_eps_r(material_3d_space(1:nx- 1,1:ny- 1,1:nz)));

disp('Calculating sigma_e_x');
% sigma_e_x(i,j,k) is average of four cells
% (i,j,k),(i,j- 1,k), (i,j,k- 1), (i,j- 1,k- 1)
sigma_e_x(1:nx,2:ny,2:nz) = ...
        0.25 *  (t_sigma_e(material_3d_space(1:nx,2:ny,2:nz)) ...
        + t_sigma_e(material_3d_space(1:nx,1:ny- 1,2:nz)) ...
        + t_sigma_e(material_3d_space(1:nx,2:ny,1:nz- 1)) ...
        + t_sigma_e(material_3d_space(1:nx,1:ny- 1,1:nz- 1)));

disp('Calculating sigma_e_y');
% sigma_e_y(i,j,k) is average of four cells
% (i,j,k),(i- 1,j,k), (i,j,k- 1), (i- 1,j,k- 1)
sigma_e_y(2:nx,1:ny,2:nz) = ...
        0.25 *  (t_sigma_e(material_3d_space(2:nx,1:ny,2:nz)) ...
        + t_sigma_e(material_3d_space(1:nx- 1,1:ny,2:nz)) ...
        + t_sigma_e(material_3d_space(2:nx,1:ny,1:nz- 1)) ...
        + t_sigma_e(material_3d_space(1:nx- 1,1:ny,1:nz- 1)));

disp('Calculating sigma_e_z');
% sigma_e_z(i,j,k) is average of four cells
% (i,j,k),(i- 1,j,k), (i,j- 1,k), (i- 1,j- 1,k)
sigma_e_z(2:nx,2:ny,1:nz) = ...
        0.25 *  (t_sigma_e(material_3d_space(2:nx,2:ny,1:nz)) ...
        + t_sigma_e(material_3d_space(1:nx- 1,2:ny,1:nz)) ...
        + t_sigma_e(material_3d_space(2:nx,1:ny- 1,1:nz)) ...
        + t_sigma_e(material_3d_space(1:nx- 1,1:ny- 1,1:nz)));

disp('Calculating mu_r_x');
% mu_r_x(i,j,k) is average of two cells (i,j,k),(i- 1,j,k)
mu_r_x(2:nx,1:ny,1:nz) =  ...
        2 *  (t_mu_r(material_3d_space(2:nx,1:ny,1:nz)) ...
        .* t_mu_r(material_3d_space(1:nx- 1,1:ny,1:nz))) ...
        ./(t_mu_r(material_3d_space(2:nx,1:ny,1:nz)) ...
        + t_mu_r(material_3d_space(1:nx- 1,1:ny,1:nz)));

disp('Calculating mu_r_y');
% mu_r_y(i,j,k) is average of two cells (i,j,k),(i,j- 1,k)
```

```
    mu_r_y(1:nx,2:ny,1:nz) = ...
        2 * (t_mu_r(material_3d_space(1:nx,2:ny,1:nz)) ...
        .* t_mu_r(material_3d_space(1:nx,1:ny- 1,1:nz))) ...
        ./(t_mu_r(material_3d_space(1:nx,2:ny,1:nz)) ...
        + t_mu_r(material_3d_space(1:nx,1:ny- 1,1:nz)));

    disp('Calculating mu_r_z');
    % mu_r_z(i,j,k) is average of two cells (i,j,k),(i,j,k- 1)
    mu_r_z(1:nx,1:ny,2:nz) = ...
        2 * (t_mu_r(material_3d_space(1:nx,1:ny,2:nz)) ...
        .* t_mu_r(material_3d_space(1:nx,1:ny,1:nz- 1))) ...
        ./(t_mu_r(material_3d_space(1:nx,1:ny,2:nz)) ...
        + t_mu_r(material_3d_space(1:nx,1:ny,1:nz- 1)));

    disp('Calculating sigma_m_x');
    % sigma_m_x(i,j,k) is average of two cells (i,j,k),(i- 1,j,k)
    sigma_m_x(2:nx,1:ny,1:nz) = ...
        2 * (t_sigma_m(material_3d_space(2:nx,1:ny,1:nz)) ...
        .* t_sigma_m(material_3d_space(1:nx- 1,1:ny,1:nz))) ...
        ./(t_sigma_m(material_3d_space(2:nx,1:ny,1:nz)) ...
        + t_sigma_m(material_3d_space(1:nx- 1,1:ny,1:nz)));

    disp('Calculating sigma_m_y');
    % sigma_m_y(i,j,k) is average of two cells (i,j,k),(i,j- 1,k)
    sigma_m_y(1:nx,2:ny,1:nz) = ...
        2 * (t_sigma_m(material_3d_space(1:nx,2:ny,1:nz)) ...
        .* t_sigma_m(material_3d_space(1:nx,1:ny- 1,1:nz))) ...
        ./(t_sigma_m(material_3d_space(1:nx,2:ny,1:nz)) ...
        + t_sigma_m(material_3d_space(1:nx,1:ny- 1,1:nz)));

    disp('Calculating sigma_m_z');
    % sigma_m_z(i,j,k) is average of two cells (i,j,k),(i,j,k- 1)
    sigma_m_z(1:nx,1:ny,2:nz) = ...
        2 * (t_sigma_m(material_3d_space(1:nx,1:ny,2:nz)) ...
        .* t_sigma_m(material_3d_space(1:nx,1:ny,1:nz- 1))) ...
        ./(t_sigma_m(material_3d_space(1:nx,1:ny,2:nz)) ...
        + t_sigma_m(material_3d_space(1:nx,1:ny,1:nz- 1)));
```

构造媒质网格的最后一步是,在媒质网格中创建一个零厚度的 PEC 板。子程序 create_PEC_plates 见程序 3.9,完成的就是此任务。此程序检查所有的已定义的厚度为零的长方体,将它们的传导率赋为电导率分量,即用电导率来覆盖原来的初始化值。使用这一段代码,得到了图 3.10 给出的媒质网格,并在图 3.13(a)中给出了在三个平面上,相对介电常数的分布的剖面图。相对磁导率的分布绘于图 3.13(b)，取平均的效应可以在目标的边界上清楚地观察到。

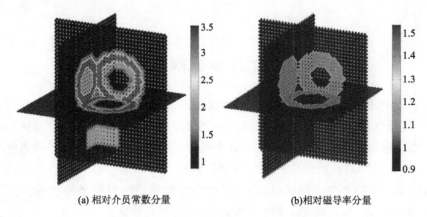

(a) 相对介员常数分量　　　　　(b) 相对磁导率分量

图 3.13　在三维平面截面中的媒质网格

程序 3.9　create_PEC_plates.m

```
disp ('creating PEC plates on the material grid');

for ind = 1:number_of_bricks

    mtype = bricks(ind).material_type;
    sigma_pec = material_types(mtype).sigma_e;

    % convert coordinates to node indices on the FDTD grid
    blx = round((bricks(ind).min_x - fdtd_domain.min_x)/dx)+ 1;
    bly = round((bricks(ind).min_y - fdtd_domain.min_y)/dy)+ 1;
    blz = round((bricks(ind).min_z - fdtd_domain.min_z)/dz)+ 1;

    bux = round((bricks(ind).max_x - fdtd_domain.min_x)/dx)+ 1;
    buy = round((bricks(ind).max_y - fdtd_domain.min_y)/dy)+ 1;
    buz = round((bricks(ind).max_z - fdtd_domain.min_z)/dz)+ 1;

    % find the zero thickness bricks
    if (blx == bux)
        sigma_e_y(blx,bly:buy- 1,blz:buz)= sigma_pec;
        sigma_e_z(blx,bly:buy,blz:buz- 1)= sigma_pec;
    end
    if (bly == buy)
        sigma_e_z(blx:bux,bly,blz:buz- 1)= sigma_pec;
        sigma_e_x(blx:bux- 1,bly,blz:buz)= sigma_pec;
    end
if (blz == buz)
```

```
    sigma_e_x(blx:bux-1,bly:buy,blz)= sigma_pec;
    sigma_e_y(blx:bux,bly:buy-1,blz) = sigma_pec;
  end
end
```

3.6 改善8个网格平均

在3.2节中,图3.4描述了任意一个网格怎样可以划分为8个子网格,而每一种媒质参量怎样可以分布在这8个子网格之间。一个简单的平均策略,如式(3.1)可以用来计算所给的媒质参量的等效值。可以将3.3节中所讨论的平均策略与8个子网格模型策略合并起来,以改善在FDTD网格中的媒质分量的建模。

考虑图3.4中的8个子网格,每个子网格中都充满着一种类型的媒质。假定对4个子网格中的 ε_1、ε_4、ε_5 和 ε_8 等效,介电常数 ε_p 可以由下式计算:

$$\varepsilon_p = 0.25(\varepsilon_1 + \varepsilon_4 + \varepsilon_5 + \varepsilon_8)$$

同样,假定对4个子网格中的 ε_2、ε_3、ε_6 和 ε_7 等效介电常数 ε_n 可以由下式计算:

$$\varepsilon_n = 0.25(\varepsilon_2 + \varepsilon_3 + \varepsilon_6 + \varepsilon_7)$$

假定媒质参量 $\varepsilon_z(i,j,k)$ 位于两个半网格之间,它们分别填充有介电常数 ε_p 和 ε_n,$\varepsilon_z(i,j,k)$ 的方向指向此两个半网格的边界的法线方向。因此应用式(3.6),可以写出

$$\varepsilon_z(i,j,k) = \frac{2\varepsilon_n\varepsilon_p}{\varepsilon_n + \varepsilon_p} \tag{3.14}$$

同样的技术也可以用于磁导率、电导率和磁导率的计算。另外,应该提到的是,这里应用的8子网格改善策略是在基于文献[8]中更一般的8子网格研究的基础上的。

3.7 练 习

3.1 文件 fdtd_solve 是运行 FDTD 仿真的主程序。打开此文件,检查其内容。它调用几个还未执行的子程序。将代码中的第7、8行以及第14~27行变为注释语句。即在这些行前加上符号"%"。这样程序就可以现在的功能运行了。

打开子程序 define_problem_space_parameters,并定义问题空间参量。设网格的边长为1mm,边界为PEC。在所有的方向上设目标与边界之间的空气隙为5个网格。用指标4来定义媒质类型,即相对介电常数为4、相对磁导率为2、电导率为0.2、磁导率为0.1。用指标5来定义另一媒质类型,相对介电常数为6、相对磁导率为3、电导率为0.4、磁导率为0.2。打开子程序 define_geometry,并定义问题的几何尺寸。定义一长方体,尺寸为5mm×6mm×7mm,媒质类型为4,图3.14(a)给出了所考虑的问题的几何图像。

在文件目录中,有一些附加的可以用于绘图的子程序,包含在代码内。这些子程序,定义之后可以在 fdtd_solve 中调用。在程序 fdtd_solve 中的第9行,暂时插入命令"show_problem_space=true",可以使三维图像显示出来。运行程序 fdtd_solve,将打开一个图,显示出定义的三维图像。另外,一个程序名为"Display_Material_Mesh",可以帮助检查在"define_geometry"中创建的媒质网格。相对介电常数在FDTD问题空间中的

分布如图3.14(b)所示。此图为三维截面图,是程序"Display_Material_Mesh"所生成的。检查几何图形和媒质网格,以证实媒质参量是边界上的值的平均,如本章所述。

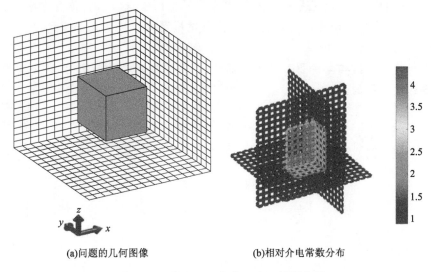

(a)问题的几何图像　　　　　　(b)相对介电常数分布

图3.14　练习3.1中的FDTD问题空间

3.2　考虑在练习3.1中构造的问题。现在定义另一长方体,尺寸为3mm×4mm×5mm,指定其媒质类型为5,将其放在第一长方体的中心。运行fdtd_solve,检查其几何与媒质网格并证实其媒质参量值是边界平均值,如本章所述。

现在改变define_geometry中定义长方体的秩序。先定义第二长方体指标为1,定义第一长方体指标为2。运行fdtd_solve,检查其几何与媒质网格。在本次程序的执行中,目标定义的秩序决定了FDTD中媒质网格的创建。

3.3　创建一问题空间,令其网格的边长为1mm,边界为PEC。在所有的方向上设目标与边界之间的空气隙为5个网格。定义一长方体作为零厚度的PEC板,其位置在坐标(0,0,0)和(8,8,0)之间。另定义一零厚度的板,媒质类型为空气,置于坐标(3,0,0)和(5,8,0)之间,如图3.15(a)所示。运行fdtd_solve,检查其几何与媒质网格。检查电导率的分布,证实平板之间的边界,其媒质为空气,如图3.15(b)所示。

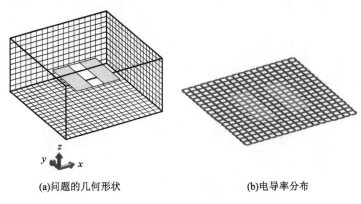

(a)问题的几何形状　　　　　　(b)电导率分布

图3.15　练习3.3中的FDTD问题空间

3.4 构造一问题空间,令其网格的边长为 1mm,边界为 PEC。在所有的方向上设目标与边界之间的空气隙为 5 个网格。定义一长方体作为零厚度的 PEC 板,其位置在坐标 (0,0,0) 和 (3,8,0) 之间。定义另一长方体作为零厚度的 PEC 板,其位置在坐标 (5,0,0) 和 (8,8,0) 之间。运行 fdtd_solve,检查其几何与媒质网格。检查电导率的分布。证实两板面对的边界上,媒质为 PEC。

虽然本题的几何结构与练习 3.3 是相同的,但是媒质网格是不同的,这是因为所定义的几何的方式是不同的。

第 4 章 有源和无源集总参数电路

4.1 FDTD 中集总参数元件的更新公式

许多电磁应用中要求,集总参数元件可能是有源的,以电压源和电流源的形式给出;或为无源器件,以电阻、电容和电感的形式出现。在天线和微波器件的数值仿真中,非线性器件如二极管、三极管也常包含在内。通过这些电路元件的电流,可以表示为一外加的电流密度 J_i,用麦克斯韦方程表示为

$$\nabla \times \boldsymbol{H} = \varepsilon \frac{\partial \boldsymbol{E}}{\partial t} + \sigma^e \boldsymbol{E} + \boldsymbol{J}_i \tag{4.1}$$

外加电流常用于表示源或未知量,从这个意义上说,在计算领域内它们是产生电场和磁场的源[10]。一个置于两个节点之间的集总参数元件,其特性由此两节点间的电压和流经此两点的电流的关系确定。此种关系可以通过电压与电场间的关系并入麦克斯韦方程中:

$$\boldsymbol{E} = -\nabla V \tag{4.2}$$

以及电流与电流密度之间的关系:

$$I = \int_S \boldsymbol{J} \cdot \mathrm{d}\bar{s} \tag{4.3}$$

式中:S 为单元网格的截面积,其法向矢量与电流 I 平行。

这些式子可以在离散空间与时间内执行,并可以并入式(4.1)的差分公式中。这样就得到了 FDTD 的更新迭代公式,用以相应的集总参数元件的特性仿真。

本章将讨论构造集总参数元件的 FDTD 更新方程,并用 MATLAB 程序的运行来证明集总参数元件的定义、初始化与模拟。

4.1.1 电压源

在任何电磁数值仿真中,一个不可缺少的函数项为场的激励源。源的类型与问题的类型相关:散射问题要求从远区处源辐射来的场,如平面波,在问题空间来激励目标;其他一些问题则要求近场激励源,近场源通常是电压源或电流源。本节将推导更新方程,用来模拟在问题空间中的电压源的效应。

考虑标题旋度方程

$$\frac{\partial E_z}{\partial t} = \frac{1}{\varepsilon_z}\left(\frac{\partial H_y}{\partial x} - \frac{\partial H_x}{\partial y} - \sigma_z^e E_z - J_{iz}\right) \tag{4.4}$$

此方程构造了流经 z 方向的电流密度与电场矢量和磁场矢量之间的关系。基于场的位置关系(图 4.1),用中心差分公式来表示空间和时间的导数:

$$\frac{E_z^{n+1}(i,j,k)-E_z^n(i,j,k)}{\Delta t}=\frac{1}{\varepsilon_z(i,j,k)}\frac{H_y^{n+\frac{1}{2}}(i,j,k)-H_y^{n+\frac{1}{2}}(i-1,j,k)}{\Delta x}$$
$$-\frac{1}{\varepsilon_z(i,j,k)}\frac{H_x^{n+\frac{1}{2}}(i,j,k)-H_x^{n+\frac{1}{2}}(i,j-1,k)}{\Delta y}$$
$$-\frac{\sigma_z^e(i,j,k)}{2\varepsilon_z(i,j,k)}[E_z^{n+1}(i,j,k)+E_z^n(i,j,k)] \quad (4.5)$$
$$-\frac{1}{\varepsilon_z(i,j,k)}J_{iz}^{n+\frac{1}{2}}(i,j,k)$$

将一电压为 V_s 伏、内阻为 R_s 欧姆的电压源置于节点 (i,j,k) 和 $(i,j,k+1)$ 之间，如图 4.2(a) 所示。其中 V_s 是一时变函数，它的波形是事先已确定的。此电路的电压电流关系可写成

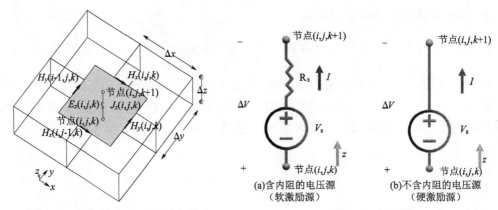

图 4.1　环绕 $E_z(i,j,k)$ 的场分量　　　　图 4.2　电压源

$$I=\frac{\Delta V+V_s}{R_s} \quad (4.6)$$

式中：ΔV 为节点 (i,j,k) 和节点 $(i,j,k+1)$ 之间的电势之差。

利用式(4.2)，ΔV 可以用 E_z 来表示，即

$$\Delta V=\Delta z E_z^{n+\frac{1}{2}}(i,j,k)=\Delta z\frac{E_z^{n+1}(i,j,k)+E_z^n(i,j,k)}{2} \quad (4.7)$$

由于时间离散关系，上式中的电势差是属于 $(n+1/2)\Delta t$ 时刻的电势，电流 I 是流过由图 4.1 所示的磁场所围的面积的电流，利用式(4.3)，用 J_{iz} 来表示，有

$$I^{n+\frac{1}{2}}=\Delta x\Delta y J_{iz}^{n+\frac{1}{2}}(i,j,k) \quad (4.8)$$

式(4.7)中的电势是在 $(n+1/2)\Delta t$ 时刻计算的，与式(4.5)中的 I 和 J 是一致的。将式(4.7)、式(4.8)代入式(4.6)，得

$$J_{iz}^{n+\frac{1}{2}}(i,j,k)=\frac{\Delta z}{\Delta x\Delta y R_s}[E_z^{n+1}(i,j,k)+E_z^n(i,j,k)]+\frac{1}{2\Delta x\Delta y R_s}V_s^{n+\frac{1}{2}} \quad (4.9)$$

式(4.9)包含了在离散时间和离散空间中电压源的电压与电流之间的关系（对电场而言）。利用式(4.9)和式(4.5)重写式(4.9)，下一时间步的电场可表示为

$$E_z^{n+1}(i,j,k)=C_{eze}(i,j,k)\times E_z^n(i,j,k)$$
$$+C_{ezhy}(i,j,k)\times[H_y^{n+\frac{1}{2}}(i,j,k)-H_y^{n+\frac{1}{2}}(i-1,j,k)]$$

$$+C_{ezhx}(i,j,k)\times[H_x^{n+\frac{1}{2}}(i,j,k)-H_x^{n+\frac{1}{2}}(i,j-1,k)] \\ +C_{ezs}(i,j,k)\times V_s^{n+\frac{1}{2}}(i,j,k) \tag{4.10}$$

式中

$$C_{eze}(i,j,k)=\frac{2\varepsilon_z(i,j,k)-\Delta t\sigma_z^e(i,j,k)-\dfrac{\Delta t\Delta z}{R_s\Delta x\Delta y}}{2\varepsilon_z(i,j,k)+\Delta t\sigma_z^e(i,j,k)+\dfrac{\Delta t\Delta z}{R_s\Delta x\Delta y}}$$

$$C_{ezhy}(i,j,k)=\frac{2\Delta t}{[2\varepsilon_z(i,j,k)+\Delta t\sigma_z^e(i,j,k)+\dfrac{\Delta t\Delta z}{R_s\Delta x\Delta y}]\Delta x}$$

$$C_{ezhx}(i,j,k)=\frac{2\Delta t}{[2\varepsilon_z(i,j,k)+\Delta t\sigma_z^e(i,j,k)+\dfrac{\Delta t\Delta z}{R_s\Delta x\Delta y}]\Delta y}$$

$$C_{ezs}(i,j,k)=\frac{2\Delta t}{[2\varepsilon_z(i,j,k)+\Delta t\sigma_z^e(i,j,k)+\dfrac{\Delta t\Delta z}{R_s\Delta x\Delta y}]R_s\Delta x\Delta y}$$

方程(4.10)即为位于节点(i,j,k)和$(i,j,k+1)$之间电压源的 FDTD 模拟更新方程。朝其他方向的电压源的 FDTD 更新方程,可以用上述相同的方法得到。

FDTD 更新方程(4.10),是属于极化方向为 z 的正向的电压源(图 4.2(a))的更新方程。要模拟一个极化方向相反的电压源,只要将 V_s 改为 $-V_s$ 即可。

4.1.2 硬激励电压源

在某些应用中,希望将电压差强加在问题空间的某两点,可以通过使用一无内阻的电压源来达到此目的。此电压源称为硬激励电压源。如图 4.2(b)给出的例子。其中一幅度为 V_s 的电压源加于节点(i,j,k)和$(i,j,k+1)$之间。对此电压源,FDTD 的更新方程可以简单地在式(4.10)中令 $R_s \rightarrow 0$ 得到,即

$$E_z^{n+1}(i,j,k)=-E_z^n(i,j,k)-\frac{2}{\Delta z}V_s^{n+\frac{1}{2}}(i,j,k) \tag{4.11}$$

为使式(4.11)与一般的 FDTD 公式一致,式(4.11)可以改写为

$$E_z^{n+1}(i,j,k)=C_{eze}(i,j,k)\times E_z^n(i,j,k) \\ +C_{ezhy}(i,j,k)\times[H_y^{n+\frac{1}{2}}(i,j,k)-H_y^{n+\frac{1}{2}}(i-1,j,k)] \\ +C_{ezhx}(i,j,k)[H_x^{n+\frac{1}{2}}(i,j,k)-H_x^{n+\frac{1}{2}}(i,j-1,k)] \\ +C_{ezs}(i,j,k)V_s^{n+\frac{1}{2}}(i,j,k) \tag{4.12}$$

式(4.12)形式上与式(4.11)一致,但系数不同:

$$C_{ezx}(i,j,k)=-1, C_{ezhy}(i,j,k)=0, C_{ezhx}(i,j,k)=0, C_{ezs}(i,j,k)=-\frac{2}{\Delta z}$$

4.1.3 电流源

图 4.3 给出了电流源。其幅度大小为 I_s 安培,内阻为 R_s。I_s 为一时变函数。此电流源的电压电流关系可以写成

$$I=I_s+\frac{\Delta V}{R_s} \tag{4.13}$$

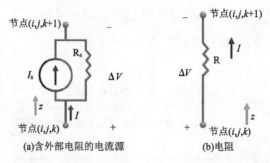

图 4.3 放置在节点 (i,j,k) 和 $(i,j,k+1)$ 之间的集总参数元件

式(4.7)中的 ΔV 与式(4.8)中的 $I^{n+\frac{1}{2}}$ 可以用于式(4.13)中,则在离散时间与空间中,有

$$J_{iz}^{n+\frac{1}{2}} = \frac{\Delta z}{2\Delta x \Delta y R_s} \times [E_z^{n+1}(i,j,k) + E_z^n(i,j,k)] + \frac{1}{\Delta x \Delta y} I_s^{n+\frac{1}{2}} \quad (4.14)$$

在式(4.5)中,应用式(4.14),用其他项来表示 E_z^{n+1},有

$$E_z^{n+1}(i,j,k) = C_{eze}(i,j,k) \times E_z^n(i,j,k) +$$
$$C_{ezhy}(i,j,k) \times [H_y^{n+\frac{1}{2}}(i,j,k) - H_y^{n+\frac{1}{2}}(i-1,j,k)] +$$
$$C_{ezhx}(i,j,k) \times [H_x^{n+\frac{1}{2}}(i,j,k) - H_x^{n+\frac{1}{2}}(i,j-1,k)] +$$
$$C_{ezs}(i,j,k) \times I_s^{n+\frac{1}{2}}(i,j,k) \quad (4.15)$$

式中

$$C_{eze}(i,j,k) = \frac{2\varepsilon_z(i,j,k) - \Delta t \sigma_z^e(i,j,k) - \dfrac{\Delta t \Delta z}{R_s \Delta x \Delta y}}{2\varepsilon_z(i,j,k) + \Delta t \sigma_z^e(i,j,k) + \dfrac{\Delta t \Delta z}{R_s \Delta x \Delta y}}$$

$$C_{ezhy}(i,j,k) = \frac{2\Delta t}{\left[2\varepsilon_z(i,j,k) + \Delta t \sigma_z^e(i,j,k) + \dfrac{\Delta t \Delta z}{R_s \Delta x \Delta y}\right]\Delta x}$$

$$C_{ezhx}(i,j,k) = \frac{2\Delta t}{\left[2\varepsilon_z(i,j,k) + \Delta t \sigma_z^e(i,j,k) + \dfrac{\Delta t \Delta z}{R_s \Delta x \Delta y}\right]\Delta y}$$

$$C_{ezs}(i,j,k) = \frac{2\Delta t}{\left[2\varepsilon_z(i,j,k) + \Delta t \sigma_z^e(i,j,k) + \dfrac{\Delta t \Delta z}{R_s \Delta x \Delta y}\right]\Delta x \Delta y}$$

方程(4.15)即为电流源的模拟更新方程。应该注意到,式(4.15)与式(4.10)除了激励源以外,它们是相同的。如果以 $R_s I_s^{n+\frac{1}{2}}(i,j,k)$ 代替 $V_s^{n+\frac{1}{2}}(i,j,k)$ 就可以得到式(4.15)。

方程(4.15)是流向 z 的正方向的电流源的 FDTD 更新方程,如图 4.3(a)所示。要模拟一个方向相反流动的电流激励源(即向 $-z$ 方向),只要使用反向电流幅度即可,即将 I_s 改为 $-I_s$。

4.1.4 电阻的 FDTD 建模

完成电压激励源和带有内部电阻的电流激励源的更新公式的推导,就可以直接推导出关于电阻的更新公式。例如,在图 4.3(a)中消去其中的电流激励源,就可以得到图 4.3(b)的电阻更新方程。因此在式(4.15)中设激励源项 $I_s^{n+\frac{1}{2}}(i,j,k)$ 为零,就得到电阻的迭代公式,即

$$E_z^{n+1}(i,j,k) = C_{eze}(i,j,k) \times E_z^n(i,j,k)$$
$$+ C_{ezhy}(i,j,k) \times [H_y^{n+\frac{1}{2}}(i,j,k) - H_y^{n+\frac{1}{2}}(i-1,j,k)] \quad (4.16)$$
$$+ C_{ezhx}(i,j,k) \times [H_x^{n+\frac{1}{2}}(i,j,k) - H_x^{n+\frac{1}{2}}(i,j-1,k)]$$

式中

$$C_{eze}(i,j,k) = \frac{2\varepsilon_z(i,j,k) - \Delta t \sigma_z^e(i,j,k) - \frac{\Delta t \Delta z}{R \Delta x \Delta y}}{2\varepsilon_z(i,j,k) + \Delta t \sigma_z^e(i,j,k) + \frac{\Delta t \Delta z}{R \Delta x \Delta y}}$$

$$C_{ezhy}(i,j,k) = \frac{2\Delta t}{\left[2\varepsilon_z(i,j,k) + \Delta t \sigma_z^e(i,j,k) + \frac{\Delta t \Delta z}{R \Delta x \Delta y}\right]\Delta x}$$

$$C_{ezhx}(i,j,k) = \frac{2\Delta t}{\left[2\varepsilon_z(i,j,k) + \Delta t \sigma_z^e(i,j,k) + \frac{\Delta t \Delta z}{R \Delta x \Delta y}\right]\Delta y}$$

4.1.5 电容的 FDTD 建模

图 4.4(a)给出了一容量为 C 的电容,电压与电流之间关系可以写成

$$I = C \frac{\mathrm{d}\Delta V}{\mathrm{d}t} \quad (4.17)$$

上述关系式可以表示成离散空间与离散时间中的形式,即

$$I^{n+\frac{1}{2}} = C \frac{\Delta V^{n+1} - \Delta V^n}{\Delta t} \quad (4.18)$$

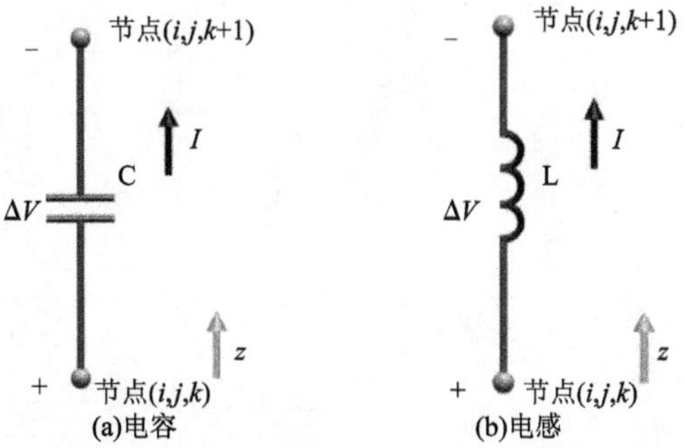

使用式(4.7)中的 ΔV 和式(4.8)中的 $I_s^{n+\frac{1}{2}}(i,j,k)$,可得

$$J_{iz}^{n+\frac{1}{2}}(i,j,k) = \frac{C\Delta z}{\Delta t \Delta x \Delta y} \times [E_z^{n+1}(i,j,k) - E_z^n(i,j,k)] \quad (4.19)$$

图 4.4 置于在节点(i,j,k)和$(i,j,k+1)$之间的集总参数元件

应用式(4.5),将 E_z^{n+1} 移到等式左边,得

$$E_z^{n+1}(i,j,k) = C_{eze}(i,j,k) \times E_z^n(i,j,k)$$
$$+ C_{ezhy}(i,j,k) \times [H_y^{n+\frac{1}{2}}(i,j,k) - H_y^{n+\frac{1}{2}}(i-1,j,k)] \quad (4.20)$$
$$+ C_{ezhx}(i,j,k) \times [H_x^{n+\frac{1}{2}}(i,j,k) - H_x^{n+\frac{1}{2}}(i,j-1,k)]$$

式中

$$C_{eze}(i,j,k) = \frac{2\varepsilon_z(i,j,k) - \Delta t \sigma_z^e(i,j,k) - \frac{2C\Delta z}{\Delta x \Delta y}}{2\varepsilon_z(i,j,k) + \Delta t \sigma_z^e(i,j,k) + \frac{2C\Delta z}{\Delta x \Delta y}}$$

$$C_{ezhy}(i,j,k) = \frac{2\Delta t}{\left[2\varepsilon_z(i,j,k) + \Delta t \sigma_z^e(i,j,k) + \frac{2C\Delta z}{\Delta x \Delta y}\right]\Delta x}$$

$$C_{ezhx}(i,j,k) = -\frac{2\Delta t}{\left[2\varepsilon_z(i,j,k)+\Delta t\sigma_z^e(i,j,k)+\frac{2C\Delta z}{\Delta x\Delta y}\right]\Delta y}$$

4.1.6 电感的 FDTD 建模

图 4.4(b)给出了电感量为 L 享的电感。其特性可以用电压与电流关系式来描述，即

$$V = L\frac{\mathrm{d}I}{\mathrm{d}t} \tag{4.21}$$

此关系式于 $n\Delta t$ 时刻，在离散空间和离散时间中，用中心差分法表示为

$$\Delta V^n = \frac{L}{\Delta t}\times(I^{n+\frac{1}{2}}-I^{n-\frac{1}{2}}) \tag{4.22}$$

使用离散域的关系式(4.7)、式(4.8)，有

$$J_{iz}^{n+\frac{1}{2}}(i,j,k) = J_{iz}^{n-\frac{1}{2}}(i,j,k) + \frac{\Delta t\Delta z}{L\Delta x\Delta y}\times E_z^n(i,j,k) \tag{4.23}$$

因为可以用以前的电场值和电流密度值 $J_{iz}{}^{n-\frac{1}{2}}(i,j,k)$ 来表示 $J_{iz}{}^{n+\frac{1}{2}}(i,j,k)$，这样就可以用通用 FDTD 更新方程(1.28)，不做修改就可以得到

$$\begin{aligned}E_z^{n+1}(i,j,k) = &C_{eze}(i,j,k)\times E_z^n(i,j,k)\\ &+C_{ezhy}(i,j,k)\times[H_y^{n+\frac{1}{2}}(i,j,k)-H_y^{n+\frac{1}{2}}(i-1,j,k)]\\ &+C_{ezhx}(i,j,k)\times[H_x^{n+\frac{1}{2}}(i,j,k)-H_x^{n+\frac{1}{2}}(i,j-1,k)]\\ &+C_{ezs}(i,j,k)\times J_{iz}^{n+\frac{1}{2}}(i,j,k)\end{aligned} \tag{4.24}$$

式中

$$C_{eze}(i,j,k) = \frac{2\varepsilon_z(i,j,k)-\Delta t\sigma_z^e(i,j,k)}{2\varepsilon_z(i,j,k)+\Delta t\sigma_z^e(i,j,k)}$$

$$C_{ezhy}(i,j,k) = \frac{2\Delta t}{[2\varepsilon_z(i,j,k)+\Delta t\sigma_z^e(i,j,k)]\Delta x}$$

$$C_{ezhx}(i,j,k) = -\frac{2\Delta t}{[2\varepsilon_z(i,j,k)+\Delta t\sigma_z^e(i,j,k)]\Delta y}$$

$$C_{ezj}(i,j,k) = -\frac{2\Delta t}{2\varepsilon_z(i,j,k)+\Delta t\sigma_z^e(i,j,k)}$$

应该注意的是，在 FDTD 时间步进迭代中，在每一时间步，用式(4.24)计算 $E_z^{n+1}(i,j,k)$ 之前，式(4.23)使用 $E_z^n(i,j,k)$、$J_{iz}^{n-\frac{1}{2}}(i,j,k)$ 更新 $J_{iz}^{n+\frac{1}{2}}(i,j,k)$。

4.1.7 位于表面或体积内的集总参数元件

4.1.6 节完成了一般的集总参数元件的 FDTD 更新方程的推导。在推导中假定这些元件都置于两个相邻的节点之间，沿着单元网格的边缘，指向经 x、y、z 的某一方向。然而在应用中，可能涉及模拟分布在表面或体积内的集总参数元件的行为。在这种情况下就涉及离散空间中的多个集总参数元件。例如，考虑图 4.5 中的电压激励源。这样一个电压源可以用于一个带线的馈入源，此时均匀电压 V_s 跨接在带线的边缘截面上。同样，如图 4.5 所示的电阻，在带线的顶部和底部保持电阻值不变，分布于一个体积中。同样，其他集总参数元件也可以分布在表面或体积内。在这种情况下集总参数元件的行为就扩展成多个网格表面和体积内的多个元件群的行为。可以用低点和高点来表示此集总参数

元件组。例如,电压源可以用(vis,vjs,vzs)、(vie,vje,vke)来表示,电阻可以用(ris,rjs,rzs)、(rie,rje,rke)来表示,如图4.6所示。

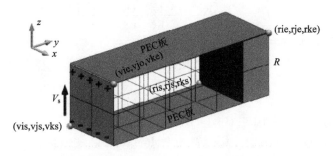

图4.5 一端由电压源激励、另一端接电阻的PEC平行板

前节推导出的集总参数元件的更新方程,仍可用于分布于多个网格中的集总参数元件的建模,但是需要进行参数值的修改,以保持集总参数元件各自的参量。例如,考虑图4.5中的电压源,为了模拟这个电压源电场分量E_z(vis:vie,vjs:vje,vks:vke−1)需要在各时间步内更新,如图4.6所示。因此,总的需要更新的电场分量数为,(vie−vis+1)×(vje−vjs+1)×(vke−vks),因此原来的单一的电压源现在由多个电压源来代替,而每一电压源都与各自的电场量相联系。而图4.6中每一独立的电压源都有一电压值,即

$$V'_s = \frac{V_s}{\text{vke} - \text{vks}} \tag{4.25}$$

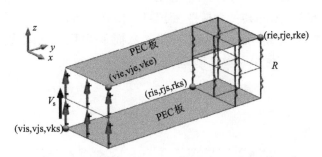

图4.6 分布于表面的电压源和分布于体积内的电阻

这是由于主要电压源的端部的电势差,在z方向需要保持同样的值。如果主要电源有一内电阻,它也需要保持不变。这样主要电阻就可以由一(vie−vis+1)×(vje−vjs+1)个并联的电阻网格来表示。这些并联电阻构成一(vke−vks)串联电阻。这样每一源的电阻R'_s为

$$R'_s = R_s \times \frac{(\text{vie} - \text{vis} + 1) \times (\text{vje} - \text{vjs} + 1)}{(\text{vke} - \text{vks})} \tag{4.26}$$

对V_s、R_s进行修改后,电场E_z(vis:vie,vjs:vje,vks:vke−1)就可以用式(4.10)来更新计算。

在平行PEC的其他端部,对每一个独立的电阻进行同样的处理,这样电阻R'就可以下式给出:

$$R' = R \times \frac{(\text{rie} - \text{ris} + 1) \times (\text{rje} - \text{rjs} + 1)}{\text{rke} - \text{rks}} \tag{4.27}$$

这样就可以用式(4.16)来更新电场 E_z(ris:rie,rjs:rje,rks:rke-1)。同样,对于电感,位于节点(is,js,ks)和(ie,je,ke)的独立的电感量 L' 可以表示为

$$L' = L \times \frac{(ie-is+1) \times (je-js+1)}{ke-ks} \tag{4.28}$$

而式(4.24)可以用来更新电场 E_z(is:ie,js:je,ks:ke-1)。

同样,对于电容,位于节点(is,js,ks)和(ie,je,ke)的独立的电感量 C' 可以表示为

$$C' = C \times \frac{ke-ks}{(ie-is+1) \times (je-js+1)} \tag{4.29}$$

而式(4.19)可以用来更新电场 E_z(is:ie,js:je,ks:ke-1)。

幅度为 I_s 电流源和电阻 R_s,其位置为节点(is,js,ks)和(ie,je,ke)之间,可以用式(4.15)修正了 I_s 和 R_s 之后的电场 E_z(is:ie,js:je,ks:ke-1)的更新来模拟,即

$$I'_s = \frac{I_s}{(ie-is+1) \times (je-js+1)} \tag{4.30}$$

$$R'_s = R_s \times \frac{(vie-vis+1) \times (vje-vjs+1)}{vke-vks} \tag{4.31}$$

应该注意的是,这里给出的修改方程都是对应于方向指向 z 方向的集总参数元件。对其他指向的集总参数元件的方程,其指标应进行适当的修改。

4.1.8 二极管的 FDTD 模拟

4.1.7 节对集总参数元件的 FDTD 更新方程进行了推导。这些电路元件可以由线性电压与电流关系来描述,因此其行为模拟在 FDTD 中是直接的。即在离散的时间和离散的空间中,适当地表达它们的电压与电流关系。然而 FDTD 方法的优点之一是,能模拟非线性元件。本节将推导模拟二极管的更新方程。

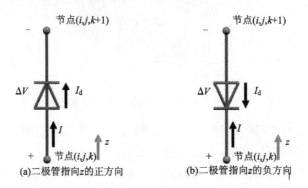

图 4.7 置于节点 (i,j,k) 和 $(i,j,k+1)$ 之间的二极管

如图 4.7(a)所示,一个二极管置于 FDTD 空间的两个节点 (i,j,k) 和 $(i,j,k+1)$ 之间。二极管仅允许电流向一个方向流动,如同图中 I_d 所示的方向,并且可用下式描述其特性:

$$I = I_d = I_0 [e^{qv_d/kT} - 1] \tag{4.32}$$

式中:q 为电子电荷的绝对值;k 为玻耳兹曼常数;T 为热力学温度。

此方程可以离散形式给出:

$$J_{iz}^{n+\frac{1}{2}}(i,j,k) = \frac{I_0}{\Delta x \Delta y}[\mathrm{e}^{(q\Delta z/2kT)(E_z^{n+1}(i,j,k)+E_z^n(i,j,k))} - 1] \tag{4.33}$$

这里应用了关系式 $V_d = \Delta V = \Delta z E_z$，将方程(4.33)用于式(4.5)，得

$$\begin{aligned}\frac{E_z^{n+1}(i,j,k) - E_z^n(i,j,k)}{\Delta t} &= \frac{1}{\varepsilon_z(i,j,k)}\frac{H_y^{n+1/2}(i,j,k) - H_y^{n+1/2}(i-1,j,k)}{\Delta x}\\ &\quad - \frac{1}{\varepsilon_z(i,j,k)}\frac{H_x^{n+1/2}(i,j,k) - H_x^{n+1/2}(i,j-1,k)}{\Delta y}\\ &\quad - \frac{\sigma_z^e(i,j,k)}{2\varepsilon_z(i,j,k)}[E_z^{n+1}(i,j,k) + E_z^n(i,j,k)]\\ &\quad - \frac{I_0}{\varepsilon_z(i,j,k)\Delta x \Delta y}[\mathrm{e}^{(q\Delta z/2kT)[E_z^{n+1}(i,j,k)+E_z^n(i,j,k)]} - 1]\end{aligned}\tag{4.34}$$

上式可以表示成

$$\begin{aligned}&E_z^{n+1}(i,j,k) + \frac{\sigma_z^e(i,j,k)\Delta t}{2\varepsilon_z(i,j,k)}E_z^{n+1}(i,j,k)\\ &= E_z^n(i,j,k) - \frac{\sigma_z^e(i,j,k)\Delta t}{2\varepsilon_z(i,j,k)}E_z^n(i,j,k)\\ &\quad + \frac{\Delta t}{\varepsilon_z(i,j,k)}\frac{H_y^{n+\frac{1}{2}}(i,j,k) - H_y^{n+\frac{1}{2}}(i-1,j,k)}{\Delta x}\\ &\quad - \frac{\Delta t}{\varepsilon_z(i,j,k)}\frac{H_x^{n+\frac{1}{2}}(i,j,k) - H_x^{n+\frac{1}{2}}(i,j-1,k)}{\Delta y}\\ &\quad - \frac{I_0\Delta t}{\varepsilon_z(i,j,k)\Delta x \Delta y}\mathrm{e}^{(q\Delta z/2kT)(E_z^n(i,j,k)+E_z^{n+1}(i,j,k))}\\ &\quad + \frac{I_0\Delta t}{\varepsilon_z(i,j,k)\Delta x \Delta y}\end{aligned}\tag{4.35}$$

上式可以写成

$$A\mathrm{e}^{Bx} + x + C = 0 \tag{4.36}$$

式中

$$x = E_z^{n+1}(i,j,k), A = -C_{ezd}(i,j,k)\mathrm{e}^{B\times E_z^n(i,j,k)}, B = q\Delta z/2kT$$
$$C = C_{eze}(i,j,k)\times E_z^n(i,j,k) + C_{ezhy}(i,j,k)\times[H_y^{n+\frac{1}{2}}(i,j,k) - H_y^{n+\frac{1}{2}}(i-1,j,k)]$$
$$+ C_{ezhx}(i,j,k)\times[H_x^{n+\frac{1}{2}}(i,j,k) - H_x^{n+\frac{1}{2}}(i,j-1,k)] + C_{ezd}(i,j,k)$$

$$C_{eze}(i,j,k) = -\frac{2\varepsilon_z(i,j,k) - \Delta t\sigma_z^e(i,j,k)}{2\varepsilon_z(i,j,k) + \Delta t\sigma_z^e(i,j,k)}$$

$$C_{ezhy}(i,j,k) = -\frac{2\Delta t}{[2\varepsilon_z(i,j,k) + \Delta t\sigma_z^e(i,j,k)]\Delta x}$$

$$C_{ezhx}(i,j,k) = \frac{2\Delta t}{[2\varepsilon_z(i,j,k) + \Delta t\sigma_z^e(i,j,k)]\Delta y}$$

$$C_{ezd}(i,j,k) = -\frac{2\Delta t I_0}{[2\varepsilon_z(i,j,k) + \Delta t\sigma_z^e(i,j,k)]\Delta x \Delta y}$$

由于 A 和 C 与 $E_z^n(i,j,k)$ 相关，因此在每一时间步应该用上一时间步的电场和磁场来计算 A 和 C，然后再从方程(4.36)中解出 $E_z^{n+1}(i,j,k)$。

方程(4.36)可以容易地用 Newton-Raphson 法解出。Newton-Raphson 法是广泛使用的求解非线性方程解的数值方法。它是一种迭代过程,从根的邻近初值出发,应用方程的导数接近方程的根。图 4.8 给出了一函数 $f(x)$,要求的是满足 $f(x)=0$ 的根。可从初始猜测的点 x_0 出发,如图 4.8 所示。

函数在 x_0 点的导数是 $f(x)$ 在 x_0 处的切线的斜率,与 x 轴的交点是 x_1。x_1 可以简单地由下式计算:

$$x_1 = x_0 - \frac{f(x_0)}{f'(x_0)} \quad (4.37)$$

这样 x_1 可以作为参考点。第二个点可以简单地用上述方法得到:

$$x_2 = x_1 - \frac{f(x_1)}{f'(x_1)} \quad (4.38)$$

如图 4.8 所示,新计算出的点逐渐接近目标点,即 $f(x)$ 与 x 轴的交点。由于迭代的高收敛率,几次计算后可以得到 x_n。x_n

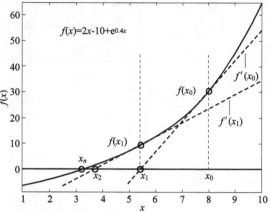

图 4.8 函数 $f(x)$ 以及用 Newton-Raphson 法迭代,逐渐接近其根的点

已非常接近函数 $f(x)$ 的实际的根。此迭代过程可一直进行下去,直到停止的判据得到满足或已达到最大迭代数为止。停止的判据可以由下式给出:

$$f(x_n) \leqslant \varepsilon \quad (4.39)$$

式中:ε 是一非常小的正数,作为可以接受的 $f(x)=0$ 的误差。使用 Newton-Raphson 法来解二极管方程(4.36)是非常方便的,因为此函数不存在极大值和极小值的特性,如果在解的附近函数有极值,则会成为求解过程收敛的障碍。而且场值 $E_z^n(i,j,k)$ 可以用作 $E_z^{n+1}(i,j,k)$ 的初始值,因为在连续的时间步内电场 E 的变化很小,此初始值非常接近目标值,只要进行几次 Newton-Raphson 迭代就可以达到想要的根。

如图 4.7(a)所示,式(4.36)给出的二极管方程是为正向指向 z 方向的二极管推导的方程。其特性由式(4.32)给出的电压—电流方程确定。反向放置的二极管如图 4.7(b)所示,可由下式的电压—电流方程来描述:

$$I = -I_d = -I_0[\exp^{(qv_d/kT)} - 1] \quad (4.40)$$

由于反向极性的二极管,有 $V_d = -\Delta V$。因此可以重构式(4.34)和式(4.36),考虑到反向极性的 V_d 和 I_d,产生的更新方程如下:

$$Ae^{Bx} + x + C = 0 \quad (4.41)$$

式中

$$x = E_z^{n+1}(i,j,k), A = C_{ezd}(i,j,k), B = -q\Delta z/2kT$$

$$C = C_{eze}(i,j,k) \times E_z^n(i,j,k) + C_{ezhy}(i,j,k) \times [H_y^{n+\frac{1}{2}}(i,j,k) - H_y^{n+\frac{1}{2}}(i-1,j,k)]$$

$$+ C_{ezhx}(i,j,k) \times [H_x^{n+\frac{1}{2}}(i,j,k) - H_x^{n+\frac{1}{2}}(i,j-1,k)] + C_{ezd}(i,j,k)$$

$$C_{eze}(i,j,k) = -\frac{2\varepsilon_z(i,j,k) - \Delta t \sigma_z^e(i,j,k)}{2\varepsilon_z(i,j,k) + \Delta t \sigma_z^e(i,j,k)}$$

$$C_{ezhy}(i,j,k) = -\frac{2\Delta t}{[2\varepsilon_z(i,j,k) + \Delta t \sigma_z^e(i,j,k)]\Delta x}$$

$$C_{ezhx}(i,j,k) = \frac{2\Delta t}{[2\varepsilon_z(i,j,k) + \Delta t \sigma_z^e(i,j,k)]\Delta y}$$

$$C_{ezd}(i,j,k) = \frac{2\Delta t I_0}{[2\varepsilon_z(i,j,k) + \Delta t \sigma_z^e(i,j,k)]\Delta x \Delta y}$$

这里需指出的是系数 B、C_{ezd} 与式(4.36)相比是反号的,而其他项是相同的。

由于二极管的电压-电流关系的非线性特性,在 FDTD 网格上定义二极管的电压-电流关系是不方便的。二极管接在两个距离大于一个网格尺寸的节点上,较方便的方法是,首先将其接在两个相邻的节点上,然后用其他方式(如金属细线)建立其他节点的连接。金属细线的 FDTD 建模将在第 10 章中讨论。

4.1.9 总结

本章为了模拟普通的集总参数电路元件,我们提供了的 FDTD 更新公式的推导。给出了连接在两个相邻节点器件的更新方程结构,并说明了这些元件在问题空间扩展到多个网格时的建模。

得到由这些集总参数元件构成的电路更新方程是可能的,只要得到它们适当的电压-电流关系,将它们在离散空间和离散时间表示出来,建立起所加的电流密度与场分量之间的关系;然后电流密度项可以用于通用的更新方程,来得到指定的更新方程用于模拟这些集总参数元件。

4.2 集总参数元件的定义,初始化和模拟

4.1 节,讨论了集总参数元件在 FDTD 方法中的建模。本节将给出 4.1 节讨论的概念的 MATLAB 程序的执行,并且还将展示其他子程序的执行,如 FDTD 空间的初始化,包括辅助参量、场量数组、以及更新系数数组。这样就可以用 MATLAB 平台来运行 FDTD 仿真。然后将看到 FDTD 时间步进循环如何运行,并将得到一些有趣的结果。

4.2.1 集总参数元件的定义

首先讨论如何定义集总参数元件。如前所述,这些元件可以定义为网格棱上的元件,在 FDTD 空间中分布在某一体积中。任意网格棱上的元件可以由直角坐标中的两个点的坐标给出,即低坐标点和高坐标点。也就是说,定义集总参数器件的位置的方法与定义一长方体的位置是相同的,如 3.1 节所述。参考 FDTD 解的主程序,fdtd_solve(见程序3.1),由子程序 define_sources_and_lumped_elements 来完成集总参数元件的定义。此子程序见程序 4.1,定义了结构数组 voltage_sources、current_sources、resistors、inductors、capacitors 和 diodes,存储了集总参数元件各自的特性,并且初始化为空数组。与长方块的位置定义相同,这些器件的位置和大小用参量 min_x、min_y、min_z、max_x、max_y、max_z,来表示。在定义二极管坐标时应特别注意,如 4.8 节讨论的,假定二极管在二维空间是零厚度的。

除了位置参量的定义,还需要一些附加参量来指定这些器件的特性。在 FDTD 中,集总参数元件是各自的电场量通过各器件固有的电压-电流关系更新来模拟的。需要特

别更新的场分量,取决于器件的功能说明。对电压源、电流源和二极管,需要 6 个方向的参量,以便在 FDTD 阶梯网格中得到定义:xn、xp、yn、yp、zn、zp。这里 p 表示正方向,而 n 表示反方向。其他集总参数元件(电阻、电感和电容)只需要方向参量 x、y、z。定义中,需要的其他参量还有 magnitude、resistance、inductance 和 capacitance(程序 4.1),它们代表集总参数元件参量值。

程序 4.1 define_sources_and_lumped_elements.m

```
disp ('defining sources and lumped element components');
voltage_sources = [];
current_sources = [];
diodes = [];
resistors = [];
inductors = [];
capacitors = [];

% define source waveform types and parameters
waveforms.sinusoidal(1).frequency = 1e9;
waveforms.sinusoidal(2).frequency = 5e8;
waveforms.unit_step(1).start_time_step = 50;

% voltage sources
% direction: 'xp', 'xn', 'yp', 'yn', 'zp', or 'zn'
% resistance : ohms, magitude : volts
voltage_sources(1).min_x = 0;
voltage_sources(1).min_y = 0;
voltage_sources(1).min_z = 0;
voltage_sources(1).max_x = 1.0e-3;
voltage_sources(1).max_y = 2.0e-3;
voltage_sources(1).max_z = 4.0e-3;
voltage_sources(1).direction = 'zp';
voltage_sources(1).resistance = 50;
voltage_sources(1).magnitude = 1;
voltage_sources(1).waveform_type = 'sinusoidal';
voltage_sources(1).waveform_index = 2;

% current sources
% direction: 'xp', 'xn', 'yp', 'yn', 'zp', or 'zn'
% resistance : ohms, magitude : amperes
current_sources(1).min_x = 30*dx;
current_sources(1).min_y = 10*dy;
current_sources(1).min_z = 10*dz;
```

```
current_sources(1).max_x = 36*dx;
current_sources(1).max_y = 10*dy;
current_sources(1).max_z = 13*dz;
current_sources(1).direction = 'xp';
current_sources(1).resistance = 50;
current_sources(1).magnitude = 1;
current_sources(1).waveform_type = 'unit_step';
current_sources(1).waveform_index = 1;

% resistors
% direction: 'x', 'y', or 'z'
% resistance : ohms
resistors(1).min_x = 7.0e-3;
resistors(1).min_y = 0;
resistors(1).min_z = 0;
resistors(1).max_x = 8.0e-3;
resistors(1).max_y = 2.0e-3;
resistors(1).max_z = 4.0e-3;
resistors(1).direction = 'z';
resistors(1).resistance = 50;

% inductors
% direction: 'x', 'y', or 'z'
% inductance : henrys
inductors(1).min_x = 30*dx;
inductors(1).min_y = 10*dy;
inductors(1).min_z = 10*dz;
inductors(1).max_x = 36*dx;
inductors(1).max_y = 10*dy;
inductors(1).max_z = 13*dz;
inductors(1).direction = 'x';
inductors(1).inductance = 1e-9;

% capacitors
% direction: 'x', 'y', or 'z'
% capacitance : farads
capacitors(1).min_x = 30*dx;
capacitors(1).min_y = 10*dy;
capacitors(1).min_z = 10*dz;
capacitors(1).max_x = 36*dx;
capacitors(1).max_y = 10*dy;
```

```
capacitors(1).max_z = 13* dz;
capacitors(1).direction = 'x';
capacitors(1).capacitance = 1e-12;

% diodes
% direction: 'xp', 'xn', 'yp', 'yn', 'zp', or 'zn'
diodes(1).min_x = 30* dx;
diodes(1).min_y = 10* dy;
diodes(1).min_z = 10* dz;
diodes(1).max_x = 36* dx;
diodes(1).max_y = 10* dy;
diodes(1).max_z = 13* dz;
diodes(1).direction = 'xp';
```

对时域仿真激励源的定义,其他所需要的参量类型还有波形,即电压源和电流源作为时间函数的形式。对于电压源和电流源,在每一时间步所产生的值可作为波形存储在一维数组内,其大小为 number_of_time_steps。在波形和源之间建立关联之前,可以在 waveforms 结构中指定各种波形的参量,见程序 4.1。在 FDTD 中构造波形有各种选择,最常用的波形是高斯波形、正弦波形、余弦调制高斯波形以及单位阶跃波形。波形的定义和构造将在第 5 章讨论,这里提供一个平台,以展示波形参量如何被定义。在程序 4.1 中,参数 waveforms 中定义了 sinusoidal 和 unit_step 两种场形,即正弦波形和单位阶跃波形。稍后,将增加新的参量,代表其他类型的波形。代表波形种类的参量称为结构数组,用标志进行说明,如 waveforms.sinusoidal(i)和 wavefroms.unit_step(i)。每种波形都有参数代表波形的特性,例如 frequency 为正弦波形 waveforms.sinusoidal(i)的参量之一,而 start_time_step 为波形 wavefroms.unit_step(i)的参量。

在定义了波形类型以及它们的参量后,就可以通过源参量中的 waveform_type 及 waveform_index 将它们与激励源相关联。在给出的程序例子中,将波形"sinusoidal"指定给 voltage_source(1).waveform_type,将正弦波指标 2,即 waveforms.sinusoidal(2)赋给 voltage_source(1).waveform_index。同样,波形类型"unit_step"赋给 current_sources(1).waveform_type,并将波形指标 waveforms.unit_step(1)(其内容为 1)赋给 current_sources(1).waveform_index。

4.2.2 FDTD 参量和数组的初始化

在 FDTD 仿真的各个阶段,需要各种常数参量和辅助参量,这些参量可以在子程序 initialize_fdtd_parameter_and_arrays 中定义。此子程序见程序 4.2。经常使用的参量有自由空间的介电常数和磁导率及自由空间的光速等。它们在程序中分别用 eps_0、mu_0、c 表示,时间步用 dt 表示。它是基于 CFL 稳定性限制式(2.7)以及 3.1 节给出的 courant_factor 计算出的。一旦时间步确定后,就可以创建一个一维数组 time,其大小等于 number_of_time_steps,可以在 FDTD 时间步的中期,用于存储时间常数。当一新的仿真开始时,电场与磁场的初始值为零。因此,可以创建用于表示场分量的三维数组,并且可以用 MATLAB 函数 zeros 进行初始化,见程序 4.2。应该注意的是,由于 Yee 网格划分规则(如 3.5 节所讨论的),这些三维数组的大小是不一样的。

程序 4.2　initialize_fdtd_parameters_and_arrays.m

```
disp ('initializing FDTD parameters and arrays');

% constant parameters
eps_0 = 8.854187817e-12; % permittivity of free space
mu_0 = 4*pi*1e-7; % permeability of free space
c = 1/sqrt(mu_0*eps_0); % speed of light in free space

% Duration of a time step in seconds
dt = 1/(c*sqrt((1/dx^2)+(1/dy^2)+(1/dz^2)));
dt = courant_factor*dt;

% time array
time = ([1:number_of_time_steps]-0.5)*dt;

% Create and initialize field and current arrays
disp ('creating field arrays');

Hx = zeros (nxp1,ny,nz);
Hy = zeros (nx,nyp1,nz);
Hz = zeros (nx,ny,nzp1);
Ex = zeros (nx,nyp1,nzp1);
Ey = zeros (nxp1,ny,nzp1);
Ez = zeros (nxp1,nyp1,nz);
```

到此为止,是否有任何被定义的数组用于表示外加电流。除非在 FDTD 模拟中有特殊的需要,不需要定义任何数组用于表示外加电流。本章给出了外加电流的概念,用于建立集总参数元件的电压–电流关系,但是最后的更新方程中,除了电感外,并不包含外加电流项。因此,不需要在问题空间建立三维数组来表示外加电流。然而在包含电感的情况下,外加电流项是存在的。因为电感仅跨接在两个网格间,使用电感更新方程时,仅包含少数几个场分量需要更新,所以创建几个数组来表示外加电流已足够。它们的大小是有限的,仅与与电感相关的场分量数目有关。在集总参数元件更新系数初始化的程序中,上述数组将被创建并初始化。

4.2.3　集总参数元件的初始化

上面已给出了定义几种类型的激励波形,电压激励源和电流激励源以及其他集总参数元件的模板。这些量的初始化由程序 initialize_sources_and_lumped_elements.m 来完成,具体见程序 4.3。

程序 4.3　initialize_sources_and_lumped_elements.m

```matlab
disp ('initializing sources and lumped element components');
number_of_voltage_sources = size (voltage_sources,2);
number_of_current_sources = size (current_sources,2);
number_of_resistors = size (resistors,2);
number_of_inductors = size (inductors,2);
number_of_capacitors = size (capacitors,2);
number_of_diodes    = size (diodes,2);

% initialize waveforms
initialize_waveforms;

% voltage sources
for ind = 1:number_of_voltage_sources
    is = round ((voltage_sources(ind).min_x - fdtd_domain.min_x)/dx)+ 1;
    js = round ((voltage_sources(ind).min_y - fdtd_domain.min_y)/dy)+ 1;
    ks = round ((voltage_sources(ind).min_z - fdtd_domain.min_z)/dz)+ 1;
    ie = round ((voltage_sources(ind).max_x - fdtd_domain.min_x)/dx)+ 1;
    je = round ((voltage_sources(ind).max_y - fdtd_domain.min_y)/dy)+ 1;
    ke = round ((voltage_sources(ind).max_z - fdtd_domain.min_z)/dz)+ 1;
    voltage_sources(ind).is = is;
    voltage_sources(ind).js = js;
    voltage_sources(ind).ks = ks;
    voltage_sources(ind).ie = ie;
    voltage_sources(ind).je = je;
    voltage_sources(ind).ke = ke;

    switch (voltage_sources(ind).direction(1))
    case 'x'
      n_fields = ie - is;
      r_magnitude_factor = (1+ je - js) * (1+ ke - ks) / (ie - is);
    case 'y'
      n_fields = je - js;
      r_magnitude_factor = (1+ ie - is) * (1+ ke - ks) / (je - js);
    case 'z'
      n_fields = ke - ks;
      r_magnitude_factor = (1+ ie - is) * (1+ je - js) / (ke - ks);
    end
        if strcmp (voltage_sources(ind).direction(2),'n')
        v_magnitude_factor = ...
          - 1* voltage_sources(ind).magnitude/n_fields;
```

```
            else
                v_magnitude_factor = ...
                    1* voltage_sources(ind).magnitude/n_fields;
            end
            voltage_sources(ind).resistance_per_component = ...
                r_magnitude_factor * voltage_sources(ind).resistance;

            % copy waveform of the waveform type to waveform of the source
            wt_str = voltage_sources(ind).waveform_type;
            wi_str = num2str(voltage_sources(ind).waveform_index);
            eval_str = ['a_waveform = waveforms.'...
                wt_str '(' wi_str ').waveform;'];
            eval(eval_str);
            voltage_sources(ind).voltage_per_e_field = ...
                v_magnitude_factor * a_waveform;
            voltage_sources(ind).waveform = ...
                v_magnitude_factor * a_waveform * n_fields;
end

% current sources
for ind = 1:number_of_current_sources
    is = round((current_sources(ind).min_x - fdtd_domain.min_x)/dx)+ 1;
    js = round((current_sources(ind).min_y - fdtd_domain.min_y)/dy)+ 1;
    ks = round((current_sources(ind).min_z - fdtd_domain.min_z)/dz)+ 1;
    ie = round((current_sources(ind).max_x - fdtd_domain.min_x)/dx)+ 1;
    je = round((current_sources(ind).max_y - fdtd_domain.min_y)/dy)+ 1;
    ke = round((current_sources(ind).max_z - fdtd_domain.min_z)/dz)+ 1;
    current_sources(ind).is = is;
    current_sources(ind).js = js;
    current_sources(ind).ks = ks;
    current_sources(ind).ie = ie;
    current_sources(ind).je = je;
    current_sources(ind).ke = ke;

    switch (current_sources(ind).direction(1))
    case 'x'
        n_fields = (1 + je - js) * (1 + ke - ks);
        r_magnitude_factor = (1 + je - js) * (1 + ke - ks) / (ie - is);
    case 'y'
        n_fields = (1 + ie - is) * (1 + ke - ks);
        r_magnitude_factor = (1 + ie - is) * (1 + ke - ks) / (je - js);
    case 'z'
```

```
    n_fields = (1+ ie- is) * (1+ je- js);
    r_magnitude_factor = (1+ ie- is) * (1+ je- js) / (ke- ks);
end
if strcmp (current_sources(ind).direction(2),'n')
    i_magnitude_factor = ...
        - 1* current_sources(ind).magnitude/n_fields;
else
    i_magnitude_factor = ...
        1* current_sources(ind).magnitude/n_fields;
end
current_sources(ind).resistance_per_component = ...
    r_magnitude_factor * current_sources(ind).resistance;

% copy waveform of the waveform type to waveform of the source
wt_str = current_sources(ind).waveform_type;
wi_str = num2str (current_sources(ind).waveform_index);
eval_str = ['a_waveform = waveforms.'...
    wt_str '(' wi_str ').waveform;'];
eval (eval_str);
current_sources(ind).current_per_e_field = ...
    i_magnitude_factor * a_waveform;
current_sources(ind).waveform = ...
    i_magnitude_factor * a_waveform * n_fields;
end

% resistors
for ind = 1:number_of_resistors
    is = round ((resistors(ind).min_x - fdtd_domain.min_x)/dx)+ 1;
    js = round ((resistors(ind).min_y - fdtd_domain.min_y)/dy)+ 1;
    ks = round ((resistors(ind).min_z - fdtd_domain.min_z)/dz)+ 1;
    ie = round ((resistors(ind).max_x - fdtd_domain.min_x)/dx)+ 1;
    je = round ((resistors(ind).max_y - fdtd_domain.min_y)/dy)+ 1;
    ke = round ((resistors(ind).max_z - fdtd_domain.min_z)/dz)+ 1;
    resistors(ind).is = is;
    resistors(ind).js = js;
    resistors(ind).ks = ks;
    resistors(ind).ie = ie;
    resistors(ind).je = je;
    resistors(ind).ke = ke;
    switch (resistors(ind).direction)
    case 'x'
        r_magnitude_factor = (1+ je- js) * (1+ ke- ks) / (ie- is);
```

```
        case 'y'
           r_magnitude_factor =  (1+ ie- is) * (1+ ke- ks) / (je- js);
        case 'z'
           r_magnitude_factor =  (1+ ie- is) * (1+ je- js) / (ke- ks);
        end
        resistors(ind).resistance_per_component = ...
           r_magnitude_factor * resistors(ind).resistance;
    end

% inductors
for ind =  1:number_of_inductors
     is = round((inductors(ind).min_x- fdtd_domain.min_x)/dx)+ 1;
     js = round((inductors(ind).min_y- fdtd_domain.min_y)/dy)+ 1;
     ks = round((inductors(ind).min_z- fdtd_domain.min_z)/dz)+ 1;
     ie = round((inductors(ind).max_x- fdtd_domain.min_x)/dx)+ 1;
     je = round((inductors(ind).max_y- fdtd_domain.min_y)/dy)+ 1;
     ke = round((inductors(ind).max_z- fdtd_domain.min_z)/dz)+ 1;
     inductors(ind).is = is;
     inductors(ind).js = js;
     inductors(ind).ks = ks;
     inductors(ind).ie = ie;
     inductors(ind).je = je;
     inductors(ind).ke = ke;
     switch (inductors(ind).direction)
        case 'x'
           l_magnitude_factor =  (1+ je- js) * (1+ ke- ks) / (ie- is);
        case 'y'
           l_magnitude_factor =  (1+ ie- is) * (1+ ke- ks) / (je- js);
        case 'z'
           l_magnitude_factor =  (1+ ie- is) * (1+ je- js) / (ke- ks);
        end
        inductors(ind).inductance_per_component = ...
           l_magnitude_factor * inductors(ind).inductance;
end

% capacitors
for ind =  1:number_of_capacitors
     is = round((capacitors(ind).min_x- fdtd_domain.min_x)/dx)+ 1;
     js = round((capacitors(ind).min_y- fdtd_domain.min_y)/dy)+ 1;
     ks = round((capacitors(ind).min_z- fdtd_domain.min_z)/dz)+ 1;
     ie = round((capacitors(ind).max_x- fdtd_domain.min_x)/dx)+ 1;
     je = round((capacitors(ind).max_y- fdtd_domain.min_y)/dy)+ 1;
```

```matlab
        ke = round((capacitors(ind).max_z - fdtd_domain.min_z)/dz)+ 1;
        capacitors(ind).is = is;
        capacitors(ind).js = js;
        capacitors(ind).ks = ks;
        capacitors(ind).ie = ie;
        capacitors(ind).je = je;
        capacitors(ind).ke = ke;
        switch (capacitors(ind).direction)
        case 'x'
          c_magnitude_factor = (ie - is) ...
            / ((1 + je - js) * (1 + ke - ks));
        case 'y'
          c_magnitude_factor = (je - js) ...
            / ((1 + ie - is) * (1 + ke - ks));
        case 'z'
          c_magnitude_factor = (ke - ks) ...
            / ((1 + ie - is) * (1 + je - js));
        end
        capacitors(ind).capacitance_per_component = ...
          c_magnitude_factor * capacitors(ind).capacitance;
end

sigma_pec = material_types(material_type_index_pec).sigma_e;

% diodes
for ind = 1:number_of_diodes
        is = round((diodes(ind).min_x - fdtd_domain.min_x)/dx)+ 1;
        js = round((diodes(ind).min_y - fdtd_domain.min_y)/dy)+ 1;
        ks = round((diodes(ind).min_z - fdtd_domain.min_z)/dz)+ 1;
        ie = round((diodes(ind).max_x - fdtd_domain.min_x)/dx)+ 1;
        je = round((diodes(ind).max_y - fdtd_domain.min_y)/dy)+ 1;
        ke = round((diodes(ind).max_z - fdtd_domain.min_z)/dz)+ 1;
        diodes(ind).is = is;
        diodes(ind).js = js;
        diodes(ind).ks = ks;
        diodes(ind).ie = ie;
        diodes(ind).je = je;
        diodes(ind).ke = ke;

        switch (diodes(ind).direction(1))
          case 'x'
            sigma_e_x(is+ 1:ie- 1,js,ks) = sigma_pec;
```

```
        case 'y'
            sigma_e_y(is,js+ 1:je- 1,ks) = sigma_pec;
        case 'z'
            sigma_e_z(is,js,ks+ 1:ke- 1) = sigma_pec;
    end
end
```

在初始化激励源前,先初始化源的波形。因此在初始化集总参数元件前,先调用了一个名为 initialize_waveforms 的子程序(其程序 4.3)。程序 4.4 给出了 initialize_waveforms 的执行例子。当在下章讨论时,此子程序将给出几个新的波形。在 initialize_waveforms 程序中,对每一种波形类型在各自参量的参与下都作为时间的函数进行了计算,计算结果存储在以各自波形名称命名的波形数组中。例如,在程序 4.4 中,创建了参数 waveforms.sinusoidal(i).waveform,使用了 $\sin(2\pi ft)$ 作为一正弦波形,其中 f 是用参数 waveforms.sinusoidal(i).frequency 定义的频率,t 是离散时间数组 time,其中存储了时间步数的时间常量。

程序 4.4　initialize_waveforms.m

```
disp ('initializing source waveforms');

% initialize sinusoidal waveforms
for ind= 1:size (waveforms.sinusoidal,2)
    waveforms.sinusoidal(ind).waveform = ...
        sin (2 * pi * waveforms.sinusoidal(ind).frequency * time);
end


% initialize unit step waveforms
for ind= 1:size (waveforms.unit_step,2)
    start_index = waveforms.unit_step(ind).start_time_step;
    waveforms.unit_step(ind).waveform(1:number_of_time_steps) = 1;
    waveforms.unit_step(ind).waveform(1:start_index- 1) = 0;
end
```

对所定义的波形,一旦完成了波形数组的创建,它们就可以被复制到源结构的 waveform 变量中而与它们相关联,见程序 4.3。例如,考虑在初始化 voltage_sources 环中的相关代码。波形类型作为一字符串存储在 voltage_sources(ind).waveform_type,而源的波形指标作为一整数存储在 voltage_sources(ind).waveform_index 中。这里使用 MATLAB 中的函数 eval,它的功能是将一串字符赋给 MATLAB 表达式。用下列语句来构造一字符串:

```
wt_str = voltage_sources(ind).waveform_type;
wi_str = num2str (voltage_sources(ind).waveform_index);
eval_str = ['a_waveform = waveforms.' wt_str '(' wi_str ').waveform;']
```

上述语句,为定义在程序 4.1 中的波形和电压激励源 voltage_source(1) 在 MAT-

LAB 空间中构造了一字符串变量 eval_str：

eval_str = 'a_waveform= waveforms.sinusoidal(2).waveform;'

使用 eval 命令，执行如下：

eval (eval_str);

此命令在 MATLAB 工作空间中，创建了一参量，a_waveform，此参量有一波形备份与电压激励源 voltage_source(1) 相关。这样就能在对 voltage_sources(1).waveform 乘上一因子后赋给 a_waveform。此因子将在后面解释。

如同 4.7 节所讨论的，集总参数元件除了二极管外都假定分布在表面或体积中，涉及多个网格。因此，由于有多个场量与集总参数元件相关，它们需要专门的公式进行更新。假定这些集总参数元件所分布的表面或体积与 FDTD 网格共形。因此，如图 4.6 所示，与集总参数元件相关的场分量，其开始节点的指标(is,js,ks)与集总参数元件的下指标一致，而其终结指标(ie,je,ke)与集总参数元件的上指标一致。因此，对每一集总参数元件都要计算其开始节点和终结节点指标，并存储在参量 is、js、ks 和 ie、je、ke 之中，见程序 4.3。

基于 4.7 节所讨论的，如果集总参数元件与一个以上的场分量相关，则对集总参数元件的值进行修正后需要赋给场分量。因而在表示集总参数元件的结构体中定义了新的参量，用于存储每个场量的集总参数元件的值。例如，在 voltage-sources(i) 中定义了 resistance_per_component，用于存储每个场分量的电压源的内阻。这些电阻值是用式(4.26)来计算的。其中计入了场分量的方向。同样，用式(4.27)计算并定义了电阻 resistance_per_component。对电流激励源，resistance_per_component 的定义和计算是用式(4.31)进行的。对电感，inductance_per_component 是用式(4.28)来计算的。对电容，capacitance_per_component 是用式(4.29)来计算的。

同样，voltage_sources(i).voltage_per_e_field 是用式(4.25)来定标的，而 current_sources(i).current_per_e_field 是用式(4.30)来定标的。同样，在定标过程中计入了这些分量的方向；如果方向是负的，定标因子就要乘以－1。同时，构造参量 voltage_sources(i).waveform 和 current_sources(i).waveform，用以存储集总参数源的主电压和电流，而不是存储用于更新相关场量的值。

假定二极管定义为一维目标，如同一线段，延伸多个电场分量，位于网格的边缘，如图 4.9 所示。这里，二极管跨接在节点(is,js,ks)和(ie,je,ke)之间，因此相关的场分量为 E_z(is,js,ks:ke－1)这里 is＝ie，js＝je。然而，如同 4.8 节所讨论的，仅用二极管的更新过程来更新一个场分量，在图 4.8 中为 E_z(is,js,ks)，而在其他节点建立电连接，即在节点(is,js,ks＋1)和(ie,je,ke)之间是电连接。建立电连接最简单的方法，是将这些点之间的媒质视为 PEC 导线。因此，在与电场相关处 E_z(is,js,ks＋1:ke－1)的媒质的电导率设为 PEC 的电导率，即电导率 σ_z^e(is,js,ks＋1:ke－1)赋为 PEC 电导率。因此，在初始化 diodes 时，一些必要的媒质的电导率需

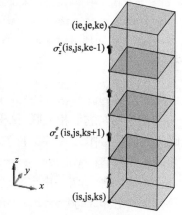

图 4.9 定义在节点(is,js,ks)和(ie,je,ke)之间的二极管

指定为 PEC。在第 10 章讨论细 PEC 导线的更新公式时,将给出更精确的 PEC 表达式。

4.2.4 更新系数的初始化

在确定集总参数元件在 FDTD 空间中的位置节点的坐标,以及设定了其他描述其特性的参量之后,就完成了集总参数元件的初始化,继而可以构造 FDTD 更新系数。在 FDTD 时间迭代开始之前,要计算并在三维数组中存储更新系数,以便在 FDTD 步进循环计算中使用这些数据。程序 4.5 给出的程序 initialize_updating_coeffients.m 具有完成初始化更新系数的功能。

程序 4.5 initialize_updating_coeffients.m

```
disp('initializing general updating coefficients');

% General electric field updating coefficients
% Coeffiecients updating Ex
Cexe = (2* eps_r_x* eps_0 - dt* sigma_e_x) ...
    ./(2* eps_r_x* eps_0 + dt* sigma_e_x);
Cexhz = (2* dt/dy)./(2* eps_r_x* eps_0 + dt* sigma_e_x);
Cexhy = - (2* dt/dz)./(2* eps_r_x* eps_0 + dt* sigma_e_x);

% Coeffiecients updating Ey
Ceye = (2* eps_r_y* eps_0 - dt* sigma_e_y) ...
    ./(2* eps_r_y* eps_0 + dt* sigma_e_y);
Ceyhx = (2* dt/dz)./(2* eps_r_y* eps_0 + dt* sigma_e_y);
Ceyhz = - (2* dt/dx)./(2* eps_r_y* eps_0 + dt* sigma_e_y);

% Coeffiecients updating Ez
Ceze = (2* eps_r_z* eps_0 - dt* sigma_e_z) ...
    ./(2* eps_r_z* eps_0 + dt* sigma_e_z);
Cezhy = (2* dt/dx)./(2* eps_r_z* eps_0 + dt* sigma_e_z);
Cezhx = - (2* dt/dy)./(2* eps_r_z* eps_0 + dt* sigma_e_z);

% General magnetic field updating coefficients
% Coeffiecients updating Hx
Chxh = (2* mu_r_x* mu_0 - dt* sigma_m_x) ...
    ./(2* mu_r_x* mu_0 + dt* sigma_m_x);
Chxez = - (2* dt/dy)./(2* mu_r_x* mu_0 + dt* sigma_m_x);
Chxey = (2* dt/dz)./(2* mu_r_x* mu_0 + dt* sigma_m_x);

% Coeffiecients updating Hy
Chyh = (2* mu_r_y* mu_0 - dt* sigma_m_y) ...
    ./(2* mu_r_y* mu_0 + dt* sigma_m_y);
Chyex = - (2* dt/dz)./(2* mu_r_y* mu_0 + dt* sigma_m_y);
Chyez = (2* dt/dx)./(2* mu_r_y* mu_0 + dt* sigma_m_y);
```

```
% Coeffiecients updating Hz
Chzh =   (2* mu_r_z* mu_0 -  dt* sigma_m_z) ...
      ./(2* mu_r_z* mu_0 +  dt* sigma_m_z);
Chzey = - (2* dt/dx)./(2* mu_r_z* mu_0 +  dt* sigma_m_z);
Chzex =   (2* dt/dy)./(2* mu_r_z* mu_0 +  dt* sigma_m_z);

% Initialize coeffiecients for lumped element components
initialize_voltage_source_updating_coefficients;
initialize_current_source_updating_coefficients;
initialize_resistor_updating_coefficients;
initialize_capacitor_updating_coefficients;
initialize_inductor_updating_coefficients;
initialize_diode_updating_coefficients;
```

第 1 章得到的方程(1.26)～方程(1.31)是通用更新方程。应注意到，所得的集总参数元件的更新方程与通用形式的更新方程是相同的。仅有的不同是，对某些类型的集总参数元件，与外加电流相关的项被其他项代替。如对电压源，在更新方程中，外加电流项被电压源项所代替。并且如同在 4.2.2 节所讨论的，式(1.26)～式(1.31)的外加电流项用于建立集总参数元件的电压-电流关系，而它们在模拟媒质的更新方程中消失了，其中不包含任何集总参数分量。因此，在 FDTD 仿真中，在时间步进迭代开始之前，可以对整个问题空间，使用出现在式(1.26)～式(1.31)中的系数来计算更新系数，并且包括外加电流源项，然后这些更新系数仅在集总参数存在的位置重新计算。对电压源、电流源和电感，需要计算一些附加的系数，它们被计算和存储与这些分量相关的单独数组中，并与集总参数元件相关联。在 FDTD 时间步进迭代中，在每一时间步，除外加电流项以外，电场分量用式(1.26)～式(1.31)进行更新计算，在集总参数元件存在处再加上附加项。本节将通过 MATLAB 程序来执行前节已阐述的内容，在执行中，应用 MATLAB 矢量类型的操作，以提高产生数组的效率。

在程序 4.5 中，除了外加电流源项外，在式(1.26)～式(1.31)中定义的更新系数被创建。创建时用了媒质分量数组，此数组在子程序 initialize_fdtd_material_grid 中已被初始化。这些系数数组的大小与媒质分量数组的大小是相同的，因此可以用后者来构造它们。这样，在各自的子程序中创建了与集总参数元件相关的更新系数数组，见程序 4.5。

4.2.4.1　电压源更新系数的初始化

在子程序 initialize_voltage_source_updating_coeffients 中创建了与电压源相关的更新系数，见程序 4.6。而确定电压源的位置节点的指标 is,js,ks 和 ie,je,ke 在初始化电压源时就给定了，见程序 4.3。例如，在图 4.10 中，考虑在节点(is,js,ks)和(ie,je,ke)之间的 z 向电压源和相关的电场分量。节点的指标可用来确定场分量的节点指标，由于这些场分量与电压源相关，所以需要特别更新计算。在计入电压源的指向后，场分量的指标最后得到确定。因为这些场量将经常取用，它们可以作为一与电压源相关的参数 field_indeces 进行存储，以便于接入。

所考虑的场分量通常以三个指标来进行读取,例如,Ceze(is:ie,js:je,ks:ke-1),因为场数组是三维的。另一接入多维数组的某个元素的方法是 MATLAB 中的线性索引技术。使用线性索引,一个三维数组可以映射为一个一维线性数组。因此,对数据接入一单一指针已足够了。在对多个元素需要检索的情况下,创建一矢量,其中每一指针对应一个三维数组中的相应元素。因此,如程序4.6 所列,利用如下语句可以构造一个指针模板数组 fi:

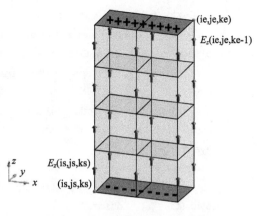

图 4.10 定义在节点 (is,js,ks) 和 (ie,je,ke) 之间的 z 向电压源

  fi = create_linear_index_list(eps_r_z, is:ie, js:je, ks:ke- 1);

这里 create_linear_index_list 是一函数,它取出一个三维数组子段大小的参量,并将其转换为一个一维线性指针数组。在进行此项操作时,使用了 MATLAB 命令 sub2ind,此命令需要三维数组的大小数据。因此 create_linear_index_list 中的第一个变量为要处理的三维数组。create_linear_index_list 的执行见程序 4.7。在线性指标数组建立后,对三维数组 Ceze(is:ie,js:je,ks:ke-1)的检索,由一维数组 Ceze(fi)来代替。

程序 4.6 initialize_voltage_source_updating_coeffients. m

```
disp ('initializing voltage source updating coefficients');

for ind = 1:number_of_voltage_sources
    is = voltage_sources(ind).is;
    js = voltage_sources(ind).js;
    ks = voltage_sources(ind).ks;
    ie = voltage_sources(ind).ie;
    je = voltage_sources(ind).je;
    ke = voltage_sources(ind).ke;
    R = voltage_sources(ind).resistance_per_component;
    if (R = = 0) R = 1e- 20; end

    switch (voltage_sources(ind).direction(1))
    case 'x'
      fi = create_linear_index_list(eps_r_x,is:ie- 1,js:je,ks:ke);
      a_term = (dt* dx)/(R* dy* dz);
      Cexe(fi) = ...
        (2* eps_0* eps_r_x(fi)- dt* sigma_e_x(fi)- a_term) ...
        ./ (2* eps_0* eps_r_x(fi)+ dt* sigma_e_x(fi)+ a_term);
      Cexhz(fi)= (2* dt/dy)...
        ./ (2* eps_r_x(fi)* eps_0+ dt* sigma_e_x(fi)+ a_term);
```

```
          Cexhy(fi)= - (2* dt/dz) ...
            ./ (2* eps_r_x(fi)* eps_0+ dt* sigma_e_x(fi)+ a_term);
          voltage_sources(ind).Cexs = - (2* dt/(R* dy* dz)) ...
            ./(2* eps_r_x(fi)* eps_0+ dt* sigma_e_x(fi)+ a_term);
        case 'y'
          fi = create_linear_index_list(eps_r_y,is:ie,js:je- 1,ks:ke);
          a_term = (dt* dy)/(R* dz* dx);
          Ceye(fi) = ...
            (2* eps_0* eps_r_y(fi)- dt* sigma_e_y(fi)- a_term) ...
              ./ (2* eps_0* eps_r_y(fi)+ dt* sigma_e_y(fi)+ a_term);
          Ceyhx(fi)= (2* dt/dz)...
            ./ (2* eps_r_y(fi)* eps_0+ dt* sigma_e_y(fi)+ a_term);
            Ceyhz(fi)= - (2* dt/dx) ...
            ./ (2* eps_r_y(fi)* eps_0 + dt* sigma_e_y(fi)+ a_term);
          voltage_sources(ind).Ceys = - (2* dt/(R* dz* dx)) ...
            ./(2* eps_r_y(fi)* eps_0+ dt* sigma_e_y(fi)+ a_term);
        case 'z'
          fi = create_linear_index_list(eps_r_z,is:ie,js:je,ks:ke- 1);
          a_term = (dt* dz)/(R* dx* dy);
          Ceze(fi) = ...
            (2* eps_0* eps_r_z(fi)- dt* sigma_e_z(fi)- a_term) ...
              ./ (2* eps_0* eps_r_z(fi)+ dt* sigma_e_z(fi)+ a_term);
          Cezhy(fi)= (2* dt/dx)...
            ./ (2* eps_r_z(fi)* eps_0+ dt* sigma_e_z(fi)+ a_term);
          Cezhx(fi)= - (2* dt/dy) ...
            ./ (2* eps_r_z(fi)* eps_0+ dt* sigma_e_z(fi)+ a_term);
          voltage_sources(ind).Cezs = - (2* dt/(R* dx* dy)) ...
            ./(2* eps_r_z(fi)* eps_0+ dt* sigma_e_z(fi)+ a_term);
        end
        voltage_sources(ind).field_indices = fi;
end
```

程序 4.7   create_linear_index_list.m

```
% a function that generates a list of linear indices
    function[fi] = create_linear_index_list(array_3d,i_list,j_list,k_list)

i_size = size(i_list,2);
j_size = size(j_list,2);
k_size = size(k_list,2);
number_of_indices = i_size * j_size * k_size;
I = zeros(number_of_indices,1);
J = zeros(number_of_indices,1);
K = zeros(number_of_indices,1);
```

```
ind = 1;
for mk = k_list(1):k_list(k_size)
    for mj = j_list(1):j_list(j_size)
       for mi = i_list(1):i_list(i_size)
         I(ind) = mi;
         J(ind) = mj;
         K(ind) = mk;
         ind = ind + 1;
       end
    end
end
fi = sub2ind(size(array_3d), I, J, K);
```

一旦确定了需要特别更新的场分量指标(如程序 4.6 中 fi),通用更新系数的各个分量将根据式(4.10)重新计算。

应该注意到,在式(4.10)中,在更新 $E_z^{n+1}(i,j,k)$ 时,存在着附加项,即 $C_{ezs}(i,j,k)V_s^{n+1/2}(i,j,k)$。变量 $V_s^{n+1/2}(i,j,k)$ 是电压源波形在$(n+1/2)\Delta t$ 时刻的值,它存储在参量 voltage_sources(i).waveform 中。另一项,对电压源来说是一附加项 Cezs,此项是根据式(4.10)构造的,作为参数 Cezs,与各自的电压源相关,即可写成 voltage_source(i)。同样,如果电压源更新了电场分量 E_x,则可以构造参数 voltage_sources(i).Cexs;而如果电压源更新了电场分量 E_x,则可以构造参数 voltage_sources(i).Ceys。构造是基于电压源的指向的,如程序 4.6 所执行的操作。最后从 fi 中构造参数 voltage_sources(i).field_indices。这样,在时间步进循环中,当新电场分量时,参数 firld_indices 用于访问各自的场分量。

4.2.4.2 电流源更新系数的初始化

电流源更新系数的初始化在程序 initialize_current_source_updating_coefficients 中完成,见程序 4.8。电流源系数的初始化与电压源系数的初始化相同,它们遵循更新方程(4.15)。

程序 4.8 initialize_current_source_updating_coefficients.m

```
disp ('initializing current source updating coefficients');

for ind = 1:number_of_current_sources
    is = current_sources(ind).is;
    js = current_sources(ind).js;
    ks = current_sources(ind).ks;
    ie = current_sources(ind).ie;
    je = current_sources(ind).je;
    ke = current_sources(ind).ke;

    R = current_sources(ind).resistance_per_component;
```

```
  switch (current_sources(ind).direction(1))
  case 'x'
    fi = create_linear_index_list(eps_r_x,is:ie-1,js:je,ks:ke);
    a_term = (dt*dx)/(R*dy*dz);
    Cexe(fi) = ...
      (2*eps_0*eps_r_x(fi)-dt*sigma_e_x(fi)-a_term) ...
       ./ (2*eps_0*eps_r_x(fi)+dt*sigma_e_x(fi)+a_term);
    Cexhz(fi) = (2*dt/dy) ...
      ./ (2*eps_r_x(fi)*eps_0+dt*sigma_e_x(fi)+a_term);
    Cexhy(fi) = -(2*dt/dz) ...
      ./ (2*eps_r_x(fi)*eps_0+dt*sigma_e_x(fi)+a_term);
    current_sources(ind).Cexs = -(2*dt/(dy*dz)) ...
      ./(2*eps_r_x(fi)*eps_0+dt*sigma_e_x(fi)+a_term);
  case 'y'
    fi = create_linear_index_list(eps_r_y,is:ie,js:je-1,ks:ke);
    a_term = (dt*dy)/(R*dz*dx);
    Ceye(fi) = ...
      (2*eps_0*eps_r_y(fi)-dt*sigma_e_y(fi)-a_term) ...
       ./ (2*eps_0*eps_r_y(fi)+dt*sigma_e_y(fi)+a_term);
    Ceyhx(fi) = (2*dt/dz) ...
      ./ (2*eps_r_y(fi)*eps_0+dt*sigma_e_y(fi)+a_term);
    Ceyhz(fi) = -(2*dt/dx) ...
      ./ (2*eps_r_y(fi)*eps_0+dt*sigma_e_y(fi)+a_term);
    current_sources(ind).Ceys = -(2*dt/(dz*dx)) ...
      ./(2*eps_r_y(fi)*eps_0+dt*sigma_e_y(fi)+a_term);
  case 'z'
    fi = create_linear_index_list(eps_r_z,is:ie,js:je,ks:ke-1);
    a_term = (dt*dz)/(R*dx*dy);
    Ceze(fi) = ...
      (2*eps_0*eps_r_z(fi)-dt*sigma_e_z(fi)-a_term) ...
       ./ (2*eps_0*eps_r_z(fi)+dt*sigma_e_z(fi)+a_term);
    Cezhy(fi) = (2*dt/dx) ...
      ./ (2*eps_r_z(fi)*eps_0+dt*sigma_e_z(fi)+a_term);
    Cezhx(fi) = -(2*dt/dy) ...
      ./ (2*eps_r_z(fi)*eps_0+dt*sigma_e_z(fi)+a_term);
    current_sources(ind).Cezs = -(2*dt/(dx*dy)) ...
      ./(2*eps_r_z(fi)*eps_0+dt*sigma_e_z(fi)+a_term);
  end
  current_sources(ind).field_indices = fi;
end
```

4.2.4.3 电感更新系数的初始化

电感更新系数的初始化在程序 initialize_inductor_updating_coefficients 中完成。它

是基于方程(4.24)进行的,见程序 4.9。比较方程(4.24)和方程(1.28),可以发现,模拟电感的更新方程和通用更新方程的形式是相同的。因此不需要重新计算,已作为通用更新系数并已初始化的系数。然而,系数 C_{ezj} 在执行通用更新方程中并未定义。因此,与电感相关的系数项 C_{ezj} 在程序 4.9 中定义为 inductor(i).C_{ezj}。另外,参数项 J_{iz} 也与电感相关,定义为 inductor(i).J_{iz},并被初始化为零。

程序 4.9　initialize_inductor_updating_coefficients.m

```
disp ('initializing inductor updating coefficients');

for ind = 1:number_of_inductors
    is = inductors(ind).is;
    js = inductors(ind).js;
    ks = inductors(ind).ks;
    ie = inductors(ind).ie;
    je = inductors(ind).je;
    ke = inductors(ind).ke;

    L = inductors(ind).inductance_per_component;

    switch (inductors(ind).direction(1))
    case 'x'
      fi = create_linear_index_list(eps_r_x,is:ie-1,js:je,ks:ke);
      inductors(ind).Cexj = -(2* dt) ...
        ./ (2* eps_r_x(fi)* eps_0+ dt* sigma_e_x(fi));
      inductors(ind).Jix = zeros(size(fi));
      inductors(ind).Cjex = (dt* dx)/ (L* dy* dz);
        case 'y'
      fi = create_linear_index_list(eps_r_y,is:ie,js:je-1,ks:ke);
      inductors(ind).Ceyj = -(2* dt) ...
        ./ (2* eps_r_y(fi)* eps_0+ dt* sigma_e_y(fi));
      inductors(ind).Jiy = zeros(size(fi));
      inductors(ind).Cjey = (dt* dy)/ (L* dz* dx);
    case 'z'
      fi = create_linear_index_list(eps_r_z,is:ie,js:je,ks:ke-1);
      inductors(ind).Cezj = -(2* dt) ...
        ./ (2* eps_r_z(fi)* eps_0+ dt* sigma_e_z(fi));
      inductors(ind).Jiz = zeros(size(fi));
      inductors(ind).Cjez = (dt* dz)/ (L* dx* dy);
    end
    inductors(ind).field_indices = fi;
end
```

如同 4.1.6 节所讨论的,在 FDTD 时进循环中,每一时间步中,用式(4.24)更新电场

$E_z^{n+1}(i,j,k)$ 之前,新的 $J_{iz}^{n+1/2}(i,j,k)$ 需要用 $E_z^n(i,j,k)$、$J_{iz}^{n-1/2}(i,j,k)$ 代入式(4.23)进行计算。重写式(4.23),有

$$J_{iz}^{n+\frac{1}{2}}(i,j,k) = J_{iz}^{n-\frac{1}{2}}(i,j,k) + \frac{\Delta t \Delta z}{L \Delta x \Delta y} E_z^n(i,j,k)$$

$$= J_{iz}^{n-\frac{1}{2}}(i,j,k) + C_{jez}(i,j,k) E_z^n(i,j,k)$$

式中

$$C_{jez}(i,j,k) = \frac{\Delta t \Delta z}{L \Delta x \Delta y}$$

C_{jez} 是一附加系数,在迭代开始之前先初始化。因此,构造了系数 inductor(i). C_{ezj},见程序 4.9。

4.2.4.4 电阻更新系数的初始化

电阻更新系数的初始化在程序 initialize_resistance_updating_coefficients 中完成。它是基于方程(4.24)进行的,见程序 4.10。电阻系数的初始化是直接的,与电阻相关的场分量的位置指标由临时参量 fi 决定,通用系数数组的元素通过 fi 来访问,它们由电阻更新方程(4.16)来重新计算。

程序 4.10 initialize_resistance_updating_coefficients. m

```
disp ('initializing resistor updating coefficients');

for ind = 1:number_of_resistors
    is = resistors(ind).is;
    js = resistors(ind).js;
    ks = resistors(ind).ks;
    ie = resistors(ind).ie;
    je = resistors(ind).je;
    ke = resistors(ind).ke;

    R = resistors(ind).resistance_per_component;

    switch (resistors(ind).direction(1))
    case 'x'
        fi = create_linear_index_list(eps_r_x,is:ie-1,js:je,ks:ke);
        a_term = (dt* dx)/(R* dy* dz);
        Cexe(fi) = ...
           (2* eps_0* eps_r_x(fi)- dt* sigma_e_x(fi)- a_term) ...
          ./ (2* eps_0* eps_r_x(fi)+ dt* sigma_e_x(fi)+ a_term);
        Cexhz(fi)= (2* dt/dy)...
          ./ (2* eps_r_x(fi)* eps_0+ dt* sigma_e_x(fi)+ a_term);
        Cexhy(fi)= - (2* dt/dz) ...
          ./ (2* eps_r_x(fi)* eps_0+ dt* sigma_e_x(fi)+ a_term);
    case 'y'
```

```
        fi = create_linear_index_list(eps_r_y, is:ie,js:je-1,ks:ke);
        a_term = (dt* dy)/(R* dz* dx);
        Ceye(fi) = ...
            (2* eps_0* eps_r_y(fi)- dt* sigma_e_y(fi)- a_term) ...
             ./ (2* eps_0* eps_r_y(fi)+ dt* sigma_e_y(fi)+ a_term);
        Ceyhx(fi)= (2* dt/dz)...
             ./ (2* eps_r_y(fi)* eps_0+ dt* sigma_e_y(fi)+ a_term);
        Ceyhz(fi)= - (2* dt/dx) ...
             ./ (2* eps_r_y(fi)* eps_0 + dt* sigma_e_y(fi)+ a_term);
    case 'z'
        fi = create_linear_index_list(eps_r_z,is:ie,js:je,ks:ke-1);
        a_term = (dt* dz)/(R* dx* dy);
        Ceze(fi) = ...
            (2* eps_0* eps_r_z(fi)- dt* sigma_e_z(fi)- a_term) ...
             ./ (2* eps_0* eps_r_z(fi)+ dt* sigma_e_z(fi)+ a_term);
        Cezhy(fi)= (2* dt/dx)...
             ./ (2* eps_r_z(fi)* eps_0+ dt* sigma_e_z(fi)+ a_term);
        Cezhx(fi)= - (2* dt/dy) ...
             ./ (2* eps_r_z(fi)* eps_0+ dt* sigma_e_z(fi)+ a_term);
    end
    resistors(ind).field_indices = fi;
end
```

4.2.4.5 电容更新系数的初始化

电容更新系数的初始化在程序 initialize_capacitaor_updating_coefficients 中完成。它是基于方程(4.24)进行的,见程序 4.11。电容更新系数的初始化与电阻更新系数的初始化相同,它们遵循更新方程(4.20)。

程序 4.11 initialize_capacitor_updating_coefficients.m

```
disp('initializing capacitor updating coefficients');

for ind = 1:number_of_capacitors
    is = capacitors(ind).is;
    js = capacitors(ind).js;
    ks = capacitors(ind).ks;
    ie = capacitors(ind).ie;
    je = capacitors(ind).je;
    ke = capacitors(ind).ke;

    C = capacitors(ind).capacitance_per_component;

    switch (capacitors(ind).direction(1))
```

```
      case 'x'
        fi = create_linear_index_list(eps_r_x,is:ie-1,js:je,ks:ke);
        a_term = (2* C* dx)/(dy* dz);
        Cexe(fi) = ...
          (2* eps_0* eps_r_x(fi)- dt* sigma_e_x(fi)+ a_term) ...
          ./ (2* eps_0* eps_r_x(fi)+ dt* sigma_e_x(fi)+ a_term);
        Cexhz(fi)= (2* dt/dy)...
          ./ (2* eps_r_x(fi)* eps_0+ dt* sigma_e_x(fi)+ a_term);
        Cexhy(fi)= - (2* dt/dz) ...
          ./ (2* eps_r_x(fi)* eps_0 + dt* sigma_e_x(fi)+ a_term);
      case 'y'
        fi = create_linear_index_list(eps_r_y,is:ie,js:je-1,ks:ke);
        a_term = (2* C* dy)/(dz* dx);
        Ceye(fi) = ...
          (2* eps_0* eps_r_y(fi)- dt* sigma_e_y(fi)+ a_term) ...
          ./ (2* eps_0* eps_r_y(fi)+ dt* sigma_e_y(fi)+ a_term);
        Ceyhx(fi)= (2* dt/dz)...
          ./ (2* eps_r_y(fi)* eps_0+ dt* sigma_e_y(fi)+ a_term);
        Ceyhz(fi)= - (2* dt/dx) ...
          ./ (2* eps_r_y(fi)* eps_0 + dt* sigma_e_y(fi)+ a_term);
      case 'z'
        fi = create_linear_index_list(eps_r_z,is:ie,js:je,ks:ke-1);
        a_term = (2* C* dz)/(dx* dy);
        Ceze(fi) = ...
          (2* eps_0* eps_r_z(fi)- dt* sigma_e_z(fi)+ a_term) ...
          ./ (2* eps_0* eps_r_z(fi)+ dt* sigma_e_z(fi)+ a_term);
        Cezhy(fi)= (2* dt/dx)...
          ./ (2* eps_r_z(fi)* eps_0+ dt* sigma_e_z(fi)+ a_term);
        Cezhx(fi)= - (2* dt/dy) ...
          ./ (2* eps_r_z(fi)* eps_0+ dt* sigma_e_z(fi)+ a_term);
    end
    capacitors(ind).field_indices = fi;
end
```

4.2.4.6 二极管更新系数的初始化

与其他集总参数元件相比,模拟二极管的算法显著不同,它要求初始化一组不同的参数。二极管更新系数的初始化在程序 initialize_diode_updating_coefficients 中完成,见程序 4.12。

如 4.2.3 节中所述,只有一个电场分量与二极管相关,因此它需要一基于 4.8 节中方程的特别更新。例如,对于一指向 z 正方向,定义在节点(is,js,ks)和(ie,je,ke)之间的二极管,只有电场 E_z(ie,je,ke)被更新,如图 4.9 所示。

程序 4.12 initialize_diode_updating_coefficients.m

```matlab
disp ('initializing diode updating coefficients');

q = 1.602*1e-19; % charge of an electron
k = 1.38066e-23; % Boltzman constant, joule/kelvin
T = 273+27;   % Kelvin; room temperature
I_0 = 1e-14;   % saturation current

for ind = 1:number_of_diodes
    is = diodes(ind).is;
    js = diodes(ind).js;
    ks = diodes(ind).ks;
    ie = diodes(ind).ie;
    je = diodes(ind).je;
    ke = diodes(ind).ke;

    if strcmp (diodes(ind).direction(2),'n')
        sgn = -1;
    else
        sgn = 1;
    end
    switch (diodes(ind).direction(1))
      case 'x'
        fi = create_linear_index_list(eps_r_x,is,js,ks);
        diodes(ind).B = sgn*q*dx/(2*k*T);
        diodes(ind).Cexd = ...
          -sgn*(2*dt*I_0/(dy*dz))*exp(diodes(ind).B) ...
          ./(2*eps_r_x(fi)*eps_0 + dt*sigma_e_x(fi));
        diodes(ind).Exn = 0;
      case 'y'
        fi = create_linear_index_list(eps_r_y,is,js,ks);
        diodes(ind).B = sgn*q*dy/(2*k*T);
        diodes(ind).Ceyd = ...
          -sgn*(2*dt*I_0/(dz*dx))*exp(diodes(ind).B) ...
          ./(2*eps_r_y(fi)*eps_0 + dt*sigma_e_y(fi));
        diodes(ind).Eyn = 0;
      case 'z'
        fi = create_linear_index_list(eps_r_z,is,js,ks);
        diodes(ind).B = sgn*q*dz/(2*k*T);
        diodes(ind).Cezd = ...
          -sgn*(2*dt*I_0/(dx*dy))*exp(diodes(ind).B) ...
          ./(2*eps_r_z(fi)*eps_0 + dt*sigma_e_z(fi));
        diodes(ind).Ezn = 0;
```

```
        end
        diodes(ind).field_indices = fi;
end
```

如同在4.1.8节中所讨论的,与二极管相关的电场的新值是通过解如下方程来得到的:

$$Ae^{Bx} + x + C = 0 \quad (4.42)$$

式中

$$x = E_z^{n+1}(i,j,k), A = -C_{ezd}(i,j,k)e^{BE_z^n(i,j,k)}, B = q\Delta z/2kT$$

$$C = C_{eze}(i,j,k)E_z^n(i,j,k) + C_{ezhy}(i,j,k)[H_y^{n+\frac{1}{2}}(i,j,k) - H_y^{n+\frac{1}{2}}(i-1,j,k)]$$

$$+ C_{ezhx}(i,j,k)[H_x^{n+\frac{1}{2}}(i,j,k) - H_x^{n+\frac{1}{2}}(i,j-1,k)] + C_{ezd}(i,j,k)$$

其中:$E_z^{n+1}(i,j,k)$是要求的电场量;B是一常数,可以在时进循环之前构造并作为参数 diode(i).B存储;参数A和C为表达式,它们需要在每一时间步中使用前一时间步的电场和磁场分量的值重新计算。将C的表达式(4.34)右边的前三项与一般媒质的更新方程式(1.28)相比较,可以看出它们的形式是相同的,系数C_{eze}、C_{ezhy}、C_{ezhx}的不同仅在于相差一负号。在子程序 initialize_updating_coefficients 中它们被初始化为变量C_{eze}、C_{ezhy}、C_{ezhx},这里不需要重新定义它们。只需要记住这些参量加上下标(is,js,ks),即C_{eze}(is, js,ks)、C_{ezhy}(is,js,ks)、C_{ezhx}(is,js,ks),是用于更新与二极管相关的$E_z^{n+1}(i,j,k)$时,重新计算C时所用到的系数的负数。

然而在计算C的表达式中,第四项包含一以前未定义的系数$C_{ezd}(i,j,k)$。因此,在程序4.12中定义了一参量 diode(i).C_{ezd},用于存储$C_{ezd}(i,j,k)$的值。

一附加参量 diodes(i).Ezn,在程序4.12中被定义并初始化为零。此参量用于存储电场在前一时间步的值E_z^n(is,js,ks)。此参量用于在每一时间步参加重新计算系数C,在重新计算C时它是可用的。因此,在每一时间步,电场E_z^n(is,js,ks)存储在此参量中,以备下一时间步计算C时应用。

4.2.5 电场和磁场以及电压和电流的取样

运行FDTD仿真的原因是想要得到一结果,它描述了电磁问题的响应特性。从电磁仿真得到的结果类型随电磁问题的类型不同而变化。然而,从电磁仿真中得到的最基本的结果,是在一源激励下电场和磁场的时域行为。因为它们是FDTD算法中所依赖的量,得到的其他结果类型仅为这些瞬态电场和磁场的变换。例如,在微波电路模拟中一旦得到瞬态电场和磁场,就很容易得到电压和电流;然后这些瞬态电压和电流通过傅里叶变换转换为频域的电压和电流,从而得到电路的散射参量。同样,天线的方向图或散射体的RCS也可以通过适当的变换来得到。

4.2.5.1 计算取样电压

电压和电流可以像集总参数元件一样,由一柱状体积和它们的取向来取样。跨接在此体积两端的电压和流过此体积截面的电流,可以在时间步进循环中由体积两端串联的电压和围绕体积的磁场分别来计算。例如,考虑一定义在节点(is,js,ks)和(ie,je,ke)之间的体积,此体积放置在平行于PEC板之间,跨越体积,可以计算出两PEC板之间电压的平均值。这里应用式(4.2)的积分,可以定出下式:

$$V = -\int \boldsymbol{E} \, d\boldsymbol{l} \quad (4.43)$$

在离散空间中,此积分表示为一求和。对图 4.11 中的结构,上下 PEC 板间的电压可以表示为离散形式:

$$V = -\mathrm{d}z \sum_{k=\mathrm{ks}}^{\mathrm{ke}-1} E_z(\mathrm{is},\mathrm{js},k) \tag{4.44}$$

从图 4.11 可以看出,这里有多条积分路径可以进行积分求和计算,而从这些路径计算出来的电压值应该非常接近。因此可以取如下式计算的这些电压值的平均,即

$$V = \frac{-\mathrm{d}z}{(\mathrm{ie}-\mathrm{is}+1)\times(\mathrm{je}-\mathrm{js}+1)} \times \sum_{i=\mathrm{is}}^{\mathrm{ie}}\sum_{j=\mathrm{js}}^{\mathrm{je}}\sum_{k=\mathrm{ks}}^{\mathrm{ke}-1} E_z(i,j,k) \tag{4.45}$$

式(4.45)可以写成

$$V = C_{\mathrm{svf}} \sum_{i=\mathrm{is}}^{\mathrm{ie}}\sum_{j=\mathrm{js}}^{\mathrm{je}}\sum_{k=\mathrm{ks}}^{\mathrm{ke}-1} E_z(i,j,k) \tag{4.46}$$

式中

$$C_{\mathrm{svf}} = \frac{-\mathrm{d}z}{(\mathrm{ie}-\mathrm{is}+1)(\mathrm{je}-\mathrm{js}+1)} \tag{4.47}$$

这里 C_{svf} 为一标度因子乘上场分量 $E_z(\mathrm{is}:\mathrm{ie},\mathrm{js}:\mathrm{je},\mathrm{ks}:\mathrm{ke}-1)$ 的和,以得到平均电压。上面的式子在 is=ie,js=je 的情况下仍然成立。在这种情况下,电压的取样是沿着一线段或在一表面内进行的。

4.2.5.2 计算取样电流

计算流过一表面的电流,可以应用安培定律的积分形式,即

$$I_{\mathrm{free}} = \oint \boldsymbol{H}\mathrm{d}\boldsymbol{l} \tag{4.48}$$

式中:I_{free} 为总的自由电流。

在离散空间需要将式(4.48)离散为磁场的求和形式。例如,考虑如图 4.12 的情况,图中给出了环绕一表面的磁场。场的位置以 Yee 网格的形式给出,其位置下标与节点 (is,js,ks) 和 (ie,je,ke) 相关。这些场可以用来计算被环绕的总自由电流,即

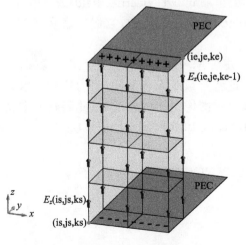

图 4.11 两平行 PEC 板之间的体积,需要求 z 向取样电压

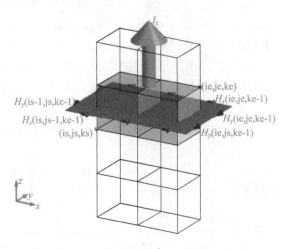

图 4.12 由磁场环绕的表面及流过它的电流

$$I_z(ke-1) = dx \times \sum_{i=is}^{ie} H_x(i, js-1, ke-1) + dy \times \sum_{j=js}^{je} H_y(ie, j, ke-1)$$
$$- dx \times \sum_{i=is}^{ie} H_x(i, js, ke-1) - dy \times \sum_{j=js}^{je} H_y(is-1, j, ke-1) \tag{4.49}$$

这里,I_z 用位置指标(ke−1),是因为用来计算 I_z 的磁场分量具有 z 方向的位置指标(ke−1)。

如前所讨论的,可以用一由节点(is,js,ks)和(ie,je,ke)确定的柱形体积来确定取样电流的位置。因此,一与柱形横截面相交并环绕柱形横截面的表面,可以用来决定计算电流的磁场分量,如图 4.12 所示。由节点(is,js,ks)和(ie,je,ke)确定的柱形,缩简为平面或一线段甚至一点是可能的,如果 is=ie,js=je,ks=ke,则上面所述的柱形就变为一个点。在这种情况下仍可以用式(4.49)来计算相关的电流。然而应该注意到,位置指标为(ke−1)的磁场所代表的表面,并不与节点重合,它们只通过此网格的中心点。因此,如果要求在同一位置上对电压和电流取样,则应该对多个位置取样,再取平均来得到电压和电流在同一位置的有效值。另一点应注意的是,电压和电流的取样是在不同的时刻进行的,它们之间相差半个时间步。这是因为电压取自电场,而电流取自磁场,根据 Yee 空间与时间网格的安排,电场与磁场在时间上有半个时间步的偏差。如文献[11]所指出的,这种偏差也是可以得到补偿的。

4.2.6 输出参数的定义与初始化

从仿真中要寻求的结果类型的定义,也是在 FDTD 方法中创建 FDTD 问题的一部分任务。这一任务在 fdtd_solve 程序中的定义阶段完成。程序 3.1 列出了子程序 define_output_parameters 完成结果类型的定义。本节将介绍在程序 4.13 所列程序中如何将电场、磁场、电压和电流定义为输出参量。同时还将介绍如何设置辅助参量,来显示目标在问题空间中的三维图,以及目标的媒质网格和运行时场量在某些截面上的动画。其他类型参量的定义将在下章讨论,它们的运行加入到子程序 define_output_parameters 中。

程序 4.13 开始部分定义并初始化空结构数组 sampled_electric_fields、sampled_magnetic_fields、sampled_voltages、sampled_currents 作为时间函数,它们代表在 FDTD 每一时间步各自的取样参量。

在 FDTD 时间循环中,程序能获取这些参量,并在 MATLAB 平台上绘出图像来,以展示取样参量的进展。然而在每一时间步都显示这些参量是无意义的,因为这种显示会显著地延缓程序运行的速度。以一定的刷新率来显示图像是比较合适的,此刷新率定义为参量 plotting_step。例如,值 10 意味着绘出的图像每 10 个时间步刷新 1 次。

程序 4.13 define_output_parameters.m

disp ('defining output parameters');

sampled_electric_fields = [];
sampled_magnetic_fields = [];
sampled_voltages = [];
sampled_currents = [];

```matlab
% figure refresh rate
plotting_step = 10;

% mode of operation
run_simulation = true;
show_material_mesh = true;
show_problem_space = true;

% define sampled electric fields
% component: vector component 'x','y','z', or magnitude 'm'
% display_plot = true, in order to plot field during simulation
sampled_electric_fields(1).x = 30* dx;
sampled_electric_fields(1).y = 30* dy;
sampled_electric_fields(1).z = 10* dz;
sampled_electric_fields(1).component = 'x';
sampled_electric_fields(1).display_plot = true;

% define sampled magnetic fields
% component: vector component 'x','y','z', or magnitude 'm'
% display_plot = true, in order to plot field during simulation
sampled_magnetic_fields(1).x = 30* dx;
sampled_magnetic_fields(1).y = 30* dy;
sampled_magnetic_fields(1).z = 10* dz;
sampled_magnetic_fields(1).component = 'm';
sampled_magnetic_fields(1).display_plot = true;

% define sampled voltages
sampled_voltages(1).min_x = 5.0e-3;
sampled_voltages(1).min_y = 0;
sampled_voltages(1).min_z = 0;
sampled_voltages(1).max_x = 5.0e-3;
sampled_voltages(1).max_y = 2.0e-3;
sampled_voltages(1).max_z = 4.0e-3;
sampled_voltages(1).direction = 'zp';
sampled_voltages(1).display_plot = true;

% define sampled currents
sampled_currents(1).min_x = 5.0e-3;
sampled_currents(1).min_y = 0;
sampled_currents(1).min_z = 4.0e-3;
sampled_currents(1).max_x = 5.0e-3;
sampled_currents(1).max_y = 2.0e-3;
```

```
sampled_currents(1).max_z =  4.0e-3;
sampled_currents(1).direction = 'xp';
sampled_currents(1).display_plot = true;

% display problem space parameters
problem_space_display.labels = true;
problem_space_display.axis_at_origin = false;
problem_space_display.axis_outside_domain = true;
problem_space_display.grid_xn = false;
problem_space_display.grid_xp = true;
problem_space_display.grid_yn = false;
problem_space_display.grid_yp = true;
problem_space_display.grid_zn = true;
problem_space_display.grid_zp = false;
problem_space_display.outer_boundaries = true;
problem_space_display.cpml_boundaries = true;

% define animation
% field_type shall be 'e' or 'h'
% plane cut shall be 'xy', yz, or zx
% component shall be 'x', 'y', 'z', or 'm';
animation(1).field_type = 'e';
animation(1).component = 'm';
animation(1).plane_cut(1).type = 'xy';
animation(1).plane_cut(1).position = 0;
animation(1).plane_cut(2).type = 'yz';
animation(1).plane_cut(2).position = 0;
animation(1).plane_cut(3).type = 'zx';
animation(1).plane_cut(3).position = 0;
animation(1).enable = true;
animation(1).display_grid = false;
animation(1).display_objects = true;

animation(2).field_type = 'h';
animation(2).component = 'x';
animation(2).plane_cut(1).type = 'xy';
animation(2).plane_cut(1).position = -5;
animation(2).plane_cut(2).type = 'xy';
animation(2).plane_cut(2).position = 5;
animation(2).enable = true;
animation(2).display_grid = true;
animation(2).display_objects = true;
```

在仿真运行以前,检查目标在三维问题空间的位置是一个好的习惯。检查媒质参数在 FDTD 网格中的分布,也能确定模拟设置是否正确。在这种情况下,最好将程序运行到某一点,在这一点上目标的三维图像和媒质网格都可以在问题空间中显示出来。为此定义了一个参量,命名为 run_simulation。如果此参量的赋值是 true,则程序运行仿真计算;否则,在调用了子程序 display_problem_space 和 display_material_mesh 之后,仿真计算被中断。display_problem_space 是一子程序,它能显示问题的三维图像,并受一逻辑参量 show_problem_space 的控制。一组可以用来设置三维空间图像的显示的参量,列于程序 4.13 的结束部分。同样,display_material_mesh 也是一子程序,它运行一应用程序 display_material_mesh_gui,给出使用者图形界面,由参数 show_material_mesh 控制。例如,图 3.13 就是用 display_material_mesh_gui 获得的。

在 FDTD 时进循环中,整个问题空间,电场和磁场在它们各自的 Yee 网格上被计算。因此,可以获取绘图和存储所有的场分量。例如,可以获取某些场分量在某些平面截面上的值,并绘出其截面上的图像,以实时显示这些场量在平面截面上的进展。或者还可以获取并存储一些场量,以供后处理使用。这里,限制场分量的取样位置仅在 FDTD 的节点上进行。为了定义节点,需要它们在直角坐标中的位置。因此,在结构体 sampled_electric_fields(i) 和 sampled_magnetic_fields(i) 中定义了参量 x、y、z。因为电磁场是矢量,需要对它们的 x、y、z 分量或幅度进行取样。因此,定义了参量 component。它可以取值为 x、y、z 或 m。此参量是结构体 sampled_electric_fields(i) 和 sampled_magnetic_fields(i) 中的组成部分。如果 component 取值 m,则场幅度计算式为

$$E_m = \sqrt{E_x^2+E_y^2+E_z^2}, H_m = \sqrt{H_x^2+H_y^2+H_z^2}$$

一附加参数 display_polt,它的取值为 true 或 false。不论仿真是否在运行,它可以确定是否绘制场分量的图形。

同时,代表取样电压和电流的体积用参量 min_x、min_y、min_z、max_x、max_y、max_z 来标识。取样电压和取样电流的方向用参量 direction 来定义,它可以取 xn、yn、zn、xp、yp、zp 之一。

如已讨论过的,在模拟的每一时间步所有的场分量都是可以获取的,所以在想要的截面上获取,并绘制出图像。因此,可以模拟场在这些截面上的传播。参数 animation 用来定义动画,作为输出项。此参量为一数组,数组的每一元素都会产生一幅场图。animation(i) 拥有一些子域,用来定义动画的特性。子域 field_type,可取 e 或 m,分别确定是电场还是磁场进行动画显示。子域 component,用来定义显示场的那个分量。因此它可以取值 x、y、z 或 m 中任意一个值。子域 plane_cut (j),用于定义图中显示的截面。参量 plane_cut(j).type 可以取 xy、yz 或 zx 中任意一个值,以确定截面平行哪个主平面。然后参量 plane_cut(j).position 用来决定截面的位置。例如,如果 type 为 yz,position 为 5,则截面为 $x=5$ 的平面。最后,animation(i) 的三个其他子域为逻辑量 enable、display_grid、display_objects。动画状态可以为"使不能",只要定义 enable 的值为 false,设 display_grid 取值为 true,则在 FDTD 模拟中显示出 FDTD 网格。而如果设 display_objects 为 true,则目标就会在问题空间中以栅线的方式绘出。

4.2.6.1 初始化输出参量

初始化输出参量在子程序initialize_output_parameters 中执行,见程序4.14。这里,sampled_electric_fields 表示取样电场分量,sampled_magnetic_fields 表示取样磁场分量。同样,sampled_voltages、sampled_currents 分别表示取样电压和取样电流。如前所述,电场和磁场在Yee 网格所定义的特殊位置上取样。程序4.14 给出了取样位置的指标,并存储在参数is、js、ks 之中。因此,构造了一个一维数组sampled_value,其大小为number_of_time_steps,并初始化为零。此参数用来存储FDTD 迭代中,取样分量的新计算值。另一大小为number_of_time_steps 的一维数组为time,用来获取时间常数。应该注意的是,电场的时间数组与磁场的时间数组之间有半个时间步的差异。

程序计算了指明取样电压位置的节点位置指标,并赋于如下值:is、js、ks 和 ie、je、ke。这些用于计算取样电压的电场位置指标被确定后,赋给参数field_indices。然后,如前4.2.5 节所述的标度系数 C_{svf} 用式(4.47)进行计算后,赋给参量 C_{svf}。

程序4.14 initialize_output_parameters.m

```
disp ('initializing the output parameters');

number_of_sampled_electric_fields = size (sampled_electric_fields,2);
number_of_sampled_magnetic_fields = size (sampled_magnetic_fields,2);
number_of_sampled_voltages = size (sampled_voltages,2);
number_of_sampled_currents = size (sampled_currents,2);

% initialize sampled electric field terms
for ind= 1:number_of_sampled_electric_fields
    is = round ((sampled_electric_fields(ind).x ...
        - fdtd_domain.min_x)/dx)+ 1;
    js = round ((sampled_electric_fields(ind).y ...
        - fdtd_domain.min_y)/dy)+ 1;
    ks = round ((sampled_electric_fields(ind).z ...
        - fdtd_domain.min_z)/dz)+ 1;
    sampled_electric_fields(ind).is = is;
    sampled_electric_fields(ind).js = js;
    sampled_electric_fields(ind).ks = ks;
    sampled_electric_fields(ind).sampled_value = ...
        zeros (1, number_of_time_steps);
    sampled_electric_fields(ind).time = ...
        ([1:number_of_time_steps])* dt;
end

% initialize sampled magnetic field terms
for ind= 1:number_of_sampled_magnetic_fields
    is = round ((sampled_magnetic_fields(ind).x ...
```

```matlab
        - fdtd_domain.min_x)/dx)+ 1;
    js = round((sampled_magnetic_fields(ind).y ...
        - fdtd_domain.min_y)/dy)+ 1;
    ks = round((sampled_magnetic_fields(ind).z ...
        - fdtd_domain.min_z)/dz)+ 1;
    sampled_magnetic_fields(ind).is = is;
    sampled_magnetic_fields(ind).js = js;
    sampled_magnetic_fields(ind).ks = ks;
    sampled_magnetic_fields(ind).sampled_value = ...
        zeros(1, number_of_time_steps);
    sampled_magnetic_fields(ind).time = ...
        ([1:number_of_time_steps]- 0.5)* dt;
end

% initialize sampled voltage terms
for ind= 1:number_of_sampled_voltages
    is = round((sampled_voltages(ind).min_x - fdtd_domain.min_x)/dx)+ 1;
    js = round((sampled_voltages(ind).min_y - fdtd_domain.min_y)/dy)+ 1;
    ks = round((sampled_voltages(ind).min_z - fdtd_domain.min_z)/dz)+ 1;
    ie = round((sampled_voltages(ind).max_x - fdtd_domain.min_x)/dx)+ 1;
    je = round((sampled_voltages(ind).max_y - fdtd_domain.min_y)/dy)+ 1;
    ke = round((sampled_voltages(ind).max_z - fdtd_domain.min_z)/dz)+ 1;
    sampled_voltages(ind).is = is;
    sampled_voltages(ind).js = js;
    sampled_voltages(ind).ks = ks;
    sampled_voltages(ind).ie = ie;
    sampled_voltages(ind).je = je;
    sampled_voltages(ind).ke = ke;
    sampled_voltages(ind).sampled_value = ...
            zeros(1, number_of_time_steps);

    switch (sampled_voltages(ind).direction(1))
    case 'x'
       fi = create_linear_index_list(Ex,is:ie- 1,js:je,ks:ke);
       sampled_voltages(ind).Csvf = - dx/((je- js+ 1)* (ke- ks+ 1));
    case 'y'
       fi = create_linear_index_list(Ey,is:ie,js:je- 1,ks:ke);
       sampled_voltages(ind).Csvf = - dy/((ke- ks+ 1)* (ie- is+ 1));
    case 'z'
       fi = create_linear_index_list(Ez,is:ie,js:je,ks:ke- 1);
       sampled_voltages(ind).Csvf = - dz/((ie- is+ 1)* (je- js+ 1));
    end
    if strcmp(sampled_voltages(ind).direction(2),'n')
```

```
        sampled_voltages(ind).Csvf = ...
           -1 * sampled_voltages(ind).Csvf;
    end
    sampled_voltages(ind).field_indices = fi;
    sampled_voltages(ind).time = ([1:number_of_time_steps])*dt;
end

% initialize sampled current terms
for ind= 1:number_of_sampled_currents
    is = round((sampled_currents(ind).min_x - fdtd_domain.min_x)/dx)+1;
    js = round((sampled_currents(ind).min_y - fdtd_domain.min_y)/dy)+1;
    ks = round((sampled_currents(ind).min_z - fdtd_domain.min_z)/dz)+1;
    ie = round((sampled_currents(ind).max_x - fdtd_domain.min_x)/dx)+1;
    je = round((sampled_currents(ind).max_y - fdtd_domain.min_y)/dy)+1;
    ke = round((sampled_currents(ind).max_z - fdtd_domain.min_z)/dz)+1;
    sampled_currents(ind).is = is;
    sampled_currents(ind).js = js;
    sampled_currents(ind).ks = ks;
    sampled_currents(ind).ie = ie;
    sampled_currents(ind).je = je;
    sampled_currents(ind).ke = ke;
    sampled_currents(ind).sampled_value = ...
           zeros(1, number_of_time_steps);
    sampled_currents(ind).time = ([1:number_of_time_steps]-0.5)*dt;
end
```

4.2.6.2 运行时间中的图形显示的初始化

到目前为止,已为FDTD模拟定义了四种输出参量,即取样电场、磁场,以及取样电压、电流。当FDTD正在运行时,这些参量的进程可以显示在MATLAB的图像中。在子程序define_output_parameters中,当对参量进行定义和取样时,参量display_plot被设计成与每一已定义的取样分量相关,它指定是否进行实时场量显示。如果有任何场量被指定为实时场量显示,则在FDTD时进循环开始之前,显示此场量的图框就被打开,并完成其显示特性的设置。这种图形的初始化过程,在子程序initialize_display_parameters中完成,见程序4.15。对每一要显示的取样分量,都给出一幅图,其中的轴线已给出标记。而每一取样分量的图的数目,存储在参量figure_number中。

程序4.15 initialize_display_parameters.m

```
disp('initializing display parameters');

% open figures for sampled electric fields
for ind= 1:number_of_sampled_electric_fields
    if sampled_electric_fields(ind).display_plot == true
```

```matlab
        sampled_electric_fields(ind).figure_number = figure;
        sampled_electric_fields(ind).plot_handle = plot(0,0,'b-');
        xlabel('time (ns)','fontsize',12);
        ylabel('(volt/meter)','fontsize',12);
        title(['sampled electric field [' ...
            num2str(ind) ']'],'fontsize',12);
        grid on;
        hold on;
    end
end

% open figures for sampled magnetic fields
for ind= 1:number_of_sampled_magnetic_fields
    if sampled_magnetic_fields(ind).display_plot == true
        sampled_magnetic_fields(ind).figure_number = figure;
        sampled_magnetic_fields(ind).plot_handle = plot(0,0,'b-');
        xlabel('time (ns)','fontsize',12);
        ylabel('(ampere/meter)','fontsize',12);
        title(['sampled magnetic field [' num2str(ind) ']'], ...
            'fontsize',12);
        grid on;
        hold on;
    end
end

% initialize figures for sampled voltages
for ind= 1:number_of_sampled_voltages
    if sampled_voltages(ind).display_plot == true
        sampled_voltages(ind).figure_number = figure;
        sampled_voltages(ind).plot_handle = plot(0,0,'b-');
        xlabel('time (ns)','fontsize',12);
        ylabel('(volt)','fontsize',12);
        title(['sampled voltage [' num2str(ind) ']'], ...
            'fontsize',12);
        grid on;
        hold on;
    end
end

% initialize figures for sampled currents
for ind= 1:number_of_sampled_currents
    if sampled_currents(ind).display_plot == true
        sampled_currents(ind).figure_number = figure;
```

```
        sampled_currents(ind).plot_handle = plot (0,0,'b- ');
        xlabel ('time (ns)','fontsize',12);
        ylabel ('(ampere)','fontsize',12);
        title (['sampled current [' num2str (ind) ']'], ...
          'fontsize',12);
        grid on;
        hold on;
    end
end

% initialize field animation parameters
initialize_animation_parameters;
```

最后调用子程序initialize_animation_parameters，它完成场在截面上的动画相关参量的初始化，场动画在define_output_parameters 程序中定义。而其他参量的取样和输出的图像和显示参量，也在此程序中完成。

4.2.7 运行 FDTD 模拟：时进循环

到目前为止，已讨论了除initialize_boundary_conditions 和 run_fdtd_time_marching_loop 以外的所有定义与初始化程序。已讨论过的边界条件，只有 PEC 边界条件。要做的只是保证在问题空间的边界上切向电场为零，就可满足 PEC 边界条件。因此，对 PEC 边界条件不需要特别的初始化程序。而子程序run_fdtd_time_marching_loop 是为其他类型的边界条件设计的，我们还未讨论，这是其他章节的内容。

至此，为进行 FDTD 模拟 PEC 边界条件下的具有各向同性媒质、线性媒质和集总参数元件的目标，准备好了各种必要的条件。现在已可以执行子程序run_fdtd_time_marching_loop 。其中，包括 FDTD 的时进蛙跳算法。执行子程序run_fdtd_time_marching_loop 见程序 4.16。在本节讨论其中的函数，以及子程序中的相关执行步。

程序 4.16 以定义和初始化参量current_time 开始，此参量用于将当前时间值包含在 FDTD 循环之内。然后应用 MATLAB 系统函数cputime 获取相关的计算机系统时间。这是第一次调用此函数以获取 FDTD 循环的开始时间，并存储在参量start_time 中。在 FDTD 循环结束后，此函数再次被调用，以获取系统时间。此时间被复制在参量end_time 之中。因此，开始时间与结束时间之差即为 FDTD 时进迭代所用的时间。

程序 4.16　run_fdtd_time_marching_loop. m

```
disp (['Starting the time marching loop']);
disp (['Total number of time steps : ' ...
    num2str (number_of_time_steps)]);

start_time = cputime ;
current_time = 0;
```

```
for time_step = 1:number_of_time_steps
    update_magnetic_fields;
    capture_sampled_magnetic_fields;
    capture_sampled_currents;
    update_electric_fields;
    update_voltage_sources;
    update_current_sources;
    update_inductors;
    update_diodes;
    capture_sampled_electric_fields;
    capture_sampled_voltages;
    display_sampled_parameters;
end

end_time = cputime;
total_time_in_minutes = (end_time - start_time)/60;
disp(['Total simulation time is '...
    num2str(total_time_in_minutes) ' minutes.']);
```

4.2.7.1 磁场更新

时进迭代将运行number_of_time_steps次,在每一次迭代中,程序update_magnetic_fields首先更新磁场分量,见程序4.17。这里所有磁场分量在整个问题空间上都用式(1.29)～式(1.31)进行计算,除了外加磁流项(这里外加磁流项不存在)。

程序4.17 update_magnetic_fields.m

```
% update magnetic fields

current_time = current_time + dt/2;

Hx = Chxh.* Hx+ Chxey.* (Ey(1:nxp1,1:ny,2:nzp1)- Ey(1:nxp1,1:ny,1:nz))...
    + Chxez.* (Ez(1:nxp1,2:nyp1,1:nz)- Ez(1:nxp1,1:ny,1:nz));

Hy = Chyh.* Hy+ Chyez.* (Ez(2:nxp1,1:nyp1,1:nz)- Ez(1:nx,1:nyp1,1:nz))...
    + Chyex.* (Ex(1:nx,1:nyp1,2:nzp1)- Ex(1:nx,1:nyp1,1:nz));

Hz = Chzh.* Hz+ Chzex.* (Ex(1:nx,2:nyp1,1:nzp1)- Ex(1:nx,1:ny,1:nzp1))...
    + Chzey.* (Ey(2:nxp1,1:ny,1:nzp1)- Ey(1:nx,1:ny,1:nzp1));
```

4.2.7.2 电场更新

FDTD迭代中第二重要的一步是更新电场计算,此项更新在子程序update_electric_fields中执行,见程序4.18。电场分量的更新是使用式(1.26)～式(1.28)的通用更新公式进行的。当讨论集总参数元件时,证明了当模拟电感时需要外加电流项。因为在模拟电感时只有一小部分电场分量需要更新,这些电场需要重新计算,其中增加了相关的外加电流项。计算是由子程序 update_inductors 完成的。

应该注意到,程序 4.18 中边界上的切向电场不包括在更新计算中。其原因是由于 Yee 网格的特殊安排。在更新电场时需要磁场环绕它,而当电场为问题空间边界上的切向场时,至少有一个磁场分量位于问题空间之外,而此磁场分量是没有定义的。此未定义的磁场分量,保持着它的初始值,即零值。这实际上是 PEC 的边界条件。所以这里不需要任何附加操作,来满足 PEC 边界条件。然而其他类型的边界条件,需要对边界上的切向场进行特别的更新。被更新的模拟集总参数的系数,在更新系数的数组中被指定各自的位置。因此,在子程序 update_electric_fields 中,电场的更新完成了电阻和电容的模拟。其他集总参数元件的模拟,需要电场在它们各自的位置上加入一些附加的项。后面章节将详细地叙述其他集总参数元件在时进 FDTD 循环中的更新算法。

程序 4.18 update_electric_fields.m

```
% update electric fields except the tangential components
% on the boundaries

current_time = current_time + dt/2;


Ex(1:nx,2:ny,2:nz) = Cexe(1:nx,2:ny,2:nz).* Ex(1:nx,2:ny,2:nz) ...
                   + Cexhz(1:nx,2:ny,2:nz).* ...
                   (Hz(1:nx,2:ny,2:nz)- Hz(1:nx,1:ny- 1,2:nz)) ...
                   + Cexhy(1:nx,2:ny,2:nz).* ...
                   (Hy(1:nx,2:ny,2:nz)- Hy(1:nx,2:ny,1:nz- 1));

Ey(2:nx,1:ny,2:nz) = Ceye(2:nx,1:ny,2:nz).* Ey(2:nx,1:ny,2:nz) ...
                   + Ceyhx(2:nx,1:ny,2:nz).* ...
                   (Hx(2:nx,1:ny,2:nz)- Hx(2:nx,1:ny,1:nz- 1)) ...
                   + Ceyhz(2:nx,1:ny,2:nz).* ...
                   (Hz(2:nx,1:ny,2:nz)- Hz(1:nx- 1,1:ny,2:nz));

Ez(2:nx,2:ny,1:nz) = Ceze(2:nx,2:ny,1:nz).* Ez(2:nx,2:ny,1:nz) ...
                   + Cezhy(2:nx,2:ny,1:nz).* ...
                   (Hy(2:nx,2:ny,1:nz)- Hy(1:nx- 1,2:ny,1:nz)) ...
                   + Cezhx(2:nx,2:ny,1:nz).* ...
                   (Hx(2:nx,2:ny,1:nz)- Hx(2:nx,1:ny- 1,1:nz));
```

4.2.7.3 与电压源相关的电场更新

更新电场以模拟一电压源的公式推导出,如式(4.10),此方程中包含一特别的附加项,即

$$C_{exs}(i,j,k) \times V_s^{n+1/2}(i,j,k) \tag{4.50}$$

程序 4.18 中的程序执行中略去了此项,此项可以加在与电压源相关的电场分量上。需要额外更新的电场分量的位置指标存储在参量 voltage_source(i).field_indeces 中,与电压源的方向相关,将系数项构造成 C_{exs}、C_{eys} 和 C_{ezs}。当前时刻的电压值可以从波形数组 voltage_source(i).waveform 中重新得到。电压源需要电场分量的额外更新在子程序 update_voltage_source 中完成,见程序 4.19。

程序 4.19 update_voltage_source.m

```
% updating electric field components
% associated with the voltage sources

for ind = 1:number_of_voltage_sources
    fi = voltage_sources(ind).field_indices;
    switch (voltage_sources(ind).direction(1))
    case 'x'
      Ex(fi) = Ex(fi) + voltage_sources(ind).Cexs ...
        * voltage_sources(ind).voltage_per_e_field(time_step);
    case 'y'
      Ey(fi) = Ey(fi) + voltage_sources(ind).Ceys ...
        * voltage_sources(ind).voltage_per_e_field(time_step);
    case 'z'
      Ez(fi) = Ez(fi) + voltage_sources(ind).Cezs ...
        * voltage_sources(ind).voltage_per_e_field(time_step);
    end
end
```

4.2.7.4 与电流源相关的电场更新

与电流源相关的电压更新与电压源相似,已推导出模拟电流源的更新方程,如式(4.15)所示。此方程包含一个附加电流源特别项,即

$$C_{exs}(i,j,k) \times I_s^{n+\frac{1}{2}}(i,j,k) \tag{4.51}$$

电流源需要电场分量的额外更新在子程序 update_current_source 中完成,见程序 4.20。

程序 4.20 update_current_source.m

```
% updating electric field components
% associated with the current sources

for ind = 1:number_of_current_sources
    fi = current_sources(ind).field_indices;
    switch (current_sources(ind).direction(1))
    case 'x'
```

```
        Ex(fi) = Ex(fi) + current_sources(ind).Cexs ...
            * current_sources(ind).current_per_e_field(time_step);
    case 'y'
        Ey(fi) = Ey(fi) + current_sources(ind).Ceys ...
            * current_sources(ind).current_per_e_field(time_step);
    case 'z'
        Ez(fi) = Ez(fi) + current_sources(ind).Cezs ...
            * current_sources(ind).current_per_e_field(time_step);
    end
end
```

4.2.7.5 与电感相关的电场更新

更新电场以模拟一电感的公式已推导出,如式(4.24)所示。此方程中包含一特别的外加电流源附加项,即

$$C_{ezj}(i,j,k) \times J_{iz}^{n+\frac{1}{2}}(i,j,k) \tag{4.52}$$

附加项中的系数已被创建,为C_{exj}、C_{eyj}和C_{ezj},见程序4.9。然而外加电流项$J_{iz}^{n+1/2}$,需要在每一时间步,在将这些项加入式(4.52)计算E_z^{n+1}之前,使用前一时间步的外加电流源$J_{iz}^{n-1/2}$和电场E_z^n的值,依照式(4.23)进行重新计算。然而由于子程序update_electric_fields重写了$J_{iz}^{n+1/2}$和电场E_z^n,它们必须在update_electric_fields运行前进行计算。因此,在与电感相关的电场更新后,就可以重新计算电流密度$J_{iz}^{n+1/2}$,它可用于下一时间步的计算。更新电场的算法及外加电流的计算可以依照程序4.21进行。此程序表给出了子程序update_inductor的运行。

程序4.21　update_inductor.m

```
% updating electric field components
% associated with the inductors

for ind = 1:number_of_inductors
    fi = inductors(ind).field_indices;
    switch (inductors(ind).direction(1))
    case 'x'
        Ex(fi) = Ex(fi) + inductors(ind).Cexj ...
            .* inductors(ind).Jix;
        inductors(ind).Jix = inductors(ind).Jix ...
            + inductors(ind).Cjex .* Ex(fi);
    case 'y'
        Ey(fi) = Ey(fi) + inductors(ind).Ceyj ...
            .* inductors(ind).Jiy;
        inductors(ind).Jiy = inductors(ind).Jiy ...
            + inductors(ind).Cjey .* Ey(fi);
```

```
    case 'z'
      Ez(fi) = Ez(fi) + inductors(ind).Cezj...
       .* inductors(ind).Jiz;
      inductors(ind).Jiz = inductors(ind).Jiz...
       + inductors(ind).Cjez.* Ez(fi);
  end
end
```

4.2.7.6 与二极管相关的电场更新

与其他集总参数元件相比,为模拟二极管而更新相关电场的计算更为复杂。如同在 4.8 节的讨论,与二极管相关的电场的新值是通过解下述方程得到的:

$$Ae^{Bx} + x + C = 0 \tag{4.53}$$

式中

$$x = E_z^{n+1}(i,j,k), A = -C_{ezd}(i,j,k)e^{B\times E_z^n(i,j,k)}, B = q\Delta z/2kT$$

$$C = C_{eze}(i,j,k) \times E_z^n(i,j,k) + C_{ezhy}(i,j,k) \times [H_y^{n+\frac{1}{2}}(i,j,k) - H_y^{n+\frac{1}{2}}(i-1,j,k)]$$
$$+ C_{ezhx}(i,j,k) \times [H_x^{n+\frac{1}{2}}(i,j,k) - H_x^{n+\frac{1}{2}}(i,j-1,k)] + C_{ezd}(i,j,k) \tag{4.54}$$

在子程序 initialize_diode_updating_coefficients 中,将系数 B 和 C_{ezd} 创建为参量 diode(i).B 和 diode(i).C。而系数 A 和 C 必须在每一时间步使用方程重新计算。如同前面所讨论的,系数 C_{eze}、C_{ezhy}、C_{ezhx} 是呈现在一般更新公式中相应系数的负数。这些更新公式在程序 update_electric_fields 中执行。因此,在程序 update_electric_fields 运行后,与二极管相关的电场分量 E_z^{n+1},是式(4.54)右边前三项和的负值。这样,系数 C 就可表示为

$$C = -E_z^{n+1}(i,j,k) + C_{ezd}(i,j,k) \tag{4.55}$$

现在,为了计算 C,需要前一时间步的电场分量 $E_z^n(i,j,k)$,而此分量被程序 update_electric_fields 重写,所以在程序 update_electric_fields 执行前,将它复制到参量 diode(ind).Ezd 中。因此,在每一时间步,在得到与二极管相关的电场值后,它被复制到 diode(ind).Ezd,以备下一时间步和应用。同样,A 的新值可以用 $E_z^{n+1}(i,j,k)$ 计算。

一旦参数 A 和 C 计算出电场分量 E_z^{n+1} 的新值,就可以通过解方程(4.53)求出。如同在 4.8 节中所讨论的,此方程很容易用 Newton—Raphson 方法由数值解出。为模拟二极管,电场分量的更新过程由子程序 update_diodes 执行,见程序 4.22。现在给出的执行与先前的讨论相比较,将有助于理解此复杂的更新过程。最后用名为 solve_diode_equation 的函数来解方程(4.53),其原理即 Newton-Raphson 方法,解由程序 4.23 给出。

程序 4.22　update_diodes.m

```
% updating electric field components
% associated with the diodes

for ind = 1:number_of_diodes
    fi = diodes(ind).field_indices;
    B = diodes(ind).B;
```

```
        switch (diodes(ind).direction(1))
        case 'x'
            E = diodes(ind).Exn;
            C = - Ex(fi) + diodes(ind).Cexd;
            A = - diodes(ind).Cexd * exp(B * E);
            E = solve_diode_equation(A, B, C, E);
            Ex(fi) = E;
            diodes(ind).Exn = E;
        case 'y'
            E = diodes(ind).Eyn;
            C = - Ex(fi) + diodes(ind).Ceyd;
            A = - diodes(ind).Ceyd * exp(B * E);
            E = solve_diode_equation(A, B, C, E);
            Ey(fi) = E;
            diodes(ind).Eyn = E;
        case 'z'
            E = diodes(ind).Ezn;
            C = - Ez(fi) + diodes(ind).Cezd;
            A = - diodes(ind).Cezd * exp(B * E);
            E = solve_diode_equation(A, B, C, E);
            Ez(fi) = E;
            diodes(ind).Ezn = E;
        end
end
```

程序 4.23 solve_diode_equation.m

```
function [x] = solve_diode_equation(A, B, C, x)
% Function used to solve the diode equation
% which is in the form Ae^{Bx}+ x+ C= 0
% using the Newton- Raphson method

tolerance = 1e- 25;
max_iter = 50;
iter = 0;
f = A * exp(B* x) + x + C;
while ((iter < max_iter) && (abs(f) > tolerance))
    fp = A * B * exp(B* x) + 1;
    x = x - f/fp;
    f = A * exp(B* x) + x + C;
    iter = iter + 1;
end
```

4.2.7.7 磁场分量取样的获取

磁场分量被子程序update_magnetic_fields更新后,就可以在当前时间步取样。如前所述,虽然问题空间中的所有的场量都可以获取,但现在讨论限制为磁场取样的预定位置与问题空间的节点重合。磁场取样位置指标存储在参量 is、js、ks 中。然而,检查 Yee 网格方案中磁场的位置可以发现,磁场并未定义在节点位置。但可以采用求四个环绕着节点的磁场的平均值,作为节点上的磁场值。此过程在程序 4.24 中给以说明,其中给出了子程序capture_sampled_magnetic_fields 的执行。例如,如要取磁场的 y 分量在节点(is, js,ks)的值,则可以计算磁场 H_y(is,js,ks)、H_y(is−1,js,ks)、H_y(is,js,ks−1)、H_y(is−1,js,ks−1)的平均值,作为节点上的磁场值,如图 4.13(a)所示。

如果要求场的幅度,则应对场的 x、y、z 各分量取样,然后可以由程序计算场矢量的幅度,见程序 4.24。

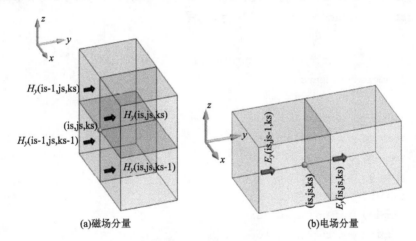

(a)磁场分量   (b)电场分量

图 4.13 环绕着节点(is,js,ks)磁场 y 分量和电场 y 分量

程序 4.24   capture_sampled_magnetic_fields.m

```
% Capturing magnetic fields

for ind= 1:number_of_sampled_magnetic_fields
    is = sampled_magnetic_fields(ind).is;
    js = sampled_magnetic_fields(ind).js;
    ks = sampled_magnetic_fields(ind).ks;

    switch (sampled_magnetic_fields(ind).component)
      case 'x'
        sampled_value = 0.25 * sum(sum(Hx(is,js- 1:js,ks- 1:ks)));
      case 'y'
        sampled_value = 0.25 * sum(sum(Hy(is- 1:is,js,ks- 1:ks)));
      case 'z'
        sampled_value = 0.25 * sum(sum(Hz(is- 1:is,js- 1:js,ks)));
```

```
      case 'm'
        svx = 0.25 * sum(sum(Hx(is,js-1:js,ks-1:ks)));
        svy = 0.25 * sum(sum(Hy(is-1:is,js,ks-1:ks)));
        svz = 0.25 * sum(sum(Hz(is-1:is,js-1:js,ks)));
        sampled_value = sqrt(svx^2 + svy^2 + svz^2);
    end
    sampled_magnetic_fields(ind).sampled_value(time_step) = ...
        sampled_value;
end
```

4.2.7.8 取样电流的获取

如前所述,流过一给定表面的电流可以用环绕此表面的磁场来计算。因此,由程序 update_magnetic_fields 更新磁场后,就可以计算当前时间步的电流值。获取电流的过程在子程序 capture_sampled_currents 中执行,见程序 4.25。

程序 4.25 capture_sampled_currents.m

```
% Capturing sampled currents

for ind = 1:number_of_sampled_currents
    is = sampled_currents(ind).is;
    js = sampled_currents(ind).js;
    ks = sampled_currents(ind).ks;
    ie = sampled_currents(ind).ie;
    je = sampled_currents(ind).je;
    ke = sampled_currents(ind).ke;

    switch (sampled_currents(ind).direction(1))
    case 'x'
        sampled_value = ...
        + dy * sum(sum(sum(Hy(ie-1,js:je,ks-1))))...
        + dz * sum(sum(sum(Hz(ie-1,je,ks:ke))))...
        - dy * sum(sum(sum(Hy(ie-1,js:je,ke))))...
        - dz * sum(sum(sum(Hz(ie-1,js-1,ks:ke))));
    case 'y'
        sampled_value = ...
        + dz * sum(sum(sum(Hz(is-1,je-1,ks:ke))))...
        + dx * sum(sum(sum(Hx(is:ie,je-1,ke))))...
        - dz * sum(sum(sum(Hz(ie,je-1,ks:ke))))...
        - dx * sum(sum(sum(Hx(is:ie,je-1,ks-1))));
    case 'z'
        sampled_value = ...
```

```
    + dx *  sum (sum (sum (Hx(is:ie,js- 1,ke- 1))))...
    + dy *  sum (sum (sum (Hy(ie,js:je,ke- 1))))...
    - dx *  sum (sum (sum (Hx(is:ie,je,ke- 1))))...
    - dy *  sum (sum (sum (Hy(is- 1,js:je,ke- 1))));
  end
  if strcmp (sampled_currents(ind).direction(2),'n')
    sampled_value = - 1 * sampled_value;
  end
  sampled_currents(ind).sampled_value(time_step) = sampled_value;
end
```

4.2.7.9 取样电场分量的获取

程序update_electric_fields执行后,电场被更新,这样在当前时间步就可以对电场分量进行取样了。因为这里没有电场分量定义在取样节点(is,js,ks)上,所以可以应用两个围绕节点的电场平均值作为节点处的电场取样值。例如,取样电场 y 分量的场值,可以取电场 E_y(is,js,ks)和 E_y(is,js−1,ks)分量的平均值作为取样点(is,js,ks)的电场值,如图4.13(b)所示。在子程序capture_sampled_electric_fields获取取样电场,见程序4.26。

程序4.26 capture_sampled_electric_fields.m

```
% Capturing electric fields

for ind= 1:number_of_sampled_electric_fields
    is = sampled_electric_fields(ind).is;
    js = sampled_electric_fields(ind).js;
    ks = sampled_electric_fields(ind).ks;

    switch (sampled_electric_fields(ind).component)
      case 'x'
        sampled_value = 0.5 * sum (Ex(is- 1:is,js,ks));
      case 'y'
        sampled_value = 0.5 * sum (Ey(is,js- 1:js,ks));
      case 'z'
        sampled_value = 0.5 * sum (Ez(is,js,ks- 1:ks));
      case 'm'
        svx = 0.5 * sum (Ex(is- 1:is,js,ks));
        svy = 0.5 * sum (Ey(is,js- 1:js,ks));
        svz = 0.5 * sum (Ez(is,js,ks- 1:ks));
        sampled_value = sqrt (svx^2 + svy^2 + svz^2);
    end
    sampled_electric_fields(ind).sampled_value(time_step) = sampled_value;
end
```

4.2.7.10 取样电压的获取

计算跨接在由节点(is,js,ks)和(ie,je,ke)确定的长方体两侧的电压,需要场量的参与。场量的位置指标由子程序initialize_output_parameters确定,并存储在参量field_indices中。如4.2.5节中所讨论的,另外定义了一个参量C_{svf},此参量作为一个系数,它将电场分量的和转化为电压值。计算取样电压,在子程序capture_sampled_voltages中执行,见程序4.27。

程序4.27 capture_sampled_voltages

```
% Capturing sampled voltages

for ind= 1:number_of_sampled_voltages
    fi = sampled_voltages(ind).field_indices;
    Csvf = sampled_voltages(ind).Csvf;
    switch (sampled_voltages(ind).direction(1))
    case 'x'
      sampled_value = Csvf * sum(Ex(fi));
    case 'y'
      sampled_value = Csvf * sum(Ey(fi));
    case 'z'
      sampled_value = Csvf * sum(Ez(fi));
    end
    sampled_voltages(ind).sampled_value(time_step) = sampled_value;
end
```

4.2.7.11 显示取样参量

在所有场被更新,并已获取取样参数,且被定义为运行时间中实时显示的取样参数,此时,应用子程序display_sampled_parameters就可以画出,见程序4.28。应该注意,在程序4.28中,此指令在每个plot_step时间步只执行一次。这样,对每一个需要显示的取样参数,用各自的图像数就可以激活对应的图像。这样,使用MATLAB中的plot函数,从第一时间步到当前时间步的每一步都可以显示各自的图像。

最后,在程序display_sampled_parameters的结束处,调用了另一程序display_animation,以便在预选的截面上显示获取的场量。

程序4.28 display_sampled_parameters.m

```
% displaying sampled parameters

if mod(time_step,plotting_step) ~= 0
    return;
end

remaining_time = (number_of_time_steps- time_step)...
```

```matlab
        * (cputime - start_time)/(60* time_step);
disp ([num2str (time_step) ' of '...
    num2str (number_of_time_steps) ' is completed, '...
    num2str(remaining_time) ' minutes remaining']);

% display sampled electric fields
for ind = 1:number_of_sampled_electric_fields
    if sampled_electric_fields(ind).display_plot == true
        sampled_time = ...
            sampled_electric_fields(ind).time(1:time_step)* 1e9;
        sampled_value = ...
            sampled_electric_fields(ind).sampled_value(1:time_step);
        figure (sampled_electric_fields(ind).figure_number);
        delete (sampled_electric_fields(ind).plot_handle);
        sampled_electric_fields(ind).plot_handle = ...
        plot (sampled_time, sampled_value(1:time_step),'b-',...
        'linewidth',1.5);
        drawnow;
    end
end

% display sampled magnetic fields
for ind = 1:number_of_sampled_magnetic_fields
    if sampled_magnetic_fields(ind).display_plot == true
        sampled_time = ...
            sampled_magnetic_fields(ind).time(1:time_step)* 1e9;
        sampled_value = ...
            sampled_magnetic_fields(ind).sampled_value(1:time_step);
        figure (sampled_magnetic_fields(ind).figure_number);
        delete (sampled_magnetic_fields(ind).plot_handle);
        sampled_magnetic_fields(ind).plot_handle = ...
        plot (sampled_time, sampled_value(1:time_step),'b-',...
        'linewidth',1.5);
        drawnow;
    end
end

% display sampled voltages
for ind = 1:number_of_sampled_voltages
    if sampled_voltages(ind).display_plot == true
        sampled_time = ...
            sampled_voltages(ind).time(1:time_step)* 1e9;
        sampled_value = ...
```

```
        sampled_voltages(ind).sampled_value(1:time_step);
      figure(sampled_voltages(ind).figure_number);
      delete(sampled_voltages(ind).plot_handle);
      sampled_voltages(ind).plot_handle = ...
      plot(sampled_time,sampled_value(1:time_step),'b-',...
      'linewidth',1.5);
      drawnow;
    end
end

% display sampled currents
for ind = 1:number_of_sampled_currents
    if sampled_currents(ind).display_plot == true
      sampled_time = ...
        sampled_currents(ind).time(1:time_step)*1e9;
      sampled_value = ...
        sampled_currents(ind).sampled_value(1:time_step);
      figure(sampled_currents(ind).figure_number);
      delete(sampled_currents(ind).plot_handle);
      sampled_currents(ind).plot_handle = ...
      plot(sampled_time,sampled_value(1:time_step),'b-',...
      'linewidth',1.5);
      drawnow;
    end
end


% display animated fields
display_animation;
```

4.2.8 显示FDTD模拟结果

在FDTD时进循环已经完成，可以显示输出参量。另外输出参量可以通过后处理，以得到其他类型的输出结果。后处理和仿真结果的显示在子程序post_process_and_display_results中完成。此子程序在主程序fdtd_solve中，排在子程序run_fdtd_time_marching_loop之后调用。程序4.29给出了此程序的内容。到目前为止，已定义四个类型的输出：取样电场、磁场、电压和电流。这四个量都在模拟过程中获取，并存储在数组sampled_value中。它们都是时间的函数，因此称为瞬态参数。

程序4.29 post_process_and_display_results.m

```
disp('displaying simulation results');
```

```
display_transient_parameters;
```

程序 4.29 中包含了子程序 display_transient_parameters，用来绘出瞬态参数。当定义了其他类型的输出参数，新的执行后处理和显示的子程序可以添加在子程序 post_process_and_display_results 中。

部分 display_sampled_parameters.m 在程序 4.30 中给出。该程序中展示了取样电场分量的绘图指令。其他参量的绘图是相似的。应该注意，如果参数未在 FDTD 时间循环的过程中显示出来，则对此参数会有一幅新图被定义和绘出。

程序 4.30　display_transient_parameters.m

```
disp('plotting the transient parameters');

% figures for sampled electric fields
for ind= 1:number_of_sampled_electric_fields
    if sampled_electric_fields(ind).display_plot = = false
        sampled_electric_fields(ind).figure_number = figure;
        xlabel('time (ns)','fontsize',12);
        ylabel('(volt/meter)','fontsize',12);
        title(['sampled electric field ['...
            num2str(ind) ']'],'fontsize',12);
        grid on; hold on;
    else
        figure(sampled_electric_fields(ind).figure_number);
        delete(sampled_electric_fields(ind).plot_handle);
    end
    sampled_time = ...
        sampled_electric_fields(ind).time(1:time_step)* 1e9;
    sampled_value = ...
        sampled_electric_fields(ind).sampled_value(1:time_step);
    plot(sampled_time, sampled_value(1:time_step),'b- ',...
        'linewidth',1.5);
    drawnow;
end

% figures for sampled magnetic fields
for ind= 1:number_of_sampled_magnetic_fields
    if sampled_magnetic_fields(ind).display_plot = = false
        sampled_magnetic_fields(ind).figure_number = figure;
        xlabel('time (ns)','fontsize',12);
        ylabel('(ampere/meter)','fontsize',12);
        title(['sampled magnetic field [' num2str(ind) ']'],...
            'fontsize',12);
```

```matlab
            grid on; hold on;
        else
            figure(sampled_magnetic_fields(ind).figure_number);
            delete(sampled_magnetic_fields(ind).plot_handle);
        end
        sampled_time = ...
            sampled_magnetic_fields(ind).time(1:time_step)*1e9;
        sampled_value = ...
            sampled_magnetic_fields(ind).sampled_value(1:time_step);
        plot(sampled_time, sampled_value(1:time_step),'b-',...
            'linewidth',1.5);
        drawnow;
end

% figures for sampled voltages
for ind= 1:number_of_sampled_voltages
    if sampled_voltages(ind).display_plot == false
        sampled_voltages(ind).figure_number = figure;
        xlabel('time (ns)','fontsize',12);
        ylabel('(volt)','fontsize',12);
        title(['sampled voltage [' num2str(ind) ']'], ...
            'fontsize',12);
        grid on; hold on;
    else
        figure(sampled_voltages(ind).figure_number);
        delete(sampled_voltages(ind).plot_handle);
    end
    sampled_time = ...
        sampled_voltages(ind).time(1:time_step)*1e9;
    sampled_value = ...
        sampled_voltages(ind).sampled_value(1:time_step);
    plot(sampled_time, sampled_value(1:time_step),'b-',...
        'linewidth',1.5);
    drawnow;
end

% figures for sampled currents
for ind= 1:number_of_sampled_currents
    if sampled_currents(ind).display_plot == false
        sampled_currents(ind).figure_number = figure;
        xlabel('time (ns)','fontsize',12);
        ylabel('(ampere)','fontsize',12);
        title(['sampled current [' num2str(ind) ']'], ...
```

```matlab
            'fontsize',12);
        grid on; hold on;
    else
        figure(sampled_currents(ind).figure_number);
        delete(sampled_currents(ind).plot_handle);
    end
    sampled_time = ...
        sampled_currents(ind).time(1:time_step)* 1e9;
    sampled_value = ...
        sampled_currents(ind).sampled_value(1:time_step);
    plot(sampled_time, sampled_value(1:time_step),'b- ', ...
        'linewidth',1.5);
    drawnow;
end

% figures for voltage sources
for ind= 1:number_of_voltage_sources
    voltage_sources(ind).figure_number = figure;
    sampled_time = time(1:time_step)* 1e9;
    sampled_value = voltage_sources(ind).waveform(1:time_step);
    plot(sampled_time, sampled_value(1:time_step),'r- ', ...
        'linewidth',1.5);
    xlabel('time (ns)','fontsize',12);
    ylabel('(volt)','fontsize',12);
    title(['Voltage Source [' num2str(ind) ']'],'fontsize',12);
    grid on;
    drawnow;
end

% figures for current sources
for ind= 1:number_of_current_sources
    current_sources(ind).figure_number = figure;
    sampled_time = time(1:time_step)* 1e9;
    sampled_value = current_sources(ind).waveform(1:time_step);
    plot(sampled_time, sampled_value(1:time_step),'r- ', ...
        'linewidth',1.5);
    xlabel('time (ns)','fontsize',12);
    ylabel('(ampere)','fontsize',12);
    title(['Current Source [' num2str(ind) ']'],'fontsize',12);
    grid on;
    drawnow;
end
```

4.3 模拟例子

到目前为止,讨论了为运行 FDTD 模拟所有基本要素:问题的定义,问题空间的初始化,运行 FDTD 时进循环,获取并显示输出数据等。本节将提供 FDTD 仿真例子,并给出问题的定义和仿真结果。

4.3.1 正弦波电压源激励的电阻

第一个例子是模拟由电压源激励的电阻。问题的几何图示于图 4.14。对此问题定义的部分 MATLAB 代码在程序 4.31~程序 4.34 中给出。列表中后面给出的代码并不完全,可以由读者参考以前的代码来完成。在程序 4.31 中,单元网格的尺寸设为每边长 1mm。总的仿真时间步数为 3000 步。程序 4.32 定义了相隔距离 4mm 的两平行 PEC 板。在此平行板之间,一端放置了电压源,另一端接有电阻。程序 4.33 定义了正弦波和单位阶跃波形。此外,还定义了外部电阻为 50Ω 的电压源,此电压源指定为频率为 500MHz 的正弦波。另外,还定义了 50Ω 的电阻作为电路的负载。程序 4.34 给出了此仿真的输出定义。取样电压定义在两平行板之间电压,取样电流定义为流过上 PEC 板的电流。

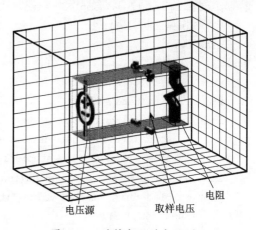

图 4.14 端接电阻的电压源

图 4.15 显示了此仿真的结果。其中,图 4.15(a)给出了激励源电压与取样电压之间的对比。如人们所期待的那样,取样电压只有激励电压的 1/2。取样电流由图 4.15(b)给出,证实了电路电阻的和为 100Ω。

程序 4.31 define_problem_space_parameters.m

```
% maximum nuber of time steps to run FDTD simulation
number_of_time_steps = 3000;


% A factor that determines duration of a time step
% wrt CFL limit
courant_factor = 0.9;


% A factor determining the accuracy limit of FDTD results
number_of_cells_per_wavelength = 20;


% Dimensions of a unit cell in x, y, and z directions (meters)
dx= 1.0e-3;
dy= 1.0e-3;
dz= 1.0e-3;
```

```matlab
% = = < boundary conditions> = = = = = = = =
% Here we define the boundary conditions parameters
% 'pec': perfect electric conductor
boundary.type_xp = 'pec';
boundary.air_buffer_number_of_cells_xp = 3;

% PEC: perfect electric conductor
material_types(2).eps_r   = 1;
material_types(2).mu_r    = 1;
material_types(2).sigma_e = 1e10;
material_types(2).sigma_m = 0;
material_types(2).color   = [1 0 0];
```

程序 4.32　define_geometry.m

```matlab
disp('defining the problem geometry');

bricks  = [];
spheres = [];

% define a PEC plate
bricks(1).min_x = 0;
bricks(1).min_y = 0;
bricks(1).min_z = 0;
bricks(1).max_x = 8e-3;
bricks(1).max_y = 2e-3;
bricks(1).max_z = 0;
bricks(1).material_type = 2;

% define a PEC plate
bricks(2).min_x = 0;
bricks(2).min_y = 0;
bricks(2).min_z = 4e-3;
bricks(2).max_x = 8e-3;
bricks(2).max_y = 2e-3;
bricks(2).max_z = 4e-3;
bricks(2).material_type = 2;
```

程序 4.33　define_sources_and_lumped_elements.m

```matlab
disp('defining sources and lumped element components');

voltage_sources = [];
```

```matlab
current_sources = [];
diodes = [];
resistors = [];
inductors = [];
capacitors = [];

% define source waveform types and parameters
waveforms.sinusoidal(1).frequency = 1e9;
waveforms.sinusoidal(2).frequency = 5e8;
waveforms.unit_step(1).start_time_step = 50;

% voltage sources
% direction: 'xp', 'xn', 'yp', 'yn', 'zp', or 'zn'
% resistance : ohms, magitude   : volts
voltage_sources(1).min_x = 0;
voltage_sources(1).min_y = 0;
voltage_sources(1).min_z = 0;
voltage_sources(1).max_x = 1.0e-3;
voltage_sources(1).max_y = 2.0e-3;
voltage_sources(1).max_z = 4.0e-3;
voltage_sources(1).direction = 'zp';
voltage_sources(1).resistance = 50;
voltage_sources(1).magnitude = 1;
voltage_sources(1).waveform_type = 'sinusoidal';
voltage_sources(1).waveform_index = 2;

% resistors
% direction: 'x', 'y', or 'z'
% resistance : ohms
resistors(1).min_x = 7.0e-3;
resistors(1).min_y = 0;
resistors(1).min_z = 0;
resistors(1).max_x = 8.0e-3;
resistors(1).max_y = 2.0e-3;
resistors(1).max_z = 4.0e-3;
resistors(1).direction = 'z';
resistors(1).resistance = 50;
```

程序 4.34　define_output_parameters.m

```matlab
disp('defining output parameters');

sampled_electric_fields = [];
sampled_magnetic_fields = [];
```

```
sampled_voltages = [];
sampled_currents = [];

% figure refresh rate
plotting_step = 100;

% mode of operation
run_simulation = true;
show_material_mesh = true;
show_problem_space = true;

% define sampled voltages
sampled_voltages(1).min_x = 5.0e-3;
sampled_voltages(1).min_y = 0;
sampled_voltages(1).min_z = 0;
sampled_voltages(1).max_x = 5.0e-3;
sampled_voltages(1).max_y = 2.0e-3;
sampled_voltages(1).max_z = 4.0e-3;
sampled_voltages(1).direction = 'zp';
sampled_voltages(1).display_plot = true;

% define sampled currents
sampled_currents(1).min_x = 5.0e-3;
sampled_currents(1).min_y = 0;
sampled_currents(1).min_z = 4.0e-3;
sampled_currents(1).max_x = 5.0e-3;
sampled_currents(1).max_y = 2.0e-3;
sampled_currents(1).max_z = 4.0e-3;
sampled_currents(1).direction = 'xp';
sampled_currents(1).display_plot = true;

% display problem space parameters
problem_space_display.labels = true;
problem_space_display.axis_at_origin = false;
problem_space_display.axis_outside_domain = true;
problem_space_display.grid_xn = false;
problem_space_display.grid_xp = true;
problem_space_display.grid_yn = false;
problem_space_display.grid_yp = true;
problem_space_display.grid_zn = true;
problem_space_display.grid_zp = false;
problem_space_display.outer_boundaries = true;
problem_space_display.cpml_boundaries = true;
```

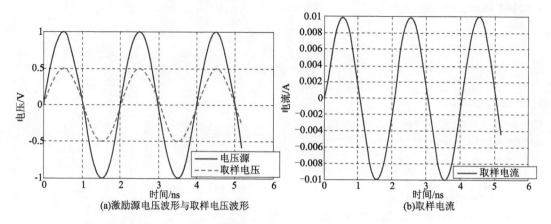

图 4.15 500MHz 的激励电压源与取样电压和取样电流

4.3.2 由正弦波源激励的二极管

第二个例子是由正弦波电压源激励的二极管。图 4.16(a) 给出了问题的几何图形。程序 4.35~程序 4.37 给出了定义此问题的部分程序段。

在程序 4.35 中两 PEC 平行板定义为相距 1mm，在此平行板之间，一端放置了电压源，另一端接有二极管。程序 4.36 定义了正弦波形和单位阶跃波形。还定义了外部电阻为 50Ω 的电压源，此电压源指定为频率为 500MHz 的正弦波。程序 4.37 定义了一指向 z 负方向的二极管，取样电压定义为二极管两端。

程序 4.35 define_geometry.m

```
disp('defining the problem geometry');

bricks  = [];
spheres = [];

% define a PEC plate
bricks(1).min_x = 0;
bricks(1).min_y = 0;
bricks(1).min_z = 0;
bricks(1).max_x = 2e-3;
bricks(1).max_y = 2e-3;
bricks(1).max_z = 0;
bricks(1).material_type = 2;

% define a PEC plate
bricks(2).min_x = 0;
bricks(2).min_y = 0;
```

```
bricks(2).min_z = 1e-3;
bricks(2).max_x = 2e-3;
bricks(2).max_y = 2e-3;
bricks(2).max_z = 1e-3;
bricks(2).material_type = 2;
```

程序 4.36   define_sources_and_lumped_elements.m

```
disp('defining sources and lumped element components');

voltage_sources = [];
current_sources = [];
diodes = [];
resistors = [];
inductors = [];
capacitors = [];

% define source waveform types and parameters
waveforms.sinusoidal(1).frequency = 1e9;
waveforms.sinusoidal(2).frequency = 5e8;
waveforms.unit_step(1).start_time_step = 50;

% voltage sources
% direction: 'xp', 'xn', 'yp', 'yn', 'zp', or 'zn'
% resistance : ohms, magitude   : volts
voltage_sources(1).min_x = 0;
voltage_sources(1).min_y = 0;
voltage_sources(1).min_z = 0;
voltage_sources(1).max_x = 0.0e-3;
voltage_sources(1).max_y = 2.0e-3;
voltage_sources(1).max_z = 1.0e-3;
voltage_sources(1).direction = 'zp';
voltage_sources(1).resistance = 50;
voltage_sources(1).magnitude = 10;
voltage_sources(1).waveform_type = 'sinusoidal';
voltage_sources(1).waveform_index = 2;

% diodes
% direction: 'xp', 'xn', 'yp', 'yn', 'zp', or 'zn'
diodes(1).min_x = 2.0e-3;
diodes(1).min_y = 1.0e-3;
diodes(1).min_z = 0.0e-3;
```

```
diodes(1).max_x = 2.0e-3;
diodes(1).max_y = 1.0e-3;
diodes(1).max_z = 1.0e-3;
diodes(1).direction = 'zn';
```

程序 4.37　define_output_parameters.m

```
disp('defining output parameters');

sampled_electric_fields = [];
sampled_magnetic_fields = [];
sampled_voltages = [];
sampled_currents = [];

% figure refresh rate
plotting_step = 10;

% mode of operation
run_simulation = true;
show_material_mesh = true;
show_problem_space = true;

% define sampled voltages
sampled_voltages(1).min_x = 2.0e-3;
sampled_voltages(1).min_y = 1.0e-3;
sampled_voltages(1).min_z = 0;
sampled_voltages(1).max_x = 2.0e-3;
sampled_voltages(1).max_y = 1.0e-3;
sampled_voltages(1).max_z = 1.0e-3;
sampled_voltages(1).direction = 'zp';
sampled_voltages(1).display_plot = true;
```

图 4.16 给出了此仿真的结果,其中激励源电压与二极管取样波形进行了比较。从图中可以看出,取样电压波形证实了二极管的响应。当源电压高于 0.7V 时,二极管上的取样电压保持 0.7V。

4.3.3　由单位阶跃电压源激励的电容

第三个例子为模拟由单位阶跃电压源激励的电容。问题的几何图形由图 4.17(a) 给出。问题定义的部分 MATLAB 代码由程序 4.38 和程序 4.39 给出。

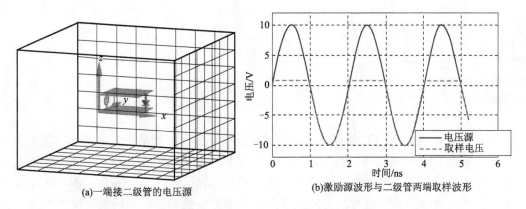

图 4.16 500MHz 的正弦激励电压波形与二极管取样电压波形

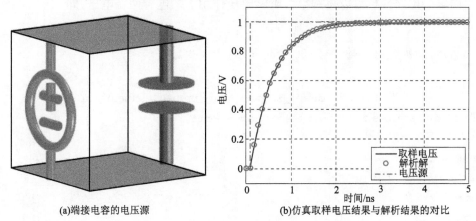

图 4.17 单位阶跃电压与电容两端的取样电压

表 4.38 define_geometry.m

```
disp('defining the problem geometry');

bricks = [];
spheres = [];

% define a PEC plate
bricks(1).min_x = 0;
bricks(1).min_y = 0;
bricks(1).min_z = 0;
bricks(1).max_x = 1e-3;
bricks(1).max_y = 1e-3;
bricks(1).max_z = 0;
bricks(1).material_type = 2;

% define a PEC plate
bricks(2).min_x = 0;
bricks(2).min_y = 0;
```

```
bricks(2).min_z = 1e-3;
bricks(2).max_x = 1e-3;
bricks(2).max_y = 1e-3;
bricks(2).max_z = 1e-3;
bricks(2).material_type = 2;
```

在程序 4.38 中，两 PEC 平行板被定义为相距 1mm。在此平行板之间，一端放置了一外部电阻为 50Ω 的电压源，另一端接有一 10pF 的电容，见程序 4.39。一单位阶跃电压波形被赋予此电压源。单位阶跃函数在开始模拟后，持续了 50 个时间步。图 4.17(b) 展示了此仿真的结果。其中电容两端的取样电压与等效集总参数电路的解析结果进行了对比。由简单的电路分析可以得到单位阶跃电压作用下的电容两端电压，即

$$V_{\mathrm{C}}(t) = 1 - \mathrm{e}^{-\frac{t-t_0}{RC}} \tag{4.56}$$

式中：t_0 为时间延迟，在本例中为 50 个时间步；$R=50\Omega$。

程序 4.39　define_sources_and_lumped_elements.m

```
disp('defining sources and lumped element components');

voltage_sources = [];
current_sources = [];
diodes = [];
resistors = [];
inductors = [];
capacitors = [];

% define source waveform types and parameters
waveforms.sinusoidal(1).frequency = 1e9;
waveforms.sinusoidal(2).frequency = 5e8;
waveforms.unit_step(1).start_time_step = 50;

% voltage sources
% direction: 'xp', 'xn', 'yp', 'yn', 'zp', or 'zn'
% resistance : ohms, magitude    : volts
voltage_sources(1).min_x = 0;
voltage_sources(1).min_y = 0;
voltage_sources(1).min_z = 0;
voltage_sources(1).max_x = 0.0e-3;
voltage_sources(1).max_y = 1.0e-3;
voltage_sources(1).max_z = 1.0e-3;
voltage_sources(1).direction = 'zp';
voltage_sources(1).resistance = 50;
```

```
voltage_sources(1).magnitude = 1;
voltage_sources(1).waveform_type = 'unit_step';
voltage_sources(1).waveform_index = 1;

% capacitors
% direction: 'x', 'y', or 'z'
% capacitance : farads
capacitors(1).min_x = 1.0e-3;
capacitors(1).min_y = 0.0;
capacitors(1).min_z = 0.0;
capacitors(1).max_x = 1.0e-3;
capacitors(1).max_y = 1.0e-3;
capacitors(1).max_z = 1.0e-3;
capacitors(1).direction = 'z';
capacitors(1).capacitance = 10e-12;
```

4.4 练 习

4.1 一带线结构,其宽度与高度比为1.44,用一空气基片构成一特性阻抗为50Ω的传输线。构造这样的带线,并且所有的边界都为PEC。作为参考,此带线的几何外形和尺寸示于图4.18。用一电压源在带线的一端作为馈源,另一端与PEC边界相连接,获取带线中心点的电压。证明如电压源为1V的单位阶跃波形,则取样电压为0.5V的脉冲波。

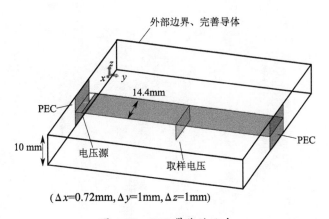

图4.18 50Ω带线的尺寸

4.2 考虑练习4.1中的带线,将一电阻置于带线的端部与问题空间的边界之间,如图4.19所示。证明在相同的激励下,取样电压为0.5V的阶跃函数。

4.3 考虑一问题空间,其网格单元为边长1mm的立方体,边界为PEC,在所有方向上边界与目标之间留有5个网格的空气隙。在两平行PEC板的一端连接50Ω外电阻的电压源,在平行PEC板的另一端,两板之间放置50pF电容和二极管串联电路。此电路的外形示于图 4.20。在频率为 1GHz 的 2V 激励电压下运行 FDTD 仿真,并获取电容两端的电压。用电路模拟器,进行相同的仿真,以证实得到的结果。

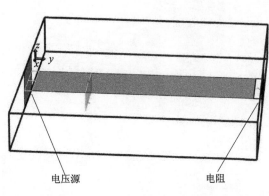

图 4.19　端接电阻的 50Ω 带线

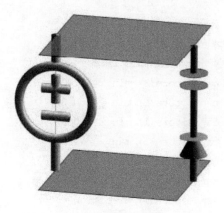

图 4.20　由电压源及串联电容及二极管构成的电路

4.4　构造一问题空间,其网格单元为边长 1mm 的立方体,边界为 PEC,在所有方向上边界与目标之间留有 5 个网格的空气隙。在两平行 PEC 板的一端连接有 10Ω 外电阻的电压源,在平行 PEC 板的另一端,两板之间放置电感、电容、电阻的串联电路。对这些集总参数元件,$L=10\text{nH}, C=253.3\text{pF}, R=10\Omega$。在 100MHz,串联电路处于谐振状态。在板的中心处获取两板之间的电压。证明在电路达到稳定状态时此电压是源电压的 1/2,改变工作频率,重复模拟。用计算电路的精确解来证明观察电压。

第 5 章 激励源的波形与从时域到频域的变换

激励源是 FDTD 模拟中重要的元素之一,其类型与所仿真的问题类型有密切的关系。通常,激励源可以分为两类:近场源,如第 4 章讨论的电压源和电流源;远场源,如散射问题中的入射波。不论何种情况,源激励起电场和磁场都是时间的函数。波形类型可以根据不同的问题进行专门的选择,为得到精确的结果,选择源的波形时应注意 FDTD 的一些限制。

构造激励波形时,考虑因素之一是波形的频谱。时域波形是时谐波形的和。这些时谐波形有各自的频谱,它们可以用傅里叶变换求出。时域波形可认为是时域的函数,其傅里叶变换形式可认为是频域函数。激励源及其他输出参量的傅里叶变换,可得到许多频域内有用的结果。本章讨论波形的选择,并介绍离散时域函数的傅里叶变换的数值算法。

5.1 常用 FDTD 仿真波形

波形的选择,应包含所有感兴趣的频谱,并且波形在时域中,开始与结束应足够平滑,以使无用高频分量尽可能小。正弦函数和余弦函数是单频率波形,而高斯脉冲、高斯脉冲的时间导数脉冲、余弦函数调制的高斯脉冲以及 Blackman-Harris 窗口函数属于多频率波形。波形的类型和参量可以根据所感兴趣的频谱选择。

5.1.1 正弦波形

第 4 章给出了正弦波形的定义和构造。如前所述,正弦波形是一个理想的单频波形。然而在 FDTD 中波形的激励,只能在有限的时间内,并且波形开始与结束的有限持续时间将带来附加的频谱分量。在 FDTD 仿真开始之前,对源的初始化条件是源为零值。而在仿真持续时间内源是活动的。因此,如果正弦波信号($\sin 2\pi t, 0 < t < 4$),作为一激励源使用,其持续时间如图 5.1(a)所示。

对连续时间函数 $x(t)$ 的傅里叶变换为 $X(\omega)$,由下式给出:

$$X(\omega) = \int_{-\infty}^{+\infty} x(t) e^{-j\omega t} dt \tag{5.1}$$

其傅里叶反变换为

$$x(t) = \frac{1}{2\pi} \int_{-\infty}^{+\infty} X(\omega) e^{j\omega t} d\omega \tag{5.2}$$

图 5.1(a)中的信号的傅里叶变换是一个复函数,其幅度绘于图 5.1(b)。图 5.1(a)给出的信号频谱覆盖了大于 1Hz 的范围,这就是有限正弦函数的频谱。如果仿真时间持续较长,如图 5.2(a)所示,它的傅里叶变换在 1Hz 更加突出,如图 5.2(b)所示。在

图 5.1(b)中,最高的谐波与主信号的比值为 0.53/2＝－11.53dB,而在图 5.2(b)中,这一比值为 0.96/4＝－12.39dB。在后一种情况下,运行时间较前一次长 1 倍,这使得高次谐波的影响得以下降。

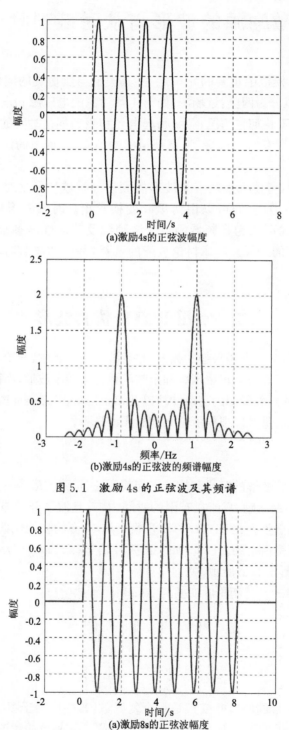

(a)激励4s的正弦波幅度

(b)激励4s的正弦波的频谱幅度

图 5.1　激励 4s 的正弦波及其频谱

(a)激励8s的正弦波幅度

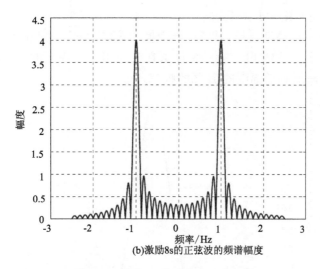

(b) 激励8s的正弦波的频谱幅度

图 5.2 激励 8s 的正弦波及其频谱

如果观察电磁问题对正弦波的激励响应,则需要运行足够长的时间,以使瞬态响应中,由于源的开始而激励出的高频信号完全逝去,只留下主正弦信号。

5.1.2 高斯波形

在有限正弦波信号的激励下运行 FDTD 模拟,将产生主频信号结果,也会产生其他频率的结果。如果需要宽带频率下的结果,正弦激励信号就不是合适的选择。激励源波形的频谱取决于精确结果的频率范围。当频率上升时,波长下降,可以与网格尺寸大小相比。如果网格尺寸与波长的分数相比显得太大,则对应频率下的取样精度就会变低。所以激励波形中的最高频率应这样选取,即使网格尺寸不大于最高频率对应波长的若干分之一。对大多数应用,在合理的 FDTD 模拟中,设最高频率波长大于 20 倍网格尺寸是充分的。高斯波形是最好波形选择,因为它可以构造成包含所有的频率,直到受网格尺寸限制的最高频率。其比率因子即为最高频率波长与网格尺寸的比,称为 number of cell per wavelength n_c。

高斯波形作为一时间函数可以写成

$$g(t) = e^{-(\frac{t}{\tau})^2} \tag{5.3}$$

式中:τ 为一参数决定高斯脉冲在时域和频域的宽度。

高斯波形的傅里叶变换仍是高斯波形,它可以表示成

$$G(\omega) = \tau\sqrt{\pi} e^{-\frac{(\tau\omega)^2}{4}} \tag{5.4}$$

在 FDTD 计算中,最高频率由精度参量 number of cells wavelength 决定:

$$f_{max} = \frac{c}{\lambda_{min}} = \frac{c}{n_c \Delta s_{max}} \tag{5.5}$$

式中:c 为自由空间的光速;Δs_{max} 为 Δx、Δy 或 Δz 中最大的网格尺寸;λ_{min} 为自由空间中最高工作频率波长。

一旦确定了高斯波形的最高频谱频率,就可以求出 τ,构造对应的高斯波形。下面是确定 τ 的程序,这样就可以在模拟开始之前,构造时域中的高斯波形。其具有适当的最高

频率,而模拟得到的结果是可以接受的。

考虑图 5.3(a)中的高斯波形,其傅里叶变换用式(5.4)绘于图 5.3(b)。函数式(5.4)是实的,其相位消失了。傅里叶变换的相位未在此绘出。将高斯波形的有效最高频率考虑为其幅度是最高高斯频谱幅度的 10%的频率。

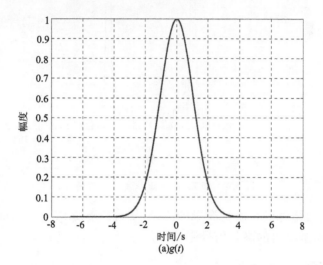

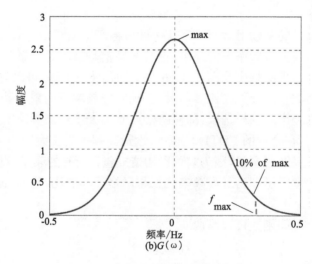

图 5.3 高斯波形和它的傅里叶变换

因此解方程:

$$0.1 = e^{-\frac{(\tau\omega_{max})^2}{4}}$$

可以得出 τ 和 ω_{max} 之间的关系,即

$$\tau = \frac{\sqrt{2.3}}{\pi f_{max}} \tag{5.6}$$

利用式(5.3)和式(5.6),可以求出 n_c 和 Δs_{max} 与 τ 的关系,即

$$\tau = \frac{\sqrt{2.3}\, n_c \Delta s_{max}}{\pi c} \approx \frac{n_c \Delta s_{max}}{2c} \tag{5.7}$$

一旦给定了 n_c 和 Δs_{max},就可以用式(5.7)计算参数 τ,然后用式(5.3)构造高斯波形,可以得到有效的频率响应,直到频率 f_{max}。

决定了 τ,还不足以构造可以直接用于 FDTD 的高斯波形。从图 5.3(a)可以看出,高斯波形的最大值发生在时间为零处。而在 FDTD 模拟中,初始条件是场值为零,因此源在初始时也应为零。在时域中移动高斯波形可以到这一点。这可以在时间零点使得高斯波形为零,而时域中移动高斯波形可以保持其频谱不变。

时域移动高斯波形取如下形式:

$$g(t) = e^{-(\frac{t-t_0}{\tau})^2} \tag{5.8}$$

式中:t_0 为时间移动。

令 $g(t=0) = e^{-20}$,可以求出

$$t_0 = \sqrt{20}\tau \approx 4.5\tau \tag{5.9}$$

利用 t_0 可以得到高斯波形,如图 5.4 所示,此函数是 FDTD 仿真可以使用的激励波形,在最高工作频率可以得到可接受的结果。

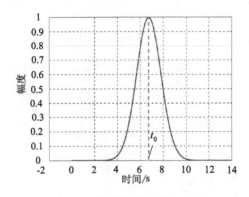

图 5.4 时间移动的高斯波形

5.1.3 高斯波形的导数归一化

在某些应用中,问题空间需要宽带信号激励,但不包括零频率和非常低频率分量。去除低频率分量在理论上并不是必需的,但是低频率分量的存在会消耗大量的模拟时间。在这种情况下高斯波形的导数是一种合适的选择。用最大值来归一化高斯波形的导数,可以表示为

$$g(t) = -\frac{\sqrt{2e}}{\tau} t e^{-(\frac{t}{\tau})^2} \tag{5.10}$$

此函数的傅里叶变换为

$$G(\omega) = \frac{j\omega\tau^2\sqrt{\pi e}}{\sqrt{2}} e^{-\frac{(\tau\omega)^2}{4}} \tag{5.11}$$

归一化高斯波形的导数和它的傅里叶变换如图 5.5(a)、(b)所示。注意到,频域内的函数在频率为零时也为零。如果用最高幅度的 10% 作为频带限制,高斯波形的导数的频谱中有最高频率和最低频率。在应用参量 number of cell per wavelength 确定了最高频率和使用式(5.5)确定了最大网格尺寸后,可以确定参量 τ,这样就可以用式(5.10)来构造 FDTD 模拟

中的激励波形。然而此式要求解非线性方程,这是不方便的。可以直接方便地应用高斯函数,例如,τ可以用式(5.7)计算。

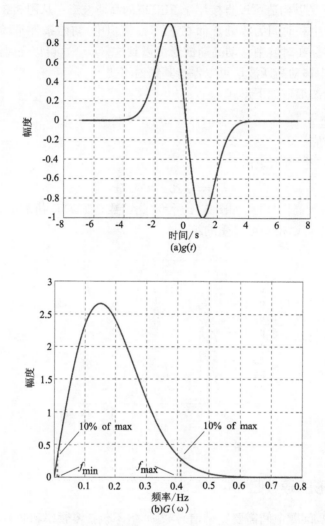

图 5.5　归一化高斯波形的导数和它的傅里叶变换

与高斯函数相同,高斯函数的导数也是关于$t=0$的对称函数,如式(5.10),其图像示于图 5.5(a)。并且此函数也可以用时间移动的方法实现,时间为零时,函数值也为零。因此它可以写成

$$g(t)=-\frac{\sqrt{2}\mathrm{e}}{\tau}(t-t_0)\mathrm{e}^{\frac{(t-t_0)^2}{\tau^2}} \tag{5.12}$$

时间移动值t_0使用式(5.9)也难以得到。

5.1.4　余弦函数调制的高斯波形

另一常用于 FDTD 模拟中的激励波形是余弦函数调制的高斯波形。如图 5.3(b)所示,高斯波形的频率分量是以零频率为中心对称分布的。用频率为f_c的余弦函数调制一信号,对应为在频域移动频率到f_c。因此,如果要得到以f_c为中心的频带内的结果,则选择余弦

函数调制的高斯波形是合适的。首先构造具有所要求带宽的高斯波形,然后将频率为 f_c 的余弦函数乘以此高斯波形,这样对应的波形为

$$g(t) = \cos(\omega_c t) e^{-(\frac{t}{\tau})^2} \tag{5.13}$$

此函数的傅里叶变换为

$$G(\omega) = \frac{\tau\sqrt{\pi}}{2} e^{-\left[\frac{\tau(\omega-\omega_c)}{4}\right]^2} + \frac{\tau\sqrt{\pi}}{2} e^{-\left[\frac{\tau(\omega+\omega_c)}{4}\right]^2} \tag{5.14}$$

式中:$\omega_c = 2\pi f_c$。图 5.6 给出了余弦函数调制的高斯波形和它的傅里叶变换。要构造一频带宽度为 Δf、中心频率为 f_c 的余弦函数调制的高斯波形,首先计算 τ,使它能满足 Δf 的带宽,使用式(5.6),得

$$\tau = \frac{2\sqrt{2.3}}{\pi \Delta f} \approx \frac{0.966}{\Delta f} \tag{5.15}$$

然后将 τ 代入式(5.13),构造想要的波形。然而仍需要应用时间移动技术,使函数的初始值为零。使用式(5.9)计算出时间移动值 t_0。最后余弦函数调制的高斯波形有如下形式:

$$g(t) = \cos[\omega_c(t-t_0)] e^{-(\frac{t-t_0}{\tau})^2} \tag{5.16}$$

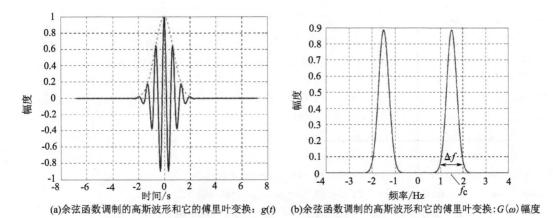

(a)余弦函数调制的高斯波形和它的傅里叶变换:$g(t)$　　(b)余弦函数调制的高斯波形和它的傅里叶变换:$G(\omega)$ 幅度

图 5.6　余弦调制的高斯波型及其傅里叶变换

5.2　FDTD 模拟中激励源的定义和初始化

前面章节已讨论用来激励 FDTD 问题空间的常用激励波形。同时推导了方程,用于求波形参量,来构造频谱满足要求的激励波形。本节将讨论,在 MATLAB 程序中波形的定义和执行。4.2.1 节已证明在结构 waveforms 中可以定义各种波形的参量。同时已给出,怎样将阶跃函数和正弦函数波形定义为结构量 waveforms 的子域。可以在结构量 waveforms 中加入新的子域,以定义新的波形。例如,考虑程序 5.1,其中子程序 define_sources_and_lumped_elements 中的一段来说明激励源波形的定义。除了前面的两种波形,又附加,例如,高斯波形定义为子域 waveforms.guassian,高斯导数波形定义为子域 waveforms.derivative_guassian,余弦调制高斯波形定义为子域 waveforms.cosine_modulated_guassian。每一子域都是一数组。所以在相同的结构类型中,可以定义一种以上的波形。例如,在此程序表中定义了两种正弦波形和两种高斯波形。高斯波形和高斯导数波形拥有参数 number_of_cells_per_wavelength,其值为 n_c。如前节讨论的,它用以确定高斯波形中的最大频率。如果 number_of_cells_per_wavelength 被赋为零值,则定义在 define_problem_space_parameters 子程序中的 number_of_cells_per_wavelength 作为默认值来应用。

余弦函数调制的高斯波形中有参量 bandwidth,给定为 Δf;另一参量为 modulation_frequency,取值为频带宽度的中心值 f_c。

一旦定义了波形,则想要的波形赋给源,见程序 5.1。例如,对电压源 voltage_source(1),参量 waveform.type 被赋值 guassian,而 waveform_index 被赋为 2,这指明 waveforms.guassian(2)是电压的波形。

程序 5.1 define_sources_and_lumped_elements.m

```
disp('defining sources and lumped element components');
voltage_sources = [];
current_sources = [];
diodes = [];
resistors = [];
inductors = [];
capacitors = [];

% define source waveform types and parameters
waveforms.sinusoidal(1).frequency = 1e9;
waveforms.sinusoidal(2).frequency = 5e8;
waveforms.unit_step(1).start_time_step = 50;
waveforms.gaussian(1).number_of_cells_per_wavelength = 0;
waveforms.gaussian(2).number_of_cells_per_wavelength = 15;
waveforms.derivative_gaussian(1).number_of_cells_per_wavelength = 20;
waveforms.cosine_modulated_gaussian(1).bandwidth = 1e9;
waveforms.cosine_modulated_gaussian(1).modulation_frequency = 2e9;

% voltage sources
% direction: 'xp', 'xn', 'yp', 'yn', 'zp', or 'zn'
% resistance : ohms, magitude : volts
voltage_sources(1).min_x = 0;
voltage_sources(1).min_y = 0;
voltage_sources(1).min_z = 0;
voltage_sources(1).max_x = 1.0e-3;
voltage_sources(1).max_y = 2.0e-3;
voltage_sources(1).max_z = 4.0e-3;
voltage_sources(1).direction = 'zp';
```

```
voltage_sources(1).resistance = 50;
voltage_sources(1).magnitude = 1;
voltage_sources(1).waveform_type = 'gaussian';
voltage_sources(1).waveform_index = 2;
```

如4.2.3节所述,波形的初始化在子程序 initialize_waveforms 中执行。此程序在集总参数源初始化之前,程序 initialize_sources_and_lumped_elements 中调用。

initialize_waveforms 的执行可以扩展到其他波形,如高斯波形、高斯导数波形、余弦调制高斯波形,见程序 5.2。在波形初始化后,构造好的波形复制到结构量 initialize_sources_and_lumped_elements 的适当子域中。

程序 5.2　initialize—waveforms.m

```
disp('initializing source waveforms');

% initialize sinusoidal waveforms
if isfield(waveforms,'sinusoidal')
  for ind= 1:size(waveforms.sinusoidal,2)
    waveforms.sinusoidal(ind).waveform = ...
      sin(2 * pi * waveforms.sinusoidal(ind).frequency * time);
    waveforms.sinusoidal(ind).t_0 = 0;
  end
end


% initialize unit step waveforms
if isfield(waveforms,'unit_step')
  for ind= 1:size(waveforms.unit_step,2)
    start_index = waveforms.unit_step(ind).start_time_step;
    waveforms.unit_step(ind).waveform(1:number_of_time_steps) = 1;
    waveforms.unit_step(ind).waveform(1:start_index- 1) = 0;
    waveforms.unit_step(ind).t_0 = 0;
  end
end


% initialize Gaussian waveforms
if isfield(waveforms,'gaussian')
  for ind= 1:size(waveforms.gaussian,2)
    if waveforms.gaussian(ind).number_of_cells_per_wavelength = = 0
      nc = number_of_cells_per_wavelength;
    else
      nc = waveforms.gaussian(ind).number_of_cells_per_wavelength;
    end
    waveforms.gaussian(ind).maximum_frequency = ...
```

```matlab
        c/(nc* max ([dx,dy,dz]));
    tau = (nc* max ([dx,dy,dz]))/(2* c);
    waveforms.gaussian(ind).tau = tau;
    t_0 = 4.5 * waveforms.gaussian(ind).tau;
    waveforms.gaussian(ind).t_0 = t_0;
    waveforms.gaussian(ind).waveform = exp(- ((time - t_0)/tau).^2);
  end
end


% initialize derivative of Gaussian waveforms
if isfield(waveforms,'derivative_gaussian')
  for ind= 1:size (waveforms.derivative_gaussian,2)
  wfrm = waveforms.derivative_gaussian(ind);
  if wfrm.number_of_cells_per_wavelength == 0
  nc = number_of_cells_per_wavelength;
  else
  nc = ...
  waveforms.derivative_gaussian(ind).number_of_cells_per_wavelength;
  end
  waveforms.derivative_gaussian(ind).maximum_frequency = ...
    c/(nc* max ([dx,dy,dz]));
  tau = (nc* max ([dx,dy,dz]))/(2* c);
  waveforms.derivative_gaussian(ind).tau = tau;
  t_0 = 4.5 * waveforms.derivative_gaussian(ind).tau;
  waveforms.derivative_gaussian(ind).t_0 = t_0;
  waveforms.derivative_gaussian(ind).waveform = ...
    - (sqrt (2* exp (1))/tau)* (time - t_0).* exp(- ((time - t_0)/tau).^2);
  end
end


% initialize cosine modulated Gaussian waveforms
if isfield(waveforms,'cosine_modulated_gaussian')
  for ind= 1:size (waveforms.cosine_modulated_gaussian,2)
  frequency = ...
  waveforms.cosine_modulated_gaussian(ind).modulation_frequency;
  tau = 0.966/waveforms.cosine_modulated_gaussian(ind).bandwidth;
  waveforms.cosine_modulated_gaussian(ind).tau = tau;
  t_0 = 4.5 * waveforms.cosine_modulated_gaussian(ind).tau;
  waveforms.cosine_modulated_gaussian(ind).t_0 = t_0;
  waveforms.cosine_modulated_gaussian(ind).waveform = ...
    cos(2* pi * frequency* (time - t_0)).* exp (- ((time - t_0)/tau).^2);
  end
end
```

5.3 从时域到频域的变换

前面讨论了为 FDTD 仿真构造不同类型的激励波形。它们是时间的函数，而 FDTD 仿真的主要输出也是时域数据。在 FDTD 模拟完成后，就可以获得输入和输出之间的关系。使用傅里叶变换，输入和输出时间函数就可以变换到频域，从而得到系统对时谐激励的响应。傅里叶变换对连续函数是一积分。在 FDTD 方法中，场量在离散时间的瞬间取值，因此连续的积分可以近似为离散时间求和。连续函数 $x(t)$ 的傅里叶变换，使用式(5.1)可以得到 $G(\omega)$。在 FDTD 中，时间函数以周期 Δt 取样，因此 $x(n\Delta t)$ 的值是已知的。因此，离散值 $x(n\Delta t)$ 的傅里叶变换可以表示为

$$X(\omega) = \Delta t \sum_{n=1}^{N_{\text{step}}} x(n\Delta t) e^{-\frac{(t-t_0)^2}{\tau^2}} \tag{5.17}$$

这里 N_{step} 为时间步数。对于给出的频率，用式(5.17)计算时间离散取样序列的傅里叶变换是很容易的。为了计算此傅里叶变换，程序 5.3 以函数二项式列出了子程序 time_to_frequency_domain.m。此函数接受参量 x，它是函数的时域取样数组。参量 frequency_array 中包含了需要进行傅里叶变换的频率。输出参量，函数 X 也是一数组，包括各自频率的傅里叶变换。

程序 5.3 time_to_frequency_domain.m

```
function [X] = time_to_frequency_domain(x,dt,frequency_array,time_shift)
% x : array including the sampled values at discrete time steps
% dt : sampling period, duration of an FDTD time step
% frequency_array : list of frequencies for which transform is performed
% time_shift : a value in order to account for the time shift between
% electric and magnetic fields

number_of_time_steps = size (x,2);
number_of_frequencies = size (frequency_array,2);
X = zeros (1, number_of_frequencies);
w = 2 * pi * frequency_array;
for n = 1:number_of_time_steps
  t = n * dt + time_shift;
  X = X + x(n) * exp (- j* w* t);
end
X = X * dt;
```

另一需要考虑的输入参量是 time_shift。如同前面章节中所讨论的，电场相关取样值和磁场相关取样值是在 FDTD 时进循环中不同的时刻进行的，它们之间有半个时间步的差别。函数 time_to_frequency_domain，接受 time_shift 值，在傅里叶变换中计算此时间位移。对电场相关的取样，如电压取样，时间位移 time_shift 值取为零。而对磁场相关

的取样,如电流取样,时间位移 time_shift 值取为 $-dt/2$。

程序 5.3 给出的函数计算,其主要考虑是易于理解时域到频域的变换,而不是最佳或最优的算法。更加有效的离散傅里叶变换,如快速傅里叶变换(FFT)也可以在这里使用。

同样,傅里叶反变换也可以执行。考虑带宽有限的频域函数 $X(\omega)$,它是以均匀的取样周期 $\Delta\omega$ 进行取样而生成的。这样傅里叶反变换式(5.2)可以表示为

$$x(t) = \frac{\Delta\omega}{2\pi}\left\{X(0) + \sum_{m=1}^{M-1}[X(m\Delta\omega)\mathrm{e}^{j\omega t} + X^*(m\Delta\omega)\mathrm{e}^{-j\omega t}]\right\} \qquad (5.18)$$

式中:$X(0)$ 为 X 在零频率的值;X^* 为 X 的共轭;M 为频率取样点的数目。

假定频率取样包括零频率和正频率。由式(5.2)积分也包含负频率,然而对一因果关系的时间函数,负频率上的傅里叶变换是正频率上的傅里叶变换的共轭。所以如果已知正频率的傅里叶变换,其负频率的傅里叶变换可通过共轭取得。所以式(5.18)也包括负频率上的求和。因为零频率只出现一次,所以将它在求和之后加入。由此构造了函数 frequency_to_time_domain,见程序 5.4。

程序 5.4 frequency_to_time_domain. m

```
function [x] = frequency_to_time_domain(X, df, time_array)
% X : array including the sampled values at discrete frequency steps
% df : sampling period in frequency domain
% time_array : list of time steps for which
%              inverse transform is performed
number_of_frequencies = size(X,2);
number_of_time_points = size(time_array,2);
x = zeros(1, number_of_time_points);
dw = 2 * pi * df;
x = X(1); % zero frequency component
for m = 2:number_of_frequencies
  w = (m-1) * dw;
  x = x + X(m)* exp (j* w* time_array)+ conj (X(m)) ...
    * exp (- j* w* time_array);
end
x = x * df;
```

一般来说,在子程序 define_output_parameters 中,为寻求频率响应,可以定义一频率表,见程序 5.5。

程序 5.5 define_output_parameters. m

```
disp('defining output parameters');

sampled_electric_fields = [];
sampled_magnetic_fields = [];
```

```
sampled_voltages = [];
sampled_currents = [];

% figure refresh rate
plotting_step = 10;

% mode of operation
run_simulation = true;
show_material_mesh = true;
show_problem_space = true;

% frequency domain parameters
frequency_domain.start = 1e7;
frequency_domain.end = 1e9;
frequency_domain.step = 1e7; % define sampled electric fields
% component: vector component 'x','y','z', or magnitude 'm'
% display_plot = true, in order to plot field during simulation
sampled_electric_fields(1).x = 30* dx;
sampled_electric_fields(1).y = 30* dy;
sampled_electric_fields(1).z = 10* dz;
sampled_electric_fields(1).component = 'x';
sampled_electric_fields(1).display_plot = true;

% define sampled magnetic fields
% component: vector component 'x','y','z', or magnitude 'm'
% display_plot = true, in order to plot field during simulation
sampled_magnetic_fields(1).x = 30* dx;
sampled_magnetic_fields(1).y = 30* dy;
sampled_magnetic_fields(1).z = 10* dz;
sampled_magnetic_fields(1).component = 'm';
sampled_magnetic_fields(1).display_plot = true;

% define sampled voltages
sampled_voltages(1).min_x = 5.0e-3;
sampled_voltages(1).min_y = 0;
sampled_voltages(1).min_z = 0;
sampled_voltages(1).max_x = 5.0e-3;
sampled_voltages(1).max_y = 2.0e-3;
sampled_voltages(1).max_z = 4.0e-3;
sampled_voltages(1).direction = 'zp';
sampled_voltages(1).display_plot = true;

% define sampled currents
```

```
sampled_currents(1).min_x = 5.0e-3;
sampled_currents(1).min_y = 0;
sampled_currents(1).min_z = 4.0e-3;
sampled_currents(1).max_x = 5.0e-3;
sampled_currents(1).max_y = 2.0e-3;
sampled_currents(1).max_z = 4.0e-3;
sampled_currents(1).direction = 'xp';
sampled_currents(1).display_plot = true;
```

这里定义一 frequency_domain 结构体,用来存储频域特定参量,子域 start、end 和 step 对应于均匀取样频率表中的各自的值。对所需要的频率计算后赋给 initialize_output_parameters 子程序中的数组 frequency_domain. Frequency,见程序 5.6。输出参数的初始化也在程序 initialize_output_parameters 中执行,见程序 5.6。

程序 5.6 initialize_output_parameters.m

```
disp('initializing the output parameters');

number_of_sampled_electric_fields = size(sampled_electric_fields,2);
number_of_sampled_magnetic_fields = size(sampled_magnetic_fields,2);
number_of_sampled_voltages = size(sampled_voltages,2);
number_of_sampled_currents = size(sampled_currents,2);
% intialize frequency domain parameters
frequency_domain.frequencies = [frequency_domain.start: ...
   frequency_domain.step:frequency_domain.end];
frequency_domain.number_of_frequencies = ...
    size(frequency_domain.frequencies,2);

% initialize sampled electric field terms
for ind= 1:number_of_sampled_electric_fields
  is = round((sampled_electric_fields(ind).x - fdtd_domain.min_x)/dx)+ 1;
  js = round((sampled_electric_fields(ind).y - fdtd_domain.min_y)/dy)+ 1;
  ks = round((sampled_electric_fields(ind).z - fdtd_domain.min_z)/dz)+ 1;
  sampled_electric_fields(ind).is = is;
  sampled_electric_fields(ind).js = js;
  sampled_electric_fields(ind).ks = ks;
  sampled_electric_fields(ind).sampled_value = ...
    zeros(1, number_of_time_steps);
  sampled_electric_fields(ind).time = ([1:number_of_time_steps])* dt;
end

% initialize sampled magnetic field terms
for ind= 1:number_of_sampled_magnetic_fields
```

```
    is = round((sampled_magnetic_fields(ind).x - fdtd_domain.min_x)/dx)+ 1;
    js = round((sampled_magnetic_fields(ind).y - fdtd_domain.min_y)/dy)+ 1;
    ks = round((sampled_magnetic_fields(ind).z - fdtd_domain.min_z)/dz)+ 1;
    sampled_magnetic_fields(ind).is = is;
    sampled_magnetic_fields(ind).js = js;
    sampled_magnetic_fields(ind).ks = ks;
    sampled_magnetic_fields(ind).sampled_value = ...
       zeros(1, number_of_time_steps);
    sampled_magnetic_fields(ind).time = ([1:number_of_time_steps]- 0.5)* dt;
end

% initialize sampled voltage terms
for ind= 1:number_of_sampled_voltages
    is = round((sampled_voltages(ind).min_x - fdtd_domain.min_x)/dx)+ 1;
    js = round((sampled_voltages(ind).min_y - fdtd_domain.min_y)/dy)+ 1;
    ks = round((sampled_voltages(ind).min_z - fdtd_domain.min_z)/dz)+ 1;
    ie = round((sampled_voltages(ind).max_x - fdtd_domain.min_x)/dx)+ 1;
    je = round((sampled_voltages(ind).max_y - fdtd_domain.min_y)/dy)+ 1;
    ke = round((sampled_voltages(ind).max_z - fdtd_domain.min_z)/dz)+ 1;
    sampled_voltages(ind).is = is;
    sampled_voltages(ind).js = js;
    sampled_voltages(ind).ks = ks;
    sampled_voltages(ind).ie = ie;
    sampled_voltages(ind).je = je;
    sampled_voltages(ind).ke = ke;
    sampled_voltages(ind).sampled_value = ...
            zeros(1, number_of_time_steps);

    switch (sampled_voltages(ind).direction(1))
    case 'x'
       fi = create_linear_index_list(Ex,is:ie- 1,js:je,ks:ke);
       sampled_voltages(ind).Csvf = - dx/((je- js+ 1)* (ke- ks+ 1));
    case 'y'
       fi = create_linear_index_list(Ey,is:ie,js:je- 1,ks:ke);
       sampled_voltages(ind).Csvf = - dy/((ke- ks+ 1)* (ie- is+ 1));
    case 'z'
       fi = create_linear_index_list(Ez,is:ie,js:je,ks:ke- 1);
       sampled_voltages(ind).Csvf = - dz/((ie- is+ 1)* (je- js+ 1));
    end
    if strcmp(sampled_voltages(ind).direction(2),'n')
       sampled_voltages(ind).Csvf = - 1 * sampled_voltages(ind).Csvf;
    end
```

```
    sampled_voltages(ind).field_indices = fi;
    sampled_voltages(ind).time =  ([1:number_of_time_steps])* dt;
end

% initialize sampled current terms
for ind= 1:number_of_sampled_currents
    is = round((sampled_currents(ind).min_x - fdtd_domain.min_x)/dx)+ 1;
    js = round((sampled_currents(ind).min_y - fdtd_domain.min_y)/dy)+ 1;
    ks = round((sampled_currents(ind).min_z - fdtd_domain.min_z)/dz)+ 1;
    ie = round((sampled_currents(ind).max_x - fdtd_domain.min_x)/dx)+ 1;
    je = round((sampled_currents(ind).max_y - fdtd_domain.min_y)/dy)+ 1;
    ke = round((sampled_currents(ind).max_z - fdtd_domain.min_z)/dz)+ 1;
    sampled_currents(ind).is = is;
    sampled_currents(ind).js = js;
    sampled_currents(ind).ks = ks;
    sampled_currents(ind).ie = ie;
    sampled_currents(ind).je = je;
    sampled_currents(ind).ke = ke;
    sampled_currents(ind).sampled_value = ...
            zeros(1, number_of_time_steps);
    sampled_currents(ind).time = ([1:number_of_time_steps]- 0.5)* dt;
end
```

在程序 fdtd_solve 中，执行了 run_fdtd_marching_loop 之后，模拟结果的后期处理和显示在子程序 post_process_display_results 中运行。可以将两个新程序加到 post_process_display_results 中。如同程序 5.7 它们是子程序 calculate_frequency_domain_outputs 和 display_frequency_domain_outputs。时域到频域的变换也在子程序 calculate_frequency_domain_outputs 中进行，见程序 5.8。在此程序中时域取样数组，应用函数 time_to_frequency_domain 变换为频域数据。而被计算的频域数组赋给相关的结构体的子域 frequency_domain_value。最后程序调用子程序 display_frequency_domain_outputs，以显示频域输出结果。程序 5.9 给出了程序 display_frequency_domain_outputs.m 部分代码。

程序 5.7　post_process_display_results.m

```
disp ('displaying simulation results');

display_transient_parameters;
calculate_frequency_domain_outputs;
display_frequency_domain_outputs;
```

程序 5.8　calculate_frequency_domain_outputs.m

```
disp ('generating frequency domain outputs');

frequency_array = frequency_domain.frequencies;
```

```matlab
% sampled electric fields in frequency domain
for ind= 1:number_of_sampled_electric_fields
    x = sampled_electric_fields(ind).sampled_value;
    time_shift = 0;
    [X] = time_to_frequency_domain(x, dt, frequency_array, time_shift);
    sampled_electric_fields(ind).frequency_domain_value = X;
    sampled_electric_fields(ind).frequencies = frequency_array;
end

% sampled magnetic fields in frequency domain
for ind= 1:number_of_sampled_magnetic_fields
    x = sampled_magnetic_fields(ind).sampled_value;
    time_shift = - dt/2;
    [X] = time_to_frequency_domain(x, dt, frequency_array, time_shift);
    sampled_magnetic_fields(ind).frequency_domain_value = X;
    sampled_magnetic_fields(ind).frequencies = frequency_array;
end

% sampled voltages in frequency domain
for ind= 1:number_of_sampled_voltages
    x = sampled_voltages(ind).sampled_value;
    time_shift = 0;
    [X] = time_to_frequency_domain(x, dt, frequency_array, time_shift);
    sampled_voltages(ind).frequency_domain_value = X;
    sampled_voltages(ind).frequencies = frequency_array;
end

% sampled currents in frequency domain
for ind= 1:number_of_sampled_currents
    x = sampled_currents(ind).sampled_value;
    time_shift = - dt/2;
    [X] = time_to_frequency_domain(x, dt, frequency_array, time_shift);
    sampled_currents(ind).frequency_domain_value = X;
    sampled_currents(ind).frequencies = frequency_array;
end

% voltage sources in frequency domain
for ind= 1:number_of_voltage_sources
    x = voltage_sources(ind).waveform;
    time_shift = 0;
    [X] = time_to_frequency_domain(x, dt, frequency_array, time_shift);
    voltage_sources(ind).frequency_domain_value = X;
```

```matlab
    voltage_sources(ind).frequencies = frequency_array;
end

% current sources in frequency domain
for ind= 1:number_of_current_sources
    x = current_sources(ind).waveform;
    time_shift = 0;
    [X] = time_to_frequency_domain(x, dt, frequency_array, time_shift);
    current_sources(ind).frequency_domain_value = X;
    current_sources(ind).frequencies = frequency_array;
end
```

程序 5.9 display_frequency_domain_outputs.m

```matlab
disp('plotting the frequency domain parameters');

% figures for sampled electric fields
for ind= 1:number_of_sampled_electric_fields
    frequencies = sampled_electric_fields(ind).frequencies* 1e- 9;
    fd_value = sampled_electric_fields(ind).frequency_domain_value;
    figure;
    title(['sampled electric field [' num2str(ind)']'],'fontsize',12);
    subplot(2,1,1);
    plot(frequencies, abs(fd_value),'b- ','linewidth',1.5);
    xlabel('frequency (GHz)','fontsize',12);
    ylabel('magnitude','fontsize',12);
    grid on;
    subplot(2,1,2);
    plot(frequencies, angle(fd_value)* 180/pi,'r- ','linewidth',1.5);
    xlabel('frequency (GHz)','fontsize',12);
    ylabel('phase (degrees)','fontsize',12);
    grid on;
    drawnow;
end

% figures for sampled magnetic fields
for ind= 1:number_of_sampled_magnetic_fields
    frequencies = sampled_magnetic_fields(ind).frequencies* 1e- 9;
    fd_value = sampled_magnetic_fields(ind).frequency_domain_value;
    figure;
    title(['sampled magnetic field [' num2str(ind) ']'],'fontsize',12);
    subplot(2,1,1);
    plot(frequencies, abs(fd_value),'b- ','linewidth',1.5);
```

```matlab
    xlabel('frequency (GHz)','fontsize',12);
    ylabel('magnitude','fontsize',12);
    grid on;
    subplot(2,1,2);
    plot(frequencies, angle(fd_value)* 180/pi,'r- ','linewidth',1.5);
    xlabel('frequency (GHz)','fontsize',12);
    ylabel('phase (degrees)','fontsize',12);
    grid on;
    drawnow;
end

% figures for sampled voltages
for ind= 1:number_of_sampled_voltages
    frequencies = sampled_voltages(ind).frequencies* 1e- 9;
    fd_value = sampled_voltages(ind).frequency_domain_value;
    figure;
    title(['sampled voltage [' num2str(ind) ']'],'fontsize',12);
    subplot(2,1,1);
    plot(frequencies, abs(fd_value),'b- ','linewidth',1.5);
    xlabel('frequency (GHz)','fontsize',12);
    ylabel('magnitude','fontsize',12);
    grid on;
    subplot(2,1,2);
    plot(frequencies, angle(fd_value)* 180/pi,'r- ','linewidth',1.5);
    xlabel('frequency (GHz)','fontsize',12);
    ylabel('phase (degrees)','fontsize',12);
    grid on;
    drawnow;
end

% figures for sampled currents
for ind= 1:number_of_sampled_currents
    frequencies = sampled_currents(ind).frequencies* 1e- 9;
    fd_value = sampled_currents(ind).frequency_domain_value;
    figure;
    title(['sampled current [' num2str(ind) ']'],'fontsize',12);
    subplot(2,1,1);
    plot(frequencies, abs(fd_value),'b- ','linewidth',1.5);
    xlabel('frequency (GHz)','fontsize',12);
    ylabel('magnitude','fontsize',12);
    grid on;
    subplot(2,1,2);
```

```matlab
    plot(frequencies, angle(fd_value)*180/pi,'r-','linewidth',1.5);
    xlabel('frequency (GHz)','fontsize',12);
    ylabel('phase (degrees)','fontsize',12);
    grid on;
    drawnow;
end

% figures for voltage sources
for ind=1:number_of_voltage_sources
    frequencies = voltage_sources(ind).frequencies*1e-9;
    fd_value = voltage_sources(ind).frequency_domain_value;
    figure;
    title(['voltage source [' num2str(ind) ']'],'fontsize',12);
    subplot(2,1,1);
    plot(frequencies, abs(fd_value),'b-','linewidth',1.5);
    xlabel('frequency (GHz)','fontsize',12);
    ylabel('magnitude','fontsize',12);
    grid on;
    subplot(2,1,2);
    plot(frequencies, angle(fd_value)*180/pi,'r-','linewidth',1.5);
    xlabel('frequency (GHz)','fontsize',12);
    ylabel('phase (degrees)','fontsize',12);
    grid on;
    drawnow;
end

% figures for current sources
for ind=1:number_of_current_sources
    frequencies = current_sources(ind).frequencies*1e-9;
    fd_value = current_sources(ind).frequency_domain_value;
    figure;
    title(['current source [' num2str(ind) ']'],'fontsize',12);
    subplot(2,1,1);
    plot(frequencies, abs(fd_value),'b-','linewidth',1.5);
    xlabel('frequency (GHz)','fontsize',12);
    ylabel('magnitude','fontsize',12);
    grid on;
    subplot(2,1,2);
    plot(frequencies, angle(fd_value)*180/pi,'r-','linewidth',1.5);
    xlabel('frequency (GHz)','fontsize',12);
    ylabel('phase (degrees)','fontsize',12);
    grid on;
    drawnow;
end
```

5.4 仿真举例

5.4.1 由傅里叶变换重新获得时域波形

第一个例子是怎样使用函数 time_to_frequency_domain 和 frequency_to_time_domain。考虑程序 recover_a_time_waveform，见程序 5.10。

程序 5.10 recover_a_time_waveform.m

```matlab
clc; close all; clear all;
% Construct a Gaussian Waveform in time, frequency spectrum of which
% has its magnitude at 1 GHz as 10% of the maximum.
maximum_frequency = 1e9;
tau = sqrt(2.3)/(pi * maximum_frequency);
t_0 = 4.5 * tau;
time_array = [1:1000]* 1e-11;
g = exp(-((time_array - t_0)/tau).^2);
figure(1);
plot(time_array* 1e9, g,'b-','linewidth',1.5);
title('g(t)= e^{-((t- t_0)/\tau)^2}','fontsize',14);
xlabel('time (ns)','fontsize',12);
ylabel('magnitude','fontsize',12);
set(gca,'fontsize',12);
grid on;
% Perform time to frequency domain transform
frequency_array = [0:1000]* 2e6;
dt = time_array(2)- time_array(1);
G = time_to_frequency_domain(g, dt, frequency_array, 0);

figure(2);
subplot(2,1,1);
plot(frequency_array* 1e-9, abs(G),'b-','linewidth',1.5);
title('G(\omega) = F(g(t))','fontsize',12);
xlabel('frequency (GHz)','fontsize',12);
ylabel('magnitude','fontsize',12);
set(gca,'fontsize',12);
grid on;
subplot(2,1,2);
plot(frequency_array* 1e-9, angle(G)* 180/pi,'r-','linewidth',1.5);
xlabel('frequency (GHz)','fontsize',12);
ylabel('phase (degrees)','fontsize',12);
set(gca,'fontsize',12);
```

```
grid on;
drawnow;

% Perform frequency to time domain transform
df = frequency_array(2)- frequency_array(1);
g2 = frequency_to_time_domain(G, df, time_array);

figure (3);
plot (time_array* 1e9, abs (g2),'b- ','linewidth',1.5);
title ('g(t)= F^{- 1}(G(\omega))','fontsize',14);
xlabel ('time (ns)','fontsize',12);
ylabel ('magnitude','fontsize',12);
set (gca,'fontsize',12);
grid on;
```

首先,高斯波形频谱为 1GHz,以时移形式给出,如图 5.7(a)所示。函数 $g(t)$ 的傅里叶变换 $G(\omega)$ 由程序 time_to_frequency_domain 给出,如图 5.7(b)所示。可以注意到,$G(\omega)$ 最大幅度的 10% 为 1GHz。当高斯波形以 $t=0$ 为中心,它的傅里叶变换的相位会消失。而图 5.7(b)给出的相位不为零,这是因为,在时域内高斯波形中引入时间移动而造成的。最后使用函数 frequency_to_time_domain,时域高斯波形由 $G(\omega)$ 得到重构,如图 5.7(c)所示。

5.4.2 由余弦调制高斯波形激励的 RCL 电路

第二个例子是用 FDTD 模拟一由 10nH 电感、10pF 电容串联的电路,该电路由一外部电阻为 50Ω 的电压源激励。电路的几何图形如图 5.8(a)所示。其等效电路如图 5.8(b)所示。仿真中单元网格为边长等于 1mm 的立方体。模拟计算中总的时间步数为 2000 步,两相互平等的 PEC 板,相隔 2mm,见程序 5.11。电压源加在平行板一端的两板间,而串联的电压和电容连在平行板另一端的两板间,见程序 5.12。

中心频率为 2GHz 的余弦调制高斯波形赋于电压源。取样电压定义在两板之间,负载一端,见程序 5.13。

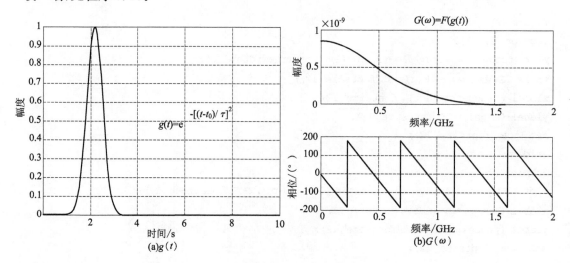

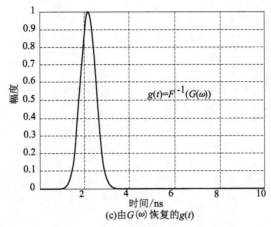

(c)由$G(\omega)$恢复的$g(t)$

图 5.7 高斯波形及其傅里叶变换

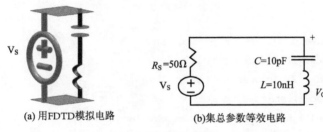

(a)用FDTD模拟电路 (b)集总参数等效电路

图 5.8 RLC 电路

程序 5.11　define_geometry.m

```
disp ('defining the problem geometry');

bricks = [];
spheres = [];

% define a PEC plate
bricks(1).min_x = 0;
bricks(1).min_y = 0;
bricks(1).min_z = 0;
bricks(1).max_x = 1e-3;
bricks(1).max_y = 1e-3;
bricks(1).max_z = 0;
bricks(1).material_type = 2;

% define a PEC plate
bricks(2).min_x = 0;
bricks(2).min_y = 0;
bricks(2).min_z = 2e-3;
bricks(2).max_x = 1e-3;
```

```
bricks(2).max_y = 1e-3;
bricks(2).max_z = 2e-3;
bricks(2).material_type = 2;
```

程序 5.12　define_sources_and_lumped_elements.m

```
disp ('defining sources and lumped element components');

voltage_sources = [];
current_sources = [];
diodes = [];
resistors = [];
inductors = [];
capacitors = [];

% define source waveform types and parameters
waveforms.sinusoidal(1).frequency = 1e9;
waveforms.sinusoidal(2).frequency = 5e8;
waveforms.unit_step(1).start_time_step = 50;
waveforms.gaussian(1).number_of_cells_per_wavelength = 0;
waveforms.gaussian(2).number_of_cells_per_wavelength = 15;
waveforms.derivative_gaussian(1).number_of_cells_per_wavelength = 20;
waveforms.cosine_modulated_gaussian(1).bandwidth = 4e9;
waveforms.cosine_modulated_gaussian(1).modulation_frequency = 2e9;

% voltage sources
% direction: 'xp', 'xn', 'yp', 'yn', 'zp', or 'zn'
% resistance : ohms, magnitude : volts
voltage_sources(1).min_x = 0;
voltage_sources(1).min_y = 0;
voltage_sources(1).min_z = 0;
voltage_sources(1).max_x = 0;
voltage_sources(1).max_y = 1.0e-3;
voltage_sources(1).max_z = 2.0e-3;
voltage_sources(1).direction = 'zp';
voltage_sources(1).resistance = 50;
voltage_sources(1).magnitude = 1;
voltage_sources(1).waveform_type = 'cosine_modulated_gaussian';
voltage_sources(1).waveform_index = 1;

% inductors
% direction: 'x', 'y', or 'z'
% inductance : henrys
```

```
inductors(1).min_x = 1.0e-3;
inductors(1).min_y = 0.0;
inductors(1).min_z = 0.0;
inductors(1).max_x = 1.0e-3;
inductors(1).max_y = 1.0e-3;
inductors(1).max_z = 1.0e-3;
inductors(1).direction = 'z';
inductors(1).inductance = 10e-9;

% capacitors
% direction: 'x', 'y', or 'z'
% capacitance : farads
capacitors(1).min_x = 1.0e-3;
capacitors(1).min_y = 0.0;
capacitors(1).min_z = 1.0e-3;
capacitors(1).max_x = 1.0e-3;
capacitors(1).max_y = 1.0e-3;
capacitors(1).max_z = 2.0e-3;
capacitors(1).direction = 'z';
capacitors(1).capacitance = 10e-12;
```

程序 5.13 define_output_parameters.m

```
disp('defining output parameters');

sampled_electric_fields = [];
sampled_magnetic_fields = [];
sampled_voltages = [];
sampled_currents = [];

% figure refresh rate
plotting_step = 10;

% mode of operation
run_simulation = true;
show_material_mesh = true;
show_problem_space = true;

% frequency domain parameters
frequency_domain.start = 2e7;
frequency_domain.end = 4e9;
frequency_domain.step = 2e7;
```

```
% define sampled voltages
sampled_voltages(1).min_x = 1.0e-3;
sampled_voltages(1).min_y = 0.0;
sampled_voltages(1).min_z = 0.0;
sampled_voltages(1).max_x = 1.0e-3;
sampled_voltages(1).max_y = 1.0e-3;
sampled_voltages(1).max_z = 2.0e-3;
sampled_voltages(1).direction = 'zp';
sampled_voltages(1).display_plot = true;
```

图 5.9 给出了此电路的模拟的时域结果(V_o 与源电压 V_s 的对比)。使用程序 time_to_frequency_domain 计算了此时域结果的频域结果,并绘于图 5.10。用输出电压 V_o 经 V_s 归一化后可以得到此电路的转移函数 V_o,另外,对等效电路(图 5.8(b))进行了分析,推导出电路的转移函数,即

$$T(\omega) = \frac{V_o(\omega)}{V_s(\omega)} = \frac{s^2LC+1}{s^2LC+sRC+1} \tag{5.19}$$

式中:$s=\mathrm{j}\omega$。

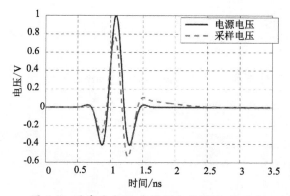

图 5.9 时域响应 V_o 与激励电压源 V_s 的对比

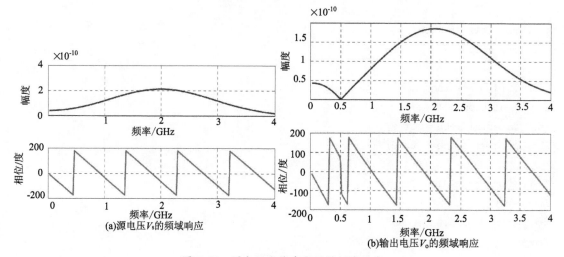

图 5.10 源电压和输出电压的频域响应

由 FDTD 得到的转移函数与精确的解析式的对比由图 5.11 给出。这两个函数在频率低端吻合得很好，然而在频率高端两者之间出现了偏差。其原因是，由图 5.8(a)、(b)给出的电路并不完全相同。平行板给电路引入了分布电容，而整个电路是一环，从而引入了电感。而这些附加的效应在集总参数电路中并未计入。因此，包含集总参数元件的电磁仿真，计入了这些由于物理结构引入的附加效应，在频率高端可得到较精确的结果。

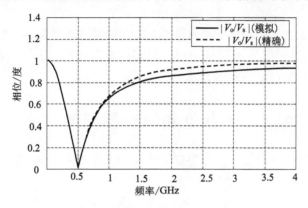

图 5.11 转移函数 $T(\omega) = V_o(\omega)/V_s(\omega)$

5.5 练 习

5.1 考虑一如同练习 4.2 中的带线结构，定义一高斯源，把它赋给一电压源，运行 FDTD 仿真。在模拟结束时，将得到的取样电压和取样电流变换到频域，将结果存储到 frequency_domain_value 的参量 sampled_voltages(i)和 sampled_currents(i)中。使用频域的取样电压和电流可以计算出电路的输入阻抗。由于的特性阻抗为 50Ω，端接负载也为 50Ω，所以输入阻抗也为 50Ω。在一宽频带内计算并绘出输入阻抗，证实此输入阻抗接近 50Ω。

5.2 考虑练习 5.1 中的仿真。当检查取样电压时，会观察到高斯波形后面有这是因为端接的 50 欧姆电阻是非完善的。如果带线足够长，而高斯波形足够窄，则高斯波形与反射波不会重叠。这样运行一定时间步的 FDTD 模拟，在反射出现前结束，所以观察到的只有高斯波形，并作为取样电压。用这种方法，就可以模拟一无限长的带线。当计算输入阻抗时，实际上计算的是带线的特性阻抗。用上面讨论过的时间步数重新运行 FDTD 模拟，在一宽频带内计算并绘出输入阻抗，证明带线的特性阻抗为 50Ω。

5.3 考虑练习 4.4 中的电路(图 4.20)。将电压源波形设置为高斯波形，定义一取样电流为流过此电路的电流，运行 FDTD 模拟。在一宽频带内计算并绘出输入阻抗，证明此电路谐振在 100MHz。注意，运行可能需要较大的时间步数，这是因为要使高斯波形中的低频分量衰减，需很长的时间。

5.4 考虑练习 5.3。设源为高斯波形的导数，运行 FDTD 模拟。在一宽频带内计算并绘出输入阻抗，证明此电路谐振在 100MHz。注意，由于高斯波形的导数，FDTD 运行的步数大为减小(这是因为高斯波形的导数中不包含零频率分量，并略去了低频分量)。

第6章 散射参量

散射参量用来描述射频和微波电路的响应,比其他网络参量,如 Z 参量、Y 参量等应用得更广泛,这是因为它们易于测量,并且可以在高频率下工作[12]。本章讨论从 FDTD 模拟得到单端口或多端口电路的 S 参量的方法。

6.1 S 参量和回波损耗的定义

S 参量是基于功率波的概念。与端口 i 相关的入射功率波 a_i 和反射功率波 b_i 可以定义为

$$a_i = \frac{V_i + Z_i I_i}{2\sqrt{|\mathrm{Re} Z_i|}}, b_i = \frac{V_i - Z_i^* I_i}{2\sqrt{|\mathrm{Re} Z_i|}} \tag{6.1}$$

式中:V_i、I_i 分别为电路的第 i 个端口的电压和流入的电流;Z_i 为从此端口向外看的阻抗,如图 6.1 所示[13]。

一般来说,Z_i 是一个复数,然而对大多数微波应用电路来说,Z_i 是实数并等于 50Ω。这样 S 参数矩阵可以表示成

$$\begin{bmatrix} b_1 \\ b_2 \\ \vdots \\ b_n \end{bmatrix} = \begin{bmatrix} S_{11} & S_{12} & \cdots & S_{1n} \\ S_{21} & S_{22} & \cdots & S_{2n} \\ \vdots & \vdots & & \vdots \\ S_{n1} & S_{n2} & \cdots & S_{nn} \end{bmatrix} \times \begin{bmatrix} a_1 \\ a_2 \\ \vdots \\ a_n \end{bmatrix} \tag{6.2}$$

S 参量 S_{mn} 用下标来定义其相关端口,其中 m 表示输出端口,n 表示输入端口。如果只有 n 端口是激励端口,其他端口都接匹配负载,则在输出端口输出功率为 b_m,在输入端口,输入功率为 a_n,可以用于计算 S_{mn},即

$$S_{mn} = \frac{b_m}{a_n} \tag{6.3}$$

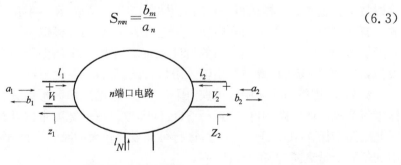

图 6.1 n 端口网络

此技术可以用于由 FDTD 模拟结果来得到 n 端口的 S 参数。在 FDTD 空间,可以构造一多端口电路,其中所有端口都端接匹配负载,而只端口 n 由一源激励。这样在 FDTD 时进循环中,可以获得所有端口的取样电压和取样电流。S 参数是网络的频域输出参数。

在FDTD迭代完成后,取样电压和取样电流可以用第5章给出的算法变换成频域数据。这样,频域取样电压和电流可以用式(6.1)来得到输入功率 a_i 和输出功率 b_i。从这两个参量,应用式(6.3)就可以得到参考端口的 S 参数。应该注意的是,在FDTD模拟中,只能有一个端口被激励。所以对多个端口被激励的电路,要得到一组完整的 S 参数,可能需要多次运行FDTD,这取决于问题的类型和问题的对称条件。由式(6.3)得到的 S 参数是复数。S 参数一般用其幅度和相位绘出图像。这里幅度用分贝表示:$|S_{nm}|_{dB} = 20\lg |S_{nm}|$。

6.2 S 参数的计算

本节将通过例子来说明 S 参数的计算。S 参数与端口相关,因此端口是 S 参数计算的必要元素。为定义一端口,需要定义与端口相关的同一位置上的取样电压和取样电流。考虑二端口电路,如图6.2(a)所示。此电路作为FDTD方法分析平面微带电路的应用例子发表在文献[14]中。此问题的空间用尺寸为 $\Delta x = 0.4064$mm,$\Delta y = 0.4233$mm,$\Delta z = 0.265$mm 的网格来构成。在方向 x_n, x_p, y_n, y_p 上电路与外部边界之间留有5个网格的空气隙,而在方向 z_p 上留有10个网格的空气隙。外部边界是PEC,在 z_n 方向与接地板相接。电路的尺寸示于图6.2(b),见程序6.1。基片的厚度为 $3\Delta z$,介电常数为2.2。此微带低通滤波器,一端接外部电阻 50Ω 的电压源,另一端接 50Ω 电阻。此电压源激励波形为高斯源,满足最小波长20个网格的精度。两个取样电压和两个取样电流定义在距两端口10个网格处,见程序6.2。

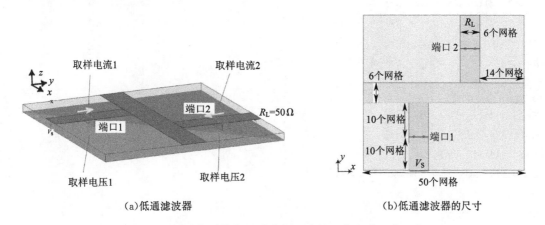

(a)低通滤波器　　(b)低通滤波器的尺寸

图6.2　两端分别接电压源和电阻的低通滤波器及其尺寸

程序6.1　define_geometry.m

```
disp ('defining the problem geometry');

bricks = [];
spheres = [];
```

```
% define a substrate
bricks(1).min_x =  0;
bricks(1).min_y =  0;
bricks(1).min_z =  0;
bricks(1).max_x =  50* dx;
bricks(1).max_y =  46* dy;
bricks(1).max_z =  3* dz;
bricks(1).material_type =  4;

% define a PEC plate
bricks(2).min_x =  14* dx;
bricks(2).min_y =  0;
bricks(2).min_z =  3* dz;
bricks(2).max_x =  20* dx;
bricks(2).max_y =  20* dy;
bricks(2).max_z =  3* dz;
bricks(2).material_type =  2;

% define a PEC plate
bricks(3).min_x =  30* dx;
bricks(3).min_y =  26* dy;
bricks(3).min_z =  3* dz;
bricks(3).max_x =  36* dx;
bricks(3).max_y =  46* dy;
bricks(3).max_z =  3* dz;
bricks(3).material_type =  2;

% define a PEC plate
bricks(4).min_x =  0;
bricks(4).min_y =  20* dy;
bricks(4).min_z =  3* dz;
bricks(4).max_x =  50* dx;
bricks(4).max_y =  26* dy;
bricks(4).max_z =  3* dz;
bricks(4).material_type =  2;

% define a PEC plate as ground
bricks(5).min_x =  0;
bricks(5).min_y =  0;
bricks(5).min_z =  0;
bricks(5).max_x =  50* dx;
bricks(5).max_y =  46* dy;
bricks(5).max_z =  0;
```

```
bricks(5).material_type = 2;
```

程序 6.2　define_output_parameters.m

```
disp ('defining output parameters');

sampled_electric_fields = [];
sampled_magnetic_fields = [];
sampled_voltages = [];
sampled_currents = [];
ports = [];

% figure refresh rate
plotting_step = 100;

% mode of operation
run_simulation = true;
show_material_mesh = true;
show_problem_space = true;

% frequency domain parameters
frequency_domain.start = 20e6;
frequency_domain.end = 20e9;
frequency_domain.step = 20e6;

% define sampled voltages
sampled_voltages(1).min_x = 14* dx;
sampled_voltages(1).min_y = 10* dy;
sampled_voltages(1).min_z = 0;
sampled_voltages(1).max_x = 20* dx;
sampled_voltages(1).max_y = 10* dy;
sampled_voltages(1).max_z = 3* dz;
sampled_voltages(1).direction = 'zp';
sampled_voltages(1).display_plot = false;

sampled_voltages(2).min_x = 30* dx;
sampled_voltages(2).min_y = 36* dy;
sampled_voltages(2).min_z = 0.0;
sampled_voltages(2).max_x = 36* dx;
sampled_voltages(2).max_y = 36* dy;
sampled_voltages(2).max_z = 3* dz;
sampled_voltages(2).direction = 'zp';
sampled_voltages(2).display_plot = false;
```

```
% define sampled currents
sampled_currents(1).min_x = 14* dx;
sampled_currents(1).min_y = 10* dy;
sampled_currents(1).min_z = 3* dz;
sampled_currents(1).max_x = 20* dx;
sampled_currents(1).max_y = 10* dy;
sampled_currents(1).max_z = 3* dz;
sampled_currents(1).direction = 'yp';
sampled_currents(1).display_plot = false;

sampled_currents(2).min_x = 30* dx;
sampled_currents(2).min_y = 36* dy;
sampled_currents(2).min_z = 3* dz;
sampled_currents(2).max_x = 36* dx;
sampled_currents(2).max_y = 36* dy;
sampled_currents(2).max_z = 3* dz;
sampled_currents(2).direction = 'yn';
sampled_currents(2).display_plot = false;

% define ports
ports(1).sampled_voltage_index = 1;
ports(1).sampled_current_index = 1;
ports(1).impedance = 50;
ports(1).is_source_port = true;

ports(2).sampled_voltage_index = 2;
ports(2).sampled_current_index = 2;
ports(2).impedance = 50;
ports(2).is_source_port = false;
```

将一取样电压和取样电流对与一端口联系起来,这样就有两个端口。程序 6.2 定义了一新的参数 ports 并且初始化为一空数组。在程序 6.2 的结束处,将取样电压和取样电流与端口通过位置指标联系起来。例如,ports(2)的子域 sampled_voltage_index 被赋值 2,意味着 sampled_voltages(2)是端口 2 的取样电压。子域 impedance 被赋于各自端口的阻抗,假定等于微带的特性阻抗、电压源的外部电阻以及端接负载电阻。ports 的一附加子域为 is_source_port,它表明此端口是否为激励源端口。在此二端口的例子中,第一端口为激励端口,因此 ports(1).is_source_port 被赋于 true,而第二个端口 ports(2).is_source_port 被赋于 false。应该注意到,第二取样电流的方向 sampled_currents(2).direction 朝 x 的负方向,即 x_n。为计算网络参量,此参考电流被定义为流入电路,如图 6.1 所示。

另外,应该注意到,只能计算此组 S 参数,即 S_{11} 和 S_{21},这里第一端口为激励端口。另一组 S 参数 S_{22} 和 S_{12},根据电路的对称特性由 S_{11} 和 S_{21} 得到。如果电路不是对称的,必须将激励源设在第二端口,重复 FDTD 模拟。另一计算所有端口的 S 参数的方法:不是定义一个激励源,而是在每一端口都定义各自的激励源,并具备各自的外部电阻。这样,FDTD模拟可以重复运行,重复次数与端口的数目相同。在每一循环中,仅设其中之一为激励源。每一次与端口相关的源被激活,而其他源都不被激活,不被激活的源不产生功率,而为一无源端口。每一次可以记录并存储相应激励端口的 S 参数。

程序 6.2 说明了如何定义端口。对端口仅需要的初始化是决定 initialize_output_parameters 中的端口数,见程序 6.3。在 FDTD 时进循环完成后,傅里叶变换完成了时域到频域的变换,S 参数可以用子程序 calculate_frequency_domain_outputs 计算出,见程序 6.4。首先用式(6.1)计算出各端口的入射和反向功率波,然后用式(6.3)计算出激励端口的 S 参数。作为最后一步,S 参数用程序 display_frequency_domain_outputs 绘出图像,见程序 6.5。

程序 6.3 initialize_output_parameters.m

```
disp('initializing the output parameters');
number_of_sampled_electric_fields = size(sampled_electric_fields,2);
number_of_sampled_magnetic_fields = size(sampled_magnetic_fields,2);
number_of_sampled_voltages = size(sampled_voltages,2);
number_of_sampled_currents = size(sampled_currents,2);
number_of_ports = size(ports,2);

% intialize frequency domain parameters
frequency_domain.frequencies = [frequency_domain.start: ...
    frequency_domain.step:frequency_domain.end];
frequency_domain.number_of_frequencies = ...
    size(frequency_domain.frequencies,2);

% initialize sampled electric field terms
for ind= 1:number_of_sampled_electric_fields
    is = round((sampled_electric_fields(ind).x - fdtd_domain.min_x)/dx)+ 1;
    js = round((sampled_electric_fields(ind).y - fdtd_domain.min_y)/dy)+ 1;
    ks = round((sampled_electric_fields(ind).z - fdtd_domain.min_z)/dz)+ 1;
    sampled_electric_fields(ind).is = is;
    sampled_electric_fields(ind).js = js;
    sampled_electric_fields(ind).ks = ks;
    sampled_electric_fields(ind).sampled_value = ...
        zeros(1, number_of_time_steps);
    sampled_electric_fields(ind).time = ([1:number_of_time_steps])* dt;
end

% initialize sampled magnetic field terms
for ind= 1:number_of_sampled_magnetic_fields
    is = round((sampled_magnetic_fields(ind).x - fdtd_domain.min_x)/dx)+ 1;
    js = round((sampled_magnetic_fields(ind).y - fdtd_domain.min_y)/dy)+ 1;
```

```matlab
        ks = round((sampled_magnetic_fields(ind).z - fdtd_domain.min_z)/dz)+ 1;
        sampled_magnetic_fields(ind).is = is;
        sampled_magnetic_fields(ind).js = js;
        sampled_magnetic_fields(ind).ks = ks;
        sampled_magnetic_fields(ind).sampled_value = ...
            zeros(1, number_of_time_steps);
        sampled_magnetic_fields(ind).time =  ([1:number_of_time_steps]- 0.5)* dt;
end

% initialize sampled voltage terms
for ind= 1:number_of_sampled_voltages
    is = round((sampled_voltages(ind).min_x - fdtd_domain.min_x)/dx)+ 1;
    js = round((sampled_voltages(ind).min_y - fdtd_domain.min_y)/dy)+ 1;
    ks = round((sampled_voltages(ind).min_z - fdtd_domain.min_z)/dz)+ 1;
    ie = round((sampled_voltages(ind).max_x - fdtd_domain.min_x)/dx)+ 1;
    je = round((sampled_voltages(ind).max_y - fdtd_domain.min_y)/dy)+ 1;
    ke = round((sampled_voltages(ind).max_z - fdtd_domain.min_z)/dz)+ 1;
    sampled_voltages(ind).is = is;
    sampled_voltages(ind).js = js;
    sampled_voltages(ind).ks = ks;
    sampled_voltages(ind).ie = ie;
    sampled_voltages(ind).je = je;
    sampled_voltages(ind).ke = ke;
    sampled_voltages (ind).sampled_value = ...
                zeros(1, number_of_time_steps);

switch (sampled_voltages(ind).direction(1))
case 'x'
    fi= create_linear_index_list(Ex,is:ie- 1,js:je,ks:ke);
    sampled_voltages(ind).Csvf = - dx/((je- js+ 1)* (ke- ks+ 1));
case 'y'
    fi= create_linear_index_list(Ey,is:ie,js:je- 1,ks:ke);
    sampled_voltages(ind).Csvf = - dy/((ke- ks+ 1)* (ie- is+ 1));
case 'z'
    fi= create_linear_index_list(Ez,is:ie,js:je,ks:ke- 1);
    sampled_voltages(ind).Csvf = - dz/((ie- is+ 1)* (je- js+ 1));
end
    if strcmp(sampled_voltages(ind).direction(2),'n')
    sampled_voltages(ind).Csvf = - 1 * sampled_voltages(ind).Csvf;
    end
    sampled_voltages(ind).field_indices = fi;
    sampled_voltages(ind).time =  ([1:number_of_time_steps])* dt;
end
```

```
% initialize sampled current terms
for ind= 1:number_of_sampled_currents
    is = round((sampled_currents(ind).min_x - fdtd_domain.min_x)/dx)+ 1;
    js = round((sampled_currents(ind).min_y - fdtd_domain.min_y)/dy)+ 1;
    ks = round((sampled_currents(ind).min_z - fdtd_domain.min_z)/dz)+ 1;
    ie = round((sampled_currents(ind).max_x - fdtd_domain.min_x)/dx)+ 1;
    je = round((sampled_currents(ind).max_y - fdtd_domain.min_y)/dy)+ 1;
    ke = round((sampled_currents(ind).max_z - fdtd_domain.min_z)/dz)+ 1;
    sampled_currents(ind).is = is;
    sampled_currents(ind).js = js;
    sampled_currents(ind).ks = ks;
    sampled_currents(ind).ie = ie;
    sampled_currents(ind).je = je;
    sampled_currents(ind).ke = ke;
    sampled_currents (ind).sampled_value = ...
                zeros(1, number_of_time_steps);
    sampled_currents(ind).time = ([1:number_of_time_steps]- 0.5)* dt;
end
```

程序 6.4 calculate_frequency_domain_outputs.m

```
% calculation of S- parameters
% calculate incident and reflected power waves
for ind= 1:number_of_ports
    svi = ports(ind).sampled_voltage_index;
    sci = ports(ind).sampled_current_index;
    Z = ports(ind).impedance;
    V = sampled_voltages(svi).frequency_domain_value;
    I = sampled_currents(sci).frequency_domain_value;
    ports(ind).a = 0.5* (V+ Z.* I)./sqrt(real(Z));
    ports(ind).b = 0.5* (V- conj(Z).* I)./sqrt(real(Z));
    ports(ind).frequencies = frequency_array;
end

% calculate the S- parameters
for ind= 1:number_of_ports
    if ports(ind).is_source_port = = true
      for oind= 1:number_of_ports
          ports(ind).S(oind).values = ports(oind).b ./ ports(ind).a;
      end
    end
end
```

程序 6.5　display_frequency_domain_outputs.m

```
% figures for S- parameters
for ind= 1:number_of_ports
    if ports(ind).i0s_source_port = = true
        frequencies = ports(ind).frequencies* 1e- 9;
        for oind= 1:number_of_ports
            S = ports(ind).S(oind).values;
            Sdb = 20 * log10(abs (S));
            Sphase = angle (S)* 180/pi ;
            figure ;
            subplot (2,1,1);
            plot (frequencies, Sdb,'b- ','linewidth',1.5);
            title (['S' num2str (oind)num2str (ind)],'fontsize',12);
            xlabel ('frequency (GHz)','fontsize',12);
            ylabel ('magnitude (dB)','fontsize',12);
            grid on;
            subplot (2,1,2);
            plot (frequencies, Sphase,'r- ','linewidth',1.5);
            xlabel ('frequency (GHz)','fontsize',12);
            ylabel ('phase (degrees)','fontsize',12);
            grid on;
            drawnow ;
        end
    end
end
```

图 6.1 给出的电路，建模运行了 2000 时间步，得到以距离端面 10 个网格的电路的 S 参数参考面。虽然 S 参数的参考面离端面有一定距离，但定义端面为参考面是可能的。将取样电压和电流置于端口是可以的。

图 6.3(a) 给出了计算出的 S_{11} 参数，频率直到 20GHz。图 6.3(b) 给出了计算的 S_{21}。可以看出，此电路的特性如同一低通滤波器，其通带高达 5.5GHz。将图 6.3 给出的结果与文献[14]给出的结果相比较，明显的是，图 6.3 所示的结果中数据有跳跃，这是由于 PEC 边界条件造成的。这使得 FDTD 的模拟空间变成为一谐振腔，它在某些频率上发生谐振。图 6.4 给出了在第二端口的取样电压。应该注意到，虽然仿真进行了 20000 个时间步，对此问题这是大的时间步数，瞬态响应还未完全消逝。此行为表明，数据误差在不同的频率出现，如图 6.3 所示。如果滤波器有轻微的损耗，衰减将改善模拟中的误差，而时域响应将变小。如图 6.5 所示，此时滤波器基片中加入了损耗。因此截断变小的时域波形不会带来显著的误差，虽然 PEC 造成的腔体模式仍然存在，这一点在图 6.6(a) 和图 6.6(b) 中可以清楚地看到。如果仿真在边界开放的情况下进行，仿真时间将变小，但数据的跳跃仍很显著。第 7 章和第 8 章将讨论开放边界的 FDTD 仿真。

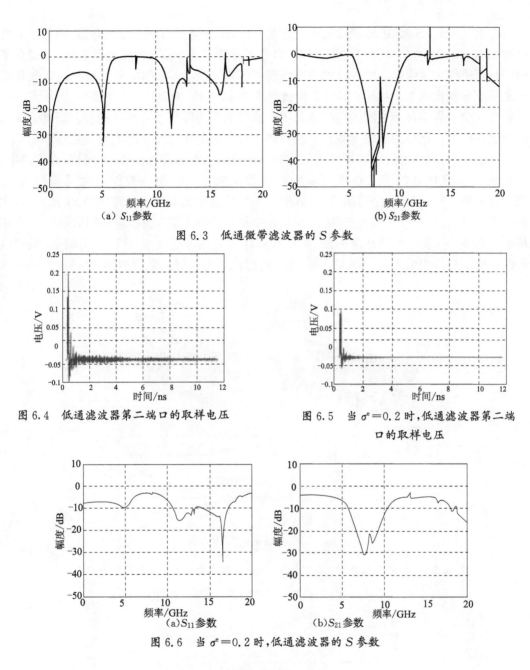

(a) S_{11} 参数　　　　　　　　　　(b) S_{21} 参数

图 6.3　低通微带滤波器的 S 参数

图 6.4　低通滤波器第二端口的取样电压　　　图 6.5　当 $\sigma^e=0.2$ 时,低通滤波器第二端口的取样电压

(a) S_{11} 参数　　　　　　　　　　(b) S_{21} 参数

图 6.6　当 $\sigma^e=0.2$ 时,低通滤波器的 S 参数

6.3　模 拟 例 子

6.3.1　1/4 波长变换器

本节给出了 1/4 波长变换器的模拟。此电路的几何外形和尺寸如图 6.7 所示。此电路构造在厚度为 1mm、介电常数为 4.6 的介质基片上。微带基片的媒质类型指标为 4。一带有外部电阻 50Ω 的电压源连接在 50Ω 微带线上,此微带线宽 1.8mm、长 4mm,此微带线通过 70.7Ω 的微带线与 100Ω 的微带线相连。70.7Ω 的微带线在频率为 4GHz 时长

10mm、宽 1mm。100Ω 的微带线长 4mm、宽 0.4mm 端接 100Ω 电阻。FDTD 模拟空间由每边长 0.2mm 的立方体网格构成。FDTD 空间的边界为 PEC,为压制谐振效应,定义了另一种媒质作为吸收体。吸收体的媒质类型指标定义为 5。吸收体的相对介电常数和相对磁导率分别设为 1。而电导率为 1 和磁导率为 142130,为自由空间波阻抗的平方。在所有方向中边界与目标之间的空气隙为零。底部边界为微带基片的接地板。而其他 5 面由吸收体包围。此例的建模参数定义在程序 6.6 中。电压源及电阻的定义见程序 6.7。

在前例中,取样电压和取样电流的位置与端口激励电压源相距 10 个网格;在本例中,取样电压和取样电流定义在端口激励电压和电阻上。输出参数的定义见程序 6.8。FDTD 模拟运行了 5000 个时间步,计算出的 S 参数绘于图 6.8 中。绘出的 S_{11} 图表明,在频率为 4GHz 处,得到了很好的匹配,而且此结果中没有数值跳跃,这说明吸收体的应用压制了腔体的谐振。应该注意的是,虽然吸收体的应用改善了 FDTD 仿真结果,但它也可能在模拟结果中引入其他误差。第 7 章,将讨论更为先进的吸收边界,使得误差更小。

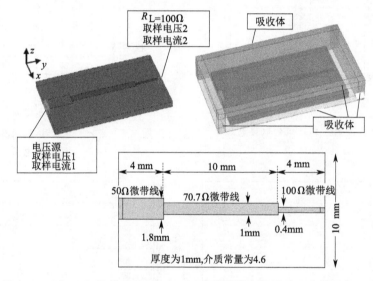

图 6.7 匹配 50Ω 线到 100Ω 线的 1/4 波长微带变换器的几何外形和尺寸

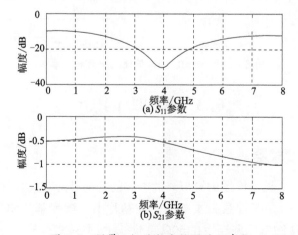

图 6.8 微带 1/4 波长变换器的 S 参数

程序 6.6 define_geometry.m

```matlab
disp ('defining the problem geometry');

bricks = [];
spheres = [];

% define a brick with material type 4
bricks(1).min_x = 0;
bricks(1).min_y = 0;
bricks(1).min_z = 0;
bricks(1).max_x = 10e-3;
bricks(1).max_y = 18e-3;
bricks(1).max_z = 1e-3;
bricks(1).material_type = 4;

% define a brick with material type 2
bricks(2).min_x = 4e-3;
bricks(2).min_y = 0;
bricks(2).min_z = 1e-3;
bricks(2).max_x = 5.8e-3;
bricks(2).max_y = 4e-3;
bricks(2).max_z = 1e-3;
bricks(2).material_type = 2;

% define a brick with material type 2
bricks(3).min_x = 4.4e-3;
bricks(3).min_y = 4e-3;
bricks(3).min_z = 1e-3;
bricks(3).max_x = 5.4e-3;
bricks(3).max_y = 14e-3;
bricks(3).max_z = 1e-3;
bricks(3).material_type = 2;

% define a brick with material type 2
bricks(4).min_x = 4.8e-3;
bricks(4).min_y = 14e-3;
bricks(4).min_z = 1e-3;
bricks(4).max_x = 5.2e-3;
bricks(4).max_y = 18e-3;
bricks(4).max_z = 1e-3;
bricks(4).material_type = 2;
```

```
% define absorber for zp side
bricks(5).min_x = -1e-3;
bricks(5).min_y = -2e-3;
bricks(5).min_z = 3e-3;
bricks(5).max_x = 11e-3;
bricks(5).max_y = 20e-3;
bricks(5).max_z = 4e-3;
bricks(5).material_type = 5;

% define absorber for xn side
bricks(6).min_x = -1e-3;
bricks(6).min_y = -2e-3;
bricks(6).min_z = 0;
bricks(6).max_x = 0;
bricks(6).max_y = 20e-3;
bricks(6).max_z = 4e-3;
bricks(6).material_type = 5;

% define absorber for xp side
bricks(7).min_x = 10e-3;
bricks(7).min_y = -2e-3;
bricks(7).min_z = 0;
bricks(7).max_x = 11e-3;
bricks(7).max_y = 20e-3;
bricks(7).max_z = 4e-3;
bricks(7).material_type = 5;

% define absorber for yn side
bricks(8).min_x = -1e-3;
bricks(8).min_y = -2e-3;
bricks(8).min_z = 0;
bricks(8).max_x = 11e-3;
bricks(8).max_y = -1e-3;
bricks(8).max_z = 4e-3;
bricks(8).material_type = 5;

% define absorber for yn side
bricks(9).min_x = -1e-3;
bricks(9).min_y = 19e-3;
bricks(9).min_z = 0;
bricks(9).max_x = 11e-3;
bricks(9).max_y = 20e-3;
bricks(9).max_z = 4e-3;
```

```
bricks(9).material_type = 5;
```

程序 6.7   define_sources_and_lumped_elements.m

```
voltage_sources(1).min_x = 4e-3;
voltage_sources(1).min_y = 0;
voltage_sources(1).min_z = 0;
voltage_sources(1).max_x = 5.8e-3;
voltage_sources(1).max_y = 0.4e-3;
voltage_sources(1).max_z = 1e-3;
voltage_sources(1).direction = 'zp';
voltage_sources(1).resistance = 50;
voltage_sources(1).magnitude = 1;
voltage_sources(1).waveform_type = 'gaussian';
voltage_sources(1).waveform_index = 1;

resistors(1).min_x = 4.8e-3;
resistors(1).min_y = 17.6e-3;
resistors(1).min_z = 0;
resistors(1).max_x = 5.2e-3;
resistors(1).max_y = 18e-3;
resistors(1).max_z = 1e-3;
resistors(1).direction = 'z';
resistors(1).resistance = 100;
```

程序 6.8   define_output_parameters.m

```
disp('defining output parameters');

% frequency domain parameters
frequency_domain.start = 2e-7;
frequency_domain.end = 8e-9;
frequency_domain.step = 2e-7;

% define sampled voltages
sampled_voltages(1).min_x = 4e-3;
sampled_voltages(1).min_y = 0;
sampled_voltages(1).min_z = 0;
sampled_voltages(1).max_x = 5.8e-3;
sampled_voltages(1).max_y = 0.4e-3;
sampled_voltages(1).max_z = 1e-3;
sampled_voltages(1).direction = 'zp';
sampled_voltages(1).display_plot = false;
```

```
% define sampled voltages
sampled_voltages(2).min_x = 4.8e-3;
sampled_voltages(2).min_y = 17.6e-3;
sampled_voltages(2).min_z = 0;
sampled_voltages(2).max_x = 5.2e-3;
sampled_voltages(2).max_y = 18e-3;
sampled_voltages(2).max_z = 1e-3;
sampled_voltages(2).direction = 'zp';
sampled_voltages(2).display_plot = false;

% define sampled currents
sampled_currents(1).min_x = 4e-3;
sampled_currents(1).min_y = 0;
sampled_currents(1).min_z = 0.4e-3;
sampled_currents(1).max_x = 5.8e-3;
sampled_currents(1).max_y = 0.4e-3;
sampled_currents(1).max_z = 0.6e-3;
sampled_currents(1).direction = 'zp';
sampled_currents(1).display_plot = false;

% define sampled currents
sampled_currents(2).min_x = 4.8e-3;
sampled_currents(2).min_y = 17.6e-3;
sampled_currents(2).min_z = 0.4e-3;
sampled_currents(2).max_x = 5.2e-3;
sampled_currents(2).max_y = 18e-3;
sampled_currents(2).max_z = 0.6e-3;
sampled_currents(2).direction = 'zp';
sampled_currents(2).display_plot = false;

% define ports
ports(1).sampled_voltage_index = 1;
ports(1).sampled_current_index = 1;
ports(1).impedance = 50;
ports(1).is_source_port = true;

ports(2).sampled_voltage_index = 2;
ports(2).sampled_current_index = 2;
ports(2).impedance = 100;
ports(2).is_source_port = false;
```

6.4 练 习

6.1 考虑 6.2 节中的低通滤波器,使用如 6.3.1 节相同的吸收体,来端接此低通滤波器的边界。使用 5 个网格的吸收体,并在 x_n、x_p、y_n、y_p 方向上,吸收体和电路之间保留 5 个网格的空气隙。在 z_p 方向上保留 10 个网格的空气隙。在 z_n 方向上,用 PEC 作为电路的接地板。作为参考,此 FDTD 问题如图 6.9 所示。

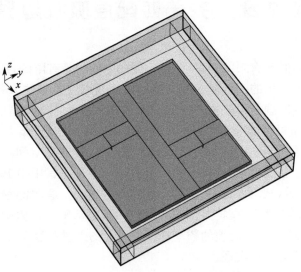

图 6.9 在 x_n、x_p、y_n、y_p 和 z_p 方向上,具有吸收体的低通滤波器电路

6.2 考虑 6.3.1 节例中的 1/4 波长微带变换器,重新定义电压源和电阻。电压源将馈入 100Ω 线,外接电阻也为 100Ω,而电路端接的是 50Ω 线和 50Ω 的电阻。设端口 2 为有源端口,运行仿真。画出 S_{11} 和 S_{21} 图,以证实与图 6.8 相同。

第 7 章 完善匹配层吸收边界

由于计算存储空间是有限的,时域差分问题的空间也是有限的,需要用特殊的边界条件来截断。前面章节给出的一些例子中问题的边界是以完善导体来截断的,然而许多问题,如散射问题、辐射问题需要模拟开放的空间边界。这种特殊类型的边界条件,能模拟电磁波连续地传播越过计算空间,称为吸收边界条件(Absorbing Boundary Condition,ABC)。然而,不完善的问题空间截断会引起数值反射,在计算空间经一定的模拟时间后将恶化计算结果。到目前为止,提出了几种吸收边界条件。其中由 Berenger[15,16] 引入的完善匹配层吸收边界(PML)与其他吸收边界条件相比,是功能最强的之一[17-19,20]。PML 是一种有限厚度的特殊媒质,它包围计算空间,是基于一种虚构的本构参量来创建波匹配条件的,这种匹配条件与波的频率和在边界上的入射角度无关。本章将讨论 PML 吸收边界条件的理论与编程实现。

7.1 PML 的理论

本节将详细给出在自由空间与 PML 之间的界面上以及 PML 与 PML 之间的界面上的反射解析推导[15]。

7.1.1 PML 在 PML 与真空间界面上的理论

在此提供一个在 PML 与真空间界面上反射的二维分析。考虑在任意方向上传播的 TEz 极化的平面波如图 7.1 所示。在 TEz 极化的情况下,二维空间中仅存的场量为 E_x、E_y 和 H_z。在频域场量的表达式为

$$E_x = -E_0 \sin\phi_0 \, e^{j\omega(t-\alpha x - \beta y)} \quad (7.1a)$$
$$E_y = E_0 \cos\phi_0 \, e^{j\omega(t-\alpha x - \beta y)} \quad (7.1b)$$
$$H_z = H_0 \, e^{j\omega(t-\alpha x - \beta y)} \quad (7.1c)$$

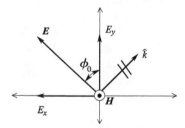

图 7.1 E_z 极化平面波的分解

对于 TEz 极化波,麦克斯韦方程可写为

$$\varepsilon_0 \frac{\partial E_x}{\partial t} + \sigma^e E_x = \frac{\partial H_z}{\partial y} \quad (7.2a)$$

$$\varepsilon_0 \frac{\partial E_y}{\partial t} + \sigma^e E_y = -\frac{\partial H_z}{\partial x} \quad (7.2b)$$

$$\mu_0 \frac{\partial H_z}{\partial t} + \sigma^m H_z = \frac{\partial E_x}{\partial y} - \frac{\partial E_y}{\partial x} \quad (7.2c)$$

在 TEz PML 媒质中,磁分量 H_z 可以人为地分为两部分,分别与 x 和 y 方向相关:

$$H_{zx} = H_{zx0} \, e^{-j\omega\beta y} e^{j\omega(t-\alpha x)} \quad (7.3a)$$

$$H_{zy} = H_{zy0} e^{-j\omega\alpha x} e^{j\omega(t-\beta y)} \quad (7.3b)$$

有 $H_z = H_{zx} + H_{zy}$，由此，对 TEz 极化波修正的麦克斯韦方程为

$$\varepsilon_0 \frac{\partial E_x}{\partial t} + \sigma_{pey} E_x = \frac{\partial(H_{zx}+H_{zy})}{\partial y} \quad (7.4a)$$

$$\varepsilon_0 \frac{\partial E_y}{\partial t} + \sigma_{pex} E_y = -\frac{\partial(H_{zx}+H_{zy})}{\partial x} \quad (7.4b)$$

$$\mu_0 \frac{\partial H_{zx}}{\partial t} + \sigma_{pmx} H_{zx} = -\frac{\partial E_y}{\partial x} \quad (7.4c)$$

$$\mu_0 \frac{\partial H_{zy}}{\partial t} + \sigma_{pmy} H_{zy} = \frac{\partial E_x}{\partial y} \quad (7.4d)$$

式中：σ_{pex}、σ_{pey}、σ_{pmx}、σ_{pmy} 为引入的电导率与磁导率。

由于这些电导率和磁导率的引入，PML 媒质变成了各向异性媒质。当 $\sigma_{pmx} = \sigma_{pmy} = \sigma_m$ 时，合并式(7.4c)和式(7.4d)，即产生式(7.2c)。场分量 E_y 和 H_{zx} 一起产生 x 方向传播波，而 E_x 和 H_{zy} 一起产生 y 方向传播的波。将式(7.1a)、式(7.1b)及式(7.3a)、式(7.3b)代入修正的麦克斯韦方程，得

$$\varepsilon_0 E_0 \sin\phi - j\frac{\sigma_{pey}}{\omega} E_0 \sin\phi_0 = \beta(H_{zx0}+H_{zy0}) \quad (7.5a)$$

$$\varepsilon_0 E_0 \cos\phi_0 - j\frac{\sigma_{pex}}{\omega} E_0 \sin\phi_0 = \alpha(H_{zx0}+H_{zy0}) \quad (7.5b)$$

$$\mu_0 H_{zx0} - j\frac{\sigma_{pmx}}{\omega} H_{zx0} = \alpha E_0 \cos\phi_0 \quad (7.5c)$$

$$\mu_0 H_{zy0} - j\frac{\sigma_{pmy}}{\omega} H_{zy0} = \beta E_0 \sin\phi_0 \quad (7.5d)$$

应用式(7.5c)和式(7.5d)，从式(7.5a)和式(7.5b)中消去磁场项，得

$$\varepsilon_0\mu_0 (1-j\frac{\sigma_{pey}}{\varepsilon_0\omega})\sin\phi_0 = \beta\left[\frac{\alpha\cos\phi_0}{1-j\sigma_{pmx}/\mu_0\omega} + \frac{\beta\sin\phi_0}{1-j\sigma_{pmy}/\mu_0\omega}\right] \quad (7.6a)$$

$$\varepsilon_0\mu_0 (1-j\frac{\sigma_{pex}}{\varepsilon_0\omega})\sin\phi_0 = \alpha\left[\frac{\alpha\cos\phi_0}{1-j\sigma_{pmx}/\mu_0\omega} + \frac{\beta\sin\phi_0}{1-j\sigma_{pmy}/\mu_0\omega}\right] \quad (7.6b)$$

由式(7.6a)和式(7.6b)可以求出未知量 α、β，即

$$\alpha = \frac{\sqrt{\mu_0\varepsilon_0}}{G}(1-j\frac{\sigma_{pex}}{\omega\varepsilon_0})\cos\phi_0 \quad (7.7a)$$

$$\beta = \frac{\sqrt{\mu_0\varepsilon_0}}{G}(1-j\frac{\sigma_{pey}}{\omega\varepsilon_0})\sin\phi_0 \quad (7.7b)$$

式中

$$G = \sqrt{w_x\cos^2\phi_0 + w_y\sin^2\phi_0} \quad (7.8)$$

$$w_x = \frac{1-j\sigma_{pex}/\omega\varepsilon_0}{1-j\sigma_{pmx}/\omega\mu_0}, \quad w_y = \frac{1-j\sigma_{pey}/\omega\varepsilon_0}{1-j\sigma_{pmy}/\omega\mu_0} \quad (7.9)$$

因此，归一化的场分量可以表达成

$$\psi = \psi_0 \exp[j\omega(t-\frac{x\cos\phi_0+y\sin\phi_0}{cG})]\exp(-\frac{\sigma_{pex}\cos\phi_0}{\varepsilon_0 cG}x)\exp(-\frac{\sigma_{pey}\sin\phi_0}{\varepsilon_0 cG}y) \quad (7.10)$$

其中，第一项表示一平面波，而第二项和第三项分别控制着 x 方向和 y 方向的衰减。

当 α、β 由式(7.7)给出,分裂磁场可以由(7.5c)式和(7.5d)式给出:

$$H_{zx0} = E_0 \sqrt{\frac{\varepsilon_0}{\mu_0}} \frac{w_x \cos^2\phi_0}{G} \tag{7.11a}$$

$$H_{zy0} = E_0 \sqrt{\frac{\varepsilon_0}{\mu_0}} \frac{w_y \sin^2\phi_0}{G} \tag{7.11b}$$

TEz 模在 PML 媒质中,总的磁场幅度可以表示为

$$H_0 = H_{zx0} + H_{zy0} = E_0 \sqrt{\frac{\varepsilon_0}{\mu_0}} G \tag{7.12}$$

TEz 模在 PML 媒质中,波阻抗为

$$Z = \frac{E_0}{H_0} = \sqrt{\frac{\mu_0}{\varepsilon_0}} \frac{1}{G} \tag{7.13}$$

注意,传导率常数取以下的值是非常重要的:

$$\frac{\sigma_{pex}}{\varepsilon_0} = \frac{\sigma_{pmx}}{\mu_0}, \quad \frac{\sigma_{pey}}{\varepsilon_0} = \frac{\sigma_{pmy}}{\mu_0} \tag{7.14}$$

这是因为 w_x 和 w_y 分别等于 1,G 也等于 1。这样在 PML 媒质的波阻抗与自由空间的波阻抗相等。也就是说当,本构条件满足式(7.14)时,TEz 极化波从自由空间入射到 PML 媒质时对所有频率的波无反射。从式(7.8)可知,此结论与入射角无关。应该注意的是,当所有的电损耗和磁损耗都为零时,场的更新方程式(7.4)对 PML 区域又变成了自由空间。

7.1.2 PML 在 PML-PML 的界面上的理论

场的反射可以在两种不同的 PML 媒质之间的反射,分析如下:TEz 极化波以任意传播方向从 PML 媒质 1 入射到 PML 媒质 2,如图 7.2 所示(其中界面垂直于 x 轴)。

对于任意入射波,在两种有耗媒质间的界面上的反射可以表示为

$$r_p = \frac{Z_2 \cos\phi_2 - Z_1 \cos\phi_1}{Z_2 \cos\phi_2 + Z_1 \cos\phi_1} \tag{7.15}$$

式中:Z_1,Z_2 分别为各自媒质中的本征阻抗。

应用式(7.13),反射系数变为

$$r_p = \frac{G_1 \cos\phi_2 - G_2 \cos\phi_1}{G_1 \cos\phi_2 + G_2 \cos\phi_1} \tag{7.16}$$

在 x 轴为法线的两种有耗媒质的界面上,Snell 定律可以用下式描述:

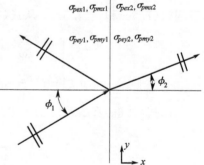

图 7.2 平面波越过两种不同的 PML 媒质的界面

$$(1 - j\frac{\sigma_{y1}}{\varepsilon_0 \omega}) \frac{\sin\phi_1}{G_1} = (1 - j\frac{\sigma_{y2}}{\varepsilon_0 \omega}) \frac{\sin\phi_2}{G_2} \tag{7.17}$$

当两种媒质有相同的传导率时,即 $\sigma_{pey1} = \sigma_{pey2} = \sigma_{pey}$,$\sigma_{pmy1} = \sigma_{pmy2} = \sigma_{pmy}$,式(7.17)变为

$$\frac{\sin\phi_1}{G_1} = \frac{\sin\phi_2}{G_2} \tag{7.18}$$

并且 $(\sigma_{pex1}, \sigma_{pmx1})$、$(\sigma_{pex2}, \sigma_{pmx2})$、$(\sigma_{pey}, \sigma_{pmy})$ 满足匹配条件式(7.14),则 $G_1 = G_2 = 1$。这样式(7.18)就化简为 $\phi_1 = \phi_2$。因此,当两种 PML 媒质满足式(7.14),其界面以 x

轴为法线,如在 y 方向有共同的 $(\sigma_{pey},\sigma_{pmy})$,则任意频率的波,以任意入射角穿越界面时无反射。同样,如果 $(\sigma_{pex1},\sigma_{pmx1},\sigma_{pey1},\sigma_{pmy1})$ 被赋于 $(0,0,0,0)$,则媒质1变为自由空间,而 $(\sigma_{pex2},\sigma_{pmx2})$ 满足式(7.14),界面上的反射系数如同前节所分析的仍然为零。如果两种PML媒质具有相同的 $(\sigma_{pey},\sigma_{pmy})$,但不满足式(7.14),则界面上的反射系数为

$$r_{\mathrm{p}} = \frac{\sin\phi_1\cos\phi_2 - \sin\phi_2\cos\phi_1}{\sin\phi_1\cos\phi_2 + \sin\phi_2\cos\phi_1} \tag{7.19}$$

将式(7.18)代入式(7.19),反射系数变为

$$r_{\mathrm{p}} = \frac{\sqrt{w_{x1}} - \sqrt{w_{x2}}}{\sqrt{w_{x1}} + \sqrt{w_{x2}}} \tag{7.20}$$

上式表明,两种PML媒质界面上的反射系数与频率高度相关,而与入射角无关。如它们满足式(7.14),则 $w_{x1}=w_{x2}=1$,反射系数变为零。

上述分析,也以对界面垂直于 y 轴进行,Snell 定律为

$$(1-\mathrm{j}\frac{\sigma_{x1}}{\varepsilon_0\omega})\frac{\sin\phi_1}{G_1} = (1-\mathrm{j}\frac{\sigma_{x2}}{\varepsilon_0\omega})\frac{\sin\phi_2}{G_2} \tag{7.21}$$

如果两种媒质具有相同的传导率,即 $\sigma_{pex1}=\sigma_{pex2}=\sigma_{pex}$,$\sigma_{pmx1}=\sigma_{pmx2}=\sigma_{pmx}$,则式(7.21)化简为式(7.18)。同样,如果 $(\sigma_{pey1},\sigma_{pmy1})$、$(\sigma_{pey2},\sigma_{pmy2})$、$(\sigma_{pex},\sigma_{pmx})$ 满足匹配条件式(7.14),则有 $G_1=G_2=1$。这样,式(7.21)就化简为 $\phi_1=\phi_2$,在界面上反射系数 $r_{\mathrm{p}}=0$。结论是,为了匹配自由空间与PML垂直 y 轴的界面,当PML媒质中的参量 $(\sigma_{pey2},\sigma_{pmy2})$ 满足式(7.14),就可以达到无反射条件。

基于前面的讨论,如果二维FDTD问题空间的边界附着适当厚度的PML媒质,如图7.3所示,则外向波将被吸收,而没有不想要的数值反射。在PML区域,传导率必须为适当的值,而满足匹配条件式(7.14)。在正 x 边界和负 x 边界区域,要求有非零的 σ_{pex}、σ_{pmx};而在正 y 边界和负 y 边界区域,要求有非零的 σ_{pey}、σ_{pmy}。而在四角PML重叠区,σ_{pex}、σ_{pmx} 和 σ_{pey}、σ_{pmy} 都为非零值。使用同样的分析,式(7.14)可以用于TMz极化波,从自由空间向PML传播或从一种PML媒质向另一种PML媒质传播,而无反射[21]。使用同样的阻抗匹配条件式(7.14),则修正的麦克斯韦方程可以写为

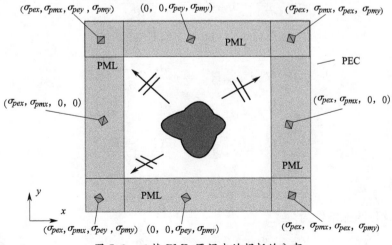

图7.3 二维PML区间内的损耗的分布

$$\varepsilon_0 \frac{\partial E_{zx}}{\partial t} + \sigma_{pex} E_{zx} = \frac{\partial H_y}{\partial x} \tag{7.22a}$$

$$\varepsilon_0 \frac{\partial E_{zy}}{\partial t} + \sigma_{pey} E_{zy} = -\frac{\partial H_x}{\partial y} \tag{7.22b}$$

$$\mu_0 \frac{\partial H_x}{\partial t} + \sigma_{pmy} H_x = -\frac{\partial (E_{zx} + E_{zy})}{\partial y} \tag{7.22c}$$

$$\mu_0 \frac{\partial H_y}{\partial t} + \sigma_{pmx} H_y = \frac{\partial (E_{zx} + E_{zy})}{\partial x} \tag{7.22d}$$

有限差分的近似方案可以应用于修正的式(7.4)和式(7.22),得到二维 FDTD 问题空间 PML 区域场的更新方程。

7.2 三维问题空间中的 PML 方程

对三维问题空间,每一电场和磁场分量分为两部分,如同二维情况。因此修正的麦克斯韦方程有 12 个场分量,而不是 6 个分量。修正的麦克斯韦电场方程为[16]

$$\varepsilon_0 \frac{\partial E_{xy}}{\partial t} + \sigma_{pey} E_{xy} = \frac{\partial (H_{zx} + H_{zy})}{\partial y} \tag{7.23a}$$

$$\varepsilon_0 \frac{\partial E_{xz}}{\partial t} + \sigma_{pez} E_{xz} = -\frac{\partial (H_{yx} + H_{yz})}{\partial z} \tag{7.23b}$$

$$\varepsilon_0 \frac{\partial E_{yx}}{\partial t} + \sigma_{pex} E_{yx} = -\frac{\partial (H_{zx} + H_{zy})}{\partial x} \tag{7.23c}$$

$$\varepsilon_0 \frac{\partial E_{yz}}{\partial t} + \sigma_{pez} E_{yz} = \frac{\partial (H_{xy} + H_{xz})}{\partial z} \tag{7.23d}$$

$$\varepsilon_0 \frac{\partial E_{zx}}{\partial t} + \sigma_{pex} E_{zx} = \frac{\partial (H_{yx} + H_{yz})}{\partial x} \tag{7.23e}$$

$$\varepsilon_0 \frac{\partial E_{zy}}{\partial t} + \sigma_{pey} E_{zy} = -\frac{\partial (H_{xy} + H_{xz})}{\partial y} \tag{7.23f}$$

而修正麦克斯韦磁场方程为

$$\mu_0 \frac{\partial H_{xy}}{\partial t} + \sigma_{pmy} H_{xy} = \frac{\partial (E_{xy} + E_{xz})}{\partial y} \tag{7.24a}$$

$$\mu_0 \frac{\partial H_{xz}}{\partial t} + \sigma_{pmz} H_{xz} = \frac{\partial (E_{yx} + E_{yz})}{\partial z} \tag{7.24b}$$

$$\mu_0 \frac{\partial H_{yz}}{\partial t} + \sigma_{pmz} H_{yz} = -\frac{\partial (E_{xy} + E_{xz})}{\partial z} \tag{7.24c}$$

$$\mu_0 \frac{\partial H_{yx}}{\partial t} + \sigma_{pmx} H_{yx} = \frac{\partial (E_{zx} + E_{zy})}{\partial x} \tag{7.24d}$$

$$\mu_0 \frac{\partial H_{zy}}{\partial t} + \sigma_{pmy} H_{zy} = \frac{\partial (E_{xy} + E_{xz})}{\partial y} \tag{7.24e}$$

$$\mu_0 \frac{\partial H_{zx}}{\partial t} + \sigma_{pmx} H_{zx} = -\frac{\partial (E_{yx} + E_{yz})}{\partial x} \tag{7.24f}$$

三维 PML 匹配条件为

$$\frac{\sigma_{pex}}{\varepsilon_0} = \frac{\sigma_{pmx}}{\mu_0}, \quad \frac{\sigma_{pey}}{\varepsilon_0} = \frac{\sigma_{pmy}}{\mu_0}, \quad \frac{\sigma_{pez}}{\varepsilon_0} = \frac{\sigma_{pmz}}{\mu_0} \tag{7.25}$$

如果三维 FDTD 问题空间的边界由适当厚度的 PML 媒质所附着(图 7.4),则外向波将被吸收,没有不想要的数值反射。PML 区域应该指定适当的传导率,以满足式(7.25)的匹配边界条件。如图 7.4 所示,在 x、y、z 的 6 个正、负方向上电导率和磁导率都不为零。而在角区,PML 重叠的区域,两个方向的传导率应同时存在,即 σ_{pex}、σ_{pmx},σ_{pey}、σ_{pmy},σ_{pez}、σ_{pmz} 需同时存在。最后应用时域差分法,将式(7.23)和式(7.24)离散化,得到三维 PML 区域的更新方程。

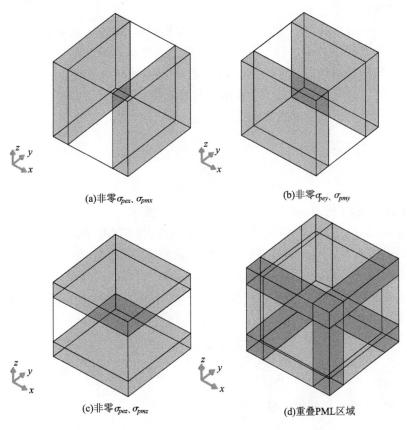

(a)非零σ_{pex}、σ_{pmx} (b)非零σ_{pey}、σ_{pmy}

(c)非零σ_{pez}、σ_{pmz} (d)重叠PML区域

图 7.4 在三维 FDTD 模拟区间非零 PML 传导率

7.3 PML 损耗函数

如同前面所述,PML 区域可以构成 FDTD 问题的边界,在此区域内指定了特殊的传导率(电导率、磁导率),使得外向波透入其中,在其中传播时没有反射并受到衰减。PML 区域内的电磁场行为由修正麦克斯韦方程(7.4)和方程(7.22)~方程(7.24)控制。用它们可以得到电磁场分量在 PML 区域的更新方程。另外,由 PEC 边界来截断 PML 的外部边界。当 PEC 作为有限厚度的 PML 的外部边界时,入射波在 PML 区域不完全被衰减,小量反射波由 PEC 反射回内部区域。对有限厚度的 PML 媒质,其中传导率分布是均匀的,反射系数可以表示为

$$R(\phi_0) = \mathrm{e}^{-2\frac{\sigma\cos\phi_0}{c\varepsilon_0}\delta} \tag{7.26}$$

式中：σ 为媒质的传导率；指数项是平面波幅度的衰减因子，如方程(7.10)所示；δ 为 PML 媒质的厚度；因数 2 表明场在 PML 内的传输距离，等于 2δ。即从自由空间与 PML 界面到 PEC 界面，再由 PEC 反射回来进入内部空气层。如果 $\phi_0=0$，它表明垂直入射时有限厚度的 PML 的反射系数。如果 $\phi_0=\pi/2$，它表明波擦过 PML 层而被与之垂直的 PML 层衰减。根据式(7.26)，有限厚度 PML 的有效性取决于 PML 媒质中的衰减。式(7.26)不但可以用于预测有限厚度 PML 的理想性能，而且还可以基于下节讨论的损耗分布曲线来计算适当的损耗分布。

如文献[15]中给出的，当 PML 由常数损耗媒质构成，则可以观察到显著的反射。这是因为场的离散近似和 PML 区域表面传导常数尖锐变化所导致的结果。这种失配可以用空间逐渐增加传导率的方法来改善。即在边界上传导率取零值，而渐渐增大到 PML 底部取得最大值。文献[18]给出了指数函数和几何增加函数两种主要类型的函数，作为传导率的分布曲线。指数增加函数定义为

$$\sigma(\rho) = \sigma_{\max}(\frac{\rho}{\delta})^{n_{pml}} \tag{7.27a}$$

$$\sigma_{\max} = \frac{(n_{pml}+1)\varepsilon_0 c \ln R(0)}{2\Delta s N} \tag{7.27b}$$

式中：ρ 为计算区域和 PML 界面到场分量的位置的距离；δ 为 PML 网格的厚度；N 为 PML 网格数目，Δs 为 PML 网格尺寸；$R(0)$ 为垂直入射时 PML 的反射系数。

此分布函数，当 $n_{pml}=0$ 时，是线性的；当 $n_{pml}=2$ 时，是抛物线函数。使用式(7.27a)计算传导率，参数 $R(0)$、n_{pml} 必须预先给定。这些参数用来由式(7.27b)确定 $\sigma_{\max}$，然后用来计算 $\sigma(\rho)$。通常 n_{pml} 取 2、3 或 4，对满意的 PML，$R(0)$ 取非常小的数，如 10^{-8}。

$\sigma(\rho)$ 的几何增加分布为

$$\sigma(\rho) = \sigma_0 g^{\frac{\rho}{\Delta s}} \tag{7.28a}$$

$$\sigma_0 = -\frac{\varepsilon_0 c \ln g}{2\Delta s g^N - 1} \ln R(0) \tag{7.28b}$$

式中：g 为实数，用于几何增加函数。

7.4 PML 的 FDTD 更新方程及 MATLAB 实现

7.4.1 二维 TEz 情况下的 PML 更新方程

对推导出的麦克斯韦修正方程(7.4)，使用中心差分就可以得到 TEz 模的 PML 更新方程。经过一些处理，使用场的位置方案(图 1.10)就可以得到二维 TEz 情况下的 PML 更新方程：

$$E_x^{n+1}(i,j) = C_{exe}(i,j) \times E_x^n(i,j) + C_{exhz}(i,j) \times [H_z^{n+1/2}(i,j) - H_z^{n+1/2}(i,j-1)] \tag{7.29}$$

式中

$$C_{exe}(i,j) = \frac{2\varepsilon_0 - \Delta t \sigma_{pey}(i,j)}{2\varepsilon_0 + \Delta t \sigma_{pey}(i,j)}$$

$$C_{ехhz}(i,j) = \frac{2\Delta t}{[2\varepsilon_0 + \Delta t\sigma_{pey}(i,j)]\Delta y}$$

$$E_y^{n+1}(i,j) = C_{eye}(i,j) \times E_y^n(i,j) + C_{eyhz}(i,j) \times [H_z^{n+1/2}(i,j) - H_z^{n+1/2}(i-1,j)]$$
(7.30)

式中：

$$C_{eye}(i,j) = \frac{2\varepsilon_0 - \Delta t\sigma_{pex}(i,j)}{2\varepsilon_0 + \Delta t\sigma_{pex}(i,j)}$$

$$C_{eyhz}(i,j) = -\frac{2\Delta t}{[2\varepsilon_0 + \Delta t\sigma_{pex}(i,j)]\Delta x}$$

$$H_{zx}^{n+1/2}(i,j) = C_{hzxh}(i,j) \times H_{zx}^{n-1/2}(i,j) + C_{hzxey}(i,j) \times [E_y^n(i+1,j) - E_y^n(i,j)]$$
(7.31)

这里

$$C_{hzxh}(i,j) = \frac{2\mu_0 - \Delta t\sigma_{pmx}(i,j)}{2\mu_0 + \Delta t\sigma_{pmx}(i,j)}$$

$$C_{hzxey}(i,j) = -\frac{2\Delta t}{[2\mu_0 + \Delta t\sigma_{pmx}(i,j)]\Delta x}$$

$$H_{zy}^{n+1/2}(i,j) = C_{hzyh}(i,j) \times H_{zy}^{n-1/2}(i,j) + C_{hzyex}(i,j) \times [E_x^n(i,j+1) - E_x^n(i,j)]$$
(7.32)

这里

$$C_{hzyh}(i,j) = \frac{2\mu_0 - \Delta t\sigma_{pmy}(i,j)}{2\mu_0 + \Delta t\sigma_{pmy}(i,j)}$$

$$C_{hzyex}(i,j) = \frac{2\Delta t}{[2\mu_0 + \Delta t\sigma_{pmy}(i,j)]\Delta y}$$

这里有，$H_z(i,j) = H_{zx}(i,j) + H_{zy}(i,j)$。如图7.3所示，对一定的PML区域定义一定的传导率。因此，方程(7.29)～方程(7.32)应用于二维问题空间，这里各自的PML传导率已经定义。图7.5给出了PML区域，其中传导率取非零值，在各处的场分量需要分别更新。图7.5(a)表示已定义 σ_{pex} 的区域，这些区域标注为 x_p、x_n。由式(7.4b)和式(7.30)应该注意到，σ_{pex} 出现在 E_y 分量更新的方程中。因此，在 x_n、x_p 区域中的 E_y 每一时间步都用式(7.30)更新，其他位于中间位置的 E_y 分量使用常规的非PML更新公式，即式(1.34)更新。同样，图7.5(b)中，σ_{pey} 非零区被标注为 y_n、y_p。因此，在 y_n 与 y_p 区域中的 E_x 每一时间步都用式(7.29)更新，其他位于中间位置的 E_x 分量使用常规的非PML更新公式，即式(1.33)更新。

因为在PML区域中场分量 H_z 是两个分裂场量之和，所以它的更新较为复杂。图7.5(c)、(d)给出了PML区域和非PML区域。这里PML区域用标志 x_n,x_p,y_n,y_p 表示。在非PML区域中的磁场，仍用正规更新方程(1.35)进行更新。而PML区域中的 H_z 分量不是直接进行计算的。在PML区域分裂的场量 H_{zx}、H_{zy} 使用适当的方程进行计算，然后它们相加后产生PML区域中的 H_z。如图7.5(c)，σ_{pmx} 在 x_n,x_p 区域中不为零。场分量 H_{zx} 在同一区域用式(7.31)计算，然而 H_{zx} 也需要在 y_n、y_p 区域内进行计算。由于 σ_{pmx} 在这些区域中为零，在式(7.31)中设 $\sigma_{pmx} = 0$，在 y_n、y_p 区域内将得到所需要的 H_{zx} 更新方程：

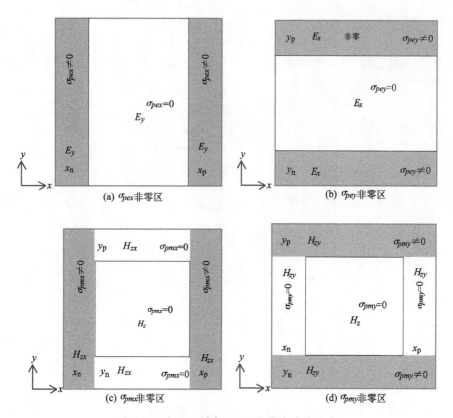

图 7.5 对 TEz 模式 PML 传导率非零区域

$$H_{zx}^{n+1/2}(i,j) = C_{hzxh}(i,j) \times H_{zx}^{n-1/2}(i,j) + C_{hzxey}(i,j) \times [E_y^n(i+1,j) - E_y^n(i,j)]$$
(7.33)

式中

$$C_{hzxh}(i,j) = 1, C_{hzxey}(i,j) = -\frac{\Delta t}{\mu_0 \Delta x}$$

同样，σ_{pmy} 在区域 y_n、y_p 中不为零，如图 7.5(d) 所示。在这些区域内，场分量 H_{zy} 用式(7.23)计算，场分量 H_{zy} 也需要在 x_n、x_p 区域中进行计算。因为在这些区域中，$\sigma_{pmy} = 0$，所以设式(7.32)中的 $\sigma_{pmy} = 0$，将给出 x_n、x_p 区域中 H_{zy} 所需要的更新方程：

$$H_{zy}^{n+1/2}(i,j) = C_{hzyh}(i,j) \times H_{zy}^{n-1/2}(i,j) + C_{hzyex}(i,j) \times [E_x^n(i,j+1) - E_x^n(i,j)]$$
(7.34)

式中

$$C_{hzyh}(i,j) = 1, C_{hzyex}(i,j) = \frac{\Delta t}{\mu_0 \Delta y}$$

在所有的 H_{zx} 和 H_{zy} 在 PML 区域中更新后，相加就可以计算出 H_z。

7.4.2 二维 TMz 极化情况下的 PML 更新方程

在麦克斯韦修正方程(7.22)中，用中心差分来近似导数，可以得到二维 TMz 极化情况下的 PML 更新方程。经过一些运算后，基于图 1.11 中的场位置规则，可以得到二维 TMz 极化情况下的 PML 更新方程：

$$E_{zx}^{n+1}(i,j) = C_{ezxe}(i,j)E_{zx}^n(i,j) + C_{ezxhy}(i,j)[H_y^{n+1/2}(i,j) - H_y^{n+1/2}(i-1,j)]$$
(7.35)

式中

$$C_{ezxe}(i,j) = \frac{2\varepsilon_0 - \Delta t\sigma_{pex}(i,j)}{2\varepsilon_0 + \Delta t\sigma_{pex}(i,j)}$$

$$C_{ezxhy}(i,j) = \frac{2\Delta t}{[2\varepsilon_0 + \Delta t\sigma_{pex}(i,j)]\Delta x}$$

$$E_{zy}^{n+1}(i,j) = C_{ezye}(i,j)E_z^n(i,j) + C_{ezyhx}(i,j)[H_x^{n+1/2}(i,j) - H_x^{n+1/2}(i,j-1)]$$
(7.36)

式中

$$C_{ezye}(i,j) = \frac{2\varepsilon_0 - \Delta t\sigma_{pey}(i,j)}{2\varepsilon_0 + \Delta t\sigma_{pey}(i,j)}$$

$$C_{ezyhx}(i,j) = -\frac{2\Delta t}{[2\varepsilon_0 + \Delta t\sigma_{pey}(i,j)]\Delta y}$$

$$H_x^{n+1/2}(i,j) = C_{hxh}(i,j)H_x^{n-1/2}(i,j) + C_{hxez}(i,j)[E_z^n(i,j+1) - E_z^n(i,j)] \quad (7.37)$$

式中

$$C_{hxh}(i,j) = \frac{2\mu_0 - \Delta t\sigma_{pmy}(i,j)}{2\mu_0 + \Delta t\sigma_{pmy}(i,j)}$$

$$C_{hxez}(i,j) = -\frac{2\Delta t}{[2\mu_0 + \Delta t\sigma_{pmy}(i,j)]\Delta y}$$

$$H_y^{n+1/2}(i,j) = C_{hyh}(i,j)H_y^{n-1/2}(i,j) + C_{hyez}(i,j) \times (E_z^n(i+1,j) - E_z^n(i,j))$$
(7.38)

式中

$$C_{hyh}(i,j) = \frac{2\mu_0 - \Delta t\sigma_{pmx}(i,j)}{2\mu_0 + \Delta t\sigma_{pmx}(i,j)}$$

$$C_{hyez}(i,j) = \frac{2\Delta t}{[2\mu_0 + \Delta t\sigma_{pmx}(i,j)]\Delta x}$$

同样，这里存在 $E_z(i,j) = E_{zx}(i,j) + E_{zy}(i,j)$。考虑图 7.6 给出的 PML 的传导率非零区域。图 7.6(a)给出了以标志 x_n、x_p 的区域中 σ_{pmx} 的定义。在此区域中，场分量 H_y 在每一时间步用 PML 更新方程(7.38)进行更新计算；在中心区域，场分量 H_y 仍然使用常规的更新式(1.38)进行更新计算。图 7.6(b)给出了以标志 y_n、y_p 的区域中 σ_{pmy} 的定义。在此区域中，场分量 H_x 在每一时间步用 PML 更新方程(7.37)进行更新计算；在中心区域，场分量 H_x 仍然使用常规的更新公式(1.37)进行更新计算。

场分量 E_z 在以 x_n、x_p 和 y_n、y_p 标志的 PML 区域中是两个分裂的场 E_{zx} 和 E_{zy} 之和，如图 7.6(c)、(d)所示。电场 E_z 在中心非 PML 区域中仍用常规的更新式(1.36)进行更新计算。如图 7.6(c)所示，电导率 σ_{pex} 在区域 x_n、x_p 不为零，因此，场量 E_{zx} 使用式(7.35)进行更新，并且场量 E_{zx} 在 y_n、y_p 区域内也需要计算。由于在此区域内电导率 $\sigma_{pex} = 0$，在式(7.35)中设 $\sigma_{pex} = 0$，就可以将此式用于 E_{zx} 在 y_n、y_p 区域中更新计算，即

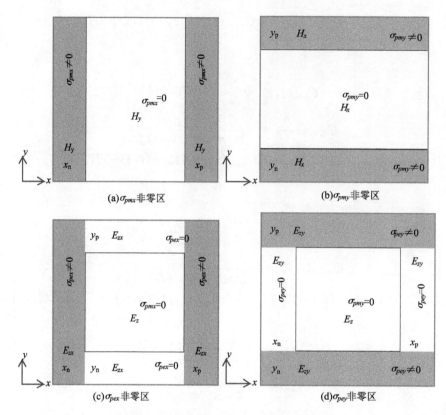

图 7.6 TMz 极化时 PML 传导率非零区域

$$E_{zx}^{n+1}(i,j) = C_{ezxe}(i,j)E_{zx}^n(i,j) + C_{ezxhy}(i,j)[H_y^{n+1/2}(i,j) - H_y^{n+1/2}(i-1,j)]$$
(7.39)

式中

$$C_{ezxe}(i,j) = 1, \qquad C_{ezxhy}(i,j) = \frac{\Delta t}{\varepsilon_0 \Delta x}$$

同样,电导率 σ_{pey} 在区域 y_n、y_p 不为零,如图 7.6(d)所示,因此场量 E_{zy} 使用式(7.36)进行更新,并且场量 E_{zx} 在 x_n、x_p 区域内也需要计算。由于在此区域内电导率 $\sigma_{pey}=0$,在式(7.36)中设 $\sigma_{pey}=0$,就可以将此式用于 E_{zx} 在 x_n、x_p 区域中更新计算,即

$$E_{zy}^{n+1}(i,j) = C_{ezye}(i,j) \times E_z^n(i,j) + C_{ezyhx}(i,j) \times [H_y^{n+1/2}(i,j) - H_y^{n+1/2}(i,j-1)]$$
(7.40)

式中

$$C_{ezye}(i,j) = 1, \qquad C_{ezyhx}(i,j) = -\frac{\Delta t}{\varepsilon_0 \Delta y}$$

7.4.3 以 PML 为吸收边界的二维 FDTD 方法的 MATLAB 程序实现

本节将介绍以 PML 为吸收边界的二维 FDTD 方法的 MATLAB 程序实现。二维程序的主程序名为 fdtd_solve_2d,见程序 7.1。通常,二维 FDTD 程序的结构与三维 FDTD 程序相同,它由问题的定义、初始化以及 FDTD 程序的执行部分组成。许多二维 FDTD 程序与三维程序是相似的,因此相应的细节只在必须时才提供。

程序 7.1 fdtd_solve_2d.m

```
% initialize the MATLAB workspace
clear all; close all; clc;

% define the problem
define_problem_space_parameters_2d;
define_geometry_2d;
define_sources_2d;
define_output_parameters_2d;

% initialize the problem space and parameters
initialize_fdtd_material_grid_2d;
initialize_fdtd_parameters_and_arrays_2d;
initialize_sources_2d;
initialize_updating_coefficients_2d;
initialize_boundary_conditions_2d;
initialize_output_parameters_2d;
initialize_display_parameters_2d;

% draw the objects in the problem space
draw_objects_2d;

% FDTD time marching loop
run_fdtd_time_marching_loop_2d;

% display simulation results
post_process_and_display_results_2d;
```

7.4.3.1 二维 FDTD 问题的定义

子程序 define_problem_space_parameters_2d 给出了围绕问题空间的边界类型。其部分程序见程序 7.2，其中边界条件的一部分如果定义为 PEC，则变量 boundary_type 取值 pec；如果定义为 PML，则此变量取值 pml。参量 air_buffer_number_of_cells 决定了以网格数目为单位的问题空间中的目标与 PEC 或 PML 边界之间的距离。参量 pml_number_of_cells 决定了以网格数目为单位的 PML 层的厚度。在此程序的执行中，PML 区域传导率沿厚度的分布应用了指数增加函数式(7.27a)。对 PML 的执行，如 7.3 节中所讨论的需要两个附加参量，即理论反向系数 $R(0)$ 以及指数 PML(npml)，这两个参量分别定义为 boundary.pml_R_0 和 boundary.pml_order。

在子程序 define_geometry_2d 中，可以通过坐标、尺寸和它们的媒质类型定义二维问题的几何目标，如圆和矩形。

二维问题空间的激励源在子程序 define_sources_2d 中定义。与三维情况不同，在执行中外加电流的定义是直接而清楚的,见程序 7.3。

程序的输出在子程序 define_output_parameters_2d 中定义。此定义中,取样电场和取样磁场在一定的位置保存。

程序 7.2 define_problem_space_parameters_2d.m

```
% = = < boundary conditions> = = = = = = = = =
% Here we define the boundary conditions parameters
% 'pec' : perfect electric conductor
% 'pml' : perfectly matched layer

boundary.type_xn = 'pml';
boundary.air_buffer_number_of_cells_xn = 10;
boundary.pml_number_of_cells_xn = 5;

boundary.type_xp = 'pml';
boundary.air_buffer_number_of_cells_xp = 10;
boundary.pml_number_of_cells_xp = 5;

boundary.type_yn = 'pml';
boundary.air_buffer_number_of_cells_yn = 10;
boundary.pml_number_of_cells_yn = 5;

boundary.type_yp = 'pml';
boundary.air_buffer_number_of_cells_yp = 10;
boundary.pml_number_of_cells_yp = 5;

boundary.pml_order = 2;
boundary.pml_R_0 = 1e- 8;
```

程序 7.3 define_sources_2d.m

```
disp ('defining sources');

impressed_J = [];
impressed_M = [];

% define source waveform types and parameters
waveforms.gaussian(1).number_of_cells_per_wavelength = 0;
waveforms.gaussian(2).number_of_cells_per_wavelength = 15;

% electric current sources
% direction: 'xp', 'xn', 'yp', 'yn', 'zp', or 'zn'
impressed_J(1).min_x = - 0.1e- 3;
```

```
impressed_J(1).min_y = - 0.1e- 3;
impressed_J(1).max_x =   0.1e- 3;
impressed_J(1).max_y =   0.1e- 3;
impressed_J(1).direction = 'zp';
impressed_J(1).magnitude = 1;
impressed_J(1).waveform_type = 'gaussian';
impressed_J(1).waveform_index = 1;

%   magnetic current sources
%   direction: 'xp', 'xn', 'yp', 'yn', 'zp', or 'zn'
%   impressed_M(1).min_x = - 0.1e- 3;
%   impressed_M(1).min_y = - 0.1e- 3;
%   impressed_M(1).max_x =   0.1e- 3;
%   impressed_M(1).max_y =   0.1e- 3;
%   impressed_M(1).direction = 'zp';
%   impressed_M(1).magnitude = 1;
%   impressed_M(1).waveform_type = 'gaussian';
%   impressed_M(1).waveform_index = 1;
```

7.4.3.2 二维问题的初始化

初始化过程的步骤见程序7.1。此过程开始于子程序 initialize_fdtd_material_grid_2d。在此程序中,第一任务就是计算二维问题空间的尺寸以及在 x、y 方向上的网格数 n_x、x_y。如果一些边界被定义为 PML,则 PML 区域也包含在问题空间中。因此,网格数 n_x、n_y 也包含 PML 的网格在内。然后应用在3.2节中讨论的平均技术,来构建二维问题空间中的媒质分量数组。下一步在创建媒质网格中,PML 区域中的网格被赋为自由空间参量。此时 PML 区域的处理如同自由空间,然而在下一步,PML 传导率将赋给这些区域内的网格,在 PML 区域场用特殊的方程进行更新。另外,定义了参量 n_pml_xn、n_pml_xp 和 n_pml_yn、n_pml_yp,并赋以适当的值。它们决定了 PML 区域的厚度尺寸。定义四个逻辑参量 is_pml_xn、is_pml_xp、is_pml_yn、is_pml_yp,来指明各自的计算边界是否为 PML。因为这些参量应用的频率很高,使用简略的符号表示这些参量的名称很方便。图7.7给出了问题空间的构成:两个圆柱、两个方柱以及中心处的外加激励电流,四周的 PML 层的厚度为5个网格。目标与 PML 边界之间留有10个网格的缓冲空间。

在子程序 initialize_fdtd_parameters_and_array_2d 中定义了 FDTD 运算所必需的参量 ε_0、μ_0、c 和 Δt,并且定义和初始化场量数组 E_x、E_y、E_z、H_x、H_y、H_z。这些场量的定义包括 PML 在内的所有空间。子程序 initialize_sources_2d 中给出了外加电场和磁流的位置标志,并作为子域 impressed_J 和 impressed_M 的各自参量进行存储。因为外加电流源作为外在的激励源,它们的波形也被计算确定。在二维问题中,可以有 TE 模和 TM 模两个模式工作。工作的模式取决于激励源。例如,外加电流 J_{iz},在问题空间中激励起电场 E_z,这样就激励起 TMz 模式。同样,外加磁源 M_{ix}、M_{iy} 也可以激励起 TMz 模式工作。而外加源 M_{iz}、J_{ix}、J_{iy} 也可以激励起 TEz 模式工作。因此,工作模式取决于外加激励源的类型,见程序7.4。此表包含子程序 initialize_sources_2d 的部分代码。这里定义了逻辑参量 is_TEz,用来指明工作模式为 TEz 模;而另一逻辑参量 is_TMz,用来指明工作模式为 TMz 模。

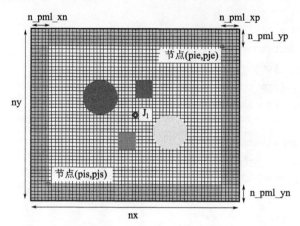

图 7.7 使用 PML 的二维 FDTD 问题空间

程序 7.4 initialize_sources_2d.m

```
%    determine if TEz or TMz
is_TEz = false;
is_TMz = false;
for ind = 1:number_of_impressed_J
    switch impressed_J(ind).direction(1)
        case 'x'
            is_TEz = true;
        case 'y'
            is_TEz = true;
        case 'z'
            is_TMz = true;
    end
end
for ind = 1:number_of_impressed_M
    switch impressed_M(ind).direction(1)
        case 'x'
            is_TMz = true;
        case 'y'
            is_TMz = true;
        case 'z'
            is_TEz = true;
    end
end
```

规则的二维 FDTD 方法的更新系数用子程序 initialize_update_coeffients_zd 计算,是基于更新式(1.33)~式(1.38)计算的,其中也包括外加电流系数。

为应用 PML 边界条件,还有些系数与场数组需要定义和初始化。PML 的初始化过程在子程序 initialize_boundary_condition_2d 进行,见程序 7.5。决定非 PML 区域的节点位置指标计算为(pis,pjs)和(pie,pje),如图 7.7 所示。然后调用两个分开的程序,它们的功能是初始化 TEz 模和 TMz 模,初始化哪一模式取决于运行的模式。

TEz_PML 边界所需要的系数与场量的初始化,在子程序 initialize_pml_boundary_conditions_2d_TEz 中完成。部分代码在程序 7.6 中给出。图 7.8 给出了在 TEz 模式下场的分布。阴影部分的场分量用 PML 更新方程进行更新,边界以外的场在 FDTD 迭代中不进行更新,而保持零值(因为它们模拟 PEC 边界)。PML 区域中磁场分量 H_{zx}、H_{zy} 的定义如图 7.5 所示。因而,相关的场数组 Hzx_xn、Hzx_xp、Hzx_yn、Hzx_yp 和 Hzy_xn、Hzy_xp、Hzy_yn 和 Hzy_yp 初始化在程序 7.6 所示的程序中进行。

程序 7.5　initialize_boundary_conditions_2d.m

```
disp ('initializing boundary conditions');

%    determine the boundaries of the non-pml region
pis = n_pml_xn+ 1;
pie = nx- n_pml_xp+ 1;
pjs = n_pml_yn+ 1;
pje = ny- n_pml_yp+ 1;

if is_any_side_pml
  if is_TEz
    initialize_pml_boundary_conditions_2d_TEz;
  end
  if is_TMz
    initialize_pml_boundary_conditions_2d_TMz;
  end
end
```

程序 7.6　initialize_pml_boundary_conditions_2d_TEz.m

```
% initializing PML boundary conditions for TEz
disp('initializing PML boundary conditions for TEz');

Hzx_xn = zeros(n_pml_xn,ny);
Hzy_xn = zeros(n_pml_xn,ny- n_pml_yn- n_pml_yp);
Hzx_xp = zeros(n_pml_xp,ny);
Hzy_xp = zeros(n_pml_xp,ny- n_pml_yn- n_pml_yp);
Hzx_yn = zeros(nx- n_pml_xn- n_pml_xp, n_pml_yn);
Hzy_yn = zeros(nx,n_pml_yn);
Hzx_yp = zeros(nx- n_pml_xn- n_pml_xp, n_pml_yp);
Hzy_yp = zeros(nx,n_pml_yp);
```

```
pml_order = boundary.pml_order;
R_0 = boundary.pml_R_0;

if is_pml_xn
    sigma_pex_xn = zeros(n_pml_xn,ny);
    sigma_pmx_xn = zeros(n_pml_xn,ny);

    sigma_max = - (pml_order+ 1)* eps_0* c* log(R_0)/(2* dx* n_pml_xn);
    rho_e = ([n_pml_xn:- 1:1] - 0.75)/n_pml_xn;
    rho_m = ([n_pml_xn:- 1:1] - 0.25)/n_pml_xn;
    for ind = 1:n_pml_xn
        sigma_pex_xn(ind,:) = sigma_max * rho_e(ind)^pml_order;
        sigma_pmx_xn(ind,:) = ...
            (mu_0/eps_0) * sigma_max * rho_m(ind)^pml_order;
    end

    % Coeffiecients updating Ey
    Ceye_xn = (2* eps_0 - dt* sigma_pex_xn)./(2* eps_0+ dt* sigma_pex_xn);
    Ceyhz_xn= - (2* dt/dx)./(2* eps_0 + dt* sigma_pex_xn);

    % Coeffiecients updating Hzx
    Chzxh_xn = (2* mu_0 - dt* sigma_pmx_xn)./(2* mu_0+ dt* sigma_pmx_xn);
    Chzxey_xn = - (2* dt/dx)./(2* mu_0 + dt* sigma_pmx_xn);

    % Coeffiecients updating Hzy
    Chzyh_xn = 1;
    Chzyex_xn = dt/(dy* mu_0);
end

if is_pml_xp
    sigma_pex_xp = zeros(n_pml_xp,ny);
    sigma_pmx_xp = zeros(n_pml_xp,ny);

    sigma_max = - (pml_order+ 1)* eps_0* c* log(R_0)/(2* dx* n_pml_xp);
    rho_e = ([1:n_pml_xp] - 0.75)/n_pml_xp;
    rho_m = ([1:n_pml_xp] - 0.25)/n_pml_xp;
    for ind = 1:n_pml_xp
        sigma_pex_xp(ind,:) = sigma_max * rho_e(ind)^pml_order;
        sigma_pmx_xp(ind,:) = ...
            (mu_0/eps_0) * sigma_max * rho_m(ind)^pml_order;
    end

    % Coeffiecients updating Ey
```

```
    Ceye_xp =  (2* eps_0 -  dt* sigma_pex_xp)./(2* eps_0+ dt* sigma_pex_xp);
    Ceyhz_xp= - (2* dt/dx)./(2* eps_0 + dt* sigma_pex_xp);

    % Coeffiecients updating Hzx
    Chzxh_xp =  (2* mu_0 -  dt* sigma_pmx_xp)./(2* mu_0+ dt* sigma_pmx_xp);
    Chzxey_xp =  - (2* dt/dx)./(2* mu_0 +  dt* sigma_pmx_xp);

    % Coeffiecients updating Hzy
    Chzyh_xp =  1;
    Chzyex_xp =  dt/(dy* mu_0);
end

if is_pml_yn
    sigma_pey_yn =  zeros(nx,n_pml_yn);
    sigma_pmy_yn =  zeros(nx,n_pml_yn);

    sigma_max =  - (pml_order+ 1)* eps_0* c* log(R_0)/(2* dy* n_pml_yn);
    rho_e =   ([n_pml_yn:- 1:1] -  0.75)/n_pml_yn;
    rho_m =   ([n_pml_yn:- 1:1] -  0.25)/n_pml_yn;
    for ind =  1:n_pml_yp
        sigma_pey_yn(:,ind) =  sigma_max *  rho_e(ind)^pml_order;
        sigma_pmy_yn(:,ind) =  ...
            (mu_0/eps_0) *  sigma_max *  rho_m(ind)^pml_order;
    end

    % Coeffiecients updating Ex
    Cexe_yn =  (2* eps_0 -  dt* sigma_pey_yn)./(2* eps_0+ dt* sigma_pey_yn);
    Cexhz_yn =  (2* dt/dy)./(2* eps_0 +  dt* sigma_pey_yn);

    % Coeffiecients updating Hzx
    Chzxh_yn =  1;
    Chzxey_yn =  - dt/(dx* mu_0);

    % Coeffiecients updating Hzy
    Chzyh_yn =  (2* mu_0 -  dt* sigma_pmy_yn)./(2* mu_0+ dt* sigma_pmy_yn);
    Chzyex_yn =  (2* dt/dy)./(2* mu_0 +  dt* sigma_pmy_yn);
end

if is_pml_yp
    sigma_pey_yp =  zeros(nx,n_pml_yp);
    sigma_pmy_yp =  zeros(nx,n_pml_yp);

    sigma_max =  - (pml_order+ 1)* eps_0* c* log(R_0)/(2* dy* n_pml_yp);
```

```
    rho_e = ([1:n_pml_yp] - 0.75)/n_pml_yp;
    rho_m = ([1:n_pml_yp] - 0.25)/n_pml_yp;
    for ind = 1:n_pml_yp
        sigma_pey_yp(:,ind) = sigma_max * rho_e(ind)^pml_order;
        sigma_pmy_yp(:,ind) = ...
            (mu_0/eps_0) * sigma_max * rho_m(ind)^pml_order;
    end

    % Coefficients updating Ex
    Cexe_yp = (2* eps_0 - dt* sigma_pey_yp)./(2* eps_0+ dt* sigma_pey_yp);
    Cexhz_yp = (2* dt/dy)./(2* eps_0 + dt* sigma_pey_yp);

    % Coefficients updating Hzx
    Chzxh_yp = 1;
    Chzxey_yp = - dt/(dx* mu_0);

    % Coefficients updating Hzy
    Chzyh_yp = (2* mu_0 - dt* sigma_pmy_yp)./(2* mu_0+ dt* sigma_pmy_yp);
    Chzyex_yp = (2* dt/dy)./(2* mu_0 + dt* sigma_pmy_yp);
end
```

然后,可以计算各区域内的传导率参数和 PML 更新系数。程序 7.6 中给出了初始化 x_n 和 y_p 区域。

在计算传导率数组时应注意,电导率 σ_{pex} 和 σ_{pey} 分别与电场 E_x 和 E_y 相关,而 σ_{pmx} 和 σ_{pmy} 与磁场 H_z 相关,因此传导率分量分别位于不同的位置。如上所述,电导率 $\sigma(\rho)$ 在 PML 内部区域边界上取零值,而逐渐变大,在 PML 终端取最大值 σ_{max}。在本计算中,PML 区域向内移动了 1/4 网格,如图 7.8 所示。如果 PML 的厚度为 N 个网格,此移动保证了 N 个电场分量和 N 个磁场分量,在 PML 区域内被更新。例如,考虑如图 7.9 所示二维问题的截面,来说明 x_n、x_p 区域场的更新。从电场分量 E_y 到 PML 的内部边界的距离记为 ρ_e,而从磁场 H_z 到 PML 内部边界的距离记为 ρ_m,ρ_e 和 ρ_m 用于式 (7.27a)来分别计算 σ_{pex}、σ_{pmx}。这些值存储在数组 sigma_pex_xn 和 sigma_pmx_xn,见程序 7.6。以上数组是对应于 x_n 区域的,而对 x_p 区域存储数组是 sigma_pex_xp 和 sigma_pmx_xp。用相同的方法可以计算 σ_{pey}、σ_{pmy}。然后这些参数

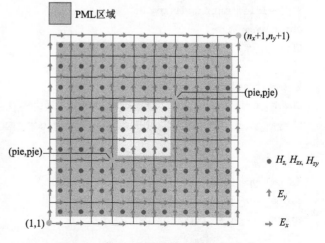

图 7.8 在 PML 区域中的 TEz 场分量

可用式(7.29)~式(7.32),计算相应的 PML 更新系数。二维 TMz 情况下,辅助分裂场量及 PML 更新系数的初始化在子程序 initialize_pml_boundary_conditions_2d_TMz 中完成,与 x_p、y_n 区域相关的部分代码列于程序 7.7。TEz 情况下的初始化与 TMz 的情况相似。图 7.10 中给出了场的位置及 PML 区域。作为一参考,图 7.11 给出了由 PML 方程更新的场分量的位置和传导率的位置。

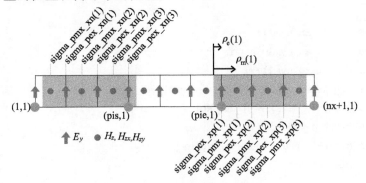

图 7.9　用 PML 方程更新场分量

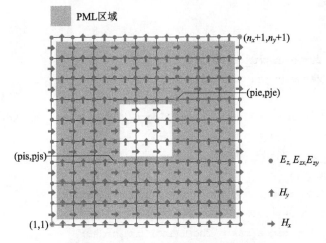

图 7.10　PML 区域中的 TMz 场分量

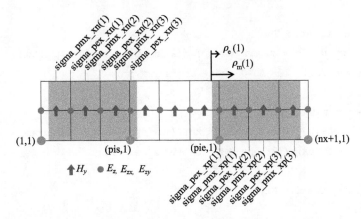

图 7.11　用 PML 方程更新场分量

程序 7.7　initialize_pml_boundary_conditions_2d_TMz.m

```
% initializing PML boundary conditions for TMz
disp ('initializing PML boundary conditions for TMz');

Ezx_xn = zeros (n_pml_xn,nym1);
Ezy_xn = zeros (n_pml_xn,nym1- n_pml_yn- n_pml_yp);
Ezx_xp = zeros (n_pml_xp,nym1);
Ezy_xp = zeros (n_pml_xp,nym1- n_pml_yn- n_pml_yp);
Ezx_yn = zeros (nxm1- n_pml_xn- n_pml_xp, n_pml_yn);
Ezy_yn = zeros (nxm1,n_pml_yn);
Ezx_yp = zeros (nxm1- n_pml_xn- n_pml_xp, n_pml_yp);
Ezy_yp = zeros (nxm1,n_pml_yp);

pml_order = boundary.pml_order;
R_0 = boundary.pml_R_0;

if is_pml_xn
  sigma_pex_xn = zeros (n_pml_xn,nym1);
  sigma_pmx_xn = zeros (n_pml_xn,nym1);

  sigma_max = - (pml_order+ 1)* eps_0* c* log (R_0)/(2* dx* n_pml_xn);
  rho_e = ([n_pml_xn:- 1:1] - 0.75)/n_pml_xn;
  rho_m = ([n_pml_xn:- 1:1] - 0.25)/n_pml_xn;
  for ind = 1:n_pml_xn
    sigma_pex_xn(ind,:) = sigma_max * rho_e(ind)^pml_order;
    sigma_pmx_xn(ind,:) = ...
        (mu_0/eps_0) * sigma_max * rho_m(ind)^pml_order;
  end

  % Coeffiecients updating Hy
  Chyh_xn = (2* mu_0 - dt* sigma_pmx_xn)./(2* mu_0+ dt* sigma_pmx_xn);
  Chyez_xn = (2* dt/dx)./(2* mu_0 + dt* sigma_pmx_xn);

  % Coeffiecients updating Ezx
  Cezxe_xn = (2* eps_0 - dt* sigma_pex_xn)./(2* eps_0+ dt* sigma_pex_xn);
  Cezxhy_xn = (2* dt/dx)./(2* eps_0 + dt* sigma_pex_xn);

  % Coeffiecients updating Ezy
  Cezye_xn = 1;
  Cezyhx_xn = - dt/(dy* eps_0);
```

```matlab
end

if is_pml_xp
    sigma_pex_xp = zeros(n_pml_xp,nym1);
    sigma_pmx_xp = zeros(n_pml_xp,nym1);

    sigma_max = - (pml_order+ 1)* eps_0* c* log(R_0)/(2* dx* n_pml_xp);
    rho_e = ([1:n_pml_xp] - 0.75)/n_pml_xp;
    rho_m = ([1:n_pml_xp] - 0.25)/n_pml_xp;
    for ind = 1:n_pml_xp
        sigma_pex_xp(ind,:) = sigma_max * rho_e(ind)^pml_order;
        sigma_pmx_xp(ind,:) = ...
            (mu_0/eps_0) * sigma_max * rho_m(ind)^pml_order;
    end

    % Coeffiecients updating Hy
    Chyh_xp = (2* mu_0 - dt* sigma_pmx_xp)./(2* mu_0 + dt* sigma_pmx_xp);
    Chyez_xp = (2* dt/dx)./(2* mu_0 + dt* sigma_pmx_xp);

    % Coeffiecients updating Ezx
    Cezxe_xp = (2* eps_0 - dt* sigma_pex_xp)./(2* eps_0+ dt* sigma_pex_xp);
    Cezxhy_xp = (2* dt/dx)./(2* eps_0 + dt* sigma_pex_xp);

    % Coeffiecients updating Ezy
    Cezye_xp = 1;
    Cezyhx_xp = - dt/(dy* eps_0);
end

if is_pml_yn
    sigma_pey_yn = zeros(nxm1,n_pml_yn);
    sigma_pmy_yn = zeros(nxm1,n_pml_yn);

    sigma_max = - (pml_order+ 1)* eps_0* c* log(R_0)/(2* dy* n_pml_yn);
    rho_e = ([n_pml_yn:-1:1] - 0.75)/n_pml_yn;
    rho_m = ([n_pml_yn:-1:1] - 0.25)/n_pml_yn;
    for ind = 1:n_pml_yp
        sigma_pey_yn(:,ind) = sigma_max * rho_e(ind)^pml_order;
        sigma_pmy_yn(:,ind) = ...
            (mu_0/eps_0) * sigma_max * rho_m(ind)^pml_order;
    end

    % Coeffiecients updating Hx
    Chxh_yn = (2* mu_0 - dt* sigma_pmy_yn)./(2* mu_0+ dt* sigma_pmy_yn);
```

```
Chxez_yn= - (2* dt/dy)./(2* mu_0 + dt* sigma_pmy_yn);

% Coeffiecients updating Ezx
Cezxe_yn = 1;
Cezxhy_yn = dt/(dx* eps_0);

% Coeffiecients updating Ezy
Cezye_yn = (2* eps_0 - dt* sigma_pey_yn)./(2* eps_0+ dt* sigma_pey_yn);
Cezyhx_yn= - (2* dt/dy)./(2* eps_0 + dt* sigma_pey_yn);
end
```

7.4.3.3 运行二维 FDTD 模拟：时进循环

在初始化完成后，程序调用了包含 FDTD 时进循环的子程序 run_fdtd_time_marching_loop_2d。FDTD 更新循环的执行示于程序 7.8。

程序 7.8 run_fdtd_time_marching_loop_2d.m

```
disp (['Starting the time marching loop']);
disp (['Total number of time steps :'...
    num2str (number_of_time_steps)]);

start_time = cputime;
current_time = 0;

for time_step = 1:number_of_time_steps
    update_magnetic_fields_2d;
    update_impressed_M;
    update_magnetic_fields_for_PML_2d;
    capture_sampled_magnetic_fields_2d;
    update_electric_fields_2d;
    update_impressed_J;
    update_electric_fields_for_PML_2d;
    capture_sampled_electric_fields_2d;
    display_sampled_parameters_2d;
end

end_time = cputime;
total_time_in_minutes = (end_time - start_time)/60;
disp (['Total simulation time is'...
    num2str (total_time_in_minutes) 'minutes.']);
```

在时进循环中，每次迭代的第一步为更新磁场分量。此更新使用的是常规更新公式，其执行在子程序 update_magnetic_fields_2d 中完成，见程序 7.9。在 TEz 模式情况下，图 7.5(c)和图 7.5(d)中心部分的磁场 H_z 由式(1.35)进行场的更新。而在 TMz 模式情况下,在图7.6(b)中心部分的磁场H_x和在图7.6(a)中心部分的磁场H_y分别由式(1.37)和式(1.38)进行更新。然后,在子程序update_impressed_M(即程序7.10)中,出现在式(1.35)、式(1.37)和式(1.38)中的外加电流项分别加入到各自的场量H_x、H_y和H_z中。

程序7.9　update_magnetic_fields_2d.m

```
% update magnetic fields

current_time = current_time + dt/2;

% TEz
if is_TEz
Hz(pis:pie- 1,pjs:pje- 1) = ...
    Chzh(pis:pie- 1,pjs:pje- 1).* Hz(pis:pie- 1,pjs:pje- 1) ...
    + Chzex(pis:pie- 1,pjs:pje- 1) ...
    .* (Ex(pis:pie- 1,pjs+ 1:pje)- Ex(pis:pie- 1,pjs:pje- 1)) ...
    + Chzey(pis:pie- 1,pjs:pje- 1) ...
    .* (Ey(pis+ 1:pie,pjs:pje- 1)- Ey(pis:pie- 1,pjs:pje- 1));
end

% TMz
if is_TMz
    Hx(:,pjs:pje- 1) = Chxh(:,pjs:pje- 1) .* Hx(:,pjs:pje- 1) ...
        + Chxez(:,pjs:pje- 1) .* (Ez(:,pjs+ 1:pje)- Ez(:,pjs:pje- 1));

    Hy(pis:pie- 1,:) = Chyh(pis:pie- 1,:) .* Hy(pis:pie- 1,:) ...
        + Chyez(pis:pie- 1,:) .* (Ez(pis+ 1:pie,:)- Ez(pis:pie- 1,:));
end
```

子程序update_magnetic_fields_for_PML_2d用于磁场分量的更新。这些处于PML区域中的磁场分量需要特别的PML更新计算。如同程序7.11中的情况,TEz模和TMz模需要各自的程序处理。

在TMz模式情况下,程序的执行列于程序7.12,其中,H_x在图7.6(b)中的y_p和y_n区域的更新使用式(7.37),H_y在图7.6(a)中的x_n和x_p区域的更新使用式(7.38)。

程序7.10　update_impressed_M.m

```
% updating magnetic field components
% associated with the impressed magnetic currents

for ind = 1:number_of_impressed_M
    is = impressed_M(ind).is;
    js = impressed_M(ind).js;
    ie = impressed_M(ind).ie;
```

```
    je = impressed_M(ind).je;
    switch (impressed_M(ind).direction(1))
    case 'x'
        Hx(is:ie,js:je-1) = Hx(is:ie,js:je-1) ...
        + impressed_M(ind).Chxm * impressed_M(ind).waveform(time_step);
    case 'y'
        Hy(is:ie-1,js:je) = Hy(is:ie-1,js:je) ...
        + impressed_M(ind).Chym * impressed_M(ind).waveform(time_step);
    case 'z'
        Hz(is:ie-1,js:je-1) = Hz(is:ie-1,js:je-1) ...
        + impressed_M(ind).Chzm * impressed_M(ind).waveform(time_step);
    end
end
```

程序7.11 update_magnetic_fields_PML_2d.m

```
% update magnetic fields at the PML regions
if is_any_side_pml == false
    return ;
end
if is_TEz
    update_magnetic_fields_for_PML_2d_TEz;
end
if is_TMz
    update_magnetic_fields_for_PML_2d_TMz;
end
```

程序7.12 update_magnetic_fields_for_PML_2d_TEz.m

```
% update magnetic fields at the PML regions
% TMz
if is_pml_xn
    Hy(1:pis-1,2:ny) = Chyh_xn .* Hy(1:pis-1,2:ny) ...
        + Chyez_xn .* (Ez(2:pis,2:ny)-Ez(1:pis-1,2:ny));
end

if is_pml_xp
    Hy(pie:nx,2:ny) = Chyh_xp .* Hy(pie:nx,2:ny) ...
    + Chyez_xp .* (Ez(pie+1:nxp1,2:ny)-Ez(pie:nx,2:ny));
end

if is_pml_yn
    Hx(2:nx,1:pjs-1) = Chxh_yn .* Hx(2:nx,1:pjs-1) ...
        + Chxez_yn.* (Ez(2:nx,2:pjs)-Ez(2:nx,1:pjs-1));
```

```
    end
if is_pml_yp
    Hx(2:nx,pje:ny) = Chxh_yp .* Hx(2:nx,pje:ny) ...
        + Chxez_yp.* (Ez(2:nx,pje+1:nyp1)- Ez(2:nx,pje:ny));
end
```

在 TEz 模式情况下,程序的执行列于程序 7.13。其中:H_{zx} 在图 7.5(c)中的 x_n 和 x_p 区域的更新使用式(7.31),H_{zx} 在图 7.5(c)中的 y_n 和 y_p 区域的更新使用式(7.33);H_{zy} 在图 7.5(d)中的 y_n 和 y_p 区域的更新使用式(7.32);H_{zy} 在图 7.5(d)中的 x_n 和 x_p 区域的更新使用式(7.34)。在所有的更新完成后,在同一位置上的场量 H_{zx} 和 H_{zy} 相加,得到此位置上的磁场 H_z。

使用常规更新公式更新的电场分量,其更新任务由程序 update_electric_fields_2d 来完成,见程序 7.14。

在 TMz 模式情况下,位于图 7.6(c)、(d)中间部分的电场 E_z,由式(1.36)进行更新;在 TEz 模式情况下,位于图 7.5(b)中间部分的电场 E_x 和位于图 7.5(a)中间部分的电场 E_y,由式(1.33)和式(1.34)进行更新。

程序 7.13 update_magnetic_fields_for_PML_2d_TEz.m

```
% update magnotic fields at the pnll regions
% TEZ
if is-pml-xn
    Hzx_xn = Chzxh_xn .* Hzx_xn+ Chzxey_xn.* (Ey(2:pis,:)- Ey(1:pis-1,:));
    Hzy_xn = Chzyh_xn .* Hzy_xn ...
        + Chzyex_xn.* (Ex(1:pis-1,pjs+1:pje)- Ex(1:pis-1,pjs:pje-1));
end
if is_pml_xp
    Hzx_xp = Chzxh_xp .* Hzx_xp ...
        + Chzxey_xp.* (Ey(pie+1:nxp1,:)- Ey(pie:nx,:));
    Hzy_xp = Chzyh_xp .* Hzy_xp ...
        + Chzyex_xp.* (Ex(pie:nx,pjs+1:pje)- Ex(pie:nx,pjs:pje-1));
end
if is_pml_yn
    Hzx_yn = Chzxh_yn .* Hzx_yn ...
        + Chzxey_yn.* (Ey(pis+1:pie,1:pjs-1)- Ey(pis:pie-1,1:pjs-1));
    Hzy_yn = Chzyh_yn .* Hzy_yn ...
        + Chzyex_yn.* (Ex(:,2:pjs)- Ex(:,1:pjs-1));
end
if is_pml_yp
    Hzx_yp = Chzxh_yp .* Hzx_yp ...
        + Chzxey_yp.* (Ey(pis+1:pie,pje:ny)- Ey(pis:pie-1,pje:ny));
    Hzy_yp = Chzyh_yp .* Hzy_yp ...
```

```
              + Chzyex_yp.* (Ex(:,pje+ 1:nyp1)- Ex(:,pje:ny));
end
Hz(1:pis- 1,1:pjs- 1) = Hzx_xn(:,1:pjs- 1) + Hzy_yn(1:pis- 1,:);
Hz(1:pis- 1,pje:ny) = Hzx_xn(:,pje:ny) + Hzy_yp(1:pis- 1,:);
Hz(pie:nx,1:pjs- 1) = Hzx_xp(:,1:pjs- 1) + Hzy_yn(pie:nx,:);
Hz(pie:nx,pje:ny) = Hzx_xp(:,pje:ny) + Hzy_yp(pie:nx,:);
Hz(1:pis- 1,pjs:pje- 1) = Hzx_xn(:,pjs:pje- 1) + Hzy_xn;
Hz(pie:nx,pjs:pje- 1) = Hzx_xp(:,pjs:pje- 1) + Hzy_xp;
Hz(pis:pie- 1,1:pjs- 1) = Hzx_yn + Hzy_yn(pis:pie- 1,:);
Hz(pis:pie- 1,pje:ny) = Hzx_yp + Hzy_yp(pis:pie- 1,:);
```

程序 7.14 　 upadate_electric_fields.m

```
current_time = current_time + dt/2;

if is_TEz
  Ex(:,pjs+ 1:pje- 1) = Cexe(:,pjs+ 1:pje- 1).* Ex(:,pjs+ 1:pje- 1) ...
                      + Cexhz(:,pjs+ 1:pje- 1).* ...
                      (Hz(:,pjs+ 1:pje- 1)- Hz(:,pjs:pje- 2));

  Ey(pis+ 1:pie- 1,:) = Ceye(pis+ 1:pie- 1,:).* Ey(pis+ 1:pie- 1,:) ...
                      + Ceyhz(pis+ 1:pie- 1,:).* ...
                      (Hz(pis+ 1:pie- 1,:)- Hz(pis:pie- 2,:));
end

if is_TMz
  Ez(pis+ 1:pie- 1,pjs+ 1:pje- 1) = ...
    Ceze(pis+ 1:pie- 1,pjs+ 1:pje- 1).* Ez(pis+ 1:pie- 1,pjs+ 1:pje- 1) ...
    + Cezhy(pis+ 1:pie- 1,pjs+ 1:pje- 1) ...
    .* (Hy(pis+ 1:pie- 1,pjs+ 1:pje- 1)- Hy(pis:pie- 2,pjs+ 1:pje- 1)) ...
    + Cezhx(pis+ 1:pie- 1,pjs+ 1:pje- 1) ...
    .* (Hx(pis+ 1:pie- 1,pjs+ 1:pje- 1)- Hx(pis+ 1:pie- 1,pjs:pje- 2));
end
```

然后在 upadate_impressed_J 中,式(1.26)、式(1.33)和式(1.34)中出现的电流项被加入到它们各自的场量 E_z、E_x 和 E_y 中。子程序 update_electric_fields_for_PML_2d 用于给定的 PML 区域的电场分量的更新。如同程序 7.15 所示,在 TEz 和 TMz 情况下由不同的子程序处理。TEz 情况,在程序 7.16 程序 7.19 中进行处理。其中,图 7.5(b)中的 y_n 与 y_p 区域的电场 E_x 用式(7.29)进行更新。而图 7.5(a)中 x_n 与 x_p 区域的电场 E_y 用式(7.30)进行更新。对 TMz 情况,其执行在程序 7.16 中所列的程序中完成。其中,图 7.6(c)中的 x_n 与 x_p 区域的电场 E_{zx} 用式(7.35)进行更新。图 7.6(c)中的 y_n 与 y_p 区域的电场 E_{zx} 用式(7.39)进行更新。图 7.6(d)中的 y_n 与 y_p 区域的电场 E_{zy} 用式(7.40)进行更新。图 7.6(d)中的

x_n 与 x_p 区域的电场 E_{zy} 用式(7.40)进行更新。在所有的更新完成后位于相同位置的场分量 E_{zx} 和 E_{zy}，合并到同一位置的电场 E_z 中。

程序 7.15　update_electric_fields_for_PML_2d.m

```
% update electric fields at the PML regions
% update magnetic fields at the PML regions
if is_any_side_pml = = false
    return ;
end
if is_TEz
    update_electric_fields_for_PML_2d_TEz;
end
if is_TMz
    update_electric_fields_for_PML_2d_TMz;
end
```

程序 7.16　update_electric_fields_for_PML_2d_TEz.m

```
% update electric fields at the PML regions
% TEz
if is_pml_xn
    Ey(2:pis,:) = Ceye_xn .* Ey(2:pis,:) ...
        + Ceyhz_xn .* (Hz(2:pis,:)- Hz(1:pis- 1,:));
end

if is_pml_xp
    Ey(pie:nx,:) = Ceye_xp .* Ey(pie:nx,:) ...
        + Ceyhz_xp .* (Hz(pie:nx,:)- Hz(pie- 1:nx- 1,:));
end

if is_pml_yn
    Ex(:,2:pjs) = Cexe_yn .* Ex(:,2:pjs) ...
        + Cexhz_yn .* (Hz(:,2:pjs)- Hz(:,1:pjs- 1));
end

if is_pml_yp
    Ex(:,pje:ny) = Cexe_yp .* Ex(:,pje:ny) ...
        + Cexhz_yp .* (Hz(:,pje:ny)- Hz(:,pje- 1:ny- 1));
end
```

程序 7.17　update_electric_fields_for_PML_2d_TMz.m

```
% update electric fields at the PML regions
```

```
% TMz
if is_pml_xn
   Ezx_xn =  Cezxe_xn .*  Ezx_xn ...
       + Cezxhy_xn .*  (Hy(2:pis,2:ny)- Hy(1:pis- 1,2:ny));
   Ezy_xn =  Cezye_xn .*  Ezy_xn ...
       + Cezyhx_xn .*  (Hx(2:pis,pjs+ 1:pje- 1)- Hx(2:pis,pjs:pje- 2));
end
if is_pml_xp
   Ezx_xp =  Cezxe_xp .*  Ezx_xp + Cezxhy_xp.* ...
       (Hy(pie:nx,2:ny)- Hy(pie- 1:nx- 1,2:ny));
   Ezy_xp =  Cezye_xp .*  Ezy_xp ...
       + Cezyhx_xp .*  (Hx(pie:nx,pjs+ 1:pje- 1)- Hx(pie:nx,pjs:pje- 2));
end
if is_pml_yn
   Ezx_yn =  Cezxe_yn .*  Ezx_yn ...
       + Cezxhy_yn .*  (Hy(pis+ 1:pie- 1,2:pis)- Hy(pis:pie- 2,2:pjs));
   Ezy_yn =  Cezye_yn .*  Ezy_yn ...
       + Cezyhx_yn .*  (Hx(2:nx,2:pjs)- Hx(2:nx,1:pjs- 1));
end
if is_pml_yp
   Ezx_yp =  Cezxe_yp .*  Ezx_yp ...
       + Cezxhy_yp .*  (Hy(pis+ 1:pie- 1,pje:ny)- Hy(pis:pie- 2,pje:ny));
   Ezy_yp =  Cezye_yp .*  Ezy_yp ...
       + Cezyhx_yp .*  (Hx(2:nx,pje:ny)- Hx(2:nx,pje- 1:ny- 1));
end
Ez(2:pis,2:pjs) =  Ezx_xn(:,1:pjs- 1) +  Ezy_yn(1:pis- 1,:);
Ez(2:pis,pje:ny) =  Ezx_xn(:,pje- 1:nym1) +  Ezy_yp(1:pis- 1,:);
Ez(pie:nx,pje:ny) =  Ezx_xp(:,pje- 1:nym1) +  Ezy_yp(pie- 1:nxm1,:);
Ez(pie:nx,2:pjs) =  Ezx_xp(:,1:pjs- 1) +  Ezy_yn(pie- 1:nxm1,:);
Ez(pis+ 1:pie- 1,2:pjs) =  Ezx_yn +  Ezy_yn(pis:pie- 2,:);
Ez(pis+ 1:pie- 1,pje:ny) =  Ezx_yp +  Ezy_yp(pis:pie- 2,:);
Ez(2:pis,pjs+ 1:pje- 1) =  Ezx_xn(:,pjs:pje- 2) +  Ezy_xn;
Ez(pie:nx,pjs+ 1:pje- 1) =  Ezx_xp(:,pjs:pje- 2) +  Ezy_xp;
```

程序 7.18　define_sources_2d. m

```
disp ('defining sources');

impressed_J =  [];
impressed_M =  [];

% define source waveform types and parameters
```

```
waveforms.gaussian(1).number_of_cells_per_wavelength = 0;
waveforms.gaussian(2).number_of_cells_per_wavelength = 25;

% magnetic current sources
% direction: 'xp', 'xn', 'yp', 'yn', 'zp', or 'zn'
impressed_M(1).min_x = -1e-3;
impressed_M(1).min_y = -1e-3;
impressed_M(1).max_x = 1e-3;
impressed_M(1).max_y = 1e-3;
impressed_M(1).direction = 'zp';
impressed_M(1).magnitude = 1;
impressed_M(1).waveform_type = 'gaussian';
impressed_M(1).waveform_index = 2;
```

程序 7.19 define_outputparameters_2d.m

```
disp ('defining output parameters');

sampled_electric_fields = [];
sampled_magnetic_fields = [];
sampled_transient_E_planes = [];
sampled_frequency_E_planes = [];

% figure refresh rate
plotting_step = 10;

% frequency domain parameters
frequency_domain.start = 20e6;
frequency_domain.end = 20e9;
frequency_domain.step = 20e6;

% define sampled magnetic fields
sampled_magnetic_fields(1).x = 8e-3;
sampled_magnetic_fields(1).y = 8e-3;
sampled_magnetic_fields(1).component = 'z';
```

7.5 模拟举例

7.5.1 PML 吸收边界的有效性

本节将评估 TEz 模式二维 PML 吸收边界条件的特性。创建二维问题如图7.12(a)所示。此问题为一自由空间，由 36×36 个网格构成。单元网格为边长 1mm 的正方形。在四边界上 PML 的厚度为 8 个网格。PML 参数的阶数 $n_{pml}=2$，理论反射系数为 10^{-8}。如程序 7.18 中所定义的，问题空间由 z 向的外加磁流激励。激励外加磁流位于问题空间的中心，为一高斯波形。定义取样 z 向磁场,其位于 $x=8mm$, $y=8mm$ 处。其位置离 PML 右上角两个网格,如 7.19 节所定义。运行的时间为 1800 个时间步。获取的磁场 H_z 作为时间的函数绘于图 7.12(b)。此磁场的时间记录,也包含了 PML 边界条件的反射效应。

为了确定 PML 模拟开放空间的性能,下面给出了一个参考例子,如图 7.13 所示。此例中,单元网格的尺寸,以及激励源和问题的输出都与前例相同。但是在本例中,问题空间由 600×600 网格构成,并且四边为 PEC 边界。任何源所激励起来的场都将传播,并在 PEC 边界上反射回中心区。由于问题空间较大,所以反射波到达取样点需要一定的时间。因此,取样点在反射波到达之前所观察到的场,与边界是开放时所观察到的场是相同的。在此例中,当模拟时间步为 1800 时,没有观察到反射波。因此本例可以作为运行时间步 1800 的开放空间的参考例子。本例中获取的磁场作为时间的函数如图 7.13(b)所示。

观察 PML 例子中的响应和参考例子的响应,两者间无差异。两种情况下的差异是 PML 的反射量的测量,并用数值来表示。此差异记为 error,即误差,作为时间的函数,可以计算为

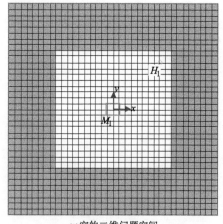
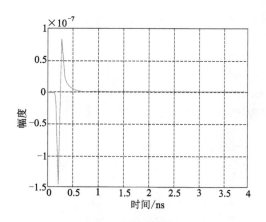

(a)空的二维问题空间　　　　　　　　　(b)时域取样磁场 H_z

图 7.12　由 PML 边界端接的 TEz 模二维 FDTD 问题和它的仿真结果

$$\text{error} = 20\lg \frac{|H_z^{pml} - H_z^{ref}|}{\max|H_z^{ref}|} \tag{7.41}$$

式中: H_z^{pml} 为 PML 情况下的取样磁场; H_z^{ref} 为参考例子中的取样磁场。

error 作为时间的函数绘于图 7.14(a)。误差 error 在频域中的量,可以由上面两个量的傅里叶变换得到,即

$$\text{error}_f = 20\lg \frac{|F(H_z^{pml}) - F(H_z^{ref})|}{F(|H_z^{ref}|)} \tag{7.42}$$

式中: $F()$ 表示傅里叶变换,在频域中的误差,表示为 error_f 绘于图 7.14(b)中。

本例中得到的误差可以通过三种措施进一步减小:使用厚度更大的 PML;更好地选择理论反射系数 R(0);选取较高的 PML 阶数 n_{PML}。由图 7.14(b)中可以看出,在低频段,PML 的性能变差了。

7.5.2　Electri field Distribution

因为用二维 FDTD 程序来计算平面上的场,所以在模拟进行中获取并绘出电场及磁

场分布的实时动画是可能的;并且在预定的频率上,计算场的分布作为时谐激励的响应也是可能的。这样时谐场的分布就可以与同样问题用频域求解器得到的结果进行对比。在本例中用二维 FDTD 程序来计算问题空间中的电场分布。其中,包含半径为 0.2m、介电常数为 4 的圆柱,激励信号频率为 1GHz。图 7.15 给出了二维问题的几何图形。此问题空间由边长为 5mm 的正方形网格构成,端接为 8mm 网格的 PML。圆柱与 PML 边界间的空气隙,在 x_n、y_n 和 y_p 方向上为 30 个网格,在 x_p 方向上为 80 个网格。问题的几何定义示于程序 7.20。其激励源为一正弦波形的外加线电流密度,见程序 7.21。

此例,定义了两种输出类型:

(1) 瞬态电场分布。由名为 sampled_transient_E_planes 参量表示;

(2) 某个频率下的电场分布。由名为 sampled_frequency_E_planes 参量给出。

这里参量的定义在程序 7.22 中给出。这些参量的初始化在子程序 initialize_output_parameters_2d 中完成。见程序 7.23。作为仿真中的动画显示子程序 dispay_sample_parameters_2d 获取电场的节点的位置,并完成其显示,见程序 7.24。

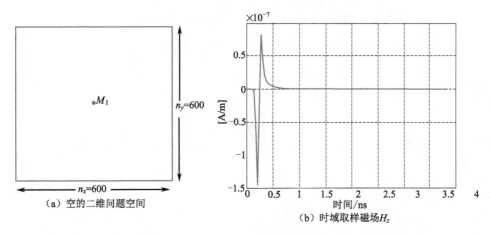

图 7.13 二维 FDTD 问题作为开放边界的参考以及它的仿真结果

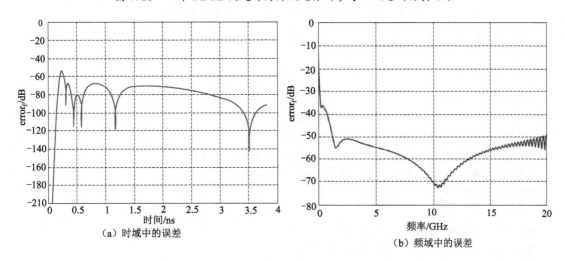

图 7.14 时域和频域中的误差

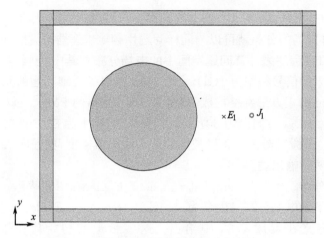

图 7.15 包含圆柱和线激励源的二维问题空间

程序 7.20 define_geometry_2d.m

```
disp('defining the problem geometry');

rectangles = [];
circles = [];

% define a circle
circles(1).center_x = 0.4;
circles(1).center_y = 0.5;
circles(1).radius = 0.2;
circles(1).material_type = 4;
```

程序 7.21 define_sources_2d.m

```
disp('defining sources');

impressed_J = [];
impressed_M = [];

% define source waveform types and parameters
waveforms.gaussian(1).number_of_cells_per_wavelength = 0;
waveforms.gaussian(2).number_of_cells_per_wavelength = 20;
waveforms.sinusoidal(1).frequency = 1e9;

% electric current sources
% direction: 'xp', 'xn', 'yp', 'yn', 'zp', or 'zn'
impressed_J(1).min_x = 0.8;
impressed_J(1).min_y = 0.5;
```

```
impressed_J(1).max_x = 0.8;
impressed_J(1).max_y = 0.5;
impressed_J(1).direction = 'zp';
impressed_J(1).magnitude = 1;
impressed_J(1).waveform_type = 'sinusoidal';
impressed_J(1).waveform_index = 1;
```

程序 7.22　define_output_parameters_2d.m

```
disp ('defining output parameters');

sampled_electric_fields = [];
sampled_magnetic_fields = [];
sampled_transient_E_planes = [];
sampled_frequency_E_planes = [];

% figure refresh rate
plotting_step = 10;

% frequency domain parameters
frequency_domain.start = 20e7;
frequency_domain.end = 200e9;
frequency_domain.step = 20e7;

% % define sampled electric fields
sampled_electric_fields(1).x = 0.7;
sampled_electric_fields(1).y = 0.5;
sampled_electric_fields(1).component = 'z';
sampled_electric_fields(1).display_plot = false;

% define sampled electric field distributions
% component can be 'x', 'y', 'z', or 'm' (magnitude)
% transient
sampled_transient_E_planes(1).component = 'z';

% frequency domain
sampled_frequency_E_planes(1).component = 'z';
sampled_frequency_E_planes(1).frequency = 1e9;
```

程序 7.23　initialize_output_parameters_2d.m

```
disp ('initializing the output parameters');

number_of_sampled_electric_fields = size (sampled_electric_fields,2);
```

```
number_of_sampled_magnetic_fields = size(sampled_magnetic_fields,2);
number_of_sampled_transient_E_planes= size(sampled_transient_E_planes,2);
number_of_sampled_frequency_E_planes= size(sampled_frequency_E_planes,2);

% intialize frequency domain parameters
frequency_domain.frequencies = [frequency_domain.start: ...
    frequency_domain.step:frequency_domain.end];
frequency_domain.number_of_frequencies = ...
    size(frequency_domain.frequencies,2);

% initialize sampled electric field terms
for ind= 1:number_of_sampled_electric_fields
    is = round((sampled_electric_fields(ind).x - fdtd_domain.min_x)/dx)+ 1;
    js = round((sampled_electric_fields(ind).y - fdtd_domain.min_y)/dy)+ 1;
    sampled_electric_fields(ind).is = is;
    sampled_electric_fields(ind).js = js;
    sampled_electric_fields(ind).sampled_value = ...
        zeros(1, number_of_time_steps);
    sampled_electric_fields(ind).time = ([1:number_of_time_steps])* dt;
end

% initialize sampled magnetic field terms
for ind= 1:number_of_sampled_magnetic_fields
    is = round((sampled_magnetic_fields(ind).x - fdtd_domain.min_x)/dx)+ 1;
    js = round((sampled_magnetic_fields(ind).y - fdtd_domain.min_y)/dy)+ 1;
    sampled_magnetic_fields(ind).is = is;
    sampled_magnetic_fields(ind).js = js;
    sampled_magnetic_fields(ind).sampled_value = ...
        zeros(1, number_of_time_steps);
    sampled_magnetic_fields(ind).time = ([1:number_of_time_steps]- 0.5)* dt;
end

% initialize sampled transient electric field
for ind= 1:number_of_sampled_transient_E_planes
    sampled_transient_E_planes(ind).figure = figure;
end

% initialize sampled time harmonic electric field
for ind= 1:number_of_sampled_frequency_E_planes
    sampled_frequency_E_planes(ind).sampled_field = zeros(nxp1,nyp1);
end
xcoor = linspace(fdtd_domain.min_x,fdtd_domain.max_x,nxp1);
ycoor = linspace(fdtd_domain.min_y,fdtd_domain.max_y,nyp1);
```

程序 7.24   display_sampled_parameters_2d.m

```matlab
% display sampled electric field distribution
for ind= 1:number_of_sampled_transient_E_planes
    figure (sampled_transient_E_planes(ind).figure);
    Es = zeros (nxp1, nyp1);
    component = sampled_transient_E_planes(ind).component;
    switch (component)
        case 'x'
            Es(2:nx,:) = 0.5 * (Ex(1:nx- 1,:) + Ex(2:nx,:));
        case 'y'
            Es(:,2:ny) = 0.5 * (Ey(:,1:ny- 1) + Ey(:,2:ny));
        case 'z'
            Es = Ez;
        case 'm'
            Exs(2:nx,:) = 0.5 * (Ex(1:nx- 1,:) + Ex(2:nx,:));
            Eys(:,2:ny) = 0.5 * (Ey(:,1:ny- 1) + Ey(:,2:ny));
            Ezs = Ez;
            Es = sqrt (Exs.^2 + Eys.^2 + Ezs.^2);
    end
    imagesc (xcoor,ycoor,Es.');
    axis equal; axis xy; colorbar;
    title (['Electric field < ' component '> [' num2str (ind) ']']);
    drawnow;
end
```

上面计算并获取了在节点上的电场,作为给定的频率上的频域响应。子程序 capture_sampled_electric_fields_2d 完成了这一工作,见程序 7.25。应该注意,此表给出的程序中,场量是在 6000 个时间步以后获取的。这里假定,正弦激励的时域响应在 6000 时间步以后达到稳定,然后获得稳态场的幅度。所以,用给定的程序能够获得场的频域响应的幅度,而且场的幅度响应仅属于此单一的激励频率。但此程序无法给出相位响应。进一步修改,也可以使程序获取问题相位响应。然而在下面的例子中,应用更有效的离散傅里叶变换(DFT)可以同时给出幅度和相位响应。在模拟完成后,用程序 7.26 可绘出计算得到的响应曲线。此二维 FDTD 仿真程序共计算 8000 时间步,电场的取样点设在圆柱和激励线源之间,如图 7.15 所示。取样电场的幅度绘于图 7.16 中,图中显示模拟在运行 50ns 以后达到了稳定。另外如同已讨论的,还获取了电场在 1GHz 频率下问题空间中的幅度分布,如图 7.17 所示。文献[22]给出了用边值解方法求解相同问题的结果,作为对比其结果示于图 7.18。由图可以看出,两者吻合得很好。因为两图的幅度标准是不同的,所两图都使用了归一化技术。

程序 7.25 caoture_sampled_electric_fields_2d.m

```
% capture sampled time harmonic electric fields on a plane
if time_step> 6000
   for ind= 1:number_of_sampled_frequency_E_planes
       Es = zeros (nxp1, nyp1);
       component = sampled_frequency_E_planes(ind).component;
       switch (component)
           case 'x'
             Es(2:nx,:) = 0.5 * (Ex(1:nx- 1,:) + Ex(2:nx,:));
           case 'y'
             Es(:,2:ny) = 0.5 * (Ey(:,1:ny- 1) + Ey(:,2:ny));
           case 'z'
             Es = Ez;
           case 'm'
             Exs(2:nx,:) = 0.5 * (Ex(1:nx- 1,:) + Ex(2:nx,:));
             Eys(:,2:ny) = 0.5 * (Ey(:,1:ny- 1) + Ey(:,2:ny));
             Ezs = Ez;
             Es= sqrt (Exs.^2 + Eys.^2 + Ezs.^2);
       end
       I = find (Es > sampled_frequency_E_planes(ind).sampled_field);
       sampled_frequency_E_planes(ind).sampled_field(I) = Es(I);
   end
end
```

程序 7.26 display_sfrequency_domain_outputs_2d.m

```
% display sampled time harmonic electric fields on a plane
for ind= 1:number_of_sampled_frequency_E_planes
   figure;
   f = sampled_frequency_E_planes(ind).frequency;
   component = sampled_frequency_E_planes(ind).component;
   Es = abs (sampled_frequency_E_planes(ind).sampled_field);
   Es = Es/ max(max (Es));
   imagesc (xcoor,ycoor,Es.');
   axis equal; axis xy; colorbar;
   title (['Electric field at f = ' ...
       num2str (f* 1e- 9) 'GHz, < ' component '> [' num2str (ind) ']']);
   drawnow;
end
```

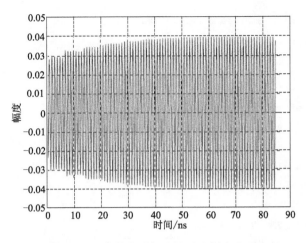

图 7.16 处于线源和圆柱之间的取样点上的电场

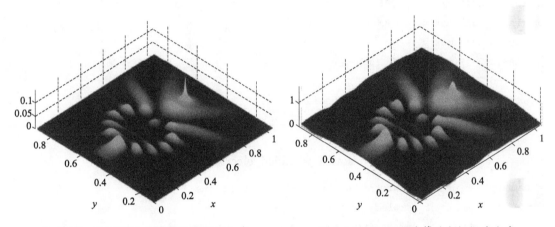

图 7.17 用 FDTD 计算的电场幅度分布　　　图 7.18 用 BVS 计算的电场幅度分布

7.5.3 使用离散傅里叶变换的电场分布图

前面的例子展示了如何计算电场的幅度分布，作为时谐激励的响应。如前面所讨论的，对于所给的技术，只可能得到单一频率的结果。然而如果激励信号是具有一定频谱宽度的波形，那么使用 DFT 就可以得到多个频率的结果。我们修改前面的例子，使它能够计算多个频率的场的分布。

场的分布输出定义在子程序 define_output_parameters_2d 中，见程序 7.27。应该注意，对多个频率定义多个场的分布是可能的。当然，对于激励波形，其频谱应包含所想要的频率分量，程序 7.28 定义了外加线电流源。为了计算多个频率的场分布，必须实施实时 DFT。这样被修改的子程序 caoture_sampled_electric_fields_2d 见程序 7.29。

程序 7.27　define_output_parameters_2d

```
% frequency domain
sampled_frequency_E_planes(1).component = 'z';
sampled_frequency_E_planes(1).frequency = 1e9;
```

```
sampled_frequency_E_planes(2).component = 'z';
sampled_frequency_E_planes(2).frequency = 2e9;
```

程序 7.28　define_sources_2d.m

```
% define source waveform types and parameters
waveforms.gaussian(1).number_of_cells_per_wavelength = 0;
waveforms.gaussian(2).number_of_cells_per_wavelength = 20;
waveforms.sinusoidal(1).frequency = 1e9;


% magnetic current sources
% direction: 'xp', 'xn', 'yp', 'yn', 'zp', or 'zn'
impressed_J(1).min_x =  0.8;
impressed_J(1).min_y =  0.5;
impressed_J(1).max_x =  0.8;
impressed_J(1).max_y =  0.5;
impressed_J(1).direction = 'zp';
impressed_J(1).magnitude = 1;
impressed_J(1).waveform_type = 'gaussian';
impressed_J(1).waveform_index = 2;
```

程序 7.29　caoture_sampled_electric_fields_2d.m

```
% capture sampled time harmonic electric fields on a plane
for ind= 1:number_of_sampled_frequency_E_planes
   w = 2 * pi * sampled_frequency_E_planes(ind).frequency;
   Es = zeros(nxp1, nyp1);
   component = sampled_frequency_E_planes(ind).component;
   switch (component)
      case 'x'
         Es(2:nx,:) = 0.5 * (Ex(1:nx-1,:) + Ex(2:nx,:));
      case 'y'
         Es(:,2:ny) = 0.5 * (Ey(:,1:ny-1) + Ey(:,2:ny));
      case 'z'
         Es = Ez;
      case 'm'
         Exs(2:nx,:) = 0.5 * (Ex(1:nx-1,:) + Ex(2:nx,:));
         Eys(:,2:ny) = 0.5 * (Ey(:,1:ny-1) + Ey(:,2:ny));
         Ezs = Ez;
         Es = sqrt(Exs.^2 + Eys.^2 + Ezs.^2);
   end
   sampled_frequency_E_planes(ind).sampled_field = ...
      sampled_frequency_E_planes(ind).sampled_field ...
```

```
              + dt * Es * exp(-j* w* dt* time_step);
end
```

运行 FDTD,电场在频率 1GHz 和 2GHz 下的曲面分布图如图 7.19 和图 7.20 所示。应该注意,使用 DFT 技术,在 1GHz 频率下得到的结果与 7.5.2 节中的结果是相同的。

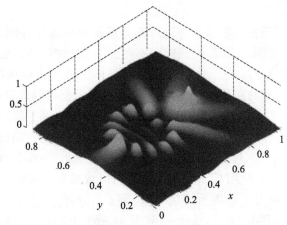

图 7.19　1GHz 频率下用 DFT-FDTD 计算的电场幅度分布

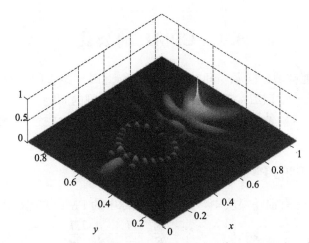

图 7.20　2GHz 频率下用 FDTD-DFT 计算的电场幅度分布

7.6　练　习

7.1　在 7.5.1 节已运行了二维 TEz 模的 PML 吸收边界例子。遵循相同的程序,运行二维 TMz 模的 PML 吸收边界的例子,可以应用给出例子中同样的参量。注意,这时应使用电流源,以激励 TMz 模。可以在靠近 PML 的取样点,对电场 E_z 取样。

7.2　在 7.5.2 节和 7.5.3 节,FDTD 程序中加入了新的代码,以增加显示电场分布的功能。遵循相同的步骤,在程序中加入代码,使程序能显示磁场的幅度分布,以表示不同频率下对时谐激励的响应。

第8章 卷积完善匹配层

前面章节已讨论了完善匹配层作为边界来截断有限时域差分网格,以模拟开放空间问题。然而,PML 显示在吸收凋落模式效率不高。因而 PML 必须放置得离障碍物充分远,以使凋落模式被充分衰减[23]。然而这样增加了 FDTD 仿真中的网格数,同时也增加了对计算存储和计算时间的需要。PML 的另外一个问题是,当截断网格变长或时间迭代时间较长时它遭受迭代后期反射[23]。这部分是因为 PML 较弱的缘故[24]。

文献[25]给出了一种严格的因果关系的 PML,称为复频移 PML(Complex Frequency-Shifted PML, CFS-PML)。CFS-PML 已被证明在吸收凋落模和长时间时域计算中具有高效率。在问题空间,使用 CFS-PML,边界可以放置在紧靠近目标,达到节省内存和计算时间的目的,从而避免了前面所述的 PML 弱点。文献[23]给出了有效地执行 CFS-PML 的方法,称为卷积 PML(Convolution PML,CPML)方法。CPML 的理论分析和其他种类的 PML 参见文献[26]。本章将在文献[23]的基础上介绍 CPML,并提供此概念的 MATLAB 程序执行。

8.1 CPML 的公式

第7章给出了能够截断问题空间的 PML 方程,此时环绕着问题空间的是自由空间。一般而言,可以构造一种 PML,能够截断由任意媒质包围的问题空间。PML 还可以模拟无限长的结构,这些结构伸入到 PML 中,而 PML 可以吸收在这种无限长结构中传播的波。

8.1.1 延伸坐标中的 PML

为不失一般性,在有损耗媒质中,处于延伸坐标中的 PML 方程可以写成[27]

$$j\omega\varepsilon_x E_x + \sigma_x^e E_x = \frac{1}{S_{ey}}\frac{\partial H_z}{\partial y} - \frac{1}{S_{ez}}\frac{\partial H_y}{\partial z} \tag{8.1a}$$

$$j\omega\varepsilon_y E_y + \sigma_y^e E_y = \frac{1}{S_{ez}}\frac{\partial H_x}{\partial z} - \frac{1}{S_{ex}}\frac{\partial H_z}{\partial x} \tag{8.1b}$$

$$j\omega\varepsilon_z E_z + \sigma_z^e E_z = \frac{1}{S_{ex}}\frac{\partial H_y}{\partial x} - \frac{1}{S_{ey}}\frac{\partial H_x}{\partial y} \tag{8.1c}$$

式中:S_{ex}、S_{ey}、S_{ez} 为延伸坐标矩阵;σ_x^e、σ_y^e、σ_z^e 为截断媒质中的电导率。注意到,式(8.1)是频域方程,习惯上场量中含有时谐因子 $e^{j\omega t}$。

当 S_{ex}、S_{ey}、S_{ez} 取下面的值时,式(8.1)化简为 Berenger PML 公式:

$$S_{ex}=1+\frac{\sigma_{pex}}{j\omega\varepsilon_0}, \quad S_{ey}=1+\frac{\sigma_{pey}}{j\omega\varepsilon_0}, \quad S_{ez}=1+\frac{\sigma_{pez}}{j\omega\varepsilon_0} \tag{8.2}$$

式中:σ_{pex}、σ_{pey}、σ_{pez} 为 PML 电导率。

应该注意到方程(8.1)和方程(8.2)为文献[23]给出的形式，但是下标进行了修改，以分别指明电参量和磁参量。这种形式的符号对建立公式参量与MATLAB执行程序中的参量之间的联系是有益的。

其他三个用于构建磁场分量的更新方程的标量方程为

$$j\omega\mu_x H_x + \sigma_x^m H_x = -\frac{1}{S_{my}}\frac{\partial E_z}{\partial y} + \frac{1}{S_{mz}}\frac{\partial E_y}{\partial z} \tag{8.3a}$$

$$j\omega\mu_y H_y + \sigma_y^m H_y = -\frac{1}{S_{mz}}\frac{\partial E_x}{\partial z} + \frac{1}{S_{mx}}\frac{\partial E_z}{\partial x} \tag{8.3b}$$

$$j\omega\mu_z H_z + \sigma_z^m H_z = -\frac{1}{S_{mx}}\frac{\partial E_y}{\partial x} + \frac{1}{S_{my}}\frac{\partial E_x}{\partial y} \tag{8.3c}$$

当 S_{mx}、S_{my}、S_{mz} 取下面的值时，式(8.1)化简为 Berenger PML 公式：

$$S_{mx}=1+\frac{\sigma_{pmx}}{j\omega\mu_0}, \quad S_{my}=1+\frac{\sigma_{pmy}}{j\omega\mu_0}, \quad S_{mz}=1+\frac{\sigma_{pmz}}{j\omega\mu_0} \tag{8.4}$$

8.1.2 CFS-PML 中的延伸变量

在 CPML 方法中，复延伸变量的选取遵循文献[23]中 Kuzuoglu 和 Mittra 提出的建议，即

$$S_{ex}=1+\frac{\sigma_{pex}}{j\omega\varepsilon_0} \Rightarrow S_{ex}=\kappa_{ex}+\frac{\sigma_{pex}}{\alpha_{ex}+j\omega\varepsilon_0}$$

这样复延伸变量为

$$S_{ei}=\kappa_{ei}+\frac{\sigma_{pei}}{\alpha_{ei}+j\omega\varepsilon_0}, \quad S_{mi}=\kappa_{mi}+\frac{\sigma_{pmi}}{\alpha_{mi}+j\omega\mu_0} \quad (i=x,y \text{ 或 } z)$$

κ_{ei}、κ_{mi}、α_{ei}、α_{mi} 为新引入的参数，取值为

$$\kappa_{ei}\geqslant 1, \kappa_{mi}\geqslant 1, \alpha_{ei}\geqslant 0, \alpha_{mi}\geqslant 0。$$

8.1.3 在 PML 与 PML 之间的界面上匹配条件

在 PML 与 PML 之间的界面上，零反射条件为

$$S_{ei}=S_{mi} \tag{8.5}$$

上述条件将引导出：

$$\kappa_{ei}=\kappa_{mi} \tag{8.6a}$$

$$\frac{\sigma_{pei}}{\alpha_{ei}+j\omega\varepsilon_0}=\frac{\sigma_{pmi}}{\alpha_{mi}+j\omega\mu_0} \tag{8.6b}$$

为了满足式(8.6b)，必须有

$$\frac{\sigma_{pei}}{\varepsilon_0}=\frac{\sigma_{pmi}}{\mu_0}, \quad \frac{\alpha_{ei}}{\varepsilon_0}=\frac{\alpha_{mi}}{\mu_0} \tag{8.7}$$

8.1.4 时域方程

如前所述，方程(8.1)和方程(8.3)为频域方程，必须将它们表示为时域方程，从而由这些时域方程推导出场更新方程。例如，式(8.1a)在时域中可以表示为

$$\varepsilon_x\frac{\partial E_x}{\partial t}+\sigma_x^e E_x = \bar{S}_{ey}*\frac{\partial H_z}{\partial y}-\bar{S}_{ez}*\frac{\partial H_y}{\partial z} \tag{8.8}$$

式中:$\bar{S}_{ey}$为一时域函数,是S_{ey}^{-1}的傅里叶反变换;$\bar{S}_{ex}$是S_{ex}^{-1}的傅里叶反变换。应该注意,在频域中,式(8.1)和式(8.3)中的乘号,在时域中就变成了卷积等。

这样,$\bar{S}_{ei}$和$\bar{S}_{mi}$就以开放形式给出:

$$\bar{S}_{ei} = \frac{\delta(t)}{\kappa_{ei}} - \frac{\sigma_{pei}}{\varepsilon_0 \kappa_{ei}^2} \exp\left[-\left(\frac{\sigma_{pei}}{\varepsilon_0 \kappa_{ei}} + \frac{\alpha_{pei}}{\varepsilon_0}\right)t\right]u(t) = \frac{\delta(t)}{\kappa_{ei}} + \xi_{ei}(t) \quad (8.9a)$$

$$\bar{S}_{mi} = \frac{\delta(t)}{\kappa_{mi}} - \frac{\sigma_{pmi}}{\varepsilon_0 \kappa_{mi}^2} \exp\left[-\left(\frac{\sigma_{pmi}}{\varepsilon_0 \kappa_{mi}} + \frac{\alpha_{pmi}}{\varepsilon_0}\right)t\right]u(t) = \frac{\delta(t)}{\kappa_{mi}} + \xi_{mi}(t) \quad (8.9b)$$

式中:$\delta(t)$为单位脉冲函数;$u(t)$为单位阶跃函数。

将式(8.9)代入式(8.8),得

$$\varepsilon_x \frac{\partial E_x}{\partial t} + \sigma_x^e E_x = \frac{1}{\kappa_{ey}} \frac{\partial H_z}{\partial y} - \frac{1}{\kappa_{ez}} \frac{\partial H_y}{\partial z} + \xi_{ey}(t) * \frac{\partial H_z}{\partial y} - \xi_{ez}(t) * \frac{\partial H_y}{\partial z} \quad (8.10)$$

至此,导数的中心差分近似公式可以用于离散空间和离散时间中表达式(8.10),然后得到计算E_x^{n+1}的更新方程。然而式(8.10)中包含两个卷积项,它们也需要在处理结构的更新方程之前,表示成离散空间和离散时间中的形式。

8.1.5 离散卷积

式(8.10)中的卷积项可以写成开放形式,即

$$\xi_{ey} * \frac{\partial H_z}{\partial y} = \int_{\tau=0}^{\tau=t} \xi_{ey}(\tau) \frac{\partial H_z(t-\tau)}{\partial y} d\tau \quad (8.11)$$

在离散形式下,式(8.11)可以写为

$$\int_{\tau=0}^{\tau=t} \xi_{ey}(\tau) \frac{\partial H_z(t-\tau)}{\partial y} d\tau \approx \sum_{m=0}^{n-1} Z_{0ey}(m) [H_z^{n-m+1/2}(i,j,k) - H_z^{n-m+1/2}(i,j-1,k)]$$

$$(8.12)$$

式中

$$Z_{0ey}(m) = \frac{1}{\Delta y} \int_{\tau=m\Delta t}^{\tau=(m+1)\Delta t} \xi_{ey}(\tau) d\tau = -\frac{\sigma_{pey}}{\Delta y q_0 \kappa_{ey}^2} \int_{\tau=m\Delta t}^{\tau=(m+1)\Delta t} \exp\left[-\left(\frac{\sigma_{pei}}{\varepsilon_0 \kappa_{ei}} + \frac{\alpha_{pei}}{\varepsilon_0}\right)\tau\right]d\tau$$

$$= a_{ey} \exp\left[-\left(\frac{\sigma_{pei}}{\kappa_{ei}} + \alpha_{pei}\right)\frac{m\Delta t}{\varepsilon_0}\right] \quad (8.13)$$

其中

$$a_{ey} = \frac{\sigma_{pey}}{\Delta y(\sigma_{pey}\kappa_{ey} + \alpha_{pey}\kappa_{ey}^2)} \left\{\exp\left[-\left(\frac{\sigma_{pey}}{\kappa_{ey}} + \alpha_{pey}\right)\frac{\Delta t}{\varepsilon_0}\right] - 1\right\} \quad (8.14)$$

推导出关于$Z_{0ey}(m)$的表达式后,可以将式(8.12)中的离散卷积项表示出来,这里定义新的参数

$$\psi_{exy}^{n+1/2}(i,j,k) = \sum_{m=0}^{n-1} Z_{0ey}(m)[H_z^{n-m+1/2}(i,j,k) - H_z^{n-m+1/2}(i,j-1,k)] \quad (8.15)$$

其中,下标exy表示此项是更新E_x,与磁场的对y的一阶导数相关。

这样式(8.10)就可以写成其离散形式,即

$$\varepsilon_x(i,j,k)\frac{E_x^{n+1}(i,j,k) - E_x^n(i,j,k)}{\Delta t} + \sigma_x^e(i,j,k)\frac{E_x^{n+1}(i,j,k) + E_x^n(i,j,k)}{2}$$

$$= \frac{1}{\kappa_{ey}(i,j,k)} \frac{H_z^{n+1/2}(i,j,k) - H_z^{n+1/2}(i,j-1,k)}{\Delta y} - \frac{1}{\kappa_{ez}(i,j,k)} \frac{H_y^{n+1/2}(i,j,k) - H_y^{n+1/2}(i,j,k-1)}{\Delta z}$$

$$+\psi_{exy}^{n+1/2}(i,j,k)-\psi_{exz}^{n+1/2}(i,j,k) \tag{8.16}$$

8.1.6 卷积的递归算法

如式(8.16)的推导过程,参数 ψ_{exy} 不得不在 FDTD 时进循环中的每一时间步重新计算。然而由式(8.15)可以看出,在所有以前的时间步中计算的磁场值,使得卷积可以无困难地获得。这意味着所有以前的 H_z 值都必须存储在计算机中,但这在当前的计算机资源中是不可行的。以前常用来克服计算色散媒质中的相同困难的递归卷积技术,可以用来得到 ψ_{exy} 的新的表达式,而不需要 H_z 的所有历史记录。

式(8.15)一般的离散卷积可以写成

$$\psi(n)=\sum_{m=0}^{n-1}Ae^{mT}B(n-m) \tag{8.17}$$

式中

$$A=a_{ey}$$
$$T=-\left(\frac{\sigma_{pey}}{\kappa_{ey}}+\alpha_{pey}\right)\frac{\Delta t}{\varepsilon_0}$$
$$B=H_z^{n-m+1/2}(i,j,k)-H_z^{n-m+1/2}(i,j-1,k)$$

方程(8.17)可以写成开放形式,即

$$\psi(n)=AB(n)+Ae^TB(n-1)+Ae^{2T}B(n-2)+\cdots+Ae^{(n-2)T}B(2)+Ae^{(n-1)T}B(1) \tag{8.18}$$

对前一时间步的 $\psi(n-1)$,可以写出同样的方程,即

$$\psi(n-1)=AB(n-1)+Ae^TB(n-2)+Ae^{2T}B(n-3)+\cdots+Ae^{(n-3)T}B(2)+Ae^{(n-2)T}B(1) \tag{8.19}$$

比较式(8.18)和式(8.19)的右边,式(8.18)的右边除了第一项以外,就是用 e^T 乘上 $\psi(n-1)$,所以式(8.18)可以重写为

$$\psi(n)=AB(n)+e^T\psi(n-1) \tag{8.20}$$

上面这种形式,只需上一时间步 $\psi(n-1)$ 的值来计算新的 $\psi(n)$ 值。因此,完全不需要存储 H_z 的历史记录。因为计算 $\psi(n)$ 的值是递归计算式(8.20),所以这种技术称为递归卷积。用这种技术简化式(8.15),得

$$\psi_{exy}^{n+1/2}(i,j,k)=b_{ey}\psi_{exy}^{n-1/2}(i,j,k)+a_{ey}[H_z^{n+1/2}(i,j,k)-H_z^{n+1/2}(i,j-1,k)] \tag{8.21}$$

式中

$$a_{ey}=\frac{\sigma_{pey}}{\Delta y(\sigma_{pey}\kappa_{ey}+\alpha_{pey}\kappa_{ey}^2)}[b_{ey}-1] \tag{8.22}$$

$$b_{ey}=\exp\left[-\left(\frac{\sigma_{pey}}{\kappa_{ey}}+\alpha_{pey}\right)\frac{\Delta t}{\varepsilon_0}\right] \tag{8.23}$$

8.2 CPML 算法

检查离散式(8.16)可以发现,除了两个新加项以外,方程的形式与有耗媒质的表达式相同。这种形式的方程表明,CPML 算法与媒质无关,从而可以扩展到色散媒质、各向异性媒质或非线性媒质中。在以上各种情况下,方程的左边需要修改以处理特殊的媒质。

这样 CPML 的应用仍未改变。

FDTD 程序流程图需要修改,以便包含 CPML 过程,如图 8.1 所示。其中,CPML 所需要的辅助参量和系数在 FDTD 时进循环开始以前进行初始化。在时进循环过程中的每一时间步,首先磁场在问题空间中使用常规更新公式进行更新;然后 CPML 中的函数项(ψ_{mxy}、ψ_{mxz}、ψ_{myx}、ψ_{myz}、ψ_{mzx}、ψ_{mzy})应用它们前一时间步的值进行计算,从而计算电场值。这些项加入到 CPML 区域中各自的磁场中去;下一步是在问题空间内用常规更新公式更新电场,然后 CPML 中的函数项(ψ_{exy}、ψ_{exz}、ψ_{eyx}、ψ_{eyz}、ψ_{ezx}、ψ_{ezy})应用它们前一时间步的值进行计算。而新的磁场值加入到 CPML 区域中各自的电场分量中。算法的细节将在本章后面进一步讨论。

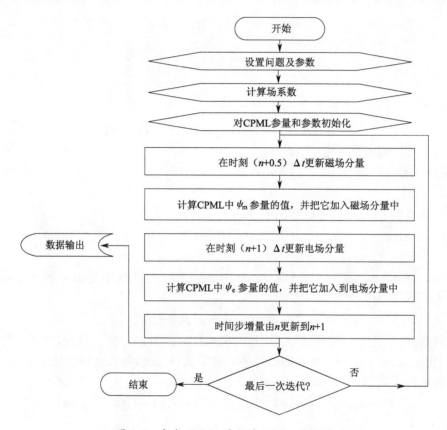

图 8.1 包含 CPML 过程的 FDTD 流程图

8.2.1 CPML 更新方程

为方便起见,重新给出非 PML 区域的有耗媒质的 E_x 更新方程:

$$E_x^{n+1}(i,j,k)=C_{exe}(i,j,k)E_x^n(i,j,k)$$
$$+C_{exhz}(i,j,k)[H_z^{n+1/2}(i,j,k)-H_z^{n+1/2}(i,j-1,k)]$$
$$+C_{exhy}(i,j,k)[H_y^{n+1/2}(i,j,k)-H_y^{n+1/2}(i,j,k-1)] \quad (8.24)$$

这样,CPML 区域的更新公式为

$$E_x^{n+1}(i,j,k)=C_{exe}(i,j,k)E_x^n(i,j,k)$$

$$+[1/\kappa_{ey}(i,j,k)]C_{exhz}(i,j,k)[H_z^{n+1/2}(i,j,k)-H_z^{n+1/2}(i,j-1,k)]$$
$$+[1/\kappa_{ez}(i,j,k)]C_{exhy}(i,j,k)[H_y^{n+1/2}(i,j,k)-H_y^{n+1/2}(i,j,k-1)]$$
$$+\Delta y C_{exhz}(i,j,k)\psi_{exy}^{n+1/2}(i,j,k)+\Delta z C_{exhy}(i,j,k)\psi_{exz}^{n+1/2}(i,j,k) \quad (8.25)$$

注意到式(8.16)中, $\psi_{exz}^{n+1/2}(i,j,k)$ 前的负号被并入到系数 $C_{exhy}(i,j,k)$ 中, 如同式(1.26)。这里可以定义两个新的系数:

$$C_{\psi exy}(i,j,k) \Leftarrow \Delta y C_{exhz}(i,j,k) \quad (8.26\text{a})$$
$$C_{\psi exz}(i,j,k) \Leftarrow \Delta z C_{exhy}(i,j,k) \quad (8.26\text{b})$$

这样,式(8.25)就简化为

$$E_x^{n+1}(i,j,k)=C_{exe}(i,j,k)E_x^n(i,j,k)$$
$$+[1/\kappa_{ey}(i,j,k)]C_{exhz}(i,j,k)[(H_z^{n+1/2}(i,j,k)-H_z^{n+1/2}(i,j-1,k)]$$
$$+[1/\kappa_{ez}(i,j,k)]C_{exhy}(i,j,k)[H_y^{n+1/2}(i,j,k)-H_y^{n+1/2}(i,j,k-1)]$$
$$+C_{\psi exy}(i,j,k)\psi_{exy}^{n+1/2}(i,j,k)+C_{\psi exz}(i,j,k)\psi_{exz}^{n+1/2}(i,j,k) \quad (8.27)$$

并且还可以将 $1/\kappa_{ey}(i,j,k)$、$1/\kappa_{ez}(i,j,k)$ 分别合并到系数 $C_{exhz}(i,j,k)$、$C_{exhy}(i,j,k)$ 中,得

$$C_{exhz}(i,j,k) \Leftarrow [1/\kappa_{ey}(i,j,k)]C_{exhz}(i,j,k) \quad (8.28\text{a})$$
$$C_{exhy}(i,j,k) \Leftarrow [1/\kappa_{ez}(i,j,k)]C_{exhy}(i,j,k) \quad (8.28\text{b})$$

上面对系数的修改仅在 CPML 重叠区域(即 8 个角区),而式(8.27)可进一步简化为

$$E_x^{n+1}(i,j,k)=C_{exe}(i,j,k)E_x^n(i,j,k)$$
$$+C_{exhz}(i,j,k)[H_z^{n+1/2}(i,j,k)-H_z^{n+1/2}(i,j-1,k)]$$
$$+C_{exhy}(i,j,k)[H_y^{n+1/2}(i,j,k)-H_y^{n+1/2}(i,j,k-1)]$$
$$+C_{\psi exy}(i,j,k)\psi_{exy}^{n+1/2}(i,j,k)+C_{\psi exz}(i,j,k)\psi_{exz}^{n+1/2}(i,j,k) \quad (8.29)$$

给出了更新的系数和方程后, $E_x^{n+1}(i,j,k)$ 先用式(8.29)右边前三项在整个区域内更新;然后用 $\psi_{exz}^{n+1/2}(i,j,k)$、$\psi_{exy}^{n+1/2}(i,j,k)$ 来计算 $\psi_{exz}^{n+1/2}(i,j,k)$、$\psi_{exy}^{n+1/2}(i,j,k)$,在 CPML 区域将式(8.29)中最后两项加在 $E_x^{n+1}(i,j,k)$ 中。应该提出的是,同样的处理程序可以应用于其他电场分量和磁场分量,使用各自的更新方程在 CPML 区域进行更新。

8.2.2 在各区域内增加 CPML 辅助项

讨论 PML 时,在图 7.4 指出,对一定的 PML 传导参数在一定的各自位置上取非零值。对 CPML 而言,有三类参数,定义的区域如图 8.2 所示,与图 7.4 相似。在 CPML 情况下参数 σ_{pei}、σ_{pmi}、α_{ei}、α_{mi} 不为零,而 κ_{ei}、κ_{mi} 在各自的区域可取大于 1 的数。这里区域命名为 $(x_n,x_p,y_n,y_p,z_n,z_p)$,CPML 辅助量 ψ 与这些 CPML 参量相关。所以在各自区域中定义了参量,也需要定义与之相关的辅助量 ψ。例如,ψ_{exy} 与 σ_{pey}、α_{ey}、κ_{ey} 相关,如式(8.21)所示,所以在 y_n、y_p 区域需要定义 ψ_{exy}。同样,在 z_n、z_p 区域需要定义 ψ_{exz}。应该注意到式(8.27),因为 CPML 算法的需要, ψ_{exy}、ψ_{exz} 两项都加到 E_x。然而, ψ_{exy}、ψ_{exz} 定义在两个不同的区域,这意味着, ψ_{exy}、ψ_{exz} 应该在各自的区域内加在 E_x 上。因此,在决定将附加 CPML 项加入场量的区域时,应该特别注意。例如, ψ_{exy} 应该在 y_n、y_p 区域内加入到 E_x,而 ψ_{exz} 应该在 z_n、z_p 区域内加入到 E_x。附录 B 给出了 6 个电场分量和磁场分量的更新方程。

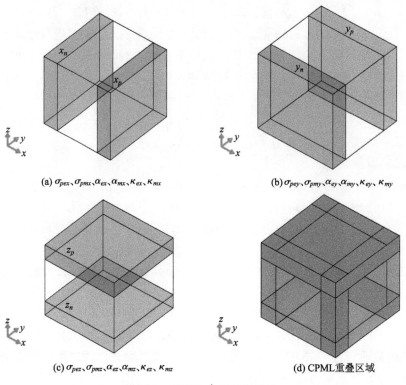

(a) σ_{pex}、σ_{pmx}、α_{ex}、α_{mx}、κ_{ex}、κ_{mx}

(b) σ_{pey}、σ_{pmy}、α_{ey}、α_{my}、κ_{ey}、κ_{my}

(c) σ_{pez}、σ_{pmz}、α_{ez}、α_{mz}、κ_{ez}、κ_{mz}

(d) CPML重叠区域

图 8.2 CPML 参数定义区域

8.3 CPML 参数分布

如前章所描述的,PML 的传导率沿 PML 区域有一定比例分布,在内部 PML 与内部区域边界处从零值开始,逐渐到外部边界处取得最大值。在 CPML 技术中,有两种附加的参数类型来标定传导率的分布,它们是不同的标定分布。文献[23]使用如下公式计算了传导率分布的最大值:

$$\sigma_{max} = \sigma_{facter} \times \sigma_{opt}$$

式中

$$\sigma_{opt} = \frac{n_{pml}+1}{150\pi\sqrt{\varepsilon_r}\Delta i} \tag{8.30}$$

其中:n_{pml} 为多项式分布的阶数;ε_r 为背景媒质的相对介电常数。

因此,CPML 中的电导率 σ_{pei} 可用下式计算:

$$\sigma_{pei}(\rho) = \sigma_{max}\left(\frac{\rho}{\delta}\right)^{n_{pml}} \tag{8.31}$$

式中:ρ 为内部区域与 PML 边界到场分量的距离;δ 为 PML 层的厚度。

同样,σ_{pmi} 可用下式计算:

$$\sigma_{pmi}(\rho) = \frac{\mu_0}{\varepsilon_0}\sigma_{max}\left(\frac{\rho}{\delta}\right)^{n_{pml}} \tag{8.32}$$

κ_{ei} 的值在内部区域与 PML 边界上为 1,它增加到最大值 κ_{max},这样有

$$\kappa_{ei}(\rho) = 1 + (\kappa_{\max} - 1)\left(\frac{\rho}{\delta}\right)^{n_{\text{pml}}} \tag{8.33}$$

而 κ_{mi} 由下式给出：

$$\kappa_{\text{mi}}(\rho) = 1 + (\kappa_{\max} - 1)\left(\frac{\rho}{\delta}\right)^{n_{\text{pml}}} \tag{8.34}$$

在这些式子中，ρ 表示各场分量到内部区域与 CPML 内界面间的距离，该注意的是，ρ 在式(8.33)和式(8.34)中取值是不同的，因为电场和磁场分量位于不同的位置，参量 α_e；在内部区域与 CPML 的界面上取最大值 $\alpha_{\max}$ 而在其他处，取 ρ 的线性比例值。

$$\alpha_{ei}(\rho) = \alpha_{\min} + (\alpha_{\max} - \alpha_{\min})\frac{\rho}{\delta} \tag{8.35}$$

$$\alpha_{\text{mi}}(\rho) = \frac{\mu_0}{\varepsilon_0}\left[\alpha_{\min} + (\alpha_{\max} - \alpha_{\min})\frac{\rho}{\delta}\right] \tag{8.36}$$

这种 CPML 参数分布的选择，主要是为了减小凋落模式的反射，这里 α 在边界界面上不能为零。然而，对于复频移 PML 为了在低频段吸收纯传播模式，离开此边界 α，实际上应降低为零[23]。

CPML 的性能由参数 σ_{factor}、$\kappa_{\max}$、$\alpha_{\max}$、$\alpha_{\min}$、n_{pml} 的选择以及 CPML 的厚度的网格数来决定。在文献[23]中，进行了参数的研究，评估了这些参数的效应。通常，$\sigma_{\text{factor}} = 0.7 \sim 1.5$，$\kappa_{\max} = 5 \sim 11$，$\alpha_{\max} = 0 \sim 0.05$，CPML 的厚度为 8 个网格，$n_{\text{pml}}$ 取值为 2、3 或 4。

8.4 在三维 FDTD 问题中的 CPML 的 MATLAB 程序执行

本节将介绍在三维 FDTD 问题中 CPML 的 MATLAB 程序执行。

8.4.1 CPML 定义

前面章节已介绍，在三维程序中 PEC 是唯一的边界。在子程序 define_problem_space_parameters 中，PEC 边界类型的定义是将 pec 赋给 boundary.type，而外部边界与目标之间的空气层的网格数赋给 boundary.air_buffer_number_of_cells。为了定义边界类型为 CPML，可以更新子程序 define_problem_space_parameters，见程序 8.1。而边界类型确定为 CPML，是通过将 cpml 赋给 boundary.type 来完成的。应该注意的是，PEC 边界可以和 CPML 边界一起应用，既可以指定为 PEC 边界，也可以指定为 CPML 边界。在程序 8.1 中，z_n 和 z_p 边界为 PEC 边界，而其他边界为 CPML 边界。

程序 8.1 define_problem_space_parameters.m

```
% = = < boundary conditions> = = = = = = = = =
% Here we define the boundary conditions parameters
% 'pec' : perfect electric conductor
% 'cpml' : conlvolutional PML
% if cpml_number_of_cells is less than zero
% CPML extends inside of the domain rather than outwards
```

```
boundary.type_xn = 'cpml';
boundary.air_buffer_number_of_cells_xn = 4;
boundary.cpml_number_of_cells_xn = 5;

boundary.type_xp = 'cpml';
boundary.air_buffer_number_of_cells_xp = 4;
boundary.cpml_number_of_cells_xp = 5;

boundary.type_yn = 'cpml';
boundary.air_buffer_number_of_cells_yn = 0;
boundary.cpml_number_of_cells_yn = -5;

boundary.type_yp = 'cpml';
boundary.air_buffer_number_of_cells_yp = 0;
boundary.cpml_number_of_cells_yp = -5;

boundary.type_zn = 'pec';
boundary.air_buffer_number_of_cells_zn = 0;
boundary.cpml_number_of_cells_zn = 5;

boundary.type_zp = 'pec';
boundary.air_buffer_number_of_cells_zp = 6;
boundary.cpml_number_of_cells_zp = 5;

boundary.cpml_order = 3;
boundary.cpml_sigma_factor = 1.5;
boundary.cpml_kappa_max = 7;
boundary.cpml_alpha_min = 0;
boundary.cpml_alpha_max = 0.05;
```

定义 CPML 边界的其他参数是 CPML 边界的厚度,此厚度是以网格数目来表示的。一新的参数 cpml_number_of_cells,定义为参量 bondary 的子域。而 CPML 区域的厚度被赋于此新参量中。可以注意到,在 x_n、x_p 区域 CPML 的网格数厚度为 5;而在 y_n、y_p 区域,CPML 的网格数厚度被定义为 -5。如前所述,FDTD 空间中的目标可以定义为伸入到 CPML 层中;这样目标类似于伸向无穷远。作为惯例,如果 cpml_number_of_cells 是负数,假定 CPML 层向内延伸,而不是从空气层的端部向外延伸。例如,在 y_n 区域,如果 air_buffer_number_of_cells 为零,而 cpml_number_of_cells 是一个负数,那么

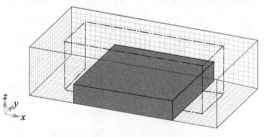

图 8.3 20×20×4 个网格的长方体问题空间

目标在 y_n 一边,将伸入到 CPML 内。图 8.3 给出了问题空间为 $20\times20\times4$ 个网格的长方体,其边界定义见程序 8.1。图中,粗黑实线表示问题空间的边界,粗点画线表示 CPML 在内部的边界,长方体在 y_n、y_p 方向上延伸到 CPML 层中。而在 z_n、z_p 方向上边界为 PEC。8.3 节中所描述的其他参数,也定义在子程序 define_problem_space_parameters 中。多项式分布的阶数 n_{pml} 定义为 boundary.cpml_order,见程序 8.1。其他参数定义如下:

σ_{factor} 定义为 boundary.cpml_sigma_factor;
κ_{max} 定义为 boundary.cpml_kappa_max;
α_{max} 定义为 boundary.cpml_alpha_max;
α_{min} 定义为 boundary.cpml_alpha_min。

8.4.2　CPML 的初始化

为了使用 CPML 算法,在时进循环开始以前,若干系数和辅助参数在各自区域需要定义与初始化。在定义这些数组之前,需要先确定包含 CPML 厚度的 FDTD 空间的尺寸。问题空间的大小与网格数量由子程序 calculate_domain_size 确定。此子程序是在程序 initialize_fdtd_material_grid 中被调用的。calculate_domain_size 的执行见程序 3.5。其中的边界指定为 PEC。如前所述,如果 CPML 的厚度在某方向中为负值,则 CPML 区域在此方向上扩展到问题空间中。因此,问题空间的外部边界保持不变。确定外部边界的位置计算也保持不变,见程序 3.5。然而,如果在某方向上 CPML 的厚度是正的,则 CPML 的厚度将添加在问题空间的此方向的尺寸上。因此,外部边界的计算也应做相应的更新,在子程序 calculate_domain_size 中进行了必要的修改,见程序 8.2。应该注意,在边界条件为 CPML 的一边,问题空间的尺寸向外伸展了,伸展尺寸为 CPML 的厚度。

程序 8.2　calculate_domain_size

```
% Determine the problem space boundaries including air buffers
fdtd_domain.min_x = fdtd_domain.min_x...
    - dx * boundary.air_buffer_number_of_cells_xn;
fdtd_domain.min_y = fdtd_domain.min_y...
    - dy * boundary.air_buffer_number_of_cells_yn;
fdtd_domain.min_z = fdtd_domain.min_z...
    - dz * boundary.air_buffer_number_of_cells_zn;
fdtd_domain.max_x = fdtd_domain.max_x...
    + dx * boundary.air_buffer_number_of_cells_xp;
fdtd_domain.max_y = fdtd_domain.max_y...
    + dy * boundary.air_buffer_number_of_cells_yp;
fdtd_domain.max_z = fdtd_domain.max_z...
    + dz * boundary.air_buffer_number_of_cells_zp;

% Determine the problem space boundaries including cpml layers
if strcmp (boundary.type_xn, 'cpml') &&...
```

```
        (boundary.cpml_number_of_cells_xn> 0)
    fdtd_domain.min_x = fdtd_domain.min_x...
        - dx * boundary.cpml_number_of_cells_xn;
end
if strcmp (boundary.type_xp, 'cpml') &&...
        (boundary.cpml_number_of_cells_xp> 0)
    fdtd_domain.max_x = fdtd_domain.max_x...
        + dx * boundary.cpml_number_of_cells_xp;
end
if strcmp (boundary.type_yn, 'cpml') &&...
        (boundary.cpml_number_of_cells_yn> 0)
    fdtd_domain.min_y = fdtd_domain.min_y...
        - dy * boundary.cpml_number_of_cells_yn;
end
if strcmp (boundary.type_yp, 'cpml') &&...
        (boundary.cpml_number_of_cells_yp> 0)
    fdtd_domain.max_y = fdtd_domain.max_y...
        + dy * boundary.cpml_number_of_cells_yp;
end
if strcmp (boundary.type_zn, 'cpml') &&...
        (boundary.cpml_number_of_cells_zn> 0)
    fdtd_domain.min_z = fdtd_domain.min_z...
        - dz * boundary.cpml_number_of_cells_zn;
end
if strcmp (boundary.type_zp, 'cpml') &&...
        (boundary.cpml_number_of_cells_zp> 0)
    fdtd_domain.max_z = fdtd_domain.max_z...
        + dz * boundary.cpml_number_of_cells_zp;
end
```

在子程序 initialize_boundary_conditions 中初始化过程将继续，此程序由主程序 fdtd_solve 调用，见程序 3.1。到目前为止，还未执行 initialize_boundary_conditions 中的任何代码。因为考虑过的边界仅为 PEC，PEC 边界不需要任何特别的处理。问题空间的外部边界上的切向电场在计算中不进行更新，在时进循环中值保持为零，这自然地模拟了 PEC 边界。然而，CPML 边界要求特殊的处理，CPML 的初始化由子程序 initialize_boundary_conditions 进行，见程序 8.3。在此子程序中，为方便起见定义了几个常用的参数。例如，参数 is_cpml_xn 为一逻辑参量，用来表明 x_n 是否是 CPML，而参数 n_cpml_xn 存储了 x_n 方向上 CPML 的厚度。对其他方向也定义了相似的参量。调用另一子程序 initialize_CPML_ABC 以继续 CPML 的初始化过程。

程序 8.3 initialize_boundary_conditions.m

```
% initialize boundary parameters
```

```
% define logical parameters for the conditions that  will be used often
is_cpml_xn = false; is_cpml_xp = false; is_cpml_yn = false;
is_cpml_yp = false; is_cpml_zn = false; is_cpml_zp = false;
is_any_side_cpml = false;
if strcmp (boundary.type_xn, 'cpml')
    is_cpml_xn = true;
    n_cpml_xn = abs (boundary.cpml_number_of_cells_xn);
end
if strcmp (boundary.type_xp, 'cpml')
    is_cpml_xp = true;
    n_cpml_xp = abs (boundary.cpml_number_of_cells_xp);
end
if strcmp (boundary.type_yn, 'cpml')
    is_cpml_yn = true;
    n_cpml_yn = abs (boundary.cpml_number_of_cells_yn);
end
if strcmp (boundary.type_yp, 'cpml')
    is_cpml_yp = true;
    n_cpml_yp = abs (boundary.cpml_number_of_cells_yp);
end
if strcmp (boundary.type_zn, 'cpml')
    is_cpml_zn = true;
    n_cpml_zn = abs (boundary.cpml_number_of_cells_zn);
end
if strcmp (boundary.type_zp, 'cpml')
    is_cpml_zp = true;
    n_cpml_zp = abs (boundary.cpml_number_of_cells_zp);
end

if (is_cpml_xn || is_cpml_xp || is_cpml_yn ...
        || is_cpml_yp || is_cpml_zn || is_cpml_zp)
    is_any_side_cpml = true;
end

% Call CPML initialization routine if any side is CPML
if is_any_side_cpml
    initialize_CPML_ABC;
end
```

程序 8.4 给出了 initialize_CPML_ABC 的内容。其中涉及 x_n 和 x_p 方向的处理。对其他方向的处理过程是相同的。例如,考虑 x_p 区域,代码中使用 8.3 节给出的公式,首先计算了沿 CPML 厚度方向,CPML 的分布参量 σ_{pex}、σ_{pmx}、κ_{ex}、κ_{mx}、α_{ex}、α_{mx}。作为一维数

组,它们各自的名称为:sigma_pex_xp、sigma_pmx_xp,kappa_ex_xp,kappa_mx_xp,alpha_ex_xp、alpha_mx_xp。参数 σ_{pex}、κ_{ex}、α_{ex} 用于更新电场 E_y 和 E_z 分量,这些电场分量到 CPML 的内部边界之间的距离 ρ_e 用于式(8.31)、式(8.33)和式(8.35)。场分量的位置以及各自从 CPML 内部界面到场分量的距离如图 8.4 所示。可以看到,CPML 的界面从第一个网格移动了 1/4 个网格。这是为了保证,CPML 更新的电场与磁场的数目相同。同样,在图 8.5 中,在 x_p 区域中由 CPML 更新的磁场 H_y、H_z 分量。这些分量到 CPML 界面的距离用 ρ_h 表示,并用于式(8.32)、式(8.34)和式(8.36)来计算 σ_{pmx}、κ_{mx}、α_{mx}。

程序 8.4 Initialize_CPML_ABC

```
% Initialize CPML boundary condition

p_order = boundary.cpml_order; % order of the polynomial distribution
sigma_ratio = boundary.cpml_sigma_factor;
kappa_max = boundary.cpml_kappa_max;
alpha_min = boundary.cpml_alpha_min;
alpha_max = boundary.cpml_alpha_max;

% Initialize cpml for xn region
if is_cpml_xn

    % define one-dimensional temporary cpml parameter arrays
    sigma_max = sigma_ratio * (p_order+ 1)/(150* pi * dx);
    ncells = n_cpml_xn;
    rho_e = ([ncells:-1:1]- 0.75)/ncells;
    rho_m = ([ncells:-1:1]- 0.25)/ncells;
    sigma_pex_xn = sigma_max * rho_e.^p_order;
    sigma_pmx_xn = sigma_max * rho_m.^p_order;
    sigma_pmx_xn = (mu_0/eps_0) * sigma_pmx_xn;
    kappa_ex_xn = 1 + (kappa_max - 1) * rho_e.^p_order;
    kappa_mx_xn = 1 + (kappa_max - 1) * rho_m.^p_order;
    alpha_ex_xn = alpha_min + (alpha_max - alpha_min) * (1- rho_e);
    alpha_mx_xn = alpha_min + (alpha_max - alpha_min) * (1- rho_m);
    alpha_mx_xn = (mu_0/eps_0) * alpha_mx_xn;

    % define one-dimensional cpml parameter arrays
    cpml_b_ex_xn = exp((- dt/eps_0) ...
        * ((sigma_pex_xn./kappa_ex_xn)+ alpha_ex_xn));
    cpml_a_ex_xn = (1/dx)* (cpml_b_ex_xn- 1.0).* sigma_pex_xn...
        ./(kappa_ex_xn.* (sigma_pex_xn+ kappa_ex_xn.* alpha_ex_xn));
    cpml_b_mx_xn = exp((- dt/mu_0) ...
        * ((sigma_pmx_xn./kappa_mx_xn)+ alpha_mx_xn));
    cpml_a_mx_xn = (1/dx)* (cpml_b_mx_xn- 1.0).* sigma_pmx_xn...
```

```matlab
        ./(kappa_mx_xn.* (sigma_pmx_xn+ kappa_mx_xn.* alpha_mx_xn));

    % Create and initialize 2D cpml convolution parameters
    Psi_eyx_xn = zeros(ncells,ny,nzp1);
    Psi_ezx_xn = zeros(ncells,nyp1,nz);
    Psi_hyx_xn = zeros(ncells,nyp1,nz);
    Psi_hzx_xn = zeros(ncells,ny,nzp1);

    % Create and initialize 2D cpml convolution coefficients
    % Notice that Ey(1,:,:) and Ez(1,:,:) are not updated by cmpl
    CPsi_eyx_xn = Ceyhz(2:ncells+ 1,:,:)* dx;
    CPsi_ezx_xn = Cezhy(2:ncells+ 1,:,:)* dx;
    CPsi_hyx_xn = Chyez(1:ncells,:,:)* dx;
    CPsi_hzx_xn = Chzey(1:ncells,:,:)* dx;

    % Adjust FDTD coefficients in the CPML region
    % Notice that Ey(1,:,:) and Ez(1,:,:) are not updated by cmpl
    for i = 1: ncells
        Ceyhz(i+ 1,:,:) = Ceyhz(i+ 1,:,:)/kappa_ex_xn(i);
        Cezhy(i+ 1,:,:) = Cezhy(i+ 1,:,:)/kappa_ex_xn(i);
        Chyez(i,:,:) = Chyez(i,:,:)/kappa_mx_xn(i);
        Chzey(i,:,:) = Chzey(i,:,:)/kappa_mx_xn(i);
    end

    % Delete temporary arrays. These arrays will not be used any more.
    clear sigma_pex_xn sigma_pmx_xn;
    clear kappa_ex_xn kappa_mx_xn;
    clear alpha_ex_xn alpha_mx_xn;
end

% Initialize cpml for xp region
if is_cpml_xp

    % define one- dimensional temporary cpml parameter arrays
    sigma_max = sigma_ratio * (p_order+ 1)/(150* pi * dx);
    ncells = n_cpml_xp;
    rho_e = ([1:ncells]- 0.75)/ncells;
    rho_m = ([1:ncells]- 0.25)/ncells;
    sigma_pex_xp = sigma_max * rho_e.^p_order;
    sigma_pmx_xp = sigma_max * rho_m.^p_order;
    sigma_pmx_xp = (mu_0/eps_0) * sigma_pmx_xp;
    kappa_ex_xp = 1 + (kappa_max - 1) * rho_e.^p_order;
    kappa_mx_xp = 1 + (kappa_max - 1) * rho_m.^p_order;
```

```
alpha_ex_xp = alpha_min + (alpha_max - alpha_min) * (1- rho_e);
alpha_mx_xp = alpha_min + (alpha_max - alpha_min) * (1- rho_m);
alpha_mx_xp = (mu_0/eps_0) * alpha_mx_xp;

% define one-dimensional cpml parameter arrays
cpml_b_ex_xp = exp((- dt/eps_0) ...
    * ((sigma_pex_xp./kappa_ex_xp)+ alpha_ex_xp));
cpml_a_ex_xp = (1/dx)* (cpml_b_ex_xp- 1.0).* sigma_pex_xp...
    ./(kappa_ex_xp.* (sigma_pex_xp+ kappa_ex_xp.* alpha_ex_xp));
cpml_b_mx_xp = exp((- dt/mu_0) ...
    * ((sigma_pmx_xp./kappa_mx_xp)+ alpha_mx_xp));
cpml_a_mx_xp = (1/dx)* (cpml_b_mx_xp- 1.0).* sigma_pmx_xp...
    ./(kappa_mx_xp.* (sigma_pmx_xp+ kappa_mx_xp.* alpha_mx_xp));

% Create and initialize 2D cpml convolution parameters
Psi_eyx_xp = zeros(ncells,ny,nzp1);
Psi_ezx_xp = zeros(ncells,nyp1,nz);
Psi_hyx_xp = zeros(ncells,nyp1,nz);
Psi_hzx_xp = zeros(ncells,ny,nzp1);

% Create and initialize 2D cpml convolution coefficients
% Notice that Ey(nxp1,:,:) and Ez(nxp1,:,:) are not updated by cmpl
CPsi_eyx_xp = Ceyhz(nxp1- ncells:nx,:,:)* dx;
CPsi_ezx_xp = Cezhy(nxp1- ncells:nx,:,:)* dx;
CPsi_hyx_xp = Chyez(nxp1- ncells:nx,:,:)* dx;
CPsi_hzx_xp = Chzey(nxp1- ncells:nx,:,:)* dx;

% Adjust FDTD coefficients in the CPML region
% Notice that Ey(nxp1,:,:) and Ez(nxp1,:,:) are not updated by cmpl
for i = 1: ncells
    Ceyhz(nx- ncells+ i,:,:) = Ceyhz(nx- ncells+ i,:,:)/kappa_ex_xp(i);
    Cezhy(nx- ncells+ i,:,:) = Cezhy(nx- ncells+ i,:,:)/kappa_ex_xp(i);
    Chyez(nx- ncells+ i,:,:) = Chyez(nx- ncells+ i,:,:)/kappa_mx_xp(i);
    Chzey(nx- ncells+ i,:,:) = Chzey(nx- ncells+ i,:,:)/kappa_mx_xp(i);
end

% Delete temporary arrays. These arrays will not be used any more.
clear sigma_pex_xp sigma_pmx_xp;
clear kappa_ex_xp kappa_mx_xp;
clear alpha_ex_xp alpha_mx_xp;
end
```

在程序 8.4 中,使用附录 B 中的公式,继续计算参量 a_{ex}、b_{ex}、a_{mx}、b_{mx},它们记为变量 cpml_a _ex_xp、cpml_b_ex_xp、cpml_a_mx_xp、cpml_b_mx_xp。然后 CPML 的辅助参数 ψ_{eyx}、ψ_{ezx}、ψ_{hyx}、ψ_{hzx} 定义为二维数组,名称分别为 Psi_eyx_xp、Psi_ezx_xp、Psi_hyx_xp、Psi_hzx_xp,并被初始化为零值。系数 $C_{\psi eyx}$、$C_{\psi ezx}$、$C_{\psi hyx}$、$C_{\psi hzx}$ 被计算和定义为数组 CPsi_eyx_xp、CPsi_ezx_xp、CPsi_hyx_xp、CPsi_hzx_xp。这样在 x_p 区域中,FDTD 更新系数 C_{eyhz}、C_{ezhy}、C_{hyez}、C_{hzey} 在各自的 κ 值下被定标。最后在 FDTD 计算中不再应用的参数将从 MATLAB 工作空间中清除。

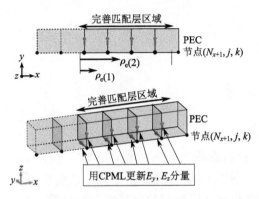

图 8.4 在 x_p 区域中,由 CPML 更新的电场分量的位置

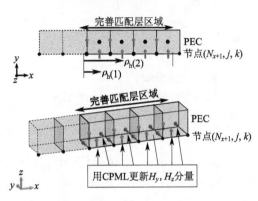

图 8.5 在 x_p 区域中,由 CPML 更新的磁场分量的位置

8.4.3 CPML 在 FDTD 时进循环中的应用

在子程序 initialize_CPML_ABC 中,对 CPML 所必需的数组和参数进行了初始化,已可以用于 FDTD 时进循环中的 CPML。两个新的子程序加入到子程序 run_fdtd_time_marching_loop 中,见程序 8.5,第一个子程序为 update_magnetic_field_CPML_ABC,其后程序为 update_magnetic_fields;第二个子程序为 update_electric_field_CPML_ABC,其后程序为 update_electric_fields。

程序 8.5 run_fdtd_time_marching_loop.m

```
disp(['Starting the time marching loop']);
disp(['Total number of time steps : '...
    num2str(number_of_time_steps)]);

start_time = cputime;
current_time = 0;

for time_step = 1:number_of_time_steps
    update_magnetic_fields;
    update_magnetic_field_CPML_ABC;
    capture_sampled_magnetic_fields;
    capture_sampled_currents;
    update_electric_fields;
    update_electric_field_CPML_ABC;
```

```
    update_voltage_sources;
    update_current_sources;
    update_inductors;
    update_diodes;
    capture_sampled_electric_fields;
    capture_sampled_voltages;
    display_sampled_parameters;
end

end_time = cputime;
total_time_in_minutes = (end_time - start_time)/60;
disp(['Total simulation time is '...
    num2str(total_time_in_minutes) ' minutes.']);
```

update_magnetic_field_CPML_ABC 程序的执行在程序 8.6 中给出。在子程序 update_magnetic_field 中,磁场在当前时间步的更新使用的是常规更新公式。然后在程序 update_magnetic_field_CPML_ABC 中,首先辅助参数 ψ 用当前的电场值进行计算,然后这些值加入到各自 CPML 区域适当的电场分量中。

程序 8.6　update_magnetic_field_CPML_ABC.m

```
% apply CPML to magnetic field components
if is_cpml_xn
  for i = 1: n_cpml_xn
    Psi_hyx_xn(i,:,:) = cpml_b_mx_xn(i) * Psi_hyx_xn(i,:,:)...
        + cpml_a_mx_xn(i)* (Ez(i+ 1,:,:)- Ez(i,:,:));
    Psi_hzx_xn(i,:,:) = cpml_b_mx_xn(i) * Psi_hzx_xn(i,:,:)...
        + cpml_a_mx_xn(i)* (Ey(i+ 1,:,:)- Ey(i,:,:));
  end
    Hy(1:n_cpml_xn,:,:) = Hy(1:n_cpml_xn,:,:) ...
        + CPsi_hyx_xn(:,:,:) .* Psi_hyx_xn(:,:,:);
    Hz(1:n_cpml_xn,:,:) = Hz(1:n_cpml_xn,:,:) ...
        + CPsi_hzx_xn(:,:,:) .* Psi_hzx_xn(:,:,:);
end

if is_cpml_xp
  n_st = nx - n_cpml_xp;
  for i = 1:n_cpml_xp
    Psi_hyx_xp(i,:,:) = cpml_b_mx_xp(i) * Psi_hyx_xp(i,:,:)...
        + cpml_a_mx_xp(i)* (Ez(i+ n_st+ 1,:,:)- Ez(i+ n_st,:,:));
    Psi_hzx_xp(i,:,:) = cpml_b_mx_xp(i) * Psi_hzx_xp(i,:,:)...
        + cpml_a_mx_xp(i)* (Ey(i+ n_st+ 1,:,:)- Ey(i+ n_st,:,:));
  end
```

```
    Hy(n_st+ 1:nx,:,:) = Hy(n_st+ 1:nx,:,:) ...
        + CPsi_hyx_xp(:,:,:) .* Psi_hyx_xp(:,:,:);
    Hz(n_st+ 1:nx,:,:) = Hz(n_st+ 1:nx,:,:) ...
        + CPsi_hzx_xp(:,:,:) .* Psi_hzx_xp(:,:,:);
end
```

同样 update_electric_field_CPML_ABC 的执行在程序 8.7 中给出在当前时间步。电场在程序 update_electric_fields 用规划的更新方程进行更新，然后在 update_electric_field_CPML_ABC 中，首先使用磁场分量当前的值更新辅助量 4，在各自的 CPML 区域中这些项然后加入到相应的电场分量中。应该注意，在代码中 ψ_c 和 ψ_b 代表的是二维数组，而 a_{ci}、a_{mi}、b_{ci}、b_{mi} 为一维数组。因此，ψ_c 和 ψ_b 在 for 循环中使用一维数组更新，如果定义为二维数组则可以避免 for 循环，即适当地增加内存可以加速计算。在二维情况下，在初始化处理 initialize_CPML_ABC 中，系数 $C_{\psi c}$、$C_{\psi m}$ 的表示分布在 a_{ci}、a_{mi}、b_{ci}、b_{mi} 之上，这可以在 CPML 更新中进一步减小计算量。

程序 8.7　update_electric_field_CPML_ABC

```
% apply CPML to electric field components
if is_cpml_xn
  for i = 1:n_cpml_xn
      Psi_eyx_xn(i,:,:) = cpml_b_ex_xn(i) * Psi_eyx_xn(i,:,:) ...
          + cpml_a_ex_xn(i)* (Hz(i+ 1,:,:)- Hz(i,:,:));
      Psi_ezx_xn(i,:,:) = cpml_b_ex_xn(i) * Psi_ezx_xn(i,:,:) ...
          + cpml_a_ex_xn(i)* (Hy(i+ 1,:,:)- Hy(i,:,:));
  end
  Ey(2:n_cpml_xn+ 1,:,:) = Ey(2:n_cpml_xn+ 1,:,:) ...
      + CPsi_eyx_xn .* Psi_eyx_xn;
  Ez(2:n_cpml_xn+ 1,:,:) = Ez(2:n_cpml_xn+ 1,:,:) ...
      + CPsi_ezx_xn .* Psi_ezx_xn;
end

if is_cpml_xp
  n_st = nx - n_cpml_xp;
  for i = 1:n_cpml_xp
      Psi_eyx_xp(i,:,:) = cpml_b_ex_xp(i) * Psi_eyx_xp(i,:,:) ...
          + cpml_a_ex_xp(i)* (Hz(i+ n_st,:,:)- Hz(i+ n_st- 1,:,:));
      Psi_ezx_xp(i,:,:) = cpml_b_ex_xp(i) * Psi_ezx_xp(i,:,:) ...
          + cpml_a_ex_xp(i)* (Hy(i+ n_st,:,:)- Hy(i+ n_st- 1,:,:));
  end
  Ey(n_st+ 1:nx,:,:) = Ey(n_st+ 1:nx,:,:) ...
      + CPsi_eyx_xp .* Psi_eyx_xp;
  Ez(n_st+ 1:nx,:,:) = Ez(n_st+ 1:nx,:,:) ...
```

```
        + CPsi_ezx_xp.* Psi_ezx_xp;
end
```

8.5 模拟举例

到目前为止,已讨论了 CPML 算法,并证明了其 MATLAB 程序的执行。在本节给出了一些例子,其中吸收边界条件使用 CPML。

8.5.1 微带低通滤波器

6.2 节给出了低通滤波器的几何结构(图 6.2)。假定问题空间的边界为 PEC。本节重复相同的例子,但边界设为 CPML。定义边界的代码在子程序 define_problem_space_parameters 中,见程序 8.8。如程序表中所列,环绕着微带电路的空气隙为 5 个网格,而边界由 8 个网格厚度的 CPML 截断。

电路的仿真运行 3000 时间步。仿真的结果示于图 8.6～图 8.8。图 8.6 给出了滤波器端口观察到的源电压、取样电压。图 8.7 给出了低通滤波器端口上的取样电流。从图中可以看出,在 3000 时间步迭代后信号已得到充分衰减。在得到了瞬态电压和电流之后,用于后处理以及散射参数的计算。图 8.8 给出了电路的 S_{11} 曲线,图 8.9 给出了电路的 S_{21} 曲线。将这些曲线与图 6.3 中的曲线相比可以发现,对 S 参数的计算使用 CPML 技术,曲线平滑而且没有尖刺。这表明,由于消除了 PEC 边界封闭产生的谐振,电路的仿真如同环绕着开放空间。

程序 8.8　define_problem_space_parameters.m

```
% = = < boundary conditions > = = = = = = = = =
% Here we define the boundary conditions parameters
% 'pec' : perfect electric conductor
% 'cpml' : conlvolutional PML
% if cpml_number_of_cells is less than zero
% CPML extends inside of the domain rather than outwards

boundary.type_xn = 'cpml';
boundary.air_buffer_number_of_cells_xn = 5;
boundary.cpml_number_of_cells_xn = 8;

boundary.type_xp = 'cpml';
boundary.air_buffer_number_of_cells_xp = 5;
boundary.cpml_number_of_cells_xp = 8;

boundary.type_yn = 'cpml';
boundary.air_buffer_number_of_cells_yn = 5;
boundary.cpml_number_of_cells_yn = - 8;
```

```
boundary.type_yp = 'cpml';
boundary.air_buffer_number_of_cells_yp = 5;
boundary.cpml_number_of_cells_yp = -8;

boundary.type_zn = 'pec';
boundary.air_buffer_number_of_cells_zn = 5;
boundary.cpml_number_of_cells_zn = 8;

boundary.type_zp = 'cpml';
boundary.air_buffer_number_of_cells_zp = 5;
boundary.cpml_number_of_cells_zp = 8;

boundary.cpml_order = 3;
boundary.cpml_sigma_factor = 1.3;
boundary.cpml_kappa_max = 7;
boundary.cpml_alpha_min = 0;
boundary.cpml_alpha_max = 0.05;
```

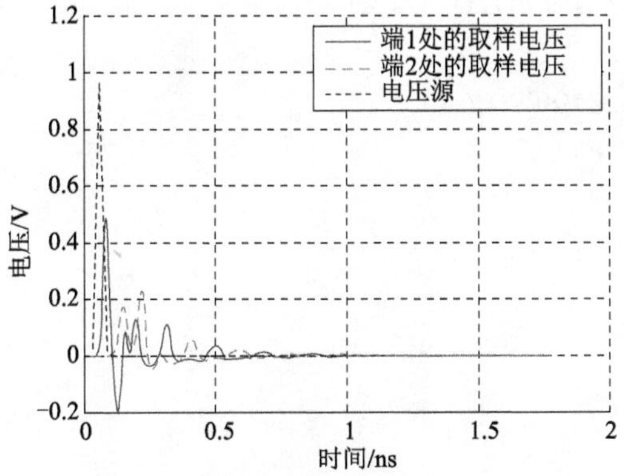

图 8.6 在低通滤波器端口上观察到的源电压、取样电压

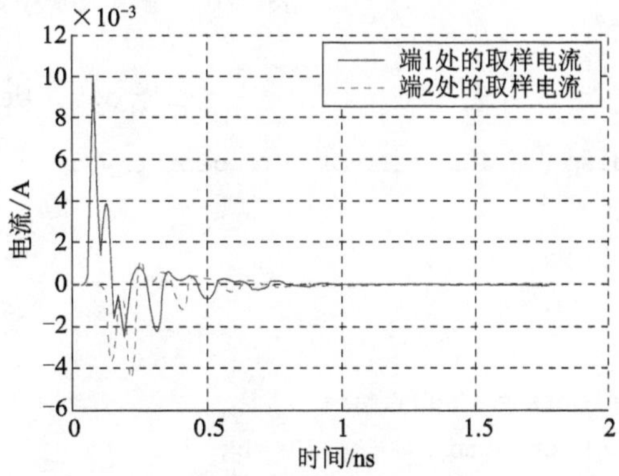

图 8.7 在低通滤波器端口上观察到的取样电流

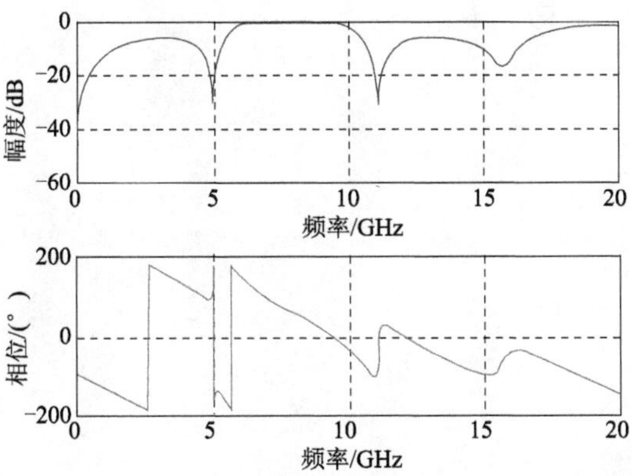

图 8.8 低通滤波器的 S_{11} 曲线

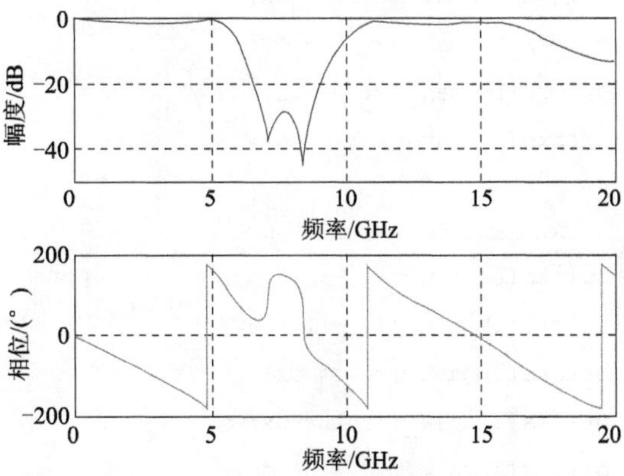

图 8.9 低通滤波器的 S_{21} 曲线

8.5.2 微带分支耦合器

第二个例子是一微带分支耦合器,参见文献[14]。本节所讨论的电路如图 8.10 所示。这里网格的尺寸为 $\Delta x=0.406$mm,$\Delta y=0.406$mm,$\Delta z=0.265$mm。在此电路中,宽的微带线的宽度为 10 个网格,而窄微带宽度为 6 个网格。在方形耦合段,带线中心到中心之间的距离为 24 个网格。介质基片的相对介电常数为 2.2,厚度为 3 个网格。电路的几何结构的定义,见程序 8.9。问题空间的边界与程序 8.8 中相同,即 CPML 的厚度为 8 个网格,环绕电路的空气隙为 5 个网格。

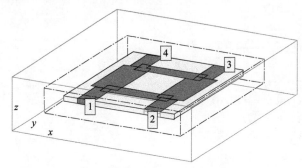

图 8.10 含有微带分支耦合器的 FDTD 问题空间

程序 8.9 define_geometry.m

```
disp ('defining the problem geometry');

bricks  = [];
spheres = [];

% define a substrate
bricks(1).min_x = - 20* dx;
bricks(1).min_y = - 25* dy;
bricks(1).min_z =  0;
bricks(1).max_x =  20* dx;
bricks(1).max_y =  25* dy;
bricks(1).max_z =  3* dz;
bricks(1).material_type =  4;

% define a PEC plate
bricks(2).min_x = - 12* dx;
bricks(2).min_y = - 15* dy;
bricks(2).min_z =  3* dz;
bricks(2).max_x =  12* dx;
bricks(2).max_y = - 9* dy;
bricks(2).max_z =  3* dz;
```

```
bricks(2).material_type = 2;

% define a PEC plate
bricks(3).min_x = - 12* dx;
bricks(3).min_y =   9* dy;
bricks(3).min_z =   3* dz;
bricks(3).max_x =  12* dx;
bricks(3).max_y =  15* dy;
bricks(3).max_z =   3* dz;
bricks(3).material_type = 2;

% define a PEC plate
bricks(4).min_x = - 17* dx;
bricks(4).min_y = - 12* dy;
bricks(4).min_z =   3* dz;
bricks(4).max_x = - 7* dx;
bricks(4).max_y =  12* dy;
bricks(4).max_z =   3* dz;
bricks(4).material_type = 2;

% define a PEC plate
bricks(5).min_x =   7* dx;
bricks(5).min_y = - 12* dy;
bricks(5).min_z =   3* dz;
bricks(5).max_x =  17* dx;
bricks(5).max_y =  12* dy;
bricks(5).max_z =   3* dz;
bricks(5).material_type = 2;

% define a PEC plate
bricks(6).min_x = - 15* dx;
bricks(6).min_y = - 25* dy;
bricks(6).min_z =   3* dz;
bricks(6).max_x = - 9* dx;
bricks(6).max_y = - 12* dy;
bricks(6).max_z =   3* dz;
bricks(6).material_type = 2;

% define a PEC plate
bricks(7).min_x =   9* dx;
bricks(7).min_y = - 25* dy;
bricks(7).min_z =   3* dz;
bricks(7).max_x =  15* dx;
```

```
bricks(7).max_y = - 12* dy;
bricks(7).max_z =  3* dz;
bricks(7).material_type =  2;

%  define a PEC plate
bricks(8).min_x = - 15* dx;
bricks(8).min_y =  12* dy;
bricks(8).min_z =  3* dz;
bricks(8).max_x = - 9* dx;
bricks(8).max_y =  25* dy;
bricks(8).max_z =  3* dz;
bricks(8).material_type =  2;

%  define a PEC plate
bricks(9).min_x =  9* dx;
bricks(9).min_y =  12* dy;
bricks(9).min_z =  3* dz;
bricks(9).max_x =  15* dx;
bricks(9).max_y =  25* dy;
bricks(9).max_z =  3* dz;
bricks(9).material_type =  2;

%  define a PEC plate as ground
bricks(10).min_x = - 20* dx;
bricks(10).min_y = - 25* dy;
bricks(10).min_z =  0;
bricks(10).max_x =  20* dx;
bricks(10).max_y =  25* dy;
bricks(10).max_z =  0;
bricks(10).material_type =  2;
```

如图 8.10 所示,一带有 50Ω 内阻的电压源置于输入端口(端口 1),其输出端口接 50Ω 电阻。电压源和电阻的定义见程序 8.10。4 个取样电压和 4 个取样电流作为电路的输出定义在程序 8.11 中。应注意的是,取样电压和取样电流是直接定义在电压源和端接电阻上的。因此,S 参数的计算位置是在源和电阻终端。然后定义了 4 个 50Ω 的端口,与取样电压—电流对相关联。端口 1 为 FDTD 仿真激励端口。

程序 8.10　define_sources_and_lumped_elements.m

```
disp('defining sources and lumped element components');

voltage_sources = [];
current_sources = [];
```

```
diodes = [];
resistors = [];
inductors = [];
capacitors = [];

% define source waveform types and parameters
waveforms.gaussian(1).number_of_cells_per_wavelength = 0;
waveforms.gaussian(2).number_of_cells_per_wavelength = 15;

% voltage sources
% direction: 'xp', 'xn', 'yp', 'yn', 'zp', or 'zn'
% resistance : ohms, magitude   : volts
voltage_sources(1).min_x = - 15* dx;
voltage_sources(1).min_y = - 25* dy;
voltage_sources(1).min_z = 0;
voltage_sources(1).max_x = - 9* dx;
voltage_sources(1).max_y = - 25* dy;
voltage_sources(1).max_z = 3* dz;
voltage_sources(1).direction = 'zp';
voltage_sources(1).resistance = 50;
voltage_sources(1).magnitude = 1;
voltage_sources(1).waveform_type = 'gaussian';
voltage_sources(1).waveform_index = 1;

% resistors
% direction: 'x', 'y', or 'z'
% resistance : ohms
resistors(1).min_x = 9* dx;
resistors(1).min_y = - 25* dy;
resistors(1).min_z = 0;
resistors(1).max_x = 15* dx;
resistors(1).max_y = - 25* dy;
resistors(1).max_z = 3* dz;
resistors(1).direction = 'z';
resistors(1).resistance = 50;

% resistors
% direction: 'x', 'y', or 'z'
% resistance : ohms
resistors(2).min_x = 9* dx;
resistors(2).min_y = 25* dy;
resistors(2).min_z = 0;
resistors(2).max_x = 15* dx;
```

```
resistors(2).max_y =  25* dy;
resistors(2).max_z =  3* dz;
resistors(2).direction = 'z';
resistors(2).resistance =  50;

% resistors
% direction: 'x', 'y', or 'z'
% resistance : ohms
resistors(3).min_x =  - 15* dx;
resistors(3).min_y =  25* dy;
resistors(3).min_z =  0;
resistors(3).max_x =  - 9* dx;
resistors(3).max_y =  25* dy;
resistors(3).max_z =  3* dz;
resistors(3).direction = 'z';
resistors(3).resistance =  50;
```

程序 8.11　define_output_parameters.m

```
disp ('defining output parameters');

sampled_electric_fields = [];
sampled_magnetic_fields = [];
sampled_voltages = [];
sampled_currents = [];
ports = [];

% figure refresh rate
plotting_step =  5;

% mode of operation
run_simulation =  true;
show_material_mesh =  true;
show_problem_space =  true;

% frequency domain parameters
frequency_domain.start =  20e6;
frequency_domain.end    =  10e9;
frequency_domain.step   =  20e6;

% define sampled voltages
sampled_voltages(1).min_x =  - 15* dx;
sampled_voltages(1).min_y =  - 25* dy;
```

```
sampled_voltages(1).min_z = 0;
sampled_voltages(1).max_x = - 9* dx;
sampled_voltages(1).max_y = - 25* dy;
sampled_voltages(1).max_z = 3* dz;
sampled_voltages(1).direction = 'zp';
sampled_voltages(1).display_plot = false;

% define sampled voltages
sampled_voltages(2).min_x = 9* dx;
sampled_voltages(2).min_y = - 25* dy;
sampled_voltages(2).min_z = 0;
sampled_voltages(2).max_x = 15* dx;
sampled_voltages(2).max_y = - 25* dy;
sampled_voltages(2).max_z = 3* dz;
sampled_voltages(2).direction = 'zp';
sampled_voltages(2).display_plot = false;

% define sampled voltages
sampled_voltages(3).min_x = 9* dx;
sampled_voltages(3).min_y = 25* dy;
sampled_voltages(3).min_z = 0;
sampled_voltages(3).max_x = 15* dx;
sampled_voltages(3).max_y = 25* dy;
sampled_voltages(3).max_z = 3* dz;
sampled_voltages(3).direction = 'zp';
sampled_voltages(3).display_plot = false;

% define sampled voltages
sampled_voltages(4).min_x = - 15* dx;
sampled_voltages(4).min_y = 25* dy;
sampled_voltages(4).min_z = 0;
sampled_voltages(4).max_x = - 9* dx;
sampled_voltages(4).max_y = 25* dy;
sampled_voltages(4).max_z = 3* dz;
sampled_voltages(4).direction = 'zp';
sampled_voltages(4).display_plot = false;

% define sampled currents
sampled_currents(1).min_x = - 15* dx;
sampled_currents(1).min_y = - 25* dy;
sampled_currents(1).min_z = 2* dz;
```

```
sampled_currents(1).max_x = - 9* dx;
sampled_currents(1).max_y = - 25* dy;
sampled_currents(1).max_z =  2* dz;
sampled_currents(1).direction = 'zp';
sampled_currents(1).display_plot =  false;

% define sampled currents
sampled_currents(2).min_x =  9* dx;
sampled_currents(2).min_y = - 25* dy;
sampled_currents(2).min_z =  2* dz;
sampled_currents(2).max_x =  15* dx;
sampled_currents(2).max_y = - 25* dy;
sampled_currents(2).max_z =  2* dz;
sampled_currents(2).direction = 'zp';
sampled_currents(2).display_plot =  false;

% define sampled currents
sampled_currents(3).min_x =  9* dx;
sampled_currents(3).min_y =  25* dy;
sampled_currents(3).min_z =  2* dz;
sampled_currents(3).max_x =  15* dx;
sampled_currents(3).max_y =  25* dy;
sampled_currents(3).max_z =  2* dz;
sampled_currents(3).direction = 'zp';
sampled_currents(3).display_plot =  false;

% define sampled currents
sampled_currents(4).min_x = - 15* dx;
sampled_currents(4).min_y =  25* dy;
sampled_currents(4).min_z =  2* dz;
sampled_currents(4).max_x = - 9* dx;
sampled_currents(4).max_y =  25* dy;
sampled_currents(4).max_z =  2* dz;
sampled_currents(4).direction = 'zp';
sampled_currents(4).display_plot =  false;

% define ports
ports(1).sampled_voltage_index =  1;
ports(1).sampled_current_index =  1;
ports(1).impedance =  50;
ports(1).is_source_port =  true;
```

```
ports(2).sampled_voltage_index = 2;
ports(2).sampled_current_index = 2;
ports(2).impedance = 50;
ports(2).is_source_port = false;

ports(3).sampled_voltage_index = 3;
ports(3).sampled_current_index = 3;
ports(3).impedance = 50;
ports(3).is_source_port = false;

ports(4).sampled_voltage_index = 4;
ports(4).sampled_current_index = 4;
ports(4).impedance = 50;
ports(4).is_source_port = false;

% define animation
% field_type shall be 'e' or 'h'
% plane cut shall be 'xy', yz, or zx
% component shall be 'x', 'y', 'z', or 'm';
animation(1).field_type = 'e';
animation(1).component = 'm';
animation(1).plane_cut(1).type = 'xy';
animation(1).plane_cut(1).position = 2*dz;
animation(1).enable = true;
animation(1).display_grid = false;
animation(1).display_objects = true;

% display problem space parameters
problem_space_display.labels = false;
problem_space_display.axis_at_origin = false;
problem_space_display.axis_outside_domain = false;
problem_space_display.grid_xn = false;
problem_space_display.grid_xp = false;
problem_space_display.grid_yn = false;
problem_space_display.grid_yp = false;
problem_space_display.grid_zn = false;
problem_space_display.grid_zp = false;
problem_space_display.outer_boundaries = false;
problem_space_display.cpml_boundaries = false;
```

当问题的定义完成后,就开始了 FDTD 仿真的 4000 步迭代,并且计算了电路的 S 参量。图 8.11 给出了计算的结果。这里绘出了 S_{11}、S_{21}、S_{31}、S_{41} 曲线。绘出的曲线与文献[14]给出的曲线吻合得很好。

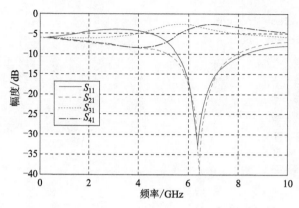

图 8.11 分支耦合器的 S 参数

8.5.3 微带线的特性阻抗

上面已介绍了两微带电路中 CPML 的应用。这些电路使用微带电路作为馈入端口，其特性阻抗假定为 50Ω。本节给出一个例子，介绍微带线特性阻抗的计算。

使用与前面例子相同的微带馈入线，线的宽度为 2.4mm；介质基片的相对介电常数为 2.2，厚度为 0.795mm。在 FDTD 方法中，构造了单一微带电路，如图 8.12 所示。此微带电路由电压源激励。在基片的 y_n、z_p 方向上留有 5 个网格的空气隙，在 z_n 方向基片的边界为 PEC，作为微带电路的接地板。在微带的另一端接的是 CPML。应该注意，在 y_p、x_n、x_p 方向上基片与微带伸入到 CPML 区域中。因此，在这些方向上，模拟结构伸向无穷远处。问题空间的定义以及网格的尺寸、边界等定义见程序 8.12。

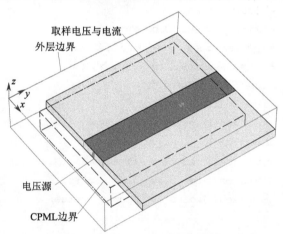

图 8.12 包含微带电路的 FDTD 问题空间

程序 8.12　define_problem_space_parameters.m

disp ('defining the problem space parameters');

```
% maximum number of time steps to run FDTD simulation
number_of_time_steps = 1000;

% A factor that determines duration of a time step
% wrt CFL limit
courant_factor = 0.9;

% A factor determining the accuracy limit of FDTD results
```

```
number_of_cells_per_wavelength = 20;

% Dimensions of a unit cell in x, y, and z directions (meters)
dx = 2.030e-4;
dy = 2.030e-4;
dz = 1.325e-4;

% = = < boundaty conditions> = = = = = = = =
% Here we define the boundary conditions parameters
% 'pec' : perfect electric conductor
% 'cpml' : conlvolutional PML
% if cpml_number_of_cells is less than zero
% CPML extends inside of the domain rather than outwards

boundary . type_xn = 'cpml';
boundary . air_buffer_number_of_cells_xn = 0;
boundary . cpml_number_of_cells_xn = -8;

boundary . type_xp = 'cpml';
boundary . air_buffer_number_of_cells_xp = 0;
boundary . cpml_number_of_cells_xp = -8;

boundary . type_yn = 'cpml';
boundary . air_buffer_number_of_cells_yn = 8;
boundary . cpml_number_of_cells_yn = 8;

boundary . type_yp = 'cpml';
boundary . air_buffer_number_of_cells_yp = 0;
boundary . cpml_number_of_cells_yn = -8;

boundary . type_zn = 'pec';
boundary . air_buffer_number_of_cells_zn = 0;
boundary . cpml_number_of_cells_zn = 8;

boundary . type_zp = 'cpml';
boundary . air_buffer_number_of_cells_zp = 10;
boundary . cpml_number_of_cells_zp = 8;

boundary . cpml_order = 3;
boundary . cpml_sigma_factor = 1;
boundary . cpml_kappa_max = 10;
boundary . cpml_alpha_min = 0;
boundary . cpml_alpha_max = 0.01;
```

目标几何的定义见程序 8.13；微带线的馈入电压源的定义见程序 8.14；在距离电压源 10 个网格处分别定义了取样电压和取样电流，它们被固定而形成一端口，见程序 8.15。微带线的 FDTD 仿真进行 1000 时间步。图 8.13 给出了在端口位置上的源电压和取样电压，图 8.14 给出了取样电流。取样电压与电流转换到频域，由此计算出电路的 S_{11}，如图 8.15 所示，这表明，在 50Ω 的匹配优于 -35dB。这些频域数据还用于计算微带线的输入阻抗。由于从 CPML 的微带端接处，没有观察到可视的反射，所以微带线的输入阻抗等于其特性阻抗。此特性阻抗如图 8.16 所示，其再次表明与 50Ω 吻合得很好。

程序 8.13　define_geometry.m

```
disp ('defining the problem geometry');

bricks = [];
spheres = [];

%  define a substrate
bricks(1).min_x = 0;
bricks(1).min_y = 0;
bricks(1).min_z = 0;
bricks(1).max_x = 60* dx;
bricks(1).max_y = 60* dy;
bricks(1).max_z = 6* dz;
bricks(1).material_type = 4;

%  define a PEC plate
bricks(2).min_x = 24* dx;
bricks(2).min_y = 0;
bricks(2).min_z = 6* dz;
bricks(2).max_x = 36* dx;
bricks(2).max_y = 60* dy;
bricks(2).max_z = 6.02* dz;
bricks(2).material_type = 2;
```

程序 8.14　define_sources_and_lumped_elements.m

```
disp ('defining sources and lumped element components ');

voltage_sources = [];
current_sources = [];
diodes = [];
```

```matlab
resistors = [];
inductors = [];
capacitors = [];

% define source waveform types and parameters
waveforms.gaussian(1).number_of_cells_per_wavelength = 0;
waveforms.gaussian(2).number_of_cells_per_wavelength = 15;

% voltage sources
% direction: 'xp', 'xn', 'yp', 'yn', 'zp', or 'zn'
% resistance : ohms, magitude   : volts
voltage_sources(1).min_x = 24*dx;
voltage_sources(1).min_y = 0;
voltage_sources(1).min_z = 0;
voltage_sources(1).max_x = 36*dx;
voltage_sources(1).max_y = 0;
voltage_sources(1).max_z = 6*dz;
voltage_sources(1).direction = 'zp';
voltage_sources(1).resistance = 50;
voltage_sources(1).magnitude = 1;
voltage_sources(1).waveform_type = 'gaussian';
voltage_sources(1).waveform_index = 1;
```

程序8.15 define_output_parameters.m

```matlab
disp('defining output parameters');

sampled_electric_fields = [];
sampled_magnetic_fields = [];
sampled_voltages = [];
sampled_currents = [];
ports = [];

% figure refresh rate
plotting_step = 20;

% mode of operation
run_simulation = true;
show_material_mesh = true;
show_problem_space = true;

% frequency domain parameters
frequency_domain.start = 20e6;
```

```
frequency_domain.end  = 10e9;
frequency_domain.step = 20e6;

% define sampled voltages
sampled_voltages(1).min_x = 24* dx;
sampled_voltages(1).min_y = 40* dy;
sampled_voltages(1).min_z = 0;
sampled_voltages(1).max_x = 36* dx;
sampled_voltages(1).max_y = 40* dy;
sampled_voltages(1).max_z = 6* dz;
sampled_voltages(1).direction = 'zp';
sampled_voltages(1).display_plot = false;

% define sampled currents
sampled_currents(1).min_x = 24* dx;
sampled_currents(1).min_y = 40* dy;
sampled_currents(1).min_z = 6* dz;
sampled_currents(1).max_x = 36* dx;
sampled_currents(1).max_y = 40* dy;
sampled_currents(1).max_z = 6* dz;
sampled_currents(1).direction = 'yp';
sampled_currents(1).display_plot = false;

% define ports
ports(1).sampled_voltage_index = 1;
ports(1).sampled_current_index = 1;
ports(1).impedance = 50;
ports(1).is_source_port = true;
```

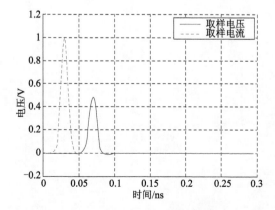

图 8.13　微带线的源电压和取样电压

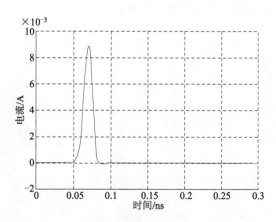

图 8.14　微带线的电流

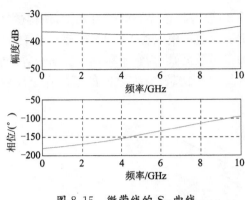

图 8.15 微带线的 S_{11} 曲线

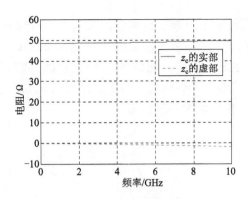

图 8.16 微带线的特性阻抗

8.6 练 习

8.1 考虑如 6.3.1 节的 1/4 波长变换微带器电路。将电路中的吸收体移开,代之以 8 个网格的 CPML 边界。在 x_n、x_p、y_n 和 y_p 方向基片与 CPML 之间留出 5 个网格的空气隙,在 z_p 方向上留出 10 个网格的空气隙。问题的几何形状如图 8.17 所示。运行模拟,将得到的 S 参数与 6.3.1 节的结果相比较。

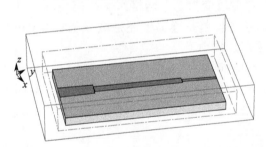

图 8.17 在 x_n、x_p、y_n、y_p 和 z_p 方向上为 CPML 边界的 1/4 波长变换器电路的问题空间

8.2 考虑练习 8.1 中的 1/4 波长变换微带器电路。重新定义其中的 CPML 吸收边界条件,使基片在 x_n 和 x_p 方向上伸入到 CPML 层中。问题的几何形状如图 8.18 所示。运行模拟,将得到的 S 参数与练习 8.1 的结果相比较。

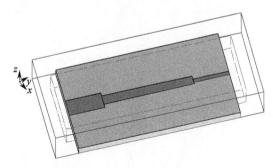

图 8.18 在 x_n、x_p 方向上基片伸入到 CPML 区域内的 1/4 波长变换器电路的问题空间

8.3 考虑如 8.5.3 节中的电路,在此例中,CPML 未经过数值验证。需要一参考例

子来验证 CPML 的性能。在 y_p 方向电路延长 2 倍,并将边界类型改为 PEC,使得微带接触到 PEC 边界。问题的几何形状如图 8.19 所示。运行模拟若干时间步,使得从 PEC 的反射未在取样点观察到。这种仿真的结果作为参考数据,因为它不包含反射信号,如同微带线伸向无穷远处。将仿真结果与 8.5.3 节的结果相比较,它们之间的不同在于反射信号,找出最大的反射值。

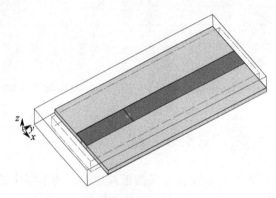

图 8.19　参考微带电路问题空间

8.4　在练习 8.3 中已构造了一个微带参考电路,用于检查 CPML 的性能。将 8.5.3 节中 y_p 方向的 CPML 厚度改变为 5 个网格。运行模拟,然后用如同练习 8.3 中所描述的方法计算反射电压。检查反射是增加了还是减小了?将 CPML 网格数增加到 10 个,再次检查反射是增加了还是减小了?

8.5　对 CPML 的性能而言,使用在 8.5.3 节中的 CPML 的参数 σ_{factor}、$\kappa_{\max}$、$\alpha_{\max}$、$\alpha_{\min}$,n_{pml},并非必须为最优化参数。改变这些参数的值,并验证从 8 个网格厚度的 CPML 层反射回来的反射波的幅度是增加了还是减小了。例如,$\sigma_{\text{factor}}=1.5$,$\kappa_{\max}=11$,$\alpha_{\max}=0.02$,$\alpha_{\min}=0$,$n_{\text{pml}}=3$。

第9章 近场到远场的变换

前面章节应用 FDTD 方法在一围绕电磁目标的有限空间中来计算电场和磁场（即近区电磁场）。在很多应用中，如天线和雷达散射截面（RCS），需要知道远离天线和散射体的辐射场和散射场。在 FDTD 计算中直接计算远场，将引起过大的计算区域，这在应用中是不实际的。相反，应用近场到远场的变换技术[1]，远场可以通过近场 FDTD 数据来计算。

远场定义的简单条件为

$$kR \gg 1 \Rightarrow \frac{2\pi R}{\lambda} \gg 1 \tag{9.1}$$

式中：R 为从辐射体到观察点之间的距离；k 为自由空间的波数；λ 为工作波长。

对于大天线如抛物面反射体，孔径尺寸 D 常用来确定远场条件[28]，即

$$r > \frac{2D^2}{\lambda} \tag{9.2}$$

式中，r 为从口径中心到观察点的距离。

在远场区域中，在观察点 (r,θ,ϕ) 的电磁场可以表示为

$$\boldsymbol{E}(r,\theta,\phi) = \frac{\mathrm{e}^{-jkr}}{4\pi r}\boldsymbol{F}(\theta,\phi) \tag{9.3a}$$

$$\boldsymbol{H} = r \times \frac{\boldsymbol{E}}{\eta_0} \tag{9.3b}$$

式中：η_0 为自由空间的波阻抗；$\boldsymbol{F}(\theta,\phi)$ 为一项决定电场远场波形角变量的函数。这样，天线的方向图仅是角位置的函数，而与距离 r 无关。

一般来说，近场到远场的变换分为两个步骤。首先选择一想象中的表面来封闭天线，如图 9.1 所示。用计算区域内部的电场 $\boldsymbol{E}$ 和磁场 $\boldsymbol{H}$ 来确定表面上的电流密度 $\boldsymbol{J}$ 和磁流密度 $\boldsymbol{M}$。根据等效定律，由这些等效电流和磁流产生的辐射场等效于天线的辐射场。

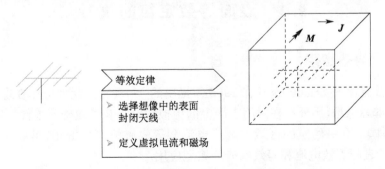

图 9.1 近场到远场的变换技术

其次，通过等效电流密度 $\boldsymbol{J}$ 和等效磁流密度 $\boldsymbol{M}$，应用矢量位 $\boldsymbol{A}$ 和 $\boldsymbol{F}$ 来计算等效电流 $\boldsymbol{J}$ 和

等效磁流 **M** 所产生的辐射场。在此过程中,推导解析公式时应用了远场条件。

与 FDTD 直接计算相比,直接计算法需要远离辐射体多个波长的大量网格的延伸来满足远场条件,而计算等效电流和磁流只需要很少网格。因此,应用近场到远场的转换技术,可以大大提高计算效率。根据不同的计算目标,近场到远场的变换可以在时域和频域中应用,如图 9.2 所示。

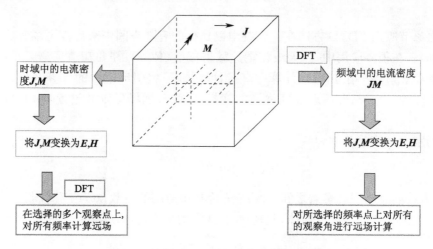

图 9.2　近场到远场的变换技术的两种路径

当在有限个观察角度,需要瞬态或宽带频域结果时,图 9.2 中左边的路径所给出的处理方法是适当的。在这种情况下,使用时域变换并在更新场值时,存储每一感兴趣的角度上的远场值[29,30]。相反,对有限的频率点,当在所有观察角度的远场都需要时,图 9.2 中右边的路径所给出的处理方法是适当的。在 FDTD 运算的每一时间步,每一感兴趣的频率点,对封闭表面的切向场进行离散傅里叶变换并更新场值。由离散傅里叶变换得到的复电流和磁流,用来计算所有观察角上的远区场。

本章首先讨论表面等效电流和表面等效磁流,以及从近场 FDTD 数据中得到等效电流 **J** 和表面等效磁流 **M**;其次给出由等效电流和等效磁流来计算远场的辐射公式,并给出了处理过程的所有细节;最后给出了两个天线的例子,来证明近场到远场变换的有效性。

9.1　表面等效定律的执行

9.1.1　表面等效定律

表面等效定律是 Sckelkunoff 在 1936 年提出的[31],现在广泛地应用在电磁和天线问题中。其基本思想是,用分布在封闭表面上的虚拟的电流和等效磁流来代替实际的源(如天线和散射体)。在一给定的区域中虚拟电流和等效磁流产生的场,可以认为是原场。图 9.3 说明了表面等效电流和等效磁流的典型应用。

假设由任意源产生的场为(E,H),选择一虚拟表面 S 以封闭所有的源和散射体,如图 9.3(a)所示。在 S 表面外部只有自由空间。图 9.3(b)建立了一等效问题,其中 S 表面外部的场保持不变,而 S 表面内的场设为零。这样的设置是可行的,因为 S 表面内外的场都满足麦克斯韦方程。为了满足表面上的边界条件,必须在 S 表面上引入等效电流:应该指出的是,图 9.3(a)、(b),具有相同的外部场,但内部场不同。

$$\boldsymbol{J}_\mathrm{S}=n\times(\boldsymbol{H}_\mathrm{out}-\boldsymbol{H}_\mathrm{in})=\hat{n}\times\boldsymbol{H} \quad (9.4\mathrm{a})$$

$$\boldsymbol{M}_\mathrm{S}=-n\times(\boldsymbol{E}_\mathrm{out}-\boldsymbol{E}_\mathrm{in})=-\hat{n}\times\boldsymbol{E} \quad (9.4\mathrm{b})$$

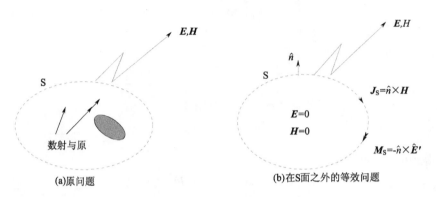

图 9.3 表面等效定律

如果在原来的问题中(图 9.3(b))S 表面的场能够用某种方法精确地获得,则图 9.3(b)表面电流和表面磁流可以由式(9.4)得出。在图 9.3(b)中远区任意观察点的场值可以容易地由矢量势计算出。根据场的唯一性定律,计算出的场是图 9.3(b)问题的唯一解。由图 9.3(a)、(b)中的问题的关系可知,计算出的外部场也是原问题的解。

应用表面等效性定律简化了远场的计算。在图 9.3(a)所示的原问题中,S 表面的内部可能存在不同的介电常数和磁导率媒质。因此,计算辐射场,需要推导复杂的格林函数。在图 9.3(b)所示的问题中,在 S 面内部的场为零,此时介电常数和磁导率则可以设置成与自由空间一样。因此,可用简单的自由空间中的格林函数来计算辐射场。

9.1.2 FDTD 仿真中的等效电流和磁流

从前面分析知道,等效定律应用的关键是精确地得到假想封闭面上的电流和磁流。在 FDTD 仿真中表面电流与磁流可以从下面的过程中得到。

首先,选择一封闭天线或散射体的表面,如图 9.4 所示。通常选择的封闭表面是一矩形盒,以便与 FDTD 网格一致,它位于分析的目标与外部吸收边界之间。此封闭表面可以由矩形盒的两个角的坐标来定义,即下部角的坐标(li, lj, lk)和上部角的坐标(ui, uj, uk)。此两个坐标是位置判据,要确保所有的天线和散射体都封入在此矩形盒中,以便等效定律执行。另外重要的是,此矩形盒的边界应处于所有目标与吸收第一边界之间的空气缓冲区中。

一旦选择好虚拟的封闭表面后,第二步就是计算等效的表面电流和磁流。对矩形盒,一共有 6 个表面,每个表面都有 4 个标量电流和磁流量,如图 9.5 所示。对顶部表面,其法向方向为 $\hat{z}$。由式(9.4),等效电流和磁流的计算式为

$$\boldsymbol{J}_\mathrm{S}=\hat{z}\times\boldsymbol{H}=\hat{z}\times(\hat{x}H_x+\hat{y}H_y+\hat{z}H_z)=-\hat{x}H_y+\hat{y}H_x \quad (9.5\mathrm{a})$$

$$\boldsymbol{M}_\mathrm{S}=-\hat{z}\times\boldsymbol{E}=-\hat{z}\times(\hat{x}E_x+\hat{y}E_y+\hat{z}E_z)=\hat{x}E_y-\hat{y}E_x \quad (9.5\mathrm{b})$$

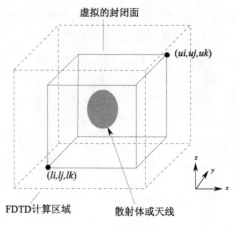

图 9.4 散射体

这样,就得到电流和磁流为

$$\boldsymbol{J}_S = \hat{x}J_x + \hat{y}J_y \Rightarrow J_x = -H_y, J_y = H_x \tag{9.6a}$$

$$\boldsymbol{M}_S = \hat{x}M_x + \hat{y}M_y \Rightarrow M_x = E_y, M_y = -E_x \tag{9.6b}$$

注意到,式(9.6)中的电场和磁场是从 FDTD 仿真计算得来的。对于时域远场计算,可以直接使用时域数据;对于频域远场计算,需要应用离散傅里叶变换,提取所需要的频率场分量。

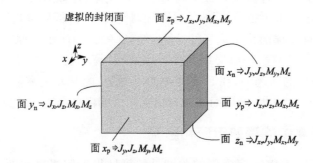

图 9.5 在虚拟封闭表面上的等效电流和等效磁流

用同样的方法可以得到其他 5 个表面的电流和磁流。在底部表面,有

$$\boldsymbol{J}_S = \hat{x}J_x + \hat{y}J_y \Rightarrow J_x = H_y, J_y = -H_x \tag{9.7a}$$

$$\boldsymbol{M}_S = \hat{x}M_x + \hat{y}M_y \Rightarrow M_x = -E_y, M_y = E_x \tag{9.7b}$$

在左表面,有

$$\boldsymbol{J}_S = \hat{x}J_x + \hat{z}J_z \Rightarrow J_x = -H_z, J_z = H_x \tag{9.8a}$$

$$\boldsymbol{M}_S = \hat{x}M_x + \hat{z}M_z \Rightarrow M_x = E_z, M_z = -E_x \tag{9.8b}$$

在右表面,有

$$\boldsymbol{J}_S = \hat{x}J_x + \hat{z}J_z \Rightarrow J_x = H_z, J_z = -H_x \tag{9.9a}$$

$$\boldsymbol{M}_S = \hat{x}M_x + \hat{z}M_z \Rightarrow M_x = -E_z, M_z = E_x \tag{9.9b}$$

在前表面,有

$$\boldsymbol{J}_S = \hat{y}J_y + \hat{z}J_z \Rightarrow J_y = -H_z, J_z = H_y \tag{9.10a}$$

$$M_S = \hat{y}M_y + \hat{z}M_z \Rightarrow M_y = E_z, M_z = -E_y \quad (9.10b)$$

在后表面,有

$$J_S = \hat{y}J_y + \hat{z}J_z \Rightarrow J_y = H_z, J_z = -H_y \quad (9.11a)$$

$$M_S = \hat{y}M_y + \hat{z}M_z \Rightarrow M_y = -E_z, M_z = E_y \quad (9.11b)$$

为了远场计算,要得到完整的电流磁流源,必须用方程(9.6)~方程(9.11)在等效封闭表面上的每一 FDTD 单元进行计算。如果电流和磁流位于相同的位置,即在与等效表面接触的 Yee 单元表面的中心,是人们所想往的。由于电场和磁场分量在 Yee 单元表面位置的偏置,所以采用场分量的平均来得到电流在中心位置的值。得到此表面电流和磁流后,就可以用来计算远场。这将在下一节讨论。

9.1.3 在无限地平面上的天线

如前所述,虚拟表面应包围所有天线或散射体,以便于计算等效电流在均匀媒质(通常为自由空间)中的辐射场。对许多天线应用而言,辐射体是安装在较大或无限大的地平面上的。此时,选择表面封闭辐射体在地面以上部分,而地平面的影响用镜像理论来考虑,如图 9.6 所示。对水平磁流和垂直电流而言,它们的镜像方向不变;相反,对水平电流和垂直磁流而言,它们的镜像向相反方向流动。这种镜像安排对地平面是有效的,即将地平面模拟为无限大完善导体。

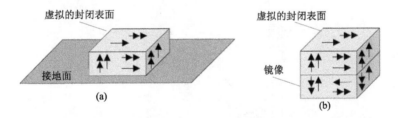

图 9.6 在无限大完善导体平面上应用镜像法的虚拟的封闭表面

9.2 频域近场到远场的变换

本节将讨论应用等效表面电流与磁流来计算远场方向图,以及天线的极化和辐射效率。

9.2.1 时域到频域的变换

本节将讨论频域远场计算。对于时域分析建议读者参考文献[29、30]。在频域计算中,第一件事就是应用离散傅里叶变换将时域 FDTD 数据转换为频域数据。例如,式(9.6)中的电流 J_y 可以进行如下处理:

$$J_y(u,v,w;f_1) = H_x(u,v,w;f_1) = \Delta t \sum_{n=1}^{N_{step}} H_x(u,v,w;n) e^{-j2\pi f_1 n \Delta t} \quad (9.12)$$

式中:(u,v,w)为空间位置指标;n为时间步指标;N_{step}为 FDTD 仿真中最大的时间步数。

相同的公式可以应用在方程(9.6)~方程(9.11)中,以计算其他表面电流。对于在任一表面具有 $N \times N$ 个网格的立方虚拟盒,总的表面电流和磁流的存储数为 $4 \times 6 \times N^2$,注意在频域数据为复数。如果,需要在多个频点上求方向图,FDTD 的激励使用脉冲波形。

对于每一感兴趣的频率,都要进行式(9.12)的离散傅里叶变换,其中的频率换成相应的频域值。只要运行一次 FDTD 计算,就能提供多个频率的表面电流与磁流,计算相应的辐射方向图。

9.2.2 矢量势研究

对于辐射问题,从已知的电流和磁流来计算未知的远场的矢量势理论已经发展得很成熟了[32]。矢量势定义如下:

$$\boldsymbol{A} = \mu_0 \frac{e^{-jkR}}{4\pi R} \boldsymbol{N} \tag{9.13a}$$

$$\boldsymbol{F} = \varepsilon_0 \frac{e^{-jkR}}{4\pi R} \boldsymbol{L} \tag{9.13b}$$

式中

$$N = \int_S J_s e^{-jkr'\cos\psi} dS' \tag{9.14a}$$

$$L = \int_S M_s e^{-jkr'\cos\psi} dS' \tag{9.14b}$$

如图9.7所示,矢量 $\boldsymbol{r} = r\hat{r}$ 表示观察点(x, y, z)的位置;$\boldsymbol{r'} = r'\hat{r'}$ 表示源点在 S 面上的位置(x', y', z')。矢量 $\boldsymbol{R} = R\hat{R}$ 代表由源点指向观察点的矢量,而角度 ψ 表示矢量 $\boldsymbol{r}$ 与 $\boldsymbol{r'}$ 之间的夹角。在远场计算中距离 R 的计算可近似为

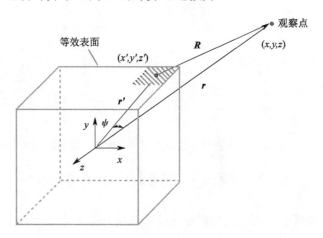

图 9.7 等效表面电流源和远场

$$R = \sqrt{r^2 + r'^2 - 2rr'\cos\psi} = \begin{cases} r - r\cos\psi, & \text{相位计算} \\ r, & \text{幅度计算} \end{cases} \tag{9.15}$$

远场中场分量 E、H 的计算可应用矢量势,即

$$E_r = 0 \tag{9.16a}$$

$$E_\theta = -\frac{jke^{-jkr}}{4\pi r}(L_\phi + \eta_0 N_\theta) \tag{9.16b}$$

$$E_\phi = \frac{jke^{-jkr}}{4\pi r}(L_\theta - \eta_0 N_\phi) \tag{9.16c}$$

$$H_r = 0 \tag{9.16d}$$

$$H_\theta = \frac{jke^{-jkr}}{4\pi r}(N_\phi - \frac{L_\theta}{\eta_0}) \tag{9.16e}$$

$$H_\phi = -\frac{jke^{-jkr}}{4\pi r}(N_\theta + \frac{L_\phi}{\eta_0}) \tag{9.16f}$$

封闭表面选择如图 9.4 所示，等效电流和磁流可以应用式(9.6)~式(9.11)来计算，应用式(9.12)来完成离散傅里叶变换，其中辅助函数 N 和 L 可用下式来计算：

$$N_\theta = \int_S (J_x\cos\theta\cos\phi + J_y\cos\theta\sin\phi - J_z\sin\theta)e^{-jkr'\cos\psi}dS' \tag{9.17a}$$

$$N_\phi = \int_S (-J_x\sin\phi + J_y\cos\phi)e^{-jkr'\cos\psi}dS' \tag{9.17b}$$

$$L_\theta = \int_S (M_x\cos\theta\cos\phi + M_y\cos\theta\sin\phi - M_z\sin\theta)e^{-jkr'\cos\psi}dS' \tag{9.17c}$$

$$L_\phi = \int_S (-M_x\sin\phi + M_y\cos\phi)e^{-jkr'\cos\psi}dS' \tag{9.17d}$$

将式(9.17)代入式(9.16)，就可求出任意观察点 (r,θ,ϕ) 的远场图。

9.2.3 辐射场的极化

式(9.16)计算的电磁场是线性极化分量，而在有些通信中，如卫星通信中希望得到圆极化场分量，这可以通过单位矢量在线极化和圆极化之间的变换来实现：

$$\hat{\theta} = \frac{\hat{\theta} - j\hat{\phi}}{2} + \frac{\hat{\theta} + j\hat{\phi}}{2} = \frac{\hat{E}_R}{\sqrt{2}} + \frac{\hat{E}_L}{\sqrt{2}} \tag{9.18a}$$

$$\hat{\phi} = \frac{\hat{\theta} + j\hat{\phi}}{2j} - \frac{\hat{\theta} - j\hat{\phi}}{2j} = \frac{\hat{E}_L}{j\sqrt{2}} - \frac{\hat{E}_R}{j\sqrt{2}} \tag{9.18b}$$

式中：$\hat{E}_R$、$\hat{E}_L$ 分别为右旋极化场和左旋极化场的单位矢量。将式(9.18)代入式(9.16)，得

$$\begin{aligned}\boldsymbol{E} &= \hat{\theta}E_\theta + \hat{\phi}E_\phi = (\frac{\hat{E}_R}{\sqrt{2}} + \frac{\hat{E}_L}{\sqrt{2}})E_\theta + (\frac{\hat{E}_L}{j\sqrt{2}} - \frac{\hat{E}_R}{j\sqrt{2}})E_\phi \\ &= \hat{E}_R(\frac{E_\theta}{\sqrt{2}} - \frac{E_\phi}{j\sqrt{2}}) + \hat{E}_L(\frac{E_\theta}{\sqrt{2}} + \frac{E_\phi}{j\sqrt{2}}) = \hat{E}_R E_R + \hat{E}_L E_L\end{aligned}$$

$$E_R = \frac{E_\theta}{\sqrt{2}} - \frac{E_\phi}{j\sqrt{2}} \tag{9.19}$$

$$E_L = \frac{E_\theta}{\sqrt{2}} + \frac{E_\phi}{j\sqrt{2}} \tag{9.20}$$

这样就得到，右旋圆极化分量 E_R 和左旋圆极化分量 E_L。轴比的定义用以描述传播波的极化的纯度，计算如下：

$$\mathrm{AR} = -\frac{|E_R| + |E_L|}{|E_R| - |E_L|} \tag{9.21}$$

对于线性极化波，轴比为无穷大；对于右旋圆极化波，$\mathrm{AR}=-1$；而对于左旋圆极化波，$\mathrm{AR}=1$；对一般的椭圆极化波，$1\leqslant|\mathrm{AR}|\leqslant\infty$。从远场分量 E_θ、E_ϕ 可以直接计算轴比[33]：

$$\mathrm{AR} = 20\lg\frac{[0.5(E_\phi^2 + E_\theta^2 + (E_\phi^4 + E_\theta^4 + 2E_\phi^2 E_\theta^2\cos2\delta)^{1/2})]^{1/2}}{[0.5(E_\phi^2 + E_\theta^2 + (E_\phi^4 + E_\theta^4 - 2E_\phi^2 E_\theta^2\cos2\delta)^{1/2})]^{1/2}} \tag{9.22}$$

还可以写成[34]

$$AR = 20\lg \frac{|E_\phi|^2\sin^2\tau + |E_\theta|^2\cos^2\tau + |E_\theta||E_\phi|\cos\delta\sin2\tau}{|E_\phi|^2\sin^2\tau + |E_\theta|^2\cos^2\tau - |E_\theta||E_\phi|\cos\delta\sin2\tau} \quad (9.23)$$

式中

$$2\tau = \arctan\frac{2|E_\phi||E_\theta|\cos\delta}{|E_\theta|^2 - |E_\phi|^2}$$

其中：δ 为 E_θ、E_ϕ 之间的相位差。

9.2.4 辐射效率

辐射效率是非常重要的，它表明天线的效率，使用 FDTD 可以计算出辐射效率。首先应用表面等效定律，可以求得天线的辐射功率：

$$P_{\text{rad}} = \frac{1}{2}\text{Re}\left\{\int_U \boldsymbol{E}\times\boldsymbol{H}^*\cdot\hat{n}\mathrm{d}S'\right\} = \frac{1}{2}\text{Re}\left\{\int_S \boldsymbol{J}^*\times\boldsymbol{M}\cdot\hat{n}\mathrm{d}S'\right\} \quad (9.24)$$

传递到天线的功率由信号源给出的电压和电流的乘积决定：

$$P_{\text{rad}} = \frac{1}{2}\text{Re}\{V_S(\omega)I_S^*(\omega)\} \quad (9.25)$$

式中：$V_S(\omega)$、$I_S^*(\omega)$ 代表作为源的电压和电流的傅里叶变换值。
则天线的辐射效率为

$$\eta_a = \frac{P_{\text{rad}}}{P_{\text{del}}} \quad (9.26)$$

9.3 MATLAB 运行近场到远场的变换

本节将给出近场到远场的变换的三维 FDTD MATLAB 程序的运行。

9.3.1 定义近场到远场变换参量

第 8 章已运行程序，证明了三维 CPML 吸收边界条件。CPML 的有效性，使得仿真三维开放边界问题成为可能；问题空间中的电场和磁场，如同边界向无限远处延伸的自由空间中一样地被仿真计算。并且，对多个频率点，应用前节所述的近场到远场的变换技术，可以用来计算远场图。工作频率和其他远场辐射参量在前面 FDTD 概念的讨论中已有定义。子程序 define_output_parameter 定义了给定的近场到远场变换参量，部分程序程序 9.1。

程序 9.1　define_output_parameters

```
disp ('defining output parameters');

sampled_electric_fields = [];
sampled_magnetic_fields = [];
sampled_voltages = [];
sampled_currents = [];
```

```
ports = [];
farfield.frequencies = [];

% figure refresh rate
plotting_step = 10;

% mode of operation
run_simulation = true;
show_material_mesh = true;
show_problem_space = true;

% far field calculation parameters
farfield.frequencies(1) = 3e9;
farfield.frequencies(2) = 5e9;
farfield.frequencies(3) = 6e9;
farfield.frequencies(4) = 9e9;
farfield.number_of_cells_from_outer_boundary = 10;
```

程序 9.1 中定义了一个名为 farfield 的结构体,其中含场的工作频率被初始化为一个空数组,然后被赋以要计算远场波形的频率,数组名称为 farfield.frequenccies。farfield 中其他需要初始化的变量为 number_of_cells_from_outer_boundary。此变量给出了近场到远场计算中封闭天线和散射体的虚拟表面的位置。此虚拟表面不能与仿真目标或 CPML 边界有任何一致或相交。因此,number_of_cells_from_outer_boundary 的选择应大于 CPML 媒质的厚度,并小于 CPML 媒质的厚度与空气层厚度的和,如图 9.4 所示。此参量用以确定节点 (li, lj, lk) 和 (ui, uj, uk) 的坐标,以指出虚拟表面的边界。

9.3.2 近场到远场参量的初始化

在 FDTD 主程序(程序 9.2)中增加了一个新的名为 intialize_farfield_arrays 的子程序。intialize_farfield_arrays 的执行见程序 9.3。

程序 9.2   fdtd_solve

```
% initialize the matlab workspace
clear all; close all; clc;

% define the problem
define_problem_space_parameters;
define_geometry;
define_sources_and_lumped_elements;
define_output_parameters;

% initialize the problem space and parameters
```

```
initialize_fdtd_material_grid;
display_problem_space;
display_material_mesh;
if run_simulation
    initialize_fdtd_parameters_and_arrays;
    initialize_sources_and_lumped_elements;
    initialize_updating_coefficients;
    initialize_boundary_conditions;
    initialize_output_parameters;
    initialize_farfield_arrays;
    initialize_display_parameters;

    % FDTD time marching loop
    run_fdtd_time_marching_loop;

    % display simulation results
    post_process_and_display_results;
end
```

程序 9.3　initialize_farfield_arrays

```
% initialize farfield arrays
number_of_farfield_frequencies = size(farfield.frequencies,2);

if number_of_farfield_frequencies == 0
    return;
end
nc_farbuffer = farfield.number_of_cells_from_outer_boundary;
li = nc_farbuffer + 1;
lj = nc_farbuffer + 1;
lk = nc_farbuffer + 1;
ui = nx - nc_farbuffer+ 1;
uj = ny - nc_farbuffer+ 1;
uk = nz - nc_farbuffer+ 1;

farfield_w = 2* pi* farfield.frequencies;

tjxyp = zeros(1,ui- li,1,uk- lk);
tjxzp = zeros(1,ui- li,uj- lj,1);
tjyxp = zeros(1,1,uj- lj,uk- lk);
tjyzp = zeros(1,ui- li,uj- lj,1);
tjzxp = zeros(1,1,uj- lj,uk- lk);
tjzyp = zeros(1,ui- li,1,uk- lk);
```

```
tjxyn = zeros(1,ui- li,1,uk- lk);
tjxzn = zeros(1,ui- li,uj- lj,1);
tjyxn = zeros(1,1,uj- lj,uk- lk);
tjyzn = zeros(1,ui- li,uj- lj,1);
tjzxn = zeros(1,1,uj- lj,uk- lk);
tjzyn = zeros(1,ui- li,1,uk- lk);
tmxyp = zeros(1,ui- li,1,uk- lk);
tmxzp = zeros(1,ui- li,uj- lj,1);
tmyxp = zeros(1,1,uj- lj,uk- lk);
tmyzp = zeros(1,ui- li,uj- lj,1);
tmzxp = zeros(1,1,uj- lj,uk- lk);
tmzyp = zeros(1,ui- li,1,uk- lk);
tmxyn = zeros(1,ui- li,1,uk- lk);
tmxzn = zeros(1,ui- li,uj- lj,1);
tmyxn = zeros(1,1,uj- lj,uk- lk);
tmyzn = zeros(1,ui- li,uj- lj,1);
tmzxn = zeros(1,1,uj- lj,uk- lk);
tmzyn = zeros(1,ui- li,1,uk- lk);

cjxyp = zeros(number_of_farfield_frequencies,ui- li,1,uk- lk);
cjxzp = zeros(number_of_farfield_frequencies,ui- li,uj- lj,1);
cjyxp = zeros(number_of_farfield_frequencies,1,uj- lj,uk- lk);
cjyzp = zeros(number_of_farfield_frequencies,ui- li,uj- lj,1);
cjzxp = zeros(number_of_farfield_frequencies,1,uj- lj,uk- lk);
cjzyp = zeros(number_of_farfield_frequencies,ui- li,1,uk- lk);
cjxyn = zeros(number_of_farfield_frequencies,ui- li,1,uk- lk);
cjxzn = zeros(number_of_farfield_frequencies,ui- li,uj- lj,1);
cjyxn = zeros(number_of_farfield_frequencies,1,uj- lj,uk- lk);
cjyzn = zeros(number_of_farfield_frequencies,ui- li,uj- lj,1);
cjzxn = zeros(number_of_farfield_frequencies,1,uj- lj,uk- lk);
cjzyn = zeros(number_of_farfield_frequencies,ui- li,1,uk- lk);
cmxyp = zeros(number_of_farfield_frequencies,ui- li,1,uk- lk);
cmxzp = zeros(number_of_farfield_frequencies,ui- li,uj- lj,1);
cmyxp = zeros(number_of_farfield_frequencies,1,uj- lj,uk- lk);
cmyzp = zeros(number_of_farfield_frequencies,ui- li,uj- lj,1);
cmzxp = zeros(number_of_farfield_frequencies,1,uj- lj,uk- lk);
cmzyp = zeros(number_of_farfield_frequencies,ui- li,1,uk- lk);
cmxyn = zeros(number_of_farfield_frequencies,ui- li,1,uk- lk);
cmxzn = zeros(number_of_farfield_frequencies,ui- li,uj- lj,1);
cmyxn = zeros(number_of_farfield_frequencies,1,uj- lj,uk- lk);
cmyzn = zeros(number_of_farfield_frequencies,ui- li,uj- lj,1);
cmzxn = zeros(number_of_farfield_frequencies,1,uj- lj,uk- lk);
cmzyn = zeros(number_of_farfield_frequencies,ui- li,1,uk- lk);
```

在近场到远场初始化的第一步是确定节点 (li, lj, lk) 和 (ui, uj, uk) 的坐标,此两节点指出了近场到远场虚拟表面的位置。一旦确定始点和终点,它们就被用以构造近场到远场辅助数组。在近场到远场变换中需要两个数组:第一组数用来存储每一时间步上虚拟表面的虚拟电流和磁流;第二数组用于这些电流和磁流的实时离散傅里叶变换。下面将详细说明这些数组的命名习惯。

在虚拟表面上有6个面,每一个面上都有要计算虚拟的电流和磁流,因此需要12个二维数组。这些数组的名字以字母 t 开始,后面跟着 j 或 m,j 表示存储的是电流;m 表示存储的是磁流。第三个字母为 x、y 或 z,表示电流或磁流的方向。最后两个字母为 xn、yn、zn、xp、yp、zp 表示与数组相关的6个虚拟表面中的某个面。这些数组是四维的,实际上它们是二维的。如后面所描述的,第一维的大小为1,此维的增加是为了方便实时离散傅里叶变换的计算,场在三维空间计算,并存储在三维数组中。然而,当场与虚拟表面重合时,应存储此场值,因此需要另一三维数组存储虚拟电流和磁流,其大小取决于虚拟表面上的切向场的数目。

虚拟电流和磁流数组用来计算这些电流和磁流的 DFT。在频域中得到的电流和磁流存储在各自的数组中,这样每一虚拟电流和磁流数组都与频域中的相应数组相关联。因频域中的数组的命名方法与时域中基本相同,唯一的不同在于,前面加了字母 c。所以频域数组的第一维的大小与需要求远场的频率点的数目相等。

程序 9.3 中附加的参数定义为 farfield-w。由于远场频率计算,常使用角频率,单位为 rad/s。在计算中它们仅计算一次并存储在 farfield-w 中,以备后用。

9.3.3 时间步进循环中的近场到远场 DFT

当 FDTD 时间步进循环运行时,电场和磁场用来计算虚拟电流和磁流,该计算在近场到远场虚拟表面上进行,使用式(9.6)~式(9.11)。为此一新的子程序名为 calculate_JandM 加入到程序 run_fdtd_time_marching_loop 中,见程序 9.4。calculate_JandM 的执行列于程序 9.5。

由程序 9.5 注意到,为了计算虚拟磁流分量使用了两个电场的平均值,这样做的目的是为了得到与近场到远场表面重合的单元表面中心的电场值。例如,如图 9.8 所示,在虚拟近场到远场表面上的 y_n 面上的电场分量 E_x。E_x 位于与近场到远场表面重合的单元表面的边缘,为了得到单元表面中心的等效电场值,应对每一单元的表面计算两电场 E_x 的平均值。这样计算出来的磁流分量,即应用式(9.10b)计算出的 M_z 就位于单元表面的中心。

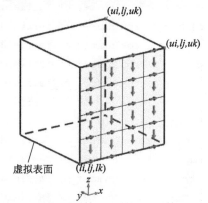

图 9.8 近场到远场表面上的 y_n 面上的 E_x 电场分量以及由 E_x 所产生的磁流

程序 9.4　run_fdtd_time_marching_loop

```
disp (['Starting the time marching loop']);
disp (['Total number of time steps : '...
    num2str (number_of_time_steps)]);

start_time = cputime;
```

```
current_time = 0;

for time_step = 1:number_of_time_steps
    update_magnetic_fields;
    update_magnetic_field_CPML_ABC;
    capture_sampled_magnetic_fields;
    capture_sampled_currents;
    update_electric_fields;
    update_electric_field_CPML_ABC;
    update_voltage_sources;
    update_current_sources;
    update_inductors;
    update_diodes;
    capture_sampled_electric_fields;
    capture_sampled_voltages;
    calculate_JandM;
    display_sampled_parameters;
end

end_time = cputime;
total_time_in_minutes = (end_time - start_time)/60;
disp(['Total simulation time is ' ...
    num2str(total_time_in_minutes) ' minutes.']);
```

程序 9.5　calculate_JandM

```
% Calculate J and M on the imaginary farfiled surface
if number_of_farfield_frequencies == 0
   return;
end
j = sqrt(-1);


tmyxp(1,1,:,:) = 0.5* (Ez(ui,lj:uj- 1,lk:uk- 1)+ Ez(ui,lj+ 1:uj,lk:uk- 1));
tmzxp(1,1,:,:) = - 0.5* (Ey(ui,lj:uj- 1,lk:uk- 1)+ Ey(ui,lj:uj- 1,lk+ 1:uk));
tmxyp(1,:,1,:) = - 0.5* (Ez(li:ui- 1,uj,lk:uk- 1)+ Ez(li+ 1:ui,uj,lk:uk- 1));
tmzyp(1,:,1,:) = 0.5* (Ex(li:ui- 1,uj,lk:uk- 1)+ Ex(li:ui- 1,uj,lk+ 1:uk));
tmxzp(1,:,:,1) = 0.5* (Ey(li:ui- 1,lj:uj- 1,uk)+ Ey(li+ 1:ui,lj:uj- 1,uk));
tmyzp(1,:,:,1) = - 0.5* (Ex(li:ui- 1,lj:uj- 1,uk)+ Ex(li:ui- 1,lj+ 1:uj,uk));

tjyxp(1,1,:,:) = - 0.25* (Hz(ui,lj:uj- 1,lk:uk- 1)+ Hz(ui,lj:uj- 1,lk+ 1:uk) ...
     + Hz(ui- 1,lj:uj- 1,lk:uk- 1) + Hz(ui- 1,lj:uj- 1,lk+ 1:uk));

tjzxp(1,1,:,:) = 0.25* (Hy(ui,lj:uj- 1,lk:uk- 1)+ Hy(ui,lj+ 1:uj,lk:uk- 1) ...
     + Hy(ui- 1,lj:uj- 1,lk:uk- 1) + Hy(ui- 1,lj+ 1:uj,lk:uk- 1));
```

```
tjzyp(1,:,1,:) = - 0.25* (Hx(li:ui- 1,uj,lk:uk- 1)+ Hx(li+ 1:ui,uj,lk:uk- 1) ...
    + Hx (li:ui- 1,uj- 1,lk:uk- 1) + Hx (li+ 1:ui,uj- 1,lk:uk- 1));

tjxyp(1,:,1,:) = 0.25* (Hz(li:ui- 1,uj,lk:uk- 1)+ Hz(li:ui- 1,uj,lk+ 1:uk) ...
    + Hz (li:ui- 1,uj- 1,lk:uk- 1) + Hz (li:ui- 1,uj- 1,lk+ 1:uk));

tjyzp(1,:,:,1) = 0.25* (Hx(li:ui- 1,lj:uj- 1,uk)+ Hx(li+ 1:ui,lj:uj- 1,uk) ...
    + Hx (li:ui- 1,lj:uj- 1,uk- 1) + Hx (li+ 1:ui,lj:uj- 1,uk- 1));

tjxzp(1,:,:,1) = - 0.25* (Hy(li:ui- 1,lj:uj- 1,uk)+ Hy(li:ui- 1,lj+ 1:uj,uk) ...
    + Hy (li:ui- 1,lj:uj- 1,uk- 1) + Hy (li:ui- 1,lj+ 1:uj,uk- 1));

tmyxn(1,1,:,:) = - 0.5 * (Ez(li,lj:uj- 1,lk:uk- 1)+ Ez(li,lj+ 1:uj,lk:uk- 1));
tmzxn(1,1,:,:) = 0.5 * (Ey(li,lj:uj- 1,lk:uk- 1)+ Ey(li,lj:uj- 1,lk+ 1:uk));

tmxyn(1,:,1,:) = 0.5 * (Ez(li:ui- 1,lj,lk:uk- 1)+ Ez(li+ 1:ui,lj,lk:uk- 1));
tmzyn(1,:,1,:) = - 0.5 * (Ex(li:ui- 1,lj,lk:uk- 1)+ Ex(li:ui- 1,lj,lk+ 1:uk));

tmxzn(1,:,:,1) = - 0.5 * (Ey(li:ui- 1,lj:uj- 1,lk)+ Ey(li+ 1:ui,lj:uj- 1,lk));
tmyzn(1,:,:,1) = 0.5 * (Ex(li:ui- 1,lj:uj- 1,lk)+ Ex(li:ui- 1,lj+ 1:uj,lk));

tjyxn(1,1,:,:) = 0.25* (Hz(li,lj:uj- 1,lk:uk- 1)+ Hz(li,lj:uj- 1,lk+ 1:uk) ...
    + Hz (li- 1,lj:uj- 1,lk:uk- 1) + Hz (li- 1,lj:uj- 1,lk+ 1:uk));

tjzxn(1,1,:,:) = - 0.25* (Hy(li,lj:uj- 1,lk:uk- 1)+ Hy(li,lj+ 1:uj,lk:uk- 1) ...
    + Hy (li- 1,lj:uj- 1,lk:uk- 1) + Hy (li- 1,lj+ 1:uj,lk:uk- 1));

tjzyn(1,:,1,:) = 0.25* (Hx(li:ui- 1,lj,lk:uk- 1)+ Hx(li+ 1:ui,lj,lk:uk- 1) ...
    + Hx (li:ui- 1,lj- 1,lk:uk- 1) + Hx (li+ 1:ui,lj- 1,lk:uk- 1));

tjxyn(1,:,1,:) = - 0.25* (Hz(li:ui- 1,lj,lk:uk- 1)+ Hz(li:ui- 1,lj,lk+ 1:uk) ...
    + Hz (li:ui- 1,lj- 1,lk:uk- 1) + Hz (li:ui- 1,lj- 1,lk+ 1:uk));

tjyzn(1,:,:,1) = - 0.25* (Hx(li:ui- 1,lj:uj- 1,lk)+ Hx(li+ 1:ui,lj:uj- 1,lk) ...
    + Hx (li:ui- 1,lj:uj- 1,lk- 1)+ Hx(li+ 1:ui,lj:uj- 1,lk- 1));

tjxzn(1,:,:,1) = 0.25* (Hy(li:ui- 1,lj:uj- 1,lk)+ Hy(li:ui- 1,lj+ 1:uj,lk) ...
    + Hy (li:ui- 1,lj:uj- 1,lk- 1) + Hy (li:ui- 1,lj+ 1:uj,lk- 1));

% fourier transform
for mi= 1:number_of_farfield_frequencies
    exp_h = dt * exp(- j* farfield_w(mi)* (time_step- 0.5)* dt);
    cjxyp(mi,:,:,:) = cjxyp(mi,:,:,:) + exp_h * tjxyp(1,:,:,:);
    cjxzp(mi,:,:,:) = cjxzp(mi,:,:,:) + exp_h * tjxzp(1,:,:,:);
```

```
cjyxp(mi,:,:,:) = cjyxp(mi,:,:,:) + exp_h * tjyxp(1,:,:,:);
cjyzp(mi,:,:,:) = cjyzp(mi,:,:,:) + exp_h * tjyzp(1,:,:,:);
cjzxp(mi,:,:,:) = cjzxp(mi,:,:,:) + exp_h * tjzxp(1,:,:,:);
cjzyp(mi,:,:,:) = cjzyp(mi,:,:,:) + exp_h * tjzyp(1,:,:,:);

cjxyn(mi,:,:,:) = cjxyn(mi,:,:,:) + exp_h * tjxyn(1,:,:,:);
cjxzn(mi,:,:,:) = cjxzn(mi,:,:,:) + exp_h * tjxzn(1,:,:,:);
cjyxn(mi,:,:,:) = cjyxn(mi,:,:,:) + exp_h * tjyxn(1,:,:,:);
cjyzn(mi,:,:,:) = cjyzn(mi,:,:,:) + exp_h * tjyzn(1,:,:,:);
cjzxn(mi,:,:,:) = cjzxn(mi,:,:,:) + exp_h * tjzxn(1,:,:,:);
cjzyn(mi,:,:,:) = cjzyn(mi,:,:,:) + exp_h * tjzyn(1,:,:,:);

exp_e = dt * exp(-j* farfield_w(mi)* time_step* dt);

cmxyp(mi,:,:,:) = cmxyp(mi,:,:,:) + exp_e * tmxyp(1,:,:,:);
cmxzp(mi,:,:,:) = cmxzp(mi,:,:,:) + exp_e * tmxzp(1,:,:,:);
cmyxp(mi,:,:,:) = cmyxp(mi,:,:,:) + exp_e * tmyxp(1,:,:,:);
cmyzp(mi,:,:,:) = cmyzp(mi,:,:,:) + exp_e * tmyzp(1,:,:,:);
cmzxp(mi,:,:,:) = cmzxp(mi,:,:,:) + exp_e * tmzxp(1,:,:,:);
cmzyp(mi,:,:,:) = cmzyp(mi,:,:,:) + exp_e * tmzyp(1,:,:,:);

cmxyn(mi,:,:,:) = cmxyn(mi,:,:,:) + exp_e * tmxyn(1,:,:,:);
cmxzn(mi,:,:,:) = cmxzn(mi,:,:,:) + exp_e * tmxzn(1,:,:,:);
cmyxn(mi,:,:,:) = cmyxn(mi,:,:,:) + exp_e * tmyxn(1,:,:,:);
cmyzn(mi,:,:,:) = cmyzn(mi,:,:,:) + exp_e * tmyzn(1,:,:,:);
cmzxn(mi,:,:,:) = cmzxn(mi,:,:,:) + exp_e * tmzxn(1,:,:,:);
cmzyn(mi,:,:,:) = cmzyn(mi,:,:,:) + exp_e * tmzyn(1,:,:,:);
end
```

同样,位于单元表面中心的每一虚拟电流分量的计算,是取 4 个磁场的平均。如图 9.9 所示,磁场 H_x 围绕着近场到远场虚拟表面的 y_n 面,H_x 分量位于不与近场到远场虚拟表面重合的单元表面中心。为了获得 H_x 在单元表面中心的等效值,应计算环绕每一单元表面的 4 个磁场 H_x 的平均值。这样由式(9.10a)计算出的虚拟电流 J_z,就位于单元表面的中心。

在当前时间步,虚拟电流和磁流在近场到远场表面的取样完成后,就用于更新实时的 DFT,变换频率定义在子程序 defite_output_parameters 中。例如,在每一时间步,都进行式(9.12)的 DFT 计算,便得到频域中的 J_y。因此,当 FDTD 的时间步进完

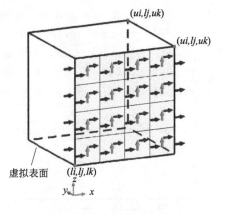

图 9.9 近场到远场虚拟表面上的 y_n 面上的电场 H_x 以及由 H_x 所产生的电流 J_z

成后,也同时完成了 J_y 的 DFT。

9.3.4 远场计算的后处理

当 FDTD 时间步进循环完成后,就得到了近场到远场表面上某个频率的虚拟电流和磁流。它们就可以用于 FDTD 仿真的后处理过程,来计算基于式(9.17)的远场辅助场。这些场就可以用来计算远场方向图,并绘出。

新的名为 calculate_and_display_farfields 的子程序加入到后处理程序 post_process_and_diplay_results 中,见程序 9.6。此程序的功能是计算远场并显示远场。

计算和显示远场(calculate_and_display_farfields)的执行由程序 9.7 给出。此子程序初始化必要的数组和参量并在三个平面上显示远场,即在 xy 平面、xz 平面和 yz 平面。例如,为了在 xy 平面上计算远场,要构造两个数组 farfield_theta 和 farfield_phi,用以存储代表 xy 平面的角度。对 xy 平面,$\theta=90°$ 而 ϕ 角扫过 $-180°\sim180°$,然后调用函数 calculate_farfields_per_plane 对给定的角度计算远场的方向数据。使用另一函数 polar_plot_constant_theta,这些数据可用于绘图。对 xy 平面,θ 是常数,为 $\pi/2$ 弧度。对 xz、yz 平面,ϕ 为常数,分别取 0 和 $\pi/2$ 弧度。因此,可以调用名为 polar_plot_constant_phi 的另一函数来绘制 xz、yz 平面方向图。附录 C 中给出了程序 polar_plot_constant_theta 和 polar_plot_constant_phi。

程序 9.6 post_process_and_display_results

```
disp ('postprocessing and displaying simulation results');

display_transient_parameters;
calculate_frequency_domain_outputs;
display_frequency_domain_outputs;
calculate_and_display_farfields;
```

程序 9.7 calculate_and_display_farfields

```
% This file calls the routines necessary for calculating
% farfield patterns in xy, xz, and yz plane cuts, and displays them.
% The display can be modified as desired.
% You will find the instructions the formats for
% radiation pattern plots can be set by the user.

if number_of_farfield_frequencies = = 0
   return;
end

calculate_radiated_power;

j = sqrt (- 1);
```

```
number_of_angles = 360;

% parameters used by polar plotting functions
step_size = 10;        % increment between the rings in the polar grid
Nrings = 4;            % number of rings in the polar grid
line_style1 = 'b-';    % line style for theta component
line_style2 = 'r--;'   % line style for phi component
scale_type = 'dB';     % linear or dB
plot_type = 'D';       % the calculated data is directivity

% xy plane
% = = = = = = = = = = = = = = = = = = = = =
farfield_theta = zeros(number_of_angles,1);
farfield_phi = zeros(number_of_angles,1);
farfield_theta = farfield_theta + pi/2;
farfield_phi = (pi/180)*[-180:1:179].';
const_theta = 90; % used for plot

% calculate farfields
calculate_farfields_per_plane;

% plotting the farfield data
for mi= 1:number_of_farfield_frequencies
    f = figure;
    pat1 = farfield_dataTheta(mi,:).';
    pat2 = farfield_dataPhi(mi,:).';

    % if scale_type is db use these, otherwise comment these two lines
    pat1 = 10*log10(pat1);
    pat2 = 10*log10(pat2);

    max_val = max(max([pat1 pat2]));
    max_val = step_size * ceil(max_val/step_size);

    legend_str1 = [plot_type '_{\theta}, f= ' ...
        num2str(farfield.frequencies(mi)* 1e-9) ' GHz'];
    legend_str2 = [plot_type '_{\phi}, f= ' ...
        num2str(farfield.frequencies(mi)* 1e-9) ' GHz'];

    polar_plot_constant_theta(farfield_phi,pat1,pat2,max_val, ...
        step_size,Nrings,line_style1,line_style2,const_theta, ...
        legend_str1,legend_str2,scale_type);
end
```

```matlab
% xz plane
% = = = = = = = = = = = = = = = = = = = = = = = = =
farfield_theta = zeros (number_of_angles, 1);
farfield_phi = zeros (number_of_angles, 1);
farfield_theta = (pi /180)* [- 180:1:179].';
const_phi = 0; % used for plot


% calculate farfields
calculate_farfields_per_plane;

% plotting the farfield data
for mi= 1:number_of_farfield_frequencies
    f = figure;
    pat1 = farfield_dataTheta(mi,:).';
    pat2 = farfield_dataPhi(mi,:).';

    % if scale_type is db use these, otherwise comment these two lines
    pat1 = 10* log10 (pat1);
    pat2 = 10* log10 (pat2);

    max_val = max(max ([pat1 pat2]));
    max_val = step_size * ceil(max_val/step_size);

    legend_str1 = ...
    [plot_type '_{\theta}, f= ' ...
    num2str (farfield.frequencies(mi)* 1e- 9) ' GHz'];
    legend_str2 = ...
    [plot_type '_{\phi}, f= ' ...
    num2str (farfield.frequencies(mi)* 1e- 9) ' GHz'];

    polar_plot_constant_phi(farfield_theta,pat1,pat2,max_val, ...
        step_size, Nrings,line_style1,line_style2,const_phi, ...
        legend_str1,legend_str2,scale_type);
end

% yz plane
% = = = = = = = = = = = = = = = = = = = = = = = = =
farfield_theta = zeros (number_of_angles, 1);
farfield_phi = zeros (number_of_angles, 1);
farfield_phi = farfield_phi + pi/2;
farfield_theta = (pi /180)* [- 180:1:179].';
const_phi = 90; % used for plot
```

```
% calculate farfields
calculate_farfields_per_plane;

% plotting the farfield data
for mi= 1:number_of_farfield_frequencies
  f = figure;
  pat1 = farfield_dataTheta(mi,:).';
  pat2 = farfield_dataPhi(mi,:).';

% if scale_type is db use these, otherwise comment these two lines
  pat1 = 10* log10 (pat1);
  pat2 = 10* log10 (pat2);

  max_val = max(max ([pat1 pat2]));
  max_val = step_size * ceil(max_val/step_size);

  legend_str1 = ...
  [plot_type'_{\theta}, f= ' ...
  num2str (farfield.frequencies(mi)* 1e- 9) ' GHz'];
  legend_str2 = ...
  [plot_type'_{\phi}, f= ' ...
  num2str (farfield.frequencies(mi)* 1e- 9) ' GHz'];

  polar_plot_constant_phi(farfield_theta,pat1,pat2,max_val, ...
      step_size, Nrings,line_style1,line_style2,const_phi, ...
      legend_str1,legend_str2,scale_type);
end
```

近场到远场的计算主要在函数 calculate_farfields_per_plane 中进行，见程序 9.9。

calculate_farfields_per_plane 中的初始任务是计算总的辐射功率，名为 calculate_radiated_power 的子程序完成此任务。总的辐射功率存储在 radiated_power 参量中，见程序 9.8。辐射功率的计算是基于式(9.24)的离散求和公式。

在计算任意远场数据之前，需要用式(9.17)计算辅助场量 N_θ、N_ϕ、L_θ、L_ϕ。式(9.17)中的参量 θ、ϕ 为角度，表示观察点的位置矢量 r，如图 9.7 所示。参数 J_x、J_y、J_z、M_x、M_y、M_z 为与虚拟表面重合的单元面上的虚拟电流和磁流，对于给定的频率，如前所述，它们已被计算出。波数为

$$k = 2\pi f \sqrt{\mu_0 \varepsilon_0} \tag{9.27}$$

式中：f 为远场工作频率。式(9.17)中的另一项 $r'\cos\psi$ 需要进一步定义。如图 9.7 所示，r 是观察点的位置矢量，而 r' 为源点位置矢量。因此 $r'\cos(\psi)$ 可以由乘积 $r' \cdot \hat{r}$ 得到。这里 $\hat{r}$ 是矢量 r' 的单位矢量。在直角坐标下单位矢量 $\hat{r}$ 表示为

$$\hat{r} = \hat{x}\sin\theta\cos\phi + \hat{y}\sin\theta\sin\phi + \hat{z}\cos\theta \tag{9.28}$$

程序 9.8 calculate_radiated_power

```
% Calculate total radiated power
radiated_power = zeros(number_of_farfield_frequencies,1);

for mi= 1:number_of_farfield_frequencies
    powr = 0;
    powr = dx* dy* sum(sum(sum(cmyzp(mi,:,:,:).* ...
        conj(cjxzp(mi,:,:,:)) - cmxzp(mi,:,:,:) ...
        .* conj(cjyzp(mi,:,:,:))))); 
    powr = powr - dx* dy* sum(sum(sum(cmyzn(mi,:,:,:) ...
        .* conj(cjxzn(mi,:,:,:)) - cmxzn(mi,:,:,:) ...
        .* conj(cjyzn(mi,:,:,:))))); 
    powr = powr + dx* dz* sum(sum(sum(cmxyp(mi,:,:,:) ...
        .* conj(cjzyp(mi,:,:,:)) - cmzyp(mi,:,:,:) ...
        .* conj(cjxyp(mi,:,:,:))))); 
    powr = powr - dx* dz* sum(sum(sum(cmxyn(mi,:,:,:) ...
        .* conj(cjzyn(mi,:,:,:)) - cmzyn(mi,:,:,:) ...
        .* conj(cjxyn(mi,:,:,:))))); 
    powr = powr + dy* dz* sum(sum(sum(cmzxp(mi,:,:,:) ...
        .* conj(cjyxp(mi,:,:,:)) - cmyxp(mi,:,:,:) ...
        .* conj(cjzxp(mi,:,:,:))))); 
    powr = powr - dy* dz* sum(sum(sum(cmzxn(mi,:,:,:) ...
        .* conj(cjyxn(mi,:,:,:)) - cmyxn(mi,:,:,:) ...
        .* conj(cjzxn(mi,:,:,:))))); 
    radiated_power(mi) = 0.5 * real(powr);
end
```

程序 9.9 calculate_farfields_per_plane

```
if number_of_farfield_frequencies == 0
    return;
end
c = 2.99792458e+ 8;  % speed of light in free space
mu_0 = 4 * pi * 1e- 7;  % permeability of free space
eps_0 = 1.0/(c* c* mu_0);  % permittivity of free space
eta_0 = sqrt(mu_0/eps_0);  % intrinsic impedance of free space

exp_jk_rpr = zeros(number_of_angles,1);
dx_sinth_cosphi = zeros(number_of_angles,1);
dy_sinth_sinphi = zeros(number_of_angles,1);
dz_costh = zeros(number_of_angles,1);
dy_dz_costh_sinphi = zeros(number_of_angles,1);
dy_dz_sinth = zeros(number_of_angles,1);
```

```matlab
dy_dz_cosphi = zeros(number_of_angles,1);
dx_dz_costh_cosphi = zeros(number_of_angles,1);
dx_dz_sinth = zeros(number_of_angles,1);
dx_dz_sinphi = zeros(number_of_angles,1);
dx_dy_costh_cosphi = zeros(number_of_angles,1);
dx_dy_costh_sinphi = zeros(number_of_angles,1);
dx_dy_sinphi = zeros(number_of_angles,1);
dx_dy_cosphi = zeros(number_of_angles,1);
farfield_dirTheta = ...
    zeros(number_of_farfield_frequencies,number_of_angles);
farfield_dir = ...
    zeros(number_of_farfield_frequencies,number_of_angles);
farfield_dirPhi = ...
    zeros(number_of_farfield_frequencies,number_of_angles);

dx_sinth_cosphi = dx* sin(farfield_theta).* cos(farfield_phi);
dy_sinth_sinphi = dy* sin(farfield_theta).* sin(farfield_phi);
dz_costh = dz* cos(farfield_theta);
dy_dz_costh_sinphi = dy* dz* cos(farfield_theta).* sin(farfield_phi);
dy_dz_sinth = dy* dz* sin(farfield_theta);
dy_dz_cosphi = dy* dz* cos(farfield_phi);
dx_dz_costh_cosphi = dx* dz* cos(farfield_theta).* cos(farfield_phi);
dx_dz_sinth = dx* dz* sin(farfield_theta);
dx_dz_sinphi = dx* dz* sin(farfield_phi);
dx_dy_costh_cosphi = dx* dy* cos(farfield_theta).* cos(farfield_phi);
dx_dy_costh_sinphi = dx* dy* cos(farfield_theta).* sin(farfield_phi);
dx_dy_sinphi = dx* dy* sin(farfield_phi);
dx_dy_cosphi = dx* dy* cos(farfield_phi);
ci = 0.5* (ui+ li);
cj = 0.5* (uj+ lj);
ck = 0.5* (uk+ lk);

% calculate directivity
for mi= 1:number_of_farfield_frequencies
    disp(['Calculating directivity for ', ...
        num2str(farfield.frequencies(mi)) ' Hz']);
    k = 2* pi * farfield.frequencies(mi)* (mu_0* eps_0)^0.5;

    Ntheta = zeros(number_of_angles,1);
    Ltheta = zeros(number_of_angles,1);
    Nphi = zeros(number_of_angles,1);
    Lphi = zeros(number_of_angles,1);
    rpr = zeros(number_of_angles,1);
```

```
for nj = lj:uj- 1
  for nk = lk:uk- 1
  % for + ax direction

    rpr =  (ui - ci)* dx_sinth_cosphi ...
       + (nj- cj+ 0.5)* dy_sinth_sinphi ...
       + (nk- ck+ 0.5)* dz_costh;
    exp_jk_rpr = exp (j* k* rpr);
    Ntheta = Ntheta ...
       + (cjyxp(mi,1,nj- lj+ 1,nk- lk+ 1).* dy_dz_costh_sinphi ...
       - cjzxp(mi,1,nj- lj+ 1,nk- lk+ 1).* dy_dz_sinth).* exp_jk_rpr;
    Ltheta = Ltheta ...
       + (cmyxp(mi,1,nj- lj+ 1,nk- lk+ 1).* dy_dz_costh_sinphi ...
       - cmzxp(mi,1,nj- lj+ 1,nk- lk+ 1).* dy_dz_sinth).* exp_jk_rpr;
    Nphi = Nphi ...
       + (cjyxp(mi,1,nj- lj+ 1,nk- lk+ 1).* dy_dz_cosphi).* exp_jk_rpr;
    Lphi = Lphi ...
       + (cmyxp(mi,1,nj- lj+ 1,nk- lk+ 1).* dy_dz_cosphi).* exp_jk_rpr;


  % for - ax direction
    rpr =  (li - ci)* dx_sinth_cosphi ...
       + (nj- cj+ 0.5)* dy_sinth_sinphi ...
       + (nk- ck+ 0.5)* dz_costh;
    exp_jk_rpr = exp (j* k* rpr);

    Ntheta = Ntheta ...
       + (cjyxn(mi,1,nj- lj+ 1,nk- lk+ 1).* dy_dz_costh_sinphi ...
       - cjzxn(mi,1,nj- lj+ 1,nk- lk+ 1).* dy_dz_sinth).* exp_jk_rpr;
    Ltheta = Ltheta ...
       + (cmyxn(mi,1,nj- lj+ 1,nk- lk+ 1).* dy_dz_costh_sinphi ...
       - cmzxn(mi,1,nj- lj+ 1,nk- lk+ 1).* dy_dz_sinth).* exp_jk_rpr;
    Nphi = Nphi ...
       + (cjyxn(mi,1,nj- lj+ 1,nk- lk+ 1).* dy_dz_cosphi).* exp_jk_rpr;
    Lphi = Lphi ...
       + (cmyxn(mi,1,nj- lj+ 1,nk- lk+ 1).* dy_dz_cosphi).* exp_jk_rpr;
  end
end
for ni = li:ui- 1
  for nk = lk:uk- 1
  % for + ay direction
    rpr =  (ni - ci + 0.5)* dx_sinth_cosphi ...
       + (uj- cj)* dy_sinth_sinphi ...
       + (nk- ck+ 0.5)* dz_costh;
```

```
    exp_jk_rpr = exp(j* k* rpr);

    Ntheta = Ntheta ...
       + (cjxyp(mi,ni- li+ 1,1,nk- lk+ 1).* dx_dz_costh_cosphi ...
       -  cjzyp(mi,ni- li+ 1,1,nk- lk+ 1).* dx_dz_sinth).* exp_jk_rpr;
    Ltheta = Ltheta ...
       + (cmxyp(mi,ni- li+ 1,1,nk- lk+ 1).* dx_dz_costh_cosphi ...
       -  cmzyp(mi,ni- li+ 1,1,nk- lk+ 1).* dx_dz_sinth).* exp_jk_rpr;
    Nphi = Nphi ...
       + (- cjxyp(mi,ni- li+ 1,1,nk- lk+ 1).* dx_dz_sinphi).* exp_jk_rpr;
    Lphi = Lphi ...
       + (- cmxyp(mi,ni- li+ 1,1,nk- lk+ 1).* dx_dz_sinphi).* exp_jk_rpr;

    % for - ay direction
    rpr = (ni - ci + 0.5)* dx_sinth_cosphi ...
        + (lj- cj)* dy_sinth_sinphi ...
        + (nk- ck+ 0.5)* dz_costh;
    exp_jk_rpr = exp(j* k* rpr);

    Ntheta = Ntheta ...
       + (cjxyn(mi,ni- li+ 1,1,nk- lk+ 1).* dx_dz_costh_cosphi ...
       -  cjzyn(mi,ni- li+ 1,1,nk- lk+ 1).* dx_dz_sinth).* exp_jk_rpr;
    Ltheta = Ltheta ...
       + (cmxyn(mi,ni- li+ 1,1,nk- lk+ 1).* dx_dz_costh_cosphi ...
       -  cmzyn(mi,ni- li+ 1,1,nk- lk+ 1).* dx_dz_sinth).* exp_jk_rpr;
    Nphi = Nphi ...
       + (- cjxyn(mi,ni- li+ 1,1,nk- lk+ 1).* dx_dz_sinphi).* exp_jk_rpr;
    Lphi = Lphi ...
       + (- cmxyn(mi,ni- li+ 1,1,nk- lk+ 1).* dx_dz_sinphi).* exp_jk_rpr;
  end
end

for ni = li:ui- 1
  for nj = lj:uj- 1
   % for + az direction

    rpr = (ni- ci+ 0.5)* dx_sinth_cosphi ...
        + (nj - cj + 0.5)* dy_sinth_sinphi ...
        + (uk- ck)* dz_costh;
    exp_jk_rpr = exp(j* k* rpr);

    Ntheta = Ntheta ...
       + (cjxzp(mi,ni- li+ 1,nj- lj+ 1,1).* dx_dy_costh_cosphi ...
```

```
            + cjyzp(mi,ni- li+ 1,nj- lj+ 1,1).* dx_dy_costh_sinphi) ...
            .* exp_jk_rpr;
        Ltheta = Ltheta ...
            + (cmxzp(mi,ni- li+ 1,nj- lj+ 1,1).* dx_dy_costh_cosphi ...
            + cmyzp(mi,ni- li+ 1,nj- lj+ 1,1).* dx_dy_costh_sinphi) ...
            .* exp_jk_rpr;
        Nphi = Nphi +  (- cjxzp(mi,ni- li+ 1,nj- lj+ 1,1) ...
            .* dx_dy_sinphi+ cjyzp(mi,ni- li+ 1,nj- lj+ 1,1).* dx_dy_cosphi)...
            .* exp_jk_rpr;
        Lphi = Lphi +  (- cmxzp(mi,ni- li+ 1,nj- lj+ 1,1) ...
            .* dx_dy_sinphi+ cmyzp(mi,ni- li+ 1,nj- lj+ 1,1).* dx_dy_cosphi)...
            .* exp_jk_rpr;

        % for - az direction

        rpr =  (ni- ci+ 0.5)* dx_sinth_cosphi ...
            + (nj - cj + 0.5)* dy_sinth_sinphi ...
            + (lk- ck)* dz_costh;
        exp_jk_rpr = exp (j* k* rpr);


        Ntheta = Ntheta ...
            + (cjxzn(mi,ni- li+ 1,nj- lj+ 1,1).* dx_dy_costh_cosphi ...
            + cjyzn(mi,ni- li+ 1,nj- lj+ 1,1).* dx_dy_costh_sinphi)...
            .* exp_jk_rpr;
        Ltheta = Ltheta ...
            + (cmxzn(mi,ni- li+ 1,nj- lj+ 1,1).* dx_dy_costh_cosphi ...
            + cmyzn(mi,ni- li+ 1,nj- lj+ 1,1).* dx_dy_costh_sinphi) ...
            .* exp_jk_rpr;
        Nphi = Nphi +  (- cjxzn(mi,ni- li+ 1,nj- lj+ 1,1) ...
            .* dx_dy_sinphi+ cjyzn(mi,ni- li+ 1,nj- lj+ 1,1).* dx_dy_cosphi)...
            .* exp_jk_rpr;
        Lphi = Lphi +  (- cmxzn(mi,ni- li+ 1,nj- lj+ 1,1) ...
            .* dx_dy_sinphi+ cmyzn(mi,ni- li+ 1,nj- lj+ 1,1).* dx_dy_cosphi)...
            .* exp_jk_rpr;
    end
end
% calculate directivity
farfield_dataTheta(mi,:)= (k^2./(8* pi * eta_0* radiated_power(mi))) ...
    .* (abs (Lphi+ eta_0* Ntheta).^2);
farfield_dataPhi(mi,:) = (k^2./(8* pi * eta_0* radiated_power(mi))) ...
    .* (abs (Ltheta- eta_0* Nphi).^2);
end
```

如前所述，r'为源点位置矢量，可以用源点的位置来表示。当源位于单元表面的中心，源的位置矢量可以表示为下式。对于近场到远场表面，源点位于 z_n 面上的源点位置矢量可以表示为

$$r' = (mi+0.5-ci)\hat{x}\Delta x + (mj+0.5-cj)\hat{y}\Delta y + (lk-ck)\hat{z}\Delta z \quad (9.29)$$

如图 9.10 所示，这里 (ci,cj,ck) 是问题空间的中心，假设为远场问题的坐标原点。参数 mi、mj 是面的节点的标志，它包含了所涉及的源。这样，使用式(9.28)、式(9.29)，式(9.17)中的项 $r'\cos\psi$ 就可以表示为

$$r'\cos\psi = r' \cdot \hat{r} = (mi+0.5-ci)\Delta x \sin\theta\cos\phi +$$
$$(mj+0.5-cj)\Delta y \sin\theta\sin\phi + (lk-ck)\Delta z \cos\theta \quad (9.30)$$

同样，$r'\cos\psi$ 在 z_p 面可以表示为

$$r'\cos\psi = r' \cdot \hat{r} = (mi+0.5-ci)\Delta x \sin\theta\cos\phi +$$
$$(mj+0.5-cj)\Delta y \sin\theta\sin\phi + (uk-ck)\Delta z \cos\theta \quad (9.31)$$

式(9.17)为连续电流分布在虚拟面上的积分，而由 FDTD 计算所得的电流为离散点的分布，因此积分可以用离散求和来表示。对 z_n 和 z_p 面，式(9.17)可重写为

$$N_\theta = \sum_{mi=li}^{ui-1}\sum_{mj=lj}^{uj-1} \Delta x \Delta y (J_x\cos\theta\cos\phi + J_y\cos\theta\sin\phi)e^{-jkr'\cos\psi} \quad (9.32a)$$

$$N_\phi = \sum_{mi=li}^{ui-1}\sum_{mj=lj}^{uj-1} \Delta x \Delta y (-J_x\sin\phi + J_y\cos\phi)e^{-jkr'\cos\psi} \quad (9.32b)$$

$$L_\theta = \sum_{mi=li}^{ui-1}\sum_{mj=lj}^{uj-1} \Delta x \Delta y (M_x\cos\theta\cos\phi + M_y\cos\theta\sin\phi)e^{-jkr'\cos\psi} \quad (9.32c)$$

$$L_\phi = \sum_{mi=li}^{ui-1}\sum_{mj=lj}^{uj-1} \Delta x \Delta y (-M_x\sin\phi + M_y\cos\phi)e^{-jkr'\cos\psi} \quad (9.32d)$$

参考图 9.11，可以得到对平面 x_n，x_p 的 $r'\cos\psi$ 表达式，即

$$r'\cos\psi = r' \cdot \hat{r} = (li-ci)\Delta x \sin\theta\cos\phi +$$
$$(mj+0.5-cj)\Delta y \sin\theta\sin\phi + (mk+0.5-ck)\Delta z \cos\theta \quad (9.33)$$

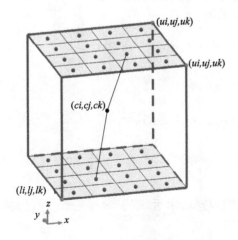
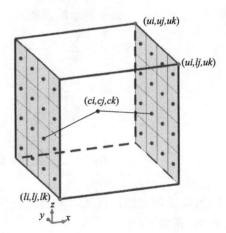

图 9.10　在 z_n、z_p 面上的源的位置矢量　　图 9.11　在平面 x_n，x_p 上的源点位置矢量

$$r'\cos\psi = r \cdot \hat{r} = (ui-ci)\Delta x \sin\theta\cos\phi +$$
$$(mj+0.5-cj)\Delta y \sin\theta\sin\phi + (mk+0.5-ck)\Delta z \cos\theta \quad (9.34)$$

这里 mj 和 mk 是含源的面节点的标志，则式(9.32)以 mj、mk 表示的求和式可以表示为

$$N_\theta = \sum_{mi=li}^{uj-1} \sum_{mk=lk}^{uk-1} \Delta y \Delta z (J_y \cos\theta\cos\phi - J_z \sin\theta) e^{-jkr'\cos\psi} \tag{9.35a}$$

$$N_\phi = \sum_{mj=li}^{uj-1} \sum_{mk=lk}^{uk-1} \Delta y \Delta z (J_y \cos\phi) e^{-jkr'\cos\psi} \tag{9.35b}$$

$$L_\theta = \sum_{mi=lj}^{uj-1} \sum_{mk=lk}^{uk-1} \Delta y \Delta z (M_y \cos\theta\cos\phi - M_z \sin\theta) e^{-jkr'\cos\psi} \tag{9.35c}$$

$$L_\phi = \sum_{mj=lj}^{ui-1} y \Delta z (M_y \cos\phi) e^{-jkr'\cos\psi} \tag{9.35d}$$

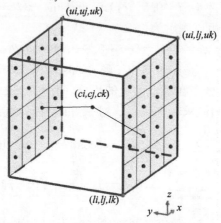

图 9.12 面 y_n、y_p 上的源的位置矢量

同样，参考图 9.12，可以分别得到平面 y_n、y_p 的 $r'\cos\psi$ 表达式，即

$$r'\cos\psi = \mathbf{r}' \cdot \hat{r} = (mi+0.5-ci)\Delta x \sin\theta\cos\phi + \\ (lj-cj)\Delta y \sin\theta\sin\phi + (mk+0.5-ck)\Delta z \cos\theta \tag{9.36}$$

$$r'\cos\psi = \mathbf{r}' \cdot \hat{r} = (mi+0.5-ci)\Delta x \sin\theta\cos\phi + \\ uj-cj\Delta y \sin\theta\sin\phi + (mk+0.5-ck)\Delta z \cos\theta \tag{9.37}$$

则式(9.32)以 mj、mk 表示的求和式可以表示为

$$N_\theta = \sum_{mi=li}^{ui-1} \sum_{mk=lk}^{uk-1} \Delta x \Delta z (J_x \cos\theta\cos\phi - J_z \sin\theta) e^{-jkr'\cos\psi} \tag{9.38a}$$

$$N_\phi = \sum_{mi=li}^{ui-1} \sum_{mk=lk}^{uk-1} \Delta x \Delta z (-J_x \sin\phi) e^{-jkr'\cos\psi} \tag{9.38b}$$

$$L_\theta = \sum_{mi=li}^{ui-1} \sum_{mk=lk}^{uk-1} \Delta x \Delta z (M_x \cos\theta\cos\phi - M_z \sin\theta) e^{-jkr'\cos\psi} \tag{9.38c}$$

$$L_\phi = \sum_{mi=li}^{ui-1} \sum_{mk=lk}^{uk-1} \Delta x \Delta z (-M_x \sin\phi) e^{-jkr'\cos\psi} \tag{9.38d}$$

离散求和可以参考程序 9.9。

最后，在求得了辅助场 N_θ、N_ϕ、L_θ、L_ϕ 和总的辐射功率后，基于参考文献[1]，远场方向数据的计算如下：

$$D_\theta = \frac{k^2}{8\pi\eta_0 P_{\text{rad}}} |L_\phi + \eta_0 N_\theta|^2 \tag{9.39a}$$

$$D_\phi = \frac{k^2}{8\pi\eta_0 P_{\text{rad}}} |L_\theta - \eta_0 N_\phi|^2 \tag{9.39b}$$

9.4 仿 真 举 例

上节讨论了近场到远场变换算法,并用 MATLAB 程序进行了验证。本节将提供天线计算的例子,给出其仿真,包括方向图。

9.4.1 倒 F 天线

本节讨论倒 F 天线,并给出它的 FDTD 仿真结果,并与文献[36]中的结果进行比较。图 9.13 给出了天线的外形和尺寸。与文献[36]相比,尺寸有所修改,使得导体贴片在 yz 面上对 0.4mm×0.4mm 的网格为整数。天线基片厚度为 0.787mm,介电常数为 2.2。

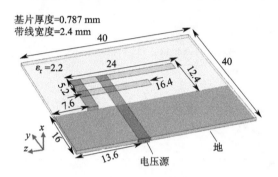

图 9.13 倒 F 天线

FDTD 目标空间由尺寸为 $\Delta x=0.262$mm,$\Delta y=0.4$mm,$\Delta z=0.4$mm 的网格单元构成。边界由 8 个单元厚的 CPML 构成,在目标与 CPML 边界之间留有 10 个单元的间隙。单元尺寸、材料类型以及 CPML 参数列于程度 9.10。目标的几何定义列于程序 9.11。天线用一电压源激励,定义在电压源的附近取样电压和取样电流,以构成输入端口。程序 9.12 和程序 9.13 分别给出了源的定义和输出的定义。应注意,在程序 9.13 中,近场到远场变换是 define_output_parameters 程序的一部分。在本例中远场工作频率为 2.4GHz 和 5.8GHz。近场到远场变换中的一附加参量是 number_of_cells_from_outer_boundary。此参数的值为 13,这意味着,虚拟近场到远场表面距离外部表面 13 个单元,因此,距 CPML 界面 5 个单元位于空气层中。

程序 9.10 define_problem_space_parameter.m

```
disp('defining the problem space parameters');

% maximum number of time steps to run FDTD simulation
number_of_time_steps = 7000;

% A factor that determines duration of a time step
% wrt CFL limit
courant_factor = 0.9;

% A factor determining the accuracy limit of FDTD results
```

```
number_of_cells_per_wavelength = 20;

% Dimensions of a unit cell in x, y, and z directions (meters)
dx = 0.262e-3;
dy = 0.4e-3;
dz = 0.4e-3;

% = = < boundary conditions> = = = = = = = =
% Here we define the boundary conditions parameters
% 'pec' : perfect electric conductor
% 'cpml' : conlvolutional PML
% if cpml_number_of_cells is less than zero
% CPML extends inside of the domain rather than outwards

boundary.type_xn = 'cpml';
boundary.air_buffer_number_of_cells_xn = 10;
boundary.cpml_number_of_cells_xn = 8;

boundary.type_xp = 'cpml';
boundary.air_buffer_number_of_cells_xp = 10;
boundary.cpml_number_of_cells_xp = 8;

boundary.type_yn = 'cpml';
boundary.air_buffer_number_of_cells_yn = 10;
boundary.cpml_number_of_cells_yn = 8;

boundary.type_yp = 'cpml';
boundary.air_buffer_number_of_cells_yp = 10;
boundary.cpml_number_of_cells_yp = 8;

boundary.type_zn = 'cpml';
boundary.air_buffer_number_of_cells_zn = 10;
boundary.cpml_number_of_cells_zn = 8;

boundary.type_zp = 'cpml';
boundary.air_buffer_number_of_cells_zp = 10;
boundary.cpml_number_of_cells_zp = 8;

boundary.cpml_order = 3;
boundary.cpml_sigma_factor = 1.3;
boundary.cpml_kappa_max = 7;
boundary.cpml_alpha_min = 0;
boundary.cpml_alpha_max = 0.05;
```

```
% = = = < material types> = = = = = = = = = = = =
% Here we define and initialize the arrays of material types
% eps_r   : relative permittivity
% mu_r    : relative permeability
% sigma_e : electric conductivity
% sigma_m : magnetic conductivity

% air
material_types(1).eps_r   = 1;
material_types(1).mu_r    = 1;
material_types(1).sigma_e = 0;
material_types(1).sigma_m = 0;
material_types(1).color   = [1 1 1];

% PEC : perfect electric conductor
material_types(2).eps_r   = 1;
material_types(2).mu_r    = 1;
material_types(2).sigma_e = 1e10;
material_types(2).sigma_m = 0;
material_types(2).color   = [1 0 0];

% PMC : perfect magnetic conductor
material_types(3).eps_r   = 1;
material_types(3).mu_r    = 1;
material_types(3).sigma_e = 0;
material_types(3).sigma_m = 1e10;
material_types(3).color   = [0 1 0];

% substrate
material_types(4).eps_r   = 2.2;
material_types(4).mu_r    = 1;
material_types(4).sigma_e = 0;
material_types(4).sigma_m = 0;
material_types(4).color   = [0 0 1];
```

程序 9.11 define_geometry.m

```
disp ('defining the problem geometry');

bricks = [];
spheres = [];
```

```
% define substrate
bricks(1).min_x = -0.787e-3;
bricks(1).min_y = 0;
bricks(1).min_z = 0;
bricks(1).max_x = 0;
bricks(1).max_y = 40e-3;
bricks(1).max_z = 40e-3;
bricks(1).material_type = 4;

bricks(2).min_x = 0;
bricks(2).min_y = 0;
bricks(2).min_z = 24e-3;
bricks(2).max_x = 0;
bricks(2).max_y = 28.4e-3;
bricks(2).max_z = 26.4e-3;
bricks(2).material_type = 2;

bricks(3).min_x = 0;
bricks(3).min_y = 16e-3;
bricks(3).min_z = 30e-3;
bricks(3).max_x = 0;
bricks(3).max_y = 28.4e-3;
bricks(3).max_z = 32.4e-3;
bricks(3).material_type = 2;

bricks(4).min_x = 0;
bricks(4).min_y = 26e-3;
bricks(4).min_z = 8.4e-3;
bricks(4).max_x = 0;
bricks(4).max_y = 28.4e-3;
bricks(4).max_z = 32.4e-3;
bricks(4).material_type = 2;

bricks(5).min_x = 0;
bricks(5).min_y = 20.8e-3;
bricks(5).min_z = 16e-3;
bricks(5).max_x = 0;
bricks(5).max_y = 23.2e-3;
bricks(5).max_z = 32.4e-3;
bricks(5).material_type = 2;

bricks(6).min_x = -0.787e-3;
bricks(6).min_y = 16e-3;
```

```
bricks(6).min_z = 30e-3;
bricks(6).max_x = 0;
bricks(6).max_y = 16e-3;
bricks(6).max_z = 32.4e-3;
bricks(6).material_type = 2;

bricks(7).min_x = -0.787e-3;
bricks(7).min_y = 0;
bricks(7).min_z = 0;
bricks(7).max_x = -0.787e-3;
bricks(7).max_y = 16e-3;
bricks(7).max_z = 40e-3;
bricks(7).material_type = 2;
```

程序 9.12　define_sources_and_lumped_elements.m

```
disp ('defining sources and lumped element components');

voltage_sources = [];
current_sources = [];
diodes = [];
resistors = [];
inductors = [];
capacitors = [];

% define source waveform types and parameters
waveforms.gaussian(1).number_of_cells_per_wavelength = 0;
waveforms.gaussian(2).number_of_cells_per_wavelength = 15;

% voltage sources
% direction: 'xp', 'xn', 'yp', 'yn', 'zp', or 'zn'
% resistance : ohms, magitude : volts
voltage_sources(1).min_x = -0.787e-3;
voltage_sources(1).min_y = 0;
voltage_sources(1).min_z = 24e-3;
voltage_sources(1).max_x = 0;
voltage_sources(1).max_y = 0;
voltage_sources(1).max_z = 26.4e-3;
voltage_sources(1).direction = 'xp';
voltage_sources(1).resistance = 50;
voltage_sources(1).magnitude = 1;
voltage_sources(1).waveform_type = 'gaussian';
```

```
voltage_sources(1).waveform_index = 1;
```

程序 9.13   define_output_parameters.m

```
disp ('defining output parameters');

sampled_electric_fields = [];
sampled_magnetic_fields = [];
sampled_voltages = [];
sampled_currents = [];
ports = [];
farfield.frequencies = [];

% figure refresh rate
plotting_step = 100;

% mode of operation
run_simulation = true;
show_material_mesh = true;
show_problem_space = true;

% far field calculation parameters
farfield.frequencies(1) = 2.4e9;
farfield.frequencies(2) = 5.8e9;
farfield.number_of_cells_from_outer_boundary = 13;

% frequency domain parameters
frequency_domain.start = 20e6;
frequency_domain.end = 10e9;
frequency_domain.step = 20e6;

% define sampled voltages
sampled_voltages(1).min_x = - 0.787e- 3;
sampled_voltages(1).min_y = 0;
sampled_voltages(1).min_z = 24.4e- 3;
sampled_voltages(1).max_x = 0;
sampled_voltages(1).max_y = 0;
sampled_voltages(1).max_z = 26.4e- 3;
sampled_voltages(1).direction = 'xp';
sampled_voltages(1).display_plot = false;

% define sampled currents
sampled_currents(1).min_x = - 0.39e- 3;
sampled_currents(1).min_y = 0;
sampled_currents(1).min_z = 24e- 3;
```

```
sampled_currents(1).max_x = - 0.39e- 3;
sampled_currents(1).max_y = 0;
sampled_currents(1).max_z = 26.4e- 3;
sampled_currents(1).direction = 'xp';
sampled_currents(1).display_plot = false;

% define ports
ports(1).sampled_voltage_index = 1;
ports(1).sampled_current_index = 1;
ports(1).impedance = 50;
ports(1).is_source_port = true;
```

FDTD仿真倒F天线运行时间为7000时间步,计算了输入端口的$S11$,计算出的回波损耗如图9.14所示,与文献[36]测量数据吻合得很好。

仿真还计算了频率为2.4GHz、5.8GHz,平面xy、xz和yz中的天线方向图,如图9.15~图9.17所示,FDTD仿真方向图与文献[36]测量数据吻合得很好。

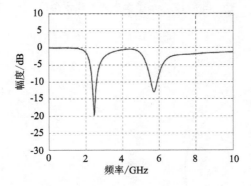

图9.14 倒F天线回波损耗 S_{11}

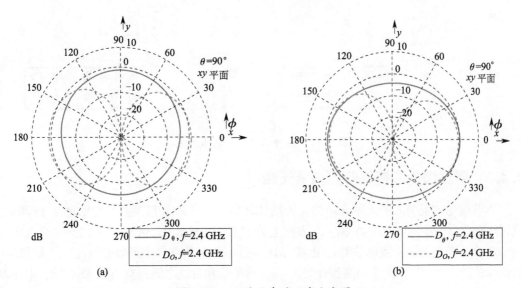

图9.15 xy平面中的天线方向图

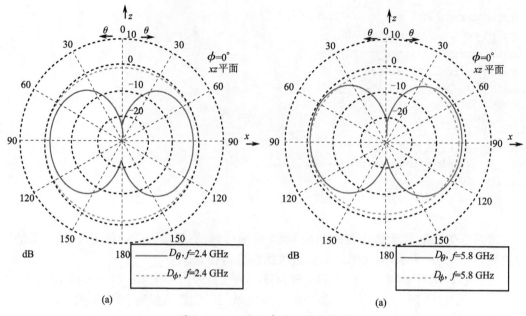

图 9.16 xz 平面中的天线方向图

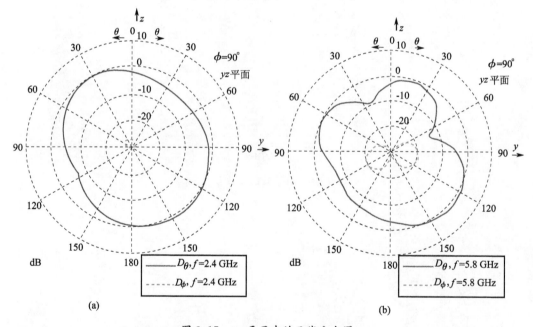

图 9.17 yz 平面中的天线方向图

9.4.2 带线馈入的矩形介质谐振天线

本节讨论带线馈入的矩形介质谐振天线(DRA)[37]。天线外形及其尺寸如图 9.18 所示。这里矩形介质谐振器的尺寸在 x、y、z 方向上分别为 14.3mm、25.4mm 和 26.1mm,介电常数为 9.8。介质谐振器置于接地平面上,由宽 1mm、高 10mm 的带线作为天线的馈入口。天线的仿真由探针馈入来实现。为了仿真探针馈入,在接地平面和带线之间留有 1mm 的间隙。电压取样是在此端口的两端的电场积分,而电流取样是环绕此端口的磁场积分。电压和电流共同构成此端口。目标空间的外部由 8 层 CPML 构成,内部的目标与 CPML 边界之间留有 10 个网格的间隙。网格单元的尺寸:$\Delta x=0.715$mm、$\Delta y=0.508$mm、$\Delta z=0.5$mm。

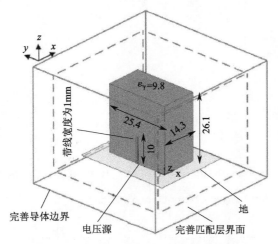

图 9.18　由带线馈入的矩形介质谐振天线

程序 9.14 给出了天线几何的定义的描述,电压源的定义由程序 9.15 给出。

输出参量的定义由 define_output_parameters 完成,其内容列于程序 9.16。要定义的输出参量为取样电压、取样电流以及端口。另外,对近场到远场变换还定义了远场频率。远场频率为 3.5GHz 和 4.3GHz。与前例相同 number_of_cells_from_outer_boundary 的值也为 13,即虚拟近场到远场表面到外部边界的距离为 13 个单元。

程序 9.14　define_geometry.m

```
disp ('defining the problem geometry');

bricks = [];
spheres = [];

% define dielectric
bricks(1).min_x = 0;
bricks(1).min_y = 0;
bricks(1).min_z = 0;
bricks(1).max_x = 14.3e-3;
bricks(1).max_y = 25.4e-3;
bricks(1).max_z = 26.1e-3;
bricks(1).material_type = 4;

bricks(2).min_x = -8e-3;
bricks(2).min_y = -6e-3;
bricks(2).min_z = 0;
bricks(2).max_x = 22e-3;
bricks(2).max_y = 31e-3;
```

```
bricks(2).max_z = 0;
bricks(2).material_type = 2;

bricks(3).min_x = 0;
bricks(3).min_y = 12.2e-3;
bricks(3).min_z = 1e-3;
bricks(3).max_x = 0;
bricks(3).max_y = 13.2e-3;
bricks(3).max_z = 10e-3;
bricks(3).material_type = 2;
```

程序 9.15 define_source_and_lunped_elements.m

```
disp('defining sources and lumped element components');

voltage_sources = [];
current_sources = [];
diodes = [];
resistors = [];
inductors = [];
capacitors = [];

% define source waveform types and parameters
waveforms.gaussian(1).number_of_cells_per_wavelength = 0;
waveforms.gaussian(2).number_of_cells_per_wavelength = 15;

% voltage sources
% direction: 'xp', 'xn', 'yp', 'yn', 'zp', or 'zn'
% resistance : ohms, magnitude : volts
voltage_sources(1).min_x = -0.787e-3;
voltage_sources(1).min_y = 0;
voltage_sources(1).min_z = 24e-3;
voltage_sources(1).max_x = 0;
voltage_sources(1).max_y = 0;
voltage_sources(1).max_z = 26.4e-3;
voltage_sources(1).direction = 'xp';
voltage_sources(1).resistance = 50;
voltage_sources(1).magnitude = 1;
voltage_sources(1).waveform_type = 'gaussian';
voltage_sources(1).waveform_index = 1;
```

程序 9.16 define_output_parameters.m

```
disp('defining output parameters');
```

```
sampled_electric_fields = [];
sampled_magnetic_fields = [];
sampled_voltages = [];
sampled_currents = [];
ports = [];
farfield.frequencies = [];

% figure refresh rate
plotting_step = 20;

% mode of operation
run_simulation = true;
show_material_mesh = true;
show_problem_space = true;

% far field calculation parameters
farfield.frequencies(1) = 3.5e9;
farfield.frequencies(2) = 4.3e9;
farfield.number_of_cells_from_outer_boundary = 13;

% frequency domain parameters
frequency_domain.start = 2e9;
frequency_domain.end = 6e9;
frequency_domain.step = 20e6;

% define sampled voltages
sampled_voltages(1).min_x = 0;
sampled_voltages(1).min_y = 12.2e-3;
sampled_voltages(1).min_z = 0;
sampled_voltages(1).max_x = 0;
sampled_voltages(1).max_y = 13.2e-3;
sampled_voltages(1).max_z = 1e-3;
sampled_voltages(1).direction = 'zp';
sampled_voltages(1).display_plot = false;

% define sampled currents
sampled_currents(1).min_x = 0;
sampled_currents(1).min_y = 12.2e-3;
sampled_currents(1).min_z = 0.5e-3;
sampled_currents(1).max_x = 0;
sampled_currents(1).max_y = 13.2e-3;
sampled_currents(1).max_z = 0.5e-3;
sampled_currents(1).direction = 'zp';
```

```
sampled_currents(1).display_plot = false;

% define ports
ports(1).sampled_voltage_index = 1;
ports(1).sampled_current_index = 1;
ports(1).impedance = 50;
ports(1).is_source_port = true;
```

DRA 的 FDRD 仿真用时 10000 时间步,计算了输入口的 S_{11} 参数。回波损耗计算结果如图 9.19 所示,与文献[37]的仿真与测量数据吻合得很好。

在 3.5GHz、4.3GHz 频率点上,分别计算了矩形介质谐振天线在 xy、xz、yz 平面内的方向图,如图 9.20~图 9.22 所示,FDTD 仿真给出的天线方向图与文献[37]中测量数据吻合得很好。

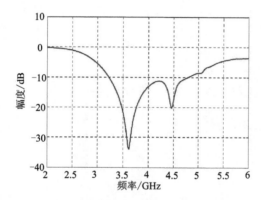

图 9.19 带线馈入的矩形介质谐振天线的回波损耗

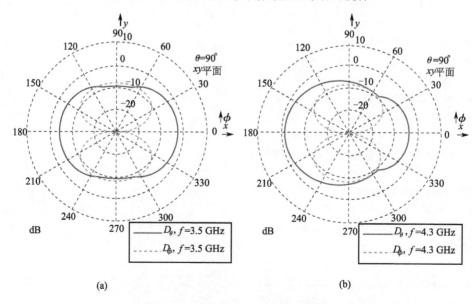

图 9.20 xy 平面上的天线方向图

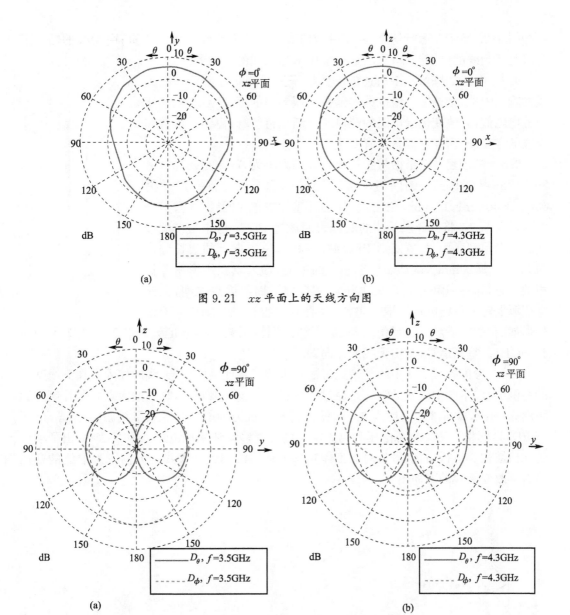

图 9.21 xz 平面上的天线方向图

图 9.22 yz 平面上的天线方向图

9.5 练 习

9.1 研究一半波偶极子天线的特性。由边长为 0.5mm 的立方体 Yee 单元来创建一问题空间。设问题的边界为 CPML，在天线与 CPML 之间留出 10 个单元。放置一截面为正方形的矩形块，其厚度为 1mm，高 14.5mm，高于原点 0.5mm；放置另一尺寸相同的矩形块，低于原点 0.5mm。这样偶极子天线指向 z 方向，在极之间有 1mm 的间隙，将 50Ω 内部阻抗的电压源加于此间隙。定义取样电压和取样电流，并将它们与端口联系起来，电压定义在此端口的两端，电流定义为环绕此端口的磁场的环积分。本问题的几何形状如图 9.23 所示。运行仿真,并用频域仿真结果计算天线的输入阻抗;由天线的输入阻抗来验证天线的谐振频率;重新运行程序求出天线的方向图。

9.2 考虑如练习 9.1 所述的一偶极子天线。验证所计算的天线的输入阻抗,记录输入阻抗的实部在谐振频率的值,然后改变电压源的电阻值,并改变记录电阻的端口。重新运行仿真,得到 S 参数和天线的方向图,研究它们是否有变化。

9.3 试创建一矩形微带贴片天线。用大小为 $\Delta x = 2$mm,$\Delta y = 2$mm,$\Delta z = 0.95$mm 的网格单元来定义问题空间。将一尺寸为 60mm×40mm×1.9mm 的矩形块作为互基片放置在问题空间,其介电常数为 2.2。将此介质基片的底部表面放置 PEC 板,作为接地平面。而在顶部表面,放置矩形 PEC 贴片,其 x、y 方向上的边长分别为 56mm 和 20mm。确认贴片在基片的中心,馈入点在矩形贴片长边的中心,加一内阻为 50Ω 的电压源在接地平面与馈点之间,在此电压源上定义取样电压和取样电流,并将它们组合成一端口。天线外形如图 9.24 所示。运行仿真,求出天线的回波损耗 S_{11},验证天线的工作频率大约为 4.35GHz。重新运算,求出天线的方向图。

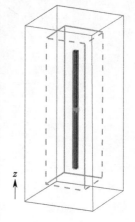

图 9.23 偶极子天线

9.4 考虑练习 9.3 中的微带矩形贴片天线。在此结构中,天线的馈入点在天线贴片的右侧中心,本题中天线的馈入是通过一微带。放置一微常线,它的馈入点到基片侧边的距离为 6mm,微带线的宽度为 6mm,使其特性阻抗为 50Ω。应注意带线偏置 1mm,以便与 FDTD 网格一致。将源电压和电流定义的位置移动到基片边缘。图 9.25 给出了项目的几何结构。运行仿真,得到对应工作频率下的回波损耗和天线的方向图。馈线的存在是否会改变天线的方向图?

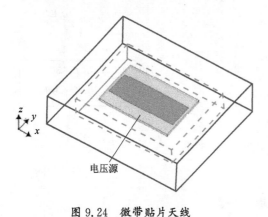

图 9.24 微带贴片天线   图 9.25 由微带线馈入的微带贴片天线

第 10 章 细导线模拟

到目前为止，假定 FDTD 问题空间中所有的目标都与 FDTD 网格共形。一些子网格技术得到开发，以模拟与 FDTD 网格不共形的目标或尺寸小于网格尺寸的目标。其中最常见的几何形状就是细金属导线，半径小于网格尺寸。本章将讨论子网格模拟技术，并用于模拟细导线的 FDTD 仿真。

人们开发了各种模拟细导线的技术。这里讨论文献[38]基于 Faraday 定律的围道积分公式基础上的方法。此模型容易理解，并易于用 FDTD 方法编程实现。

10.1 细导线公式

图 10.1 给出了在 FDTD 网格中一半径为 a、轴线与电场 E_z 分量重合的细导线。在给出的例子中，半径 a 小于网格在 x 和 y 方向的尺寸。对电场 $E_z(i,j,k)$ 而言，这里有 4 个磁场环绕着它，即 $H_y(i,j,k)$、$H_x(i,j,k)$、$H_y(i-1,j,k)$、$H_x(i,j-1,k)$，如图 10.2 所示。文献[38]建议的细导线的模拟使用一特殊的磁场更新方程，下面推导磁场 $H_y(i,j,k)$ 的更新方程，其他场分量更新方程的推导可以遵循同样的过程。

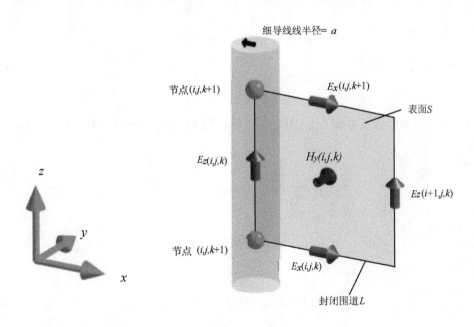

图 10.1 轴与电场 $E_z(i,j,k)$ 重合的金属细导线及环绕它的磁场 $H_y(i,j,k)$

图 10.1 给出了磁场 $H_y(i,j,k)$ 以及围绕它的四个电场分量。由法拉第定律的围道积分公式：

$$-\mu \int_s \frac{\partial \boldsymbol{H}}{\partial t} \cdot \mathrm{d}\boldsymbol{s} = \oint_L \boldsymbol{E} \cdot \mathrm{d}\boldsymbol{l} \tag{10.1}$$

可以应用于一封闭表面,如图 10.1 所示。此公式可以建立起磁场与位于封闭表面边界上的电场之间的关系。在使用式(10.1)之前,应该注意到,细导线四周场分量的变化,假定为 $1/r$ 的函数。这里 r 是细导线轴线到场分量的距离。以更加明确的形式,H_y 可以表示为

$$H_y(r) = \frac{H_{y0}}{r} \tag{10.2}$$

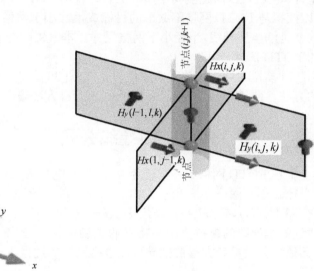

图 10.2 环绕细导线的磁场

同样,电场可以表示成

$$E_x(r) = \frac{E_{x0}}{r} \tag{10.3}$$

式中,H_{y0} 和 E_{x0} 为常数。在图 10.1 中,可以看到场 $H_y(i,j,k)$、$E_x(i,j,k)$、$Ex(i,j,k+1)$ 位于

$r = \Delta x/2$。例如:

$$H_y\left(\frac{\Delta x}{2}\right) = \frac{2H_{y0}}{\Delta x} = H_y(i,j,k) \tag{10.4}$$

所以

$$H_{y0} = \frac{H_y(i,j,k)\Delta x}{2} \tag{10.5}$$

即有

$$H_y(r) = \frac{H_y(i,j,k)\Delta x}{2r} \tag{10.6}$$

同样

$$E(r)|_{j,k} = \frac{H_y(i,j,k)\Delta x}{2r} \tag{10.7}$$

并且

$$Ex(r)|_{j,k+1} = \frac{H_y(i,j,k+1)\Delta x}{2r} \tag{10.8}$$

将式(10.6)~式(10.8)代入式(10.1),得

$$-\mu\int_{z=0}^{z=\Delta z}\int_{r=a}^{r=\Delta x}\frac{\partial}{\partial t}\frac{H_y(i,j,k)}{2r}\mathrm{d}r\mathrm{d}z=$$

$$\int_{z=0}^{z=\Delta z}E_z(i,j,k)\mathrm{d}z+\int_{z=\Delta z}^{z=0}E_z(i+1,j,k)\mathrm{d}z+$$

$$\int_{r=a}^{r=\Delta x}\frac{E_x(i,j,k+1)\Delta x}{2r}\mathrm{d}r+\int_{r=\Delta x}^{r=a}\frac{E_x(i,j,k)\Delta x}{2r}\mathrm{d}r \quad (10.9)$$

注意,电场在线内应为零,因此积分限是从 a 到 Δx。由于同样的原因,$E_z(i,j,k)$ 也应为零。所以由式(10.9)可得

$$-\frac{\mu\Delta z\Delta x}{2}\ln(\frac{\Delta x}{a})\frac{\partial H_y(i,j,k)}{\partial t}=-\Delta zE_z(i+1,j,k)+$$

$$\ln(\frac{\Delta x}{a})\frac{\Delta x}{2}E_x(i,j,k+1)-\ln(\frac{\Delta x}{a})\frac{\Delta x}{2}E_x(i,j,k) \quad (10.10)$$

在使用了对磁场的时间导数的中心差分近似后,重新整理式(10.10),得

$$H_y^{n+1/2}(i,j,k)=H_y^{n-1/2}(i,j,k)+\frac{2\Delta t}{\mu\Delta x\ln\frac{\Delta x}{a}}E_z^n(i+1,j,k)-$$

$$\frac{\Delta t}{\mu\Delta z}[E_x^n(i,j,k+1)-E_x^n(i,j,k)] \quad (10.11)$$

式(10.11)可以写成磁场更新的一般的形式,即

$$H_y^{n+\frac{1}{2}}(i,j,k)=C_{hyh}(i,j,k)H_y^{n-1/2}(i,j,k)+$$
$$C_{hyez}(i,j,k)[E_z^n(i+1,j,k)-E_z^n(i,j,k)]+$$
$$C_{hyex}(i,j,k)[E_x^n(i,j,k+1)-E_x^n(i,j,k)] \quad (10.12)$$

式中

$$C_{hyh}(i,j,k)=1, C_{hyez}(i,j,k)=\frac{2\Delta t}{\mu_y(i,j,k)\Delta x\ln\frac{\Delta x}{a}}$$

$$C_{hyex}(i,j,k)=-\frac{\Delta t}{\mu_y(i,j,k)\Delta z}$$

因此,在 FDTD 时进循环前仅需要修改更新公式的系数。此更新是细导线位于 (i,j,k) 到 $(i,j,k+1)$(导线轴线与 z 轴平行)对磁场的更新。另外,因为位于细导线中心,$E_z(i,j,k)$ 为零。这只要设电场 $E_z(i,j,k)$ 的更新公式(1.28)中的系数为零就可以实现。这意味着,$C_{eze}(i,j,k)$、$C_{ezhy}(i,j,k)$、$C_{ezhz}(i,j,k)$ 在 FDTD 时间循环开始前应指定为零。

图 10.2 有 4 个磁场围绕着电场 $E_z(i,j,k)$,因此这些磁场都需要按照细导线模式进行更新计算。磁场分量 $H_y^{n+\frac{1}{2}}$ 的更新公式由式(10.11)给出。其他 3 个磁场分量的更新方程,可以同样的方式得到,即

$$H_y^{n+\frac{1}{2}}(i-1,j,k)=C_{hyh}(i-1,j,k)H_y^{n-\frac{1}{2}}(i-1,j,k)+$$
$$C_{hyez}(i-1,j,k)[E_z^n(i,j,k)-E_z^n(i-1,j,k)]+$$
$$C_{hyex}(i-1,j,k)[E_x^n(i-1,j,k+1)-E_x^n(i-1,j,k)] \quad (10.13)$$

式中

$$C_{hyh}(i-1,j,k)=1, C_{hyez}(i-1,j,k)=\frac{2\Delta t}{\mu_y(i-1,j,k)\Delta x\ln\frac{\Delta x}{a}}$$

$$C_{hyex}(i-1,j,k)=-\frac{2\Delta t}{\mu_y(i-1,j,k)\Delta z}$$

$$H_x^{n+\frac{1}{2}}(i,j,k) = C_{hxh}(i,j,k)H_x^{n-1/2}(i,j,k) +$$
$$C_{hxey}(i,j,k)[E_y^n(i,j,k+1) - E_y^n(i,j,k)] +$$
$$C_{hxez}(i,j,k)[E_z^n(i,j+1,k) - E_z^n(i,j,k)] \tag{10.14}$$

式中

$$C_{hxh}(i,j,k) = 1, C_{hxey}(i,j,k) = \frac{2\Delta t}{\mu_x(i,j,k)\Delta z}$$

$$C_{hyez}(i,j,k) = -\frac{2\Delta t}{\mu_x(i,j,k)\Delta y \ln\frac{\Delta y}{a}}$$

$$H_x^{n+\frac{1}{2}}(i,j-1,k) = C_{hxh}(i,j-1,k)H_x^{n-1/2}(i,j-1,k) +$$
$$C_{hxey}(i,j-1,k) \times [E_y^n(i,j-1,k+1) - E_y^n(i,j-1,k)] +$$
$$C_{hxez}(i,j-1,k)[E_z^n(i,j,k) - E_z^n(i,j-1,k)] \tag{10.15}$$

式中

$$C_{hxh}(i,j-1,k) = 1, C_{hxey}(i,j-1,k) = \frac{2\Delta t}{\mu_x(i,j-1,k)\Delta z}$$

$$C_{hyez}(i,j-1,k) = -\frac{2\Delta t}{\mu_x(i,j-1,k)\Delta y \ln\frac{\Delta y}{a}}$$

10.2 细导线公式的 MATLAB 程序执行

在推导了模拟细导线的更新公式后,这些公式可以在 FDTD 程序中执行计算。第一步为定义细导线的参数。细导线的定义是作为几何结构的一部分。子程序 define_geometry 给出了它的定义与执行,见程序 10.1。程序中定义并初始化名为 thin_wires 的新参数,将其作为空的结构体。此参数用于保存各种细导线的参数值。假定细导线平行于坐标 x、y 和 z 中之一坐标轴,因此 thin_wires 的子域由此而定义。然后对参数 min_x、min_y、min_z、max_x、max_y、max_z 进行赋值以指明细导线在三维空间中的位置。因为细导线像一个一维目标,所以其长度由它的位置参量来确定,而它的粗细由半径确定。因此,radius 为结构体 thin_wires 的另一子域,它保存细导线的半径。虽然其有 6 个位置参数,但实际上有 2 个是多余的。例如,假设细导线平行于 x 方向,则参量 min_x、min_y、min_z 和 max_x 用来描述细导线的位置已是充分的了。其他两个量 max_y、max_z 被赋于与 min_y、min_z 相同的量,见程序 10.1。

程序 10.1 define_geometry.m

```
disp ('defining the problem geometry');

bricks = [];
spheres = [];
thin_wires = [];

%  define a thin wire
thin_wires(1).min_x =  0;
```

```
thin_wires(1).min_y = 0;
thin_wires(1).min_z = 1e-3;
thin_wires(1).max_x = 0;
thin_wires(1).max_y = 0;
thin_wires(1).max_z = 10e-3;
thin_wires(1).radius = 0.25e-3;
thin_wires(1).direction = 'z';

% define a thin wire
thin_wires(2).min_x = 0;
thin_wires(2).min_y = 0;
thin_wires(2).min_z = -10e-3;
thin_wires(2).max_x = 0;
thin_wires(2).max_y = 0;
thin_wires(2).max_z = -1e-3;
thin_wires(2).radius = 0.25e-3;
thin_wires(2).direction = 'z';
```

在定义处理之后,开始执行初始化过程。因为细导线是一种新型的几何体,因此需要确定问题空间。在子程序 calculate_domain_size 中,需要有相关的代码完成此任务。程序 10.2 显示了执行此任务的代码。

程序 10.2　calculate_domain_size.m

```
disp('calculating the number of cells in the problem space');

number_of_spheres = size(spheres,2);
number_of_bricks = size(bricks,2);
number_of_thin_wires = size(thin_wires,2);
for i=1:number_of_thin_wires
min_x(number_of_objects) = thin_wires(i).min_x;
min_y(number_of_objects) = thin_wires(i).min_y;
min_z(number_of_objects) = thin_wires(i).min_z;
max_x(number_of_objects) = thin_wires(i).max_x;
max_y(number_of_objects) = thin_wires(i).max_y;
max_z(number_of_objects) = thin_wires(i).max_z;
number_of_objects = number_of_objects + 1;
end
```

在细导线的处理过程中,下一步是对细导线参数进行初始化。此初始化是通过对系数的更新进行的。一一新子程序 initialize_thin_wire_updating_coefficients 来完成此细导线系数更新的初始化任务,另一子程序 initialize_updating_coefficients 在其他类型目标系数更新初始化的程序调用后被调用。程序 initialize_thin_wire_updating_coefficients 的执行见程序 10.3,在此程序中,根据 10.1 节中推导出的公式更新了与细导线相关的电场与磁场系数。

程序 10.3　initialize_thin_wire_updating_coefficients

```
disp('initializing thin wire updating coefficients');

dtm = dt/mu_0;

for ind = 1:number_of_thin_wires
    is = round((thin_wires(ind).min_x - fdtd_domain.min_x)/dx)+ 1;
    js = round((thin_wires(ind).min_y - fdtd_domain.min_y)/dy)+ 1;
    ks = round((thin_wires(ind).min_z - fdtd_domain.min_z)/dz)+ 1;
    ie = round((thin_wires(ind).max_x - fdtd_domain.min_x)/dx)+ 1;
    je = round((thin_wires(ind).max_y - fdtd_domain.min_y)/dy)+ 1;
    ke = round((thin_wires(ind).max_z - fdtd_domain.min_z)/dz)+ 1;
    r_o = thin_wires(ind).radius;

    switch (thin_wires(ind).direction(1))
        case 'x'
    Cexe (is:ie- 1,js,ks) = 0;
        Cexhy(is:ie- 1,js,ks) = 0;
        Cexhz(is:ie- 1,js,ks) = 0;
         Chyh (is:ie- 1,js,ks- 1:ks) = 1;
        Chyez(is:ie- 1,js,ks- 1:ks) = dtm ...
            ./ (mu_r_y(is:ie- 1,js,ks- 1:ks) * dx);
        Chyex(is:ie- 1,js,ks- 1:ks) = - 2 * dtm ...
            ./ (mu_r_y(is:ie- 1,js,ks- 1:ks) * dz * log (dz/r_o));
    Chzh( is:ie- 1,js- 1:js,ks) = 1;
    Chzex(is:ie- 1,js- 1:js,ks) = 2 * dtm ...
            ./ (mu_r_z(is:ie- 1,js- 1:js,ks) * dy * log (dy/r_o));
    Chzey(is:ie- 1,js- 1:js,ks) = - dtm ...
            ./ (mu_r_z(is:ie- 1,js- 1:js,ks) * dx);
case 'y'
Ceye (is,js:je- 1,ks) = 0;
    Ceyhx(is,js:je- 1,ks) = 0;
    Ceyhz(is,js:je- 1,ks) = 0;
    Chzh (is- 1:is,js:je- 1,ks) = 1;
    Chzex(is- 1:is,js:je- 1,ks) = dtm ...
        ./ (mu_r_z(is- 1:is,js:je- 1,ks) * dy);
    Chzey(is- 1:is,js:je- 1,ks) = - 2 * dtm ...
        ./ (mu_r_z(is- 1:is,js:je- 1,ks) * dx * log (dx/r_o));
```

```
    Chxh (is,js:je- 1,ks- 1:ks) = 1;
    Chxey(is,js:je- 1,ks- 1:ks) = 2 * dtm ...
    ./ (mu_r_x(is,js:je- 1,ks- 1:ks) * dz * log (dz/r_o));
    Chxez(is,js:je- 1,ks- 1:ks) = - dtm ...
    ./ (mu_r_x(is,js:je- 1,ks- 1:ks) * dy);
case 'z'
    Ceze (is,js,ks:ke- 1) = 0;
    Cezhx(is,js,ks:ke- 1) = 0;
    Cezhy(is,js,ks:ke- 1) = 0;
    Chxh (is,js- 1:js,ks:ke- 1) = 1;
    Chxey(is,js- 1:js,ks:ke- 1) = dtm ...
        ./ (mu_r_x(is,js- 1:js,ks:ke- 1) * dz);
    Chxez(is,js- 1:js,ks:ke- 1) = - 2 * dtm ...
        ./ (mu_r_x(is,js- 1:js,ks:ke- 1) * dy * log (dy/r_o));
    Chyh (is- 1:is,js,ks:ke- 1) = 1;
    Chyez(is- 1:is,js,ks:ke- 1) = 2 * dtm ...
    ./ (mu_r_y(is- 1:is,js,ks:ke- 1) * dx * log (dx/r_o));
    Chyex(is- 1:is,js,ks:ke- 1) = - dtm ...
        ./ (mu_r_y(is- 1:is,js,ks:ke- 1) * dz);
    end
end
```

当更新与细导线相关的系数后,就完成了与细导线的相关公式计算。细导线的模拟仅需要额外的预处理步骤,这样在FDTD时进循环中,将通过更新系数对相关场量进行处理,以实现模拟细导线。

10.3 仿真例子

10.3.1 细导线偶极子天线

本节将给出偶极子天线的仿真。问题空间由大小如下的网格构成:$\Delta x=0.025$mm,$\Delta y=0.25$mm,$\Delta z=0.25$mm。边界为8个网格的CPML构成,在各个方向上都留有10个网格的空气隙。此偶极子天线由两根长9.75mm、半径0.05mm的细导线构成。两导线之间有0.5mm的间隙,其中放置了电压源,如图10.4所示。仿真的几何定义在程序10.4给出。电压源的定义在程序10.5给出,而输出参数的定义列于程序10.6。程序10.6给出了远场频率7GHz,以得到此频率下的天线远场方向图。

此问题的FDTD仿真使用4000时间步。文献[39]使用WIPL-D方法来研究相同的问题(WIPL-D为三维仿真软件)。图10.4给出了FDTD和WIPL-D仿真天线的回波损耗结果,S_{11}的幅度和相位都吻合得很好。天线的输入阻抗受偶极子天线半径大小影响很大。由两种方法得到的输入阻抗,在图10.5中进行了比较,在频率0~20GHz的范围内吻合很好。

因为这是天线辐射问题,所以在频率 7GHz 计算了远场方向图。xy、xz、yz 平面上的方向图如图 10.6～图 10.8 所示。

程序 10.4   define_geometry.m

```
disp ('defining the problem geometry');
bricks = [];
spheres = [];
thin_wires = [];
% define a thin wire
thin_wires(1).min_x = 0;
thin_wires(1).min_y = 0;
thin_wires(1).min_z = 0.25e-3;
thin_wires(1).max_x = 0;
thin_wires(1).max_y = 0;
thin_wires(1).max_z = 10e-3;
thin_wires(1).radius = 0.05e-3;
thin_wires(1).direction = 'z';


% define a thin wire
thin_wires(2).min_x = 0;
thin_wires(2).min_y = 0;
thin_wires(2).min_z = -10e-3;
thin_wires(2).max_x = 0;
thin_wires(2).max_y = 0;
thin_wires(2).max_z = -0.25e-3;
thin_wires(2).radius = 0.05e-3;
thin_wires(2).direction = 'z';
```

程序 10.5   define_sources_and_lumped_elements.m

```
disp ('defining sources and lumped element components');
voltage_sources = [];
current_sources = [];
diodes = [];
resistors = [];
inductors = [];
capacitors = [];

% define source waveform types and parameters
waveforms.gaussian(1).number_of_cells_per_wavelength = 0;
waveforms.gaussian(2).number_of_cells_per_wavelength = 15;
```

```
% voltage sources
% direction: 'xp', 'xn', 'yp', 'yn', 'zp', or 'zn'
% resistance : ohms, magitude : volts
voltage_sources(1).min_x = 0;
voltage_sources(1).min_y = 0;
voltage_sources(1).min_z = -0.25e-3;
voltage_sources(1).max_x = 0;
voltage_sources(1).max_y = 0;
voltage_sources(1).max_z = 0.25e-3;
voltage_sources(1).direction = 'zp';
voltage_sources(1).resistance = 50;
voltage_sources(1).magnitude = 1;
voltage_sources(1).waveform_type = 'gaussian';
voltage_sources(1).waveform_index = 1;
```

程序 10.6 define_output_parameters.m

```
disp ('defining output parameters');

sampled_electric_fields = [];
sampled_magnetic_fields = [];
sampled_voltages = [];
sampled_currents = [];
ports = [];
farfield.frequencies = [];

% figure refresh rate
plotting_step = 10;

% mode of operation
run_simulation = true;
show_material_mesh = true;
show_problem_space = true;

% far field calculation parameters
farfield.frequencies(1) = 7.0e9;
farfield.number_of_cells_from_outer_boundary = 13;

% frequency domain parameters
frequency_domain.start = 20e6;
frequency_domain.end = 20e9;
frequency_domain.step = 20e6;
```

```
% define sampled voltages
sampled_voltages(1).min_x = 0;
sampled_voltages(1).min_y = 0;
sampled_voltages(1).min_z = -0.25e-3;
sampled_voltages(1).max_x = 0;
sampled_voltages(1).max_y = 0;
sampled_voltages(1).max_z = 0.25e-3;
sampled_voltages(1).direction = 'zp';
sampled_voltages(1).display_plot = false;

% define sampled currents
sampled_currents(1).min_x = 0;
sampled_currents(1).min_y = 0;
sampled_currents(1).min_z = 0;
sampled_currents(1).max_x = 0;
sampled_currents(1).max_y = 0;
sampled_currents(1).max_z = 0;
sampled_currents(1).direction = 'zp';
sampled_currents(1).display_plot = false;

% define ports
ports(1).sampled_voltage_index = 1;
ports(1).sampled_current_index = 1;
ports(1).impedance = 50;
ports(1).is_source_port = true;
```

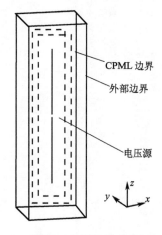

图 10.3 偶极子天线

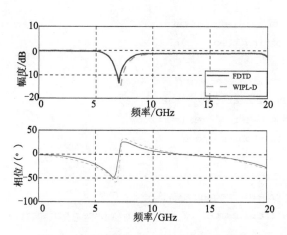

图 10.4 细导线偶极子天线的回波损耗

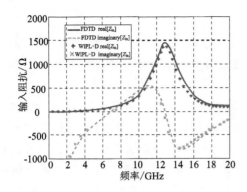

图 10.5 细导线偶极子天线的输入阻抗

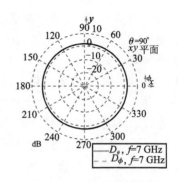

图 10.6 细导线偶极子天线的 xy 平面方向图

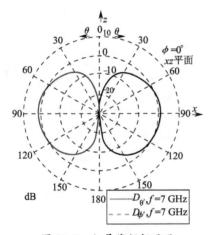

图 10.7 细导线偶极子天线的 xz 平面方向图

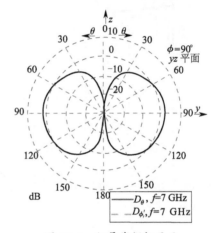

图 10.8 细导线偶极子天线的 yz 平面方向图

10.4 练 习

10.1 用每边 1mm 的立方体构造一问题空间。如同 10.3.1 节中讨论的，用细导线构造一偶极子天线。其导线之一长度为 10mm，两线间留有 1mm 的间隙，在其中放置电压源、取样电压及取样电流，并把它们与端口联系起来。设细导线的半径为 0.1mm。运行数值仿真，求出其回波损耗。将细导线的半径变为 0.2mm，重复数值仿真，观察回波损耗的变化。再次增加导线的半径，重复数值仿真，直到数值仿真变得不稳定。在精确模拟的前提下，能否用细导线近似最大半径值？

10.2 构造由两个偶极子天线组成的天线阵。考虑练习 10.1 构造的偶极子天线，令导线的半径为 0.1mm，运行仿真，记录其工作频率。重新运行仿真，并获取在此频率下的天线方向图。然后，用相同的尺寸另定义一偶极子天线，并将其放置在原天线上方 2mm 处，两天线中心的距离为 23mm。在第二个天线的馈口中放置电压源，其特性与第一天线的馈源相同。不要定义任何端口，如已定义了端口，应将它移除。问题的几何图形如图 10.9 所示。运行仿真，并在工作频率点上绘出天线方向图。检查单一偶极子天线和双偶极子天线的辐射方向图。

10.3 考虑练习 10.2 中的偶极子天线。倒转其中之一的电压源的极性。例如,将原电压源的方向 z_p 改为 z_n,使得两天线的激励相位差 180°。运行仿真,并在工作频率点上绘出天线方向图。

10.4 构造一方形电感环。用每边 1mm 的立方体构造一问题空间。用 3 根细导线构成方环的 3 个边,在第 4 边的中心处留出 2mm 的开口,在其中放置电压源,取样电压以及取样电流。细导线的半径为 0.1mm。此问题的几何外形如图 10.10 所示。运行数值仿真,并求出天线的输入阻抗。在低频率,天线的输入阻抗的虚部为正,并为频率的线性函数。这意味着在低频段,电感为常数。计算环的电感量。使用文献[40]中的公式,此电感为 30.7nH。

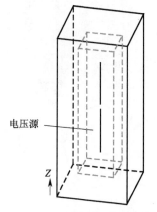

图 10.9 由两个细导线偶极子天线构成的天线阵

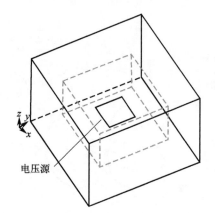

图 10.10 细导线环形天线

10.5 考虑练习的方形电感环。将单一网格的尺寸减为 0.5mm,并将电源口的尺寸减为 1mm,重新运行仿真,并计算环的电感量。检查所得电感量是否与预期值相近。

第 11 章 散射体公式

如前所述,激励源是 FDTD 仿真中的必要元素之一,其类型的变化主要取决于所研究问题的类型。通常,激励源可以分为两大类:近场源,如第 4 章所描述的电压源和电流源;远场激励源,如散射问题中的入射场。前几章介绍了一些使用近场源的例子。本章将给出散射场公式,其中技术之一将涉及将远场激励源集成在 FDTD 方法中。

11.1 散射场基本方程

远场源产生于 FDTD 问题空间之外,能照射到问题空间中的目标,因此是激励 FDTD 空间的入射场。入射场存在的空间中无散射体,因此,在自由空间中满足麦克斯韦旋度方程,并可以用解析式子来描述:

$$\nabla \times \boldsymbol{H}_{inc} = \varepsilon_0 \frac{\partial \boldsymbol{E}_{inc}}{\partial t} \tag{11.1a}$$

$$\nabla \times \boldsymbol{E}_{inc} = -\mu_0 \frac{\partial \boldsymbol{H}_{inc}}{\partial t} \tag{11.1b}$$

最普通的入射场是平面波,下节将讨论由平面波所产生的场分量满足的表达式。当入射波照射到 FDTD 空间中目标时将产生散射波,此散射波需要进行计算才能得到。散射场公式是最简单的用于计算散射场的公式。

问题空间的场可认为是总场,在一般媒质中总场满足麦克斯韦方程:

$$\nabla \times \boldsymbol{H}_{tot} = \varepsilon \frac{\partial \boldsymbol{E}_{tot}}{\partial t} + \sigma^e \boldsymbol{E}_{tot} \tag{11.2a}$$

$$\nabla \times \boldsymbol{E}_{tot} = -\mu \frac{\partial \boldsymbol{H}_{tot}}{\partial t} - \sigma^m \boldsymbol{H}_{tot} \tag{11.2b}$$

因此,散射场可以定义为总场与入射场的差:

$$\boldsymbol{E}_{scat} = \boldsymbol{E}_{tot} - \boldsymbol{E}_{inc}, \boldsymbol{H}_{scat} = \boldsymbol{H}_{tot} - \boldsymbol{H}_{inc} \tag{11.3}$$

式中:$\boldsymbol{E}_{scat}$、$\boldsymbol{H}_{scat}$ 分别为散射电场和散射磁场。用式(11.3),式(11.2)可以重写为

$$\nabla \times \boldsymbol{H}_{scat} + \nabla \times \boldsymbol{H}_{inc} = \varepsilon \frac{\partial \boldsymbol{E}_{scat}}{\partial t} + \varepsilon \frac{\partial \boldsymbol{E}_{inc}}{\partial t} + \sigma^e \boldsymbol{E}_{scat} + \sigma^e \boldsymbol{E}_{inc} \tag{11.4a}$$

$$\nabla \times \boldsymbol{E}_{scat} + \nabla \times \boldsymbol{E}_{inc} = -\mu \frac{\partial \boldsymbol{H}_{scat}}{\partial t} - \mu \frac{\partial \boldsymbol{H}_{inc}}{\partial t} - \sigma^m \boldsymbol{H}_{scat} - \sigma^m \boldsymbol{H}_{inc} \tag{11.4b}$$

将上式中入射场的旋度用时间导数来代替,得

$$\nabla \times \boldsymbol{H}_{scat} + \varepsilon_0 \frac{\partial \boldsymbol{E}_{inc}}{\partial t} = \varepsilon \frac{\partial \boldsymbol{E}_{scat}}{\partial t} + \varepsilon \frac{\partial \boldsymbol{E}_{inc}}{\partial t} + \sigma^e \boldsymbol{E}_{scat} + \sigma^e \boldsymbol{E}_{inc} \tag{11.5a}$$

$$\nabla \times \boldsymbol{E}_{scat} + \mu_0 \frac{\partial \boldsymbol{H}_{inc}}{\partial t} = -\mu \frac{\partial \boldsymbol{H}_{scat}}{\partial t} - \mu \frac{\partial \boldsymbol{H}_{inc}}{\partial t} - \sigma^m \boldsymbol{H}_{scat} - \sigma^m \boldsymbol{H}_{inc} \tag{11.5b}$$

整理,得

$$\varepsilon\frac{\partial \boldsymbol{E}_{scat}}{\partial t}+\sigma^e \boldsymbol{E}_{scat}=\nabla\times \boldsymbol{H}_{scat}+(\varepsilon_0-\varepsilon)\frac{\partial \boldsymbol{E}_{inc}}{\partial t}-\sigma^e \boldsymbol{E}_{inc} \tag{11.6a}$$

$$\mu\frac{\partial \boldsymbol{H}_{scat}}{\partial t}+\sigma^m \boldsymbol{H}_{scat}=-\nabla\times \boldsymbol{E}_{scat}+(\mu_0-\mu)\frac{\partial \boldsymbol{H}_{inc}}{\partial t}-\sigma^m \boldsymbol{H}_{inc} \tag{11.6b}$$

这样,式(11.6)中的导数可以用中心差分法来近似,就可以得到散射场的更新方程。

11.2 散射场更新方程

在应用了中心差分近似以后,式(11.6a)中的电场 E_x 分量可表示为

$$\varepsilon_x(i,j,k)\frac{E_{scat,x}^{n+1}(i,j,k)-E_{scat,x}^n(i,j,k)}{\Delta t}+\sigma_x^e\frac{E_{scat,x}^{n+1}(i,j,k)+E_{scat,x}^n(i,j,k)}{2}=$$
$$\frac{H_{scat,z}^{n+\frac{1}{2}}(i,j,k)-H_{scat,z}^{n+\frac{1}{2}}(i,j-1,k)}{\Delta y}-\frac{H_{scat,y}^{n+\frac{1}{2}}(i,j,k)-H_{scat,y}^{n+\frac{1}{2}}(i,j,k-1)}{\Delta z}+[\varepsilon_0-\varepsilon_x(i,j,k)]$$
$$\frac{E_{inc,x}^{n+1}(i,j,k)-E_{inc,x}^n(i,j,k)}{\Delta t}-\sigma_x^e(i,j,k)\frac{E_{inc,x}^{n+1}(i,j,k)+E_{inc,x}^n(i,j,k)}{2} \tag{11.7}$$

将式(11.7)重新安排,对于 $E_{scat,x}^{n+1}(i,j,k)$ 更新方程表示为

$$\begin{aligned}E_{scat,x}^{n+1}(i,j,k)=&C_{exe}(i,j,k)E_{scat,x}^n(i,j,k)+\\&C_{exhz}(i,j,k)[H_{scat,z}^{n+\frac{1}{2}}(i,j,k)-H_{scat,z}^{n+\frac{1}{2}}(i,j-1,k)]+\\&C_{exhy}(i,j,k)[H_{scat,y}^{n+\frac{1}{2}}(i,j,k)-H_{scat,y}^{n+\frac{1}{2}}(i,j,k-1)]+\\&C_{exeic}(i,j,k)E_{inc,x}^{n+1}(i,j,k)+C_{exeip}(i,j,k)E_{inc,x}^n(i,j,k)\end{aligned} \tag{11.8}$$

式中

$$C_{exe}(i,j,k)=\frac{2\varepsilon_x(i,j,k)-\sigma_x^e(i,j,k)\Delta t}{2\varepsilon_x(i,j,k)+\sigma_x^e(i,j,k)\Delta t}$$

$$C_{exhz}(i,j,k)=\frac{2\Delta t}{[2\varepsilon_x(i,j,k)+\sigma_x^e(i,j,k)\Delta t]\Delta y}$$

$$C_{exhy}(i,j,k)=-\frac{2\Delta t}{[2\varepsilon_x(i,j,k)+\sigma_x^e(i,j,k)\Delta t]\Delta z}$$

$$C_{exeic}(i,j,k)=\frac{2[\varepsilon_0-\varepsilon_x(i,j,k)]-\sigma_x^e(i,j,k)\Delta t}{2\varepsilon_x(i,j,k)+\sigma_x^e(i,j,k)\Delta t}$$

$$C_{exeip}(i,j,k)=-\frac{2[\varepsilon_0-\varepsilon_x(i,j,k)]+\sigma_x^e(i,j,k)\Delta t}{2\varepsilon_x(i,j,k)+\sigma_x^e(i,j,k)\Delta t}$$

在此方程中,系数 C_{exeic} 的下标项 ic,标明此系数与入射波分量中的电流值相乘;而系数 C_{exeip} 的下标项 ip 标明此系数与入射波分量中的前一时间值相乘。

同样,对于 $E_{scat,y}^{n+1}(i,j,k)$,更新方程为

$$\begin{aligned}E_{scat,y}^{n+1}(i,j,k)=&C_{eye}(i,j,k)E_{scat,y}^n(i,j,k)+\\&C_{eyhx}(i,j,k)[H_{scat,x}^{n+\frac{1}{2}}(i,j,k)-H_{scat,x}^{n+\frac{1}{2}}(i,j,k-1)]+\\&C_{eyhz}(i,j,k)[H_{scat,z}^{n+\frac{1}{2}}(i,j,k)-H_{scat,x}^{n+\frac{1}{2}}(i-1,j,k)]+\\&C_{eyeic}(i,j,k)\times E_{inc,y}^{n+1}(i,j,k)+C_{eyeip}(i,j,k)E_{inc,y}^n(i,j,k)\end{aligned} \tag{11.9}$$

式中

$$C_{eye}(i,j,k)=\frac{2\varepsilon_y(i,j,k)-\sigma_y^e(i,j,k)\Delta t}{2\varepsilon_y(i,j,k)+\sigma_y^e(i,j,k)\Delta t}$$

$$C_{eyhx}(i,j,k) = \frac{2\Delta t}{[2\varepsilon_y(i,j,k) + \sigma_y^e(i,j,k)\Delta t]\Delta z}$$

$$C_{eyhz}(i,j,k) = -\frac{2\Delta t}{[2\varepsilon_y(i,j,k) + \sigma_y^e(i,j,k)\Delta t]\Delta x}$$

$$C_{eyeic}(i,j,k) = \frac{2[\varepsilon_0 - \varepsilon_y(i,j,k)] - \sigma_y^e(i,j,k)\Delta t}{2\varepsilon_y(i,j,k) + \sigma_y^e(i,j,k)\Delta t}$$

$$C_{eyeip}(i,j,k) = -\frac{2[\varepsilon_0 - \varepsilon_y(i,j,k)] + \sigma_y^e(i,j,k)\Delta t}{2\varepsilon_y(i,j,k) + \sigma_y^e(i,j,k)\Delta t}$$

对于 $\boldsymbol{E}_{scat,z}^{n+1}(i,j,k)$，更新方程为

$$\begin{aligned}\boldsymbol{E}_{scat,z}^{n+1}(i,j,k) = &C_{eze}(i,j,k)\boldsymbol{E}_{scat,z}^n(i,j,k) + \\ &C_{ezhy}(i,j,k)[\boldsymbol{H}_{scat,y}^{n+\frac{1}{2}}(i,j,k) - \boldsymbol{H}_{scat,y}^{n+\frac{1}{2}}(i,j,k-1)] + \\ &C_{ezhx}(i,j,k)[\boldsymbol{H}_{scat,x}^{n+\frac{1}{2}}(i,j,k) - \boldsymbol{H}_{scat,x}^{n+\frac{1}{2}}(i-1,j,k)] + \\ &C_{ezeic}(i,j,k)\boldsymbol{E}_{inc,z}^{n+1}(i,j,k) + C_{ezeip}(i,j,k)\boldsymbol{E}_{inc,z}^n(i,j,k)\end{aligned} \quad (11.10)$$

式中

$$C_{eze}(i,j,k) = \frac{2\varepsilon_z(i,j,k) - \sigma_z^e(i,j,k)\Delta t}{2\varepsilon_z(i,j,k) + \sigma_z^e(i,j,k)\Delta t}$$

$$C_{ezhy}(i,j,k) = \frac{2\Delta t}{[2\varepsilon_z(i,j,k) + \sigma_z^e(i,j,k)\Delta t]\Delta x}$$

$$C_{eyhx}(i,j,k) = -\frac{2\Delta t}{[2\varepsilon_z(i,j,k) + \sigma_z^e(i,j,k)\Delta t]\Delta y}$$

$$C_{ezeic}(i,j,k) = \frac{2[\varepsilon_0 - \varepsilon_z(i,j,k)] - \sigma_z^e(i,j,k)\Delta t}{2\varepsilon_z(i,j,k) + \sigma_z^e(i,j,k)\Delta t}$$

$$C_{ezeip}(i,j,k) = -\frac{2[\varepsilon_0 - \varepsilon_z(i,j,k)] + \sigma_z^e(i,j,k)\Delta t}{2\varepsilon_z(i,j,k) + \sigma_z^e(i,j,k)\Delta t}$$

遵循相同的程序，磁场分量的更新方程推导如下：

$$\begin{aligned}\boldsymbol{H}_{scat,x}^{n+\frac{1}{2}}(i,j,k) = &C_{hxh}(i,j,k)\boldsymbol{H}_{scat,x}^{n-\frac{1}{2}}(i,j,k) + \\ &C_{hxez}(i,j,k)[\boldsymbol{E}_{scat,z}^n(i,j+1,k) - \boldsymbol{E}_{scat,z}^n(i,j,k)] + \\ &C_{hxey}(i,j,k)[\boldsymbol{E}_{scat,y}^n(i,j,k+1) - \boldsymbol{E}_{scat,y}^n(i,j,k)] + \\ &C_{hxhic}(i,j,k)\boldsymbol{H}_{inc,x}^{n+\frac{1}{2}}(i,j,k) + C_{hxhip}(i,j,k)\boldsymbol{H}_{inc,x}^{n-\frac{1}{2}}(i,j,k)\end{aligned} \quad (11.11)$$

式中

$$C_{hxh}(i,j,k) = \frac{2\mu_x(i,j,k) - \sigma_x^m(i,j,k)\Delta t}{2\mu_x(i,j,k) + \sigma_x^m(i,j,k)\Delta t}$$

$$C_{hxez}(i,j,k) = -\frac{2\Delta t}{[2\mu_x(i,j,k) + \sigma_x^m(i,j,k)\Delta t]\Delta y}$$

$$C_{hxey}(i,j,k) = \frac{2\Delta t}{[2\mu_x(i,j,k) + \sigma_x^m(i,j,k)\Delta t]\Delta z}$$

$$C_{hxhic}(i,j,k) = \frac{2[\mu_0 - \mu_x(i,j,k)] - \sigma_x^m(i,j,k)\Delta t}{2\mu_x(i,j,k) + \sigma_x^m(i,j,k)\Delta t}$$

$$C_{hxhip}(i,j,k) = -\frac{2[\mu_0 - \mu_x(i,j,k)] + \sigma_x^m(i,j,k)\Delta t}{2\mu_x(i,j,k) + \sigma_x^m(i,j,k)\Delta t}$$

对于 $\boldsymbol{H}_{scat,y}^{n+\frac{1}{2}}(i,j,k)$，更新方程为

$$H_{scat,y}^{n+\frac{1}{2}}(i,j,k) = C_{hyh}(i,j,k)H_{scat,y}^{n-\frac{1}{2}}(i,j,k) +$$
$$C_{hyex}(i,j,k)[E_{scat,x}^{n}(i,j+1,k) - E_{scat,x}^{n}(i,j,k)] +$$
$$C_{hyez}(i,j,k)[E_{scat,z}^{n}(i,j,k+1) - E_{scat,z}^{n}(i,j,k)] + \quad (11.12)$$
$$C_{hyhic}(i,j,k)H_{inc,y}^{n+\frac{1}{2}}(i,j,k) + C_{hyhip}(i,j,k)H_{inc,y}^{n-\frac{1}{2}}(i,j,k)$$

式中

$$C_{hyh}(i,j,k) = \frac{2\mu_y(i,j,k) - \sigma_y^m(i,j,k)\Delta t}{2\mu_y(i,j,k) + \sigma_y^m(i,j,k)\Delta t}$$

$$C_{hyex}(i,j,k) = -\frac{2\Delta t}{[2\mu_y(i,j,k) + \sigma_y^m(i,j,k)\Delta t]\Delta z}$$

$$C_{hyez}(i,j,k) = \frac{2\Delta t}{[2\mu_y(i,j,k) + \sigma_y^m(i,j,k)\Delta t]\Delta x}$$

$$C_{hyhic}(i,j,k) = \frac{2[\mu_0 - \mu_y(i,j,k)] - \sigma_y^m(i,j,k)\Delta t}{2\mu_y(i,j,k) + \sigma_y^m(i,j,k)\Delta t}$$

$$C_{hyhip}(i,j,k) = -\frac{2[\mu_0 - \mu_y(i,j,k)] + \sigma_y^m(i,j,k)\Delta t}{2\mu_y(i,j,k) + \sigma_y^m(i,j,k)\Delta t}$$

对于 $H_{scat,z}^{n+\frac{1}{2}}(i,j,k)$，更新方程为

$$H_{scat,z}^{n+\frac{1}{2}}(i,j,k) = C_{hzh}(i,j,k)H_{scat,z}^{n-\frac{1}{2}}(i,j,k) +$$
$$C_{hzey}(i,j,k)[E_{scat,y}^{n}(i,j+1,k) - E_{scat,y}^{n}(i,j,k)] +$$
$$C_{hzex}(i,j,k)[E_{scat,x}^{n}(i,j,k+1) - E_{scat,x}^{n}(i,j,k)] + \quad (11.13)$$
$$C_{hzhic}(i,j,k)H_{inc,z}^{n+\frac{1}{2}}(i,j,k) + C_{hzhip}(i,j,k)H_{inc,z}^{n-\frac{1}{2}}(i,j,k)$$

式中

$$C_{hzh}(i,j,k) = \frac{2\mu_z(i,j,k) - \sigma_z^m(i,j,k)\Delta t}{2\mu_z(i,j,k) + \sigma_z^m(i,j,k)\Delta t}$$

$$C_{hzey}(i,j,k) = -\frac{2\Delta t}{[2\mu_z(i,j,k) + \sigma_z^m(i,j,k)\Delta t]\Delta x}$$

$$C_{hzex}(i,j,k) = \frac{2\Delta t}{[2\mu_z(i,j,k) + \sigma_z^m(i,j,k)\Delta t]\Delta y}$$

$$C_{hzhic}(i,j,k) = \frac{2[\mu_0 - \mu_z(i,j,k)] - \sigma_z^m(i,j,k)\Delta t}{2\mu_z(i,j,k) + \sigma_z^m(i,j,k)\Delta t}$$

$$C_{hzhip}(i,j,k) = -\frac{2[\mu_0 - \mu_z(i,j,k)] + \sigma_z^m(i,j,k)\Delta t}{2\mu_z(i,j,k) + \sigma_z^m(i,j,k)\Delta t}$$

方程(11.8)~方程(11.13)是相关散射场与系数的更新方程。将上述方程与常规更新方程(1.26)~方程(1.31)相比较可以发现，除了入射场项，它们在形式上系数项和是相同的。

11.3 入射平面波的表达式

前面已推导了散射场的更新方程，用来计算问题空间中对入射场的响应的散射场。入射场一般可以表达为解析式的远区的源。入射平面波是最常用的类型，本节将讨论入射平面波的场表达式。

图 11.1 用于说明一向单位矢量 k 所指的方向传播的平面波，一般而言，当表示在球

坐标中入射电场具有 θ 分量和 ϕ 分量，以示其极化方向。

当用位置矢径 r 表示时，电场分量有如下表达式，

$$\boldsymbol{E}_{inc} = (E_\theta \hat{\theta} + E_\phi \hat{\phi}) f(t - \frac{1}{c} \hat{k} \cdot \boldsymbol{r}) \tag{11.14}$$

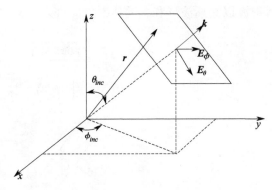

图 11.1 入射平面波

式中：f 为由入射电场波形所决定的函数。

方程(11.14)在考虑空间位移和时间延迟后可以重写为

$$\boldsymbol{E}_{inc} = (E_\theta \hat{\theta} + E_\phi \hat{\phi}) f\left[(t-t_0) - \frac{1}{c}(\hat{k} \cdot \boldsymbol{r} - l_0)\right] \tag{11.15}$$

在直角坐标系下，r 和 k 可以重写为

$$\boldsymbol{r} = \hat{x}x + \hat{y}y + \hat{z}z, \hat{k} = \hat{x}\sin\theta_{inc}\cos\phi_{inc} + \hat{y}\sin\theta_{inc}\sin\phi_{inc} + \hat{z}\cos\theta_{inc} \tag{11.16}$$

式中 θ_{inc}、ϕ_{inc} 为球坐标系下指示入射波传播方向的角度，如图 11.1 所示。入射波的 E_θ、E_ϕ 分量也可以表示在直角坐标下，有

$$E_{inc,x} = (E_\theta \cos\theta_{inc}\cos\phi_{inc} - E_\phi \sin\phi_{inc}) f_{wf} \tag{11.17a}$$

$$E_{inc,y} = (E_\theta \cos\theta_{inc}\sin\phi_{inc} + E_\phi \cos\phi_{inc}) f_{wf} \tag{11.17b}$$

$$E_{inc,z} = (-E_\theta \sin\theta_{inc}) f_{wf} \tag{11.17c}$$

式中

$$f_{wf} = f\left[(t-t_0) - \frac{1}{c}(x\sin\theta_{inc}\cos\phi_{inc} + y\sin\theta_{inc}\sin\phi_{inc} + z\cos\theta_{inc} - l_0)\right] \tag{11.18}$$

一旦得到了入射电场分量的表达式，则入射磁场分量的表达式可以用下式得到：

$$\boldsymbol{H}_{inc} = \frac{1}{\eta_0} \hat{k} \times \boldsymbol{E}_{inc}$$

式中：η_0 为自由空间的本征阻抗；"×"表示矢量积叉乘算子。

这样就得到磁场分量：

$$\boldsymbol{H}_{inc,x} = \frac{-1}{\eta_0}(E_\phi \cos\theta_{inc}\cos\phi_{inc} - E_\theta \sin\phi_{inc}) f_{wf} \tag{11.19a}$$

$$\boldsymbol{H}_{inc,y} = \frac{-1}{\eta_0}(E_\phi \cos\theta_{inc}\sin\phi_{inc} + E_\theta \cos\phi_{inc}) f_{wf} \tag{11.19b}$$

$$\boldsymbol{H}_{inc,z} = \frac{1}{\eta_0}(-E_\phi \sin\theta_{inc}) f_{wf} \tag{11.19c}$$

方程(11.17)～方程(11.19)表示了入射场，其极化方向由 $E_\theta \hat{\theta} + E_\phi \hat{\phi}$ 确定，传播方向

由角度 $\theta,\hat{\phi}$ 确定；其波形由 f_{wf} 给出。如同第 5 章所讨论的，一般来说，波形应具有预定的频率带宽特性。然而在方程(11.18)中还有两个还未讨论附加的参量 t_0 和 l_0，此两个参量用于在时间和空间移动所给的波形，使得 FDTD 迭代开始时问题空间中的入射波为零，当时间向前推进后，入射波开始传播进入问题空间。

如图 11.2 所示，入射波以高斯波形和 $\hat{k}$ 的传播方向进入问题空间。此波形表示为

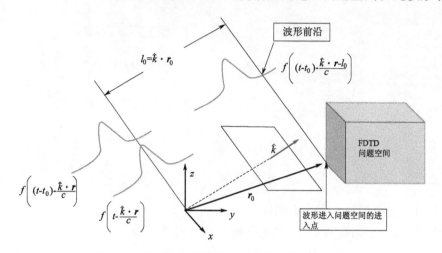

图 11.2 入射波在时间中的延迟及在空间中的位移

$$f(t-\frac{1}{c}\hat{k}\cdot \boldsymbol{r})$$

其中，波形最大值出现在当 $t=0$ 时包含原点并垂直 $\hat{k}$ 的平面中。很明显，波形的前沿离 FDTD 问题空间很近。时间延迟可以用到函数

$$f\left[(t-t_0)-\frac{1}{c}\hat{k}\cdot \boldsymbol{r}\right]$$

中，这使波形前沿与原点重合。波形的值可以用第 5 章讨论的方法来计算。应用了时间延迟后，从波形前沿到问题空间之间的距离也应计入；否则，在仿真开始后直到波形进入问题空间将要用相当长的时间。从波形前沿到问题空间之间的距离可以用 $l_0=\hat{k}\cdot \boldsymbol{r}_0$ 来计算。这里，$\hat{r}_0$ 是一位置矢量，其表示由波形前沿到问题空间最近点的距离。问题空间有 8 个角，其中之一与波形前沿最近，方向是任意的。如果 $\hat{r}_0$ 是指向问题空间此角点的矢径，则最小距离 l_0 可以 $l_0=\min[\hat{k}\cdot \boldsymbol{r}_0]$ 计算出来。在计算出 l_0 后，波形函数可修改为

$$f\left[(t-t_0)-\frac{1}{c}(\hat{k}\cdot \boldsymbol{r}-l_0)\right]$$

则由此式可以导出式(11.18)。

在有些散射应用中，散射体放置在原点，而需要计算入射平面所产生的散射场。在这种应用中需要恰当地定义平面波的传播方向。图 11.3 描述了两个平面波。虽然两个平面波的传播方向是相同的，但一平面波向坐标原点传播，而另一平面波背离原点方向传播。决定传播方向听角度 $\theta,\hat{\phi}$，以及入射电场分量的幅度 $\boldsymbol{E}_\theta$、$\boldsymbol{E}_\phi$ 如图 11.3 所示。定义向原点传播的波的传播角度和场分量用下式：

$$\theta_{inc}=\pi-\theta'_{inc} \tag{11.20a}$$

$$\phi_{inc} = \pi + \phi'_{inc} \tag{11.20b}$$

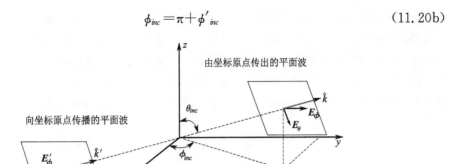

图 11.3 两个平面波

$$E_\theta = E'_\theta \tag{11.20c}$$

$$E_\phi = -E'_\phi \tag{11.20d}$$

由入射平面波而得到的散射场,其结果类型之一是 RCS。第 9 章讨论的近场到远场的变换算法,就是为此项目而研究的。这种情况下,在问题空间中计算出的散射近场,其值在一包围散射体的虚拟封闭面上被获取,用来计算等效虚拟电流。获取此电流后,再转换到频域,在时进循环完成后,根据第 9 章介绍的程序可以计算远场参量 L_θ、L_ϕ、N_θ、N_ϕ。

到此收发分置的 RCS 场分量可由下式计算:

$$\text{RCS}_\theta = \frac{k^2 |L_\phi + \eta_0 N_\theta|^2}{8\pi \eta_0 P_{inc}} \tag{11.21a}$$

$$\text{RCS}_\phi = \frac{k^2 |L_\theta - \eta_0 N_\phi|^2}{8\pi \eta_0 P_{inc}} \tag{11.21b}$$

此两式与式(9.39)非常相似。不同的是,用 P_{inc} 代替了 P_{rad}。P_{inc} 是入射波所承载的功率,可用下式表示:

$$P_{inc} = \frac{1}{2\eta_0} |E_{inc}(\omega)|^2 \tag{11.22}$$

式中:$E_{inc}(\omega)$ 为入射波电场在 RCS 工作频率下的傅里叶变换。

11.4 散射场公式的 MATLAB 程序执行

上节已给出了散射场公式。本节将讨论散射场公式的执行。

11.4.1 入射平面波的定义

对散射问题需要定义一平面波作为源。11.3 节给出了构造平面波必要的方程。本节将讨论用平面波作为入射场。在 FDTD 程序中,子程序 define_sources_and_lumped_elements 中定义了入射平面波,见程序 11.1。在所给的程序中,首先定义了一个空的结构体 incident_plane_wave;然后将入射平面波的参量作为结构体的子域进行了定义。其中 E_theta 为 E_θ 分量的最大幅度,而 E_phi 为电场波形中 E_ϕ 分量的最大幅度。而子域 theta_incident 和 phi_incident 分别表示传播方向的角度 θ_{inc} 和 ϕ_{inc}。应该注意,这里所定义的参数是基于常规的定义,即向着远离原点方向传播的平面波,而不是向着靠近原点方向传播的平面波。因此,必须进行必要的变换,应根据方程(11.20)来进行。最后需要对入射平面波的波形进行定义。入射平面波形的定义与电压源和电流源定义的程序相同。波形的类型定义为一结构体 waveforms,而子域 waveform_type 和 waveform_index 定义在结构体 incident_plane_wave 之下进行。其确定了 waveforms 下特殊的波形。

程序 11.1 define_sources_and_lumped_elements.m

```
disp('defining sources and lumped element components');

voltage_sources = [];
current_sources = [];
diodes = [];
resistors = [];
inductors = [];
capacitors = [];
incident_plane_wave = [];

% define source waveform types and parameters
waveforms.gaussian(1).number_of_cells_per_wavelength = 0;
waveforms.gaussian(2).number_of_cells_per_wavelength = 15;

% Define incident plane wave, angles are in degrees
incident_plane_wave.E_theta = 1;
incident_plane_wave.E_phi = 0;
incident_plane_wave.theta_incident = 0;
incident_plane_wave.phi_incident = 0;
incident_plane_wave.waveform_type = 'gaussian';
incident_plane_wave.waveform_index = 1;
```

11.4.2 入射场的初始化

入射场的初始化在子程序 initialize_sources_and_lumped_elements 中进行。列于程序 11.2 的这段代码,加入到此子程序。

程序 11.2 initialize_sources_and_lumped_elements.m

```
% initialize incident plane wave
if isfield(incident_plane_wave,'E_theta')
    incident_plane_wave.enabled = true;
else
    incident_plane_wave.enabled = false;
end
```

```
if incident_plane_wave.enabled
% create incident field arrays for current time step
Hxic = zeros(nxp1,ny,nz);
Hyic = zeros(nx,nyp1,nz);
Hzic = zeros(nx,ny,nzp1);
Exic = zeros(nx,nyp1,nzp1);
Eyic = zeros(nxp1,ny,nzp1);
Ezic = zeros(nxp1,nyp1,nz);
% create incident field arrays for previous time step
Hxip = zeros(nxp1,ny,nz);
Hyip = zeros(nx,nyp1,nz);
Hzip = zeros(nx,ny,nzp1);
Exip = zeros(nx,nyp1,nzp1);
Eyip = zeros(nxp1,ny,nzp1);
Ezip = zeros(nxp1,nyp1,nz);

% calculate the amplitude factors for field components
theta_incident = incident_plane_wave.theta_incident* pi/180;
phi_incident = incident_plane_wave.phi_incident* pi/180;
E_theta = incident_plane_wave.E_theta;
E_phi = incident_plane_wave.E_phi;
eta_0 = sqrt(mu_0/eps_0);
Exi0 = E_theta * cos(theta_incident) * cos(phi_incident) ...
    - E_phi * sin(phi_incident);
Eyi0 = E_theta * cos(theta_incident) * sin(phi_incident) ...
    + E_phi * cos(phi_incident);
Ezi0 = - E_theta * sin(theta_incident);
Hxi0 = (-1/eta_0)* (E_phi * cos(theta_incident) ...
    * cos(phi_incident) + E_theta * sin(phi_incident));
Hyi0 = (-1/eta_0)* (E_phi * cos(theta_incident) ...
    * sin(phi_incident) - E_theta * cos(phi_incident));
Hzi0 = (1/eta_0)* (E_phi * sin(theta_incident));

% Create position arrays indicating the coordinates of the nodes
x_pos = zeros(nxp1,nyp1,nzp1);
y_pos = zeros(nxp1,nyp1,nzp1);
z_pos = zeros(nxp1,nyp1,nzp1);
for ind = 1:nxp1
    x_pos(ind,:,:) = (ind - 1) * dx + fdtd_domain.min_x;
end
for ind = 1:nyp1
    y_pos(:,ind,:) = (ind - 1) * dy + fdtd_domain.min_y;
```

```
end
for ind = 1:nzp1
    z_pos(:,:,ind) = (ind - 1) * dz + fdtd_domain.min_z;
end

% calculate spatial shift, l_0, required for incident plane wave
r0 = [fdtd_domain.min_x fdtd_domain.min_y fdtd_domain.min_z;
fdtd_domain.min_x fdtd_domain.min_y fdtd_domain.max_z;
fdtd_domain.min_x fdtd_domain.max_y fdtd_domain.min_z;
fdtd_domain.min_x fdtd_domain.max_y fdtd_domain.max_z;
fdtd_domain.max_x fdtd_domain.min_y fdtd_domain.min_z;
fdtd_domain.max_x fdtd_domain.min_y fdtd_domain.max_z;
fdtd_domain.max_x fdtd_domain.max_y fdtd_domain.min_z;
fdtd_domain.max_x fdtd_domain.max_y fdtd_domain.max_z;];

k_vec_x = sin(theta_incident)* cos(phi_incident);
k_vec_y = sin(theta_incident)* sin(phi_incident);
k_vec_z = cos(theta_incident);

k_dot_r0 = k_vec_x * r0(:,1) ...
    + k_vec_y * r0(:,2) ...
    + k_vec_z * r0(:,3);

l_0 = min(k_dot_r0)/c;

% calculate k.r for every field component
k_dot_r_ex = ((x_pos(1:nx,1:nyp1,1:nzp1)+ dx/2) * k_vec_x ...
    + y_pos(1:nx,1:nyp1,1:nzp1) * k_vec_y ...
    + z_pos(1:nx,1:nyp1,1:nzp1) * k_vec_z)/c;

k_dot_r_ey = (x_pos(1:nxp1,1:ny,1:nzp1) * k_vec_x ...
    + (y_pos(1:nxp1,1:ny,1:nzp1)+ dy/2) * k_vec_y ...
    + z_pos(1:nxp1,1:ny,1:nzp1) * k_vec_z)/c;

k_dot_r_ez = (x_pos(1:nxp1,1:nyp1,1:nz) * k_vec_x ...
    + y_pos(1:nxp1,1:nyp1,1:nz) * k_vec_y ...
    + (z_pos(1:nxp1,1:nyp1,1:nz)+ dz/2) * k_vec_z)/c;

k_dot_r_hx = (x_pos(1:nxp1,1:ny,1:nz) * k_vec_x ...
    + (y_pos(1:nxp1,1:ny,1:nz)+ dy/2) * k_vec_y ...
    + (z_pos(1:nxp1,1:ny,1:nz)+ dz/2) * k_vec_z)/c;

k_dot_r_hy = ((x_pos(1:nx,1:nyp1,1:nz)+ dx/2) * k_vec_x ...
```

```
            + y_pos(1:nx,1:nyp1,1:nz) * k_vec_y ...
            + (z_pos(1:nx,1:nyp1,1:nz)+ dz/2) * k_vec_z)/c;

k_dot_r_hz = ((x_pos(1:nx,1:ny,1:nzp1)+ dx/2) * k_vec_x ...
            + (y_pos(1:nx,1:ny,1:nzp1)+ dy/2) * k_vec_y ...
            + z_pos(1:nx,1:ny,1:nzp1) * k_vec_z)/c;

% embed spatial shift in k.r
k_dot_r_ex = k_dot_r_ex - l_0;
k_dot_r_ey = k_dot_r_ey - l_0;
k_dot_r_ez = k_dot_r_ez - l_0;
k_dot_r_hx = k_dot_r_hx - l_0;
k_dot_r_hy = k_dot_r_hy - l_0;
k_dot_r_hz = k_dot_r_hz - l_0;

% store the waveform
wt_str = incident_plane_wave.waveform_type;
wi_str = num2str(incident_plane_wave.waveform_index);
eval_str = ['a_waveform = waveforms.' ...
    wt_str '(' wi_str ').waveform;'];
eval(eval_str);
incident_plane_wave.waveform = a_waveform;

clear x_pos y_pos z_pos;
end
```

在此代码中,首先决定是否定义入射平面波。如果定义了平面波,说明 FDTD 模拟是运行散射问题,并且将使用与散射场相关的公式。其中逻辑参量 incident_plane_wave.enabled 被赋于 true 或 false,来指定 FDTD 仿真的模式。

应用散射场更新公式来计算散射场分量,除了几个附加的入射场项以外,与使用常规更新公式来计算总场是相同的。如果仿真的模式为散射场计算,则与数组 E_x、E_y、E_z 和 H_x、H_y、H_z 相对应的参数为散射场,因而需要定义与入射场相关的数组。新的场分量数组定义为 E_{xi}、E_{yi}、E_{zi}、H_{xi}、H_{yi}、H_{zi},并初始化为零。应该注意,这些场分量数组的大小与对应的散射场分量数组相同。

将电场和磁场波形的幅度依据方程(11.17)和方程(11.19)由球坐标系转换为直角坐标系,这将产生数组:E_{oxi}、E_{oyi}、E_{ozi}、H_{oxi}、H_{oyi}、H_{ozi}。

在三维空间,入射波场分量将在不同的位置上计算。这些分量的位置将由它们在 FDTD 网格中的节点来确定。构造一三维数组,其中的每一元素存储了这些节点的三维坐标。如同 11.3 节所讨论的,入射波需要在空间和时间上进行位移和延迟,以保证在仿真开始后入射波的前沿进入问题空间。这种位移和延迟用 l_0 和 t_0 来表示。延迟 t_0 由子程序 initialize_waveforms 来确定,此子程序在之前由程序 initialize_sources_and_lumped _elements 调用。因此,对于给定的波形已是可用的了。然而,对位移 l_0 而言,需要计算得到。问题空间的边界由 8 个角来确定,入射波从其中之一进入问题空间。这些角的坐标存储在数组 r_0 中。l_0 的值由 $l_0 = \min[\hat{k} \cdot r_0]$ 计算,其中 $\hat{k}$ 为指定传播方向的波矢量。波矢量 $\hat{k}$ 的分量由式(11.16)计算,并存储在参量 k_vec_x、k_vec_y、k_vec_z 中。这样,这些参量与 r_0 一起计算 l_0,并存储在参数 l_0 之中。确定入射波的三维分布的另一量为 $\hat{k} \cdot r_0$,如式(11.18)所示,矢量 $\hat{r}$ 为位置矢量。在三维情况下此点乘将产生三维数组。因为所有的场分量都位于不同的点,所以对每一场分量此点乘都将产生不同的三维数组。因此,点乘将对每一场量分别进行,并存储在数组 k_dot_r_ex、k_dot_r_ey、k_dot_r_ez 及 k_dot_r_hx、k_dot_r_hy、k_dot_r_hz 中。这样,位移 l_0 将嵌入在这些数组之中。

入射波的波形可从结构体 waveforms 中获取,并存储在结构体 incident_plane_wave 中。此波形信息仅用于,FDTD 计算完成后的绘图目的。波形的分布以及入射平面波必须在每一时间步重新进行计算并存储在三维入射波数组内,以供散射场的更新方程使用。

11.4.3 更新系数的初始化

散射公式的计算需要一组新的更新系数。如同 11.2 节所讨论的,散射场公式的更新方程与通用更新方程相同,除了散射场更新方程中含有附加项。这些附加项由入射场与入射场系数的乘积组成。入射场系数的初始化在子程序 initialize_incident_field_updating_coefficients 中完成,其执行见程序 11.3。在其他更新系数子程序被调用后,此程序在 initialize_updating_coefficients 中被调用。这里基于方程(11.8)～方程(11.13),新创建了一组三维数组代表与入射波相关的更新系数。

程序 11.3　initialize_incident_field_updating_coefficients.m

```
% initialize incident field updating coefficients

if incident_plane_wave.enabled = = false
    return;
end

% Coeffiecients updating Ex
Cexeic=  (2* (1- eps_r_x)* eps_0- dt* sigma_e_x) ...
    ./(2* eps_r_x* eps_0+ dt* sigma_e_x);
Cexeip= - (2* (1- eps_r_x)* eps_0+ dt* sigma_e_x) ...
    ./(2* eps_r_x* eps_0+ dt* sigma_e_x);

% Coeffiecients updating Ey
Ceyeic=  (2* (1- eps_r_y)* eps_0- dt* sigma_e_y) ...
    ./(2* eps_r_y* eps_0+ dt* sigma_e_y);
Ceyeip= - (2* (1- eps_r_y)* eps_0+ dt* sigma_e_y) ...
    ./(2* eps_r_y* eps_0+ dt* sigma_e_y);
```

```
% Coeffiecients updating Ez
Cezeic= (2* (1- eps_r_z)* eps_0- dt* sigma_e_z) ...
    ./(2* eps_r_z* eps_0+ dt* sigma_e_z);
Cezeip= - (2* (1- eps_r_z)* eps_0+ dt* sigma_e_z) ...
    ./(2* eps_r_z* eps_0+ dt* sigma_e_z);

% Coeffiecients updating Hx
Chxhic= (2* (1- mu_r_x)* mu_0- dt* sigma_m_x)./(2* mu_r_x* mu_0+ dt* sigma_m_x);
Chxhip= - (2* (1- mu_r_x)* mu_0+ dt* sigma_m_x)./(2* mu_r_x* mu_0+ dt* sigma_m_x);

% Coeffiecients updating Hy
Chyhic= (2* (1- mu_r_y)* mu_0- dt* sigma_m_y)./(2* mu_r_y* mu_0+ dt* sigma_m_y);
Chyhip= - (2* (1- mu_r_y)* mu_0+ dt* sigma_m_y)./(2* mu_r_y* mu_0+ dt* sigma_m_y);

% Coeffiecients updating Hz
Chzhic= (2* (1- mu_r_z)* mu_0- dt* sigma_m_z)./(2* mu_r_z* mu_0+ dt* sigma_m_z);
Chzhip= - (2* (1- mu_r_z)* mu_0+ dt* sigma_m_z)./(2* mu_r_z* mu_0+ dt* sigma_m_z);
```

11.4.4 散射场的计算

当 FDTD 时进循环迭代进行时,入射波进入到问题空间传播,其每一时间步的值都在变化,入射波在每一时间步都需要重新进行计算。为此目的,需要运行 updating_incident_fields 程序,见程序 11.4。此程序在 run_fdtd_time_marching_loop 中被调用。在时间循环中调用 updating_magnetic_fields 之前(即在磁场更新之前)被调用。因为波形在每一时间需要重新计算,所以此子程序由几部分构成,每一部分属于一特定的波形。例如,此程序支持高斯波形、高斯导数波形以及余弦调制高斯波形。因此,在每一时间步,只有属于特定入射波形的程序段才被执行。在每一时间步,6 个电场分量和磁场分量都被重新计算。应该注意,电场的计算时刻和磁场的计算时刻之间有半个时间步的偏差,这是因为电场是在时间步的整数倍时刻计算的,而磁场是在时间步的半整数倍时刻计算的。

程序 11.4　updating_incident_fields

```
% update incident fields for the current time step
if incident_plane_wave.enabled = = false
    return;
end

tm = current_time + dt/2;
te = current_time + dt;

% update incident fields for previous time step
Hxip = Hxic; Hyip = Hyic; Hzip = Hzic;
```

```matlab
Exip =  Exic; Eyip =  Eyic; Ezip =  Ezic;

wt_str =  incident_plane_wave.waveform_type;
wi =  incident_plane_wave.waveform_index;

% if waveform is Gaussian waveforms
if strcmp (incident_plane_wave.waveform_type,'gaussian')
    tau =  waveforms.gaussian(wi).tau;
    t_0 =  waveforms.gaussian(wi).t_0;
    Exic =  Exi0 * exp (- ((te -  t_0 -  k_dot_r_ex )/tau).^2);
    Eyic =  Eyi0 * exp (- ((te -  t_0 -  k_dot_r_ey )/tau).^2);
    Ezic =  Ezi0 * exp (- ((te -  t_0 -  k_dot_r_ez )/tau).^2);
    Hxic =  Hxi0 * exp (- ((tm -  t_0 -  k_dot_r_hx )/tau).^2);
    Hyic =  Hyi0 * exp (- ((tm -  t_0 -  k_dot_r_hy )/tau).^2);
    Hzic =  Hzi0 * exp (- ((tm -  t_0 -  k_dot_r_hz )/tau).^2);
end


% if waveform is derivative of Gaussian
if strcmp (incident_plane_wave.waveform_type,'derivative_gaussian')
    tau =  waveforms.derivative_gaussian(wi).tau;
    t_0 =  waveforms.derivative_gaussian(wi).t_0;
    Exic =  Exi0 *   (- sqrt (2* exp (1))/tau)* (te -  t_0 -  k_dot_r_ex) ...
           .* exp (- ((te -  t_0 -  k_dot_r_ex)/tau).^2);
    Eyic =  Eyi0 *   (- sqrt (2* exp (1))/tau)* (te -  t_0 -  k_dot_r_ey) ...
           .* exp (- ((te -  t_0 -  k_dot_r_ey)/tau).^2);
    Ezic =  Ezi0 *   (- sqrt (2* exp (1))/tau)* (te -  t_0 -  k_dot_r_ez) ...
           .* exp (- ((te -  t_0 -  k_dot_r_ez)/tau).^2);
    Hxic =  Hxi0 *   (- sqrt (2* exp (1))/tau)* (tm -  t_0 -  k_dot_r_hx) ...
           .* exp (- ((tm -  t_0 -  k_dot_r_hx)/tau).^2);
    Hyic =  Hyi0 *   (- sqrt (2* exp (1))/tau)* (tm -  t_0 -  k_dot_r_hy) ...
           .* exp (- ((tm -  t_0 -  k_dot_r_hy)/tau).^2);
    Hzic =  Hzi0 *   (- sqrt (2* exp (1))/tau)* (tm -  t_0 -  k_dot_r_hz) ...
           .* exp (- ((tm -  t_0 -  k_dot_r_hz)/tau).^2);
end

% if waveform is cosine modulated Gaussian
if strcmp (incident_plane_wave.waveform_type, ...
   'cosine_modulated_gaussian')
   f =  waveforms.cosine_modulated_gaussian(wi).modulation_frequency;
   tau =  waveforms.cosine_modulated_gaussian(wi).tau;
   t_0 =  waveforms.cosine_modulated_gaussian(wi).t_0;
   Exic =  Exi0 *  cos (2* pi * f* (te -  t_0 -  k_dot_r_ex)) ...
         .* exp (- ((te -  t_0 -  k_dot_r_ex)/tau).^2);
```

```
    Eyic = Eyi0 * cos (2* pi * f* (te - t_0 - k_dot_r_ey)) ...
        .* exp (- ((te - t_0 - k_dot_r_ey)/tau).^2);
    Ezic = Ezi0 * cos (2* pi * f* (te - t_0 - k_dot_r_ez)) ...
        .* exp (- ((te - t_0 - k_dot_r_ez)/tau).^2);
    Hxic = Hxi0 * cos (2* pi * f* (tm - t_0 - k_dot_r_hx)) ...
        .* exp (- ((tm - t_0 - k_dot_r_hx)/tau).^2);
    Hyic = Hyi0 * cos (2* pi * f* (tm - t_0 - k_dot_r_hy)) ...
        .* exp (- ((tm - t_0 - k_dot_r_hy)/tau).^2);
    Hzic = Hyi0 * cos (2* pi * f* (tm - t_0 - k_dot_r_hz)) ...
        .* exp (- ((tm - t_0 - k_dot_r_hz)/tau).^2);
end
```

在 run_fdtd_time_marching_loop 程序中,调用程序 update_incident_fields 之后,子程序 update_magnetic_fields 被调用,以完成当前时刻磁场的更新。update_magnetic_fields 在程序 11.5 中进行了修改,以包含散射场公式。其中仍保留了通常的更新方程,如果仿真模式为散射场,则附加的程序段将加入并被执行。如果是仿真散射问题,则在此附加的程序段中,入射场乘上相应的系数,再加入到磁场分量中。同样,update_electric_fields 也在程序 11.6 中进行了修改,以包含散射场公式,用来更新散射电场分量。

程序 11.5　update_magnetic_fields.m

```
% update magnetic fields

current_time = current_time + dt/2;

Hx = Chxh.* Hx+ Chxey.* (Ey(1:nxp1,1:ny,2:nzp1)- Ey(1:nxp1,1:ny,1:nz)) ...
    + Chxez.* (Ez(1:nxp1,2:nyp1,1:nz)- Ez(1:nxp1,1:ny,1:nz));

Hy = Chyh.* Hy+ Chyez.* (Ez(2:nxp1,1:nyp1,1:nz)- Ez(1:nx,1:nyp1,1:nz)) ...
    + Chyex.* (Ex(1:nx,1:nyp1,2:nzp1)- Ex(1:nx,1:nyp1,1:nz));

Hz = Chzh.* Hz+ Chzex.* (Ex(1:nx,2:nyp1,1:nzp1)- Ex(1:nx,1:ny,1:nzp1)) ...
    + Chzey.* (Ey(2:nxp1,1:ny,1:nzp1)- Ey(1:nx,1:ny,1:nzp1));

if incident_plane_wave.enabled
    Hx = Hx + Chxhic .* Hxic + Chxhip .* Hxip;
    Hy = Hy + Chyhic .* Hyic + Chyhip .* Hyip;
    Hz = Hz + Chzhic .* Hzic + Chzhip .* Hzip;
end
```

程序 11.6　update_electric_fields.m

```
% update electric fields mexcept the tangential components
```

```
% on the boundaries

current_time = current_time + dt/2;

Ex(1:nx,2:ny,2:nz) = Cexe(1:nx,2:ny,2:nz).* Ex(1:nx,2:ny,2:nz) ...
                    + Cexhz(1:nx,2:ny,2:nz).* ...
                    (Hz(1:nx,2:ny,2:nz)- Hz(1:nx,1:ny- 1,2:nz)) ...
                    + Cexhy(1:nx,2:ny,2:nz).* ...
                    (Hy(1:nx,2:ny,2:nz)- Hy(1:nx,2:ny,1:nz- 1));

Ey(2:nx,1:ny,2:nz)= Ceye(2:nx,1:ny,2:nz).* Ey(2:nx,1:ny,2:nz) ...
                    + Ceyhx(2:nx,1:ny,2:nz).* ...
                    (Hx(2:nx,1:ny,2:nz)- Hx(2:nx,1:ny,1:nz- 1)) ...
                    + Ceyhz(2:nx,1:ny,2:nz).* ...
                    (Hz(2:nx,1:ny,2:nz)- Hz(1:nx- 1,1:ny,2:nz));

Ez(2:nx,2:ny,1:nz)= Ceze(2:nx,2:ny,1:nz).* Ez(2:nx,2:ny,1:nz) ...
                    + Cezhy(2:nx,2:ny,1:nz).* ...
                    (Hy(2:nx,2:ny,1:nz)- Hy(1:nx- 1,2:ny,1:nz)) ...
                    + Cezhx(2:nx,2:ny,1:nz).* ...
                    (Hx(2:nx,2:ny,1:nz)- Hx(2:nx,1:ny- 1,1:nz));

if incident_plane_wave.enabled
    Ex = Ex + Cexeic .* Exic + Cexeip .* Exip;
    Ey = Ey + Ceyeic .* Eyic + Ceyeip .* Eyip;
    Ez = Ez + Cezeic .* Ezic + Cezeip .* Ezip;
end
```

11.4.5 仿真结果的后处理

在 FDTD 仿真开始以前通过在子程序 define_output_parameters 定义 sampled_electric_fields 和 sampled_magnetic_fields，就可以在 FDTD 仿真中预定的位置上获取散射电场和散射磁场分量。如同 11.3 节中所讨论的，另一输出参数为 RCS。RCS 的计算遵循与近场到远场转换相同的过程。只有在近场到远场转换代码最后部分需要修改。在修改之前应该注意，如果计算 RCS 应该先定义 RCS 计算中的频率。在 define_output_parameters 中对参数 farfield.frequencies(i)进行了定义。另外，远场参数 farfield.number_of_cells_from_outer_boundary 也应该进行定义。

由获取的近场到远场虚拟电流和磁流来计算 RCS 并显示其结果，此任务在子程序 calculate_and_display_farfields 中完成。此程序的初始程序语句已被修改，见程序 11.7。从此程序的最后部分可以看到，如果仿真的模式为计算散射场，那么绘出的辐射图为 RCS 图，否则将画出电场的辐射方向图。程序的另一修改是在子程序 calculate_radiated_ power 之后,调用了新程序 calculate_incident_plane_wave_power。RCS 的计算是根据式 (11.21)进行的,计算中要用到入射场的功率值。子程序 calculate_incident_plane_wave_power 见程序 11.8。它完成了给定的频率或式(11.22)给出的频率的入射平面波功率计算。

程序 11.7 calculate_and_display_farfields

```
if number_of_farfield_frequencies == 0
    return;
end


calculate_radiated_power;
calculate_incident_plane_wave_power;


j = sqrt(-1);
number_of_angles = 360;


% parameters used by polar plotting functions
step_size = 10;      % increment between the rings in the polar grid
Nrings = 4;          % number of rings in the polar grid
line_style1 = 'b-';  % line style for theta component
line_style2 = 'r--'; % line style for phi component
scale_type = 'dB';   % linear or dB


if incident_plane_wave.enabled == false
   plot_type = 'D';
else
   plot_type = 'RCS';
end
```

程序 11.8 calculate_incident_plane_wave_power

```
% Calculate total radiated power
if incident_plane_wave.enabled == false
    return;
end
x = incident_plane_wave.waveform;
time_shift = 0;
[X] = time_to_frequency_domain(x,dt,farfield.frequencies,time_shift);
incident_plane_wave.frequency_domain_value = X;
incident_plane_wave.frequencies = frequency_array;
E_t = incident_plane_wave.E_theta;
E_p = incident_plane_wave.E_phi;
```

```
eta_0 = sqrt (mu_0/eps_0);
incident_plane_wave.incident_power = ...
    (0.5/eta_0) * (E_t^2 + E_p^2) * abs (X)^2;
```

实际上，RCS 的计算是在程序 calculate_farfields_per_plane 中完成的。修改了此程序的最后一部分，见程序 11.9。如果仿真的模式为散射场计算，则应用式(11.21)计算 RCS，否则计算天线的方向图。

程序 11.9 calculate_farfields_per_plane

```
if incident_plane_wave.enabled = = false
    % calculate directivity
    farfield_dataTheta(mi,:) = (k^2./(8* pi * eta_0* radiated_power(mi))) ...
        .* (abs (Lphi+ eta_0* Ntheta).^2);
    farfield_dataPhi(mi,:) = (k^2./(8* pi * eta_0* radiated_power(mi))) ...
        .* (abs (Ltheta- eta_0* Nphi).^2);
else
    % calculate radar cross- section
    farfield_dataTheta(mi,:) = ...
        (k^2./(8* pi * eta_0* incident_plane_wave.incident_power(mi))) ...
        .* (abs (Lphi+ eta_0* Ntheta).^2);
    farfield_dataPhi(mi,:) = ...
        (k^2./(8* pi * eta_0* incident_plane_wave.incident_power(mi))) ...
        .* (abs (Ltheta- eta_0* Nphi).^2);
end
```

最后，子程序 display_transient_parameters 加入了一段代码，见程序 11.10，目的是为了显示在原点的入射平面波的波形。应该注意，显示的波形应该包含时间延迟 t_0，但不含空间移动 l_0。

程序 11.10 display_transient_parameters

```
% figure for incident plane wave
if incident_plane_wave.enabled = = true
    figure;
    xlabel ('time (ns)','fontsize',12);
    ylabel ('(volt/meter)','fontsize',12);
    title ('Incident electric field','fontsize',12);
    grid on; hold on;
    sampled_value_theta = incident_plane_wave.E_theta * ...
        incident_plane_wave.waveform;
    sampled_value_phi = incident_plane_wave.E_phi * ...
        incident_plane_wave.waveform;
```

```
sampled_time = time(1:time_step)* 1e_9;
plot(sampled_time, sampled_value_theta,'b- ',...
    sampled_time, sampled_value_phi,'r:','linewidth',1.5);
legend('E_{\theta,inc}','E_{\phi,inc}');drawnow;
end
```

11.5 仿 真 举 例

前面章节讨论了散射场的算法,并给出了MATLAB程序的执行。本节将给出散射场计算的例子。

11.5.1 由介质球引起的散射

本节将给出介质球的收发分置的RCS。图11.4给出了此问题的FDTD空间。介质球受到x方向极化、向x正方向传播的平面波照射。此问题空间由每边长0.75cm的网格单元构成。介质球的半径为10cm,相对介电常数为3,相对磁导率为2。程序11.11给出了问题空间的定义。入射平面波源见程序11.12。入射平面波的波形为一高斯波。FDTD仿真的输出,定义为1GHz的远场计算,意味着将计算RCS。另外,位于原点的散射电场的x分量也定义为输出量,见程序11.13。

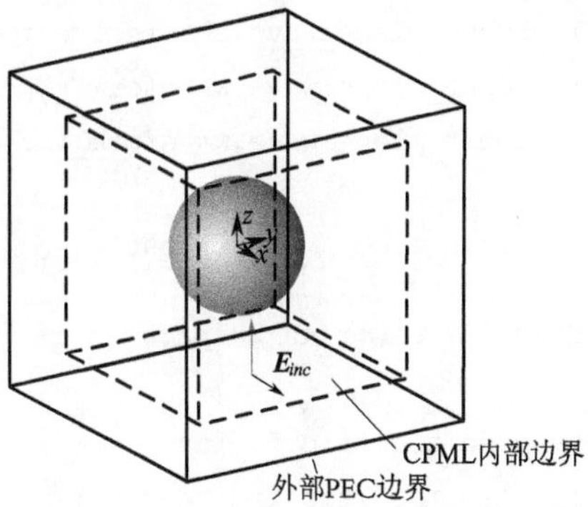

程序11.11 define_geometry.m

图11.4 包含介质球的FDTD问题空间

```
disp('defining the problem geometry');

bricks = [];
spheres = [];
thin_wires = [];

% define a sphere
spheres(1).radius = 100e- 3;
spheres(1).center_x = 0;
spheres(1).center_y = 0;
spheres(1).center_z = 0;
spheres(1).material_type = 4;
```

程序11.12 defines_sources_and_lumped_elements.m

```
disp('defining sources and lumped element components');

voltage_sources = [];
```

```
current_sources = [];
diodes = [];
resistors = [];
inductors = [];
capacitors = [];
incident_plane_wave = [];

% define source waveform types and parameters
waveforms.gaussian(1).number_of_cells_per_wavelength = 0;
waveforms.gaussian(2).number_of_cells_per_wavelength = 15;

% Define incident plane wave, angles are in degrees
incident_plane_wave.E_theta = 1;
incident_plane_wave.E_phi = 0;
incident_plane_wave.theta_incident = 0;
incident_plane_wave.phi_incident = 0;
incident_plane_wave.waveform_type = 'gaussian';
incident_plane_wave.waveform_index = 1;
```

程序 11.13　define_output_parameters.m

```
disp ('defining output parameters');

sampled_electric_fields = [];
sampled_magnetic_fields = [];
sampled_voltages = [];
sampled_currents = [];
ports = [];
farfield.frequencies = [];

% figure refresh rate
plotting_step = 10;

% mode of operation
run_simulation = true;
show_material_mesh = true;
show_problem_space = true;

% far field calculation parameters
farfield.frequencies(1) = 1.0e9;
farfield.number_of_cells_from_outer_boundary = 13;

% frequency domain parameters
frequency_domain.start = 20e6;
```

```
frequency_domain.end = 4e9;
frequency_domain.step = 20e6;

% define sampled electric fields
% component: vector component 'x,'y','z', or magnitude 'm'
% display plot = true, in order to plot field during simulation
sampled_electric_fields(1).x = 0;
sampled_electric_fields(1).y = 0;
sampled_electric_fields(1).z = 0;
sampled_electric_fields(1).component = 'x';
sampled_electric_fields(1).display_plot = false;

% define animation
% field_type shall be 'e' or'h'
% plane cut shall be 'xy', 'yz', or 'zx'
% component shall be 'x', 'y', 'z', or 'm';
animation(1).field_type = 'e';
animation(1).component = 'm';
animation(1).plane_cut(1).type = 'zx';
animation(1).plane_cut(1).position = 0;
animation(1).enable = true;
animation(1).display_grid = false;
animation(1).display_objects = true;
```

此仿真为 2000 时间步,得到了取样电场在原点的值,并绘出了 RCS 图。图 11.5 给出了在原点获取的散射电场以及入射场波形。图 11.6～图 11.8 分别给出了介质球的 RCS 在 xy、xz 和 yz 平面的显示值。

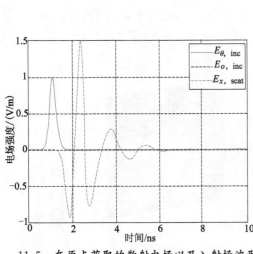

11.5 在原点获取的散射电场以及入射场波形

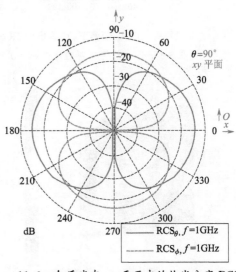

11.6 介质球在 xy 平面中的收发分离 RCS

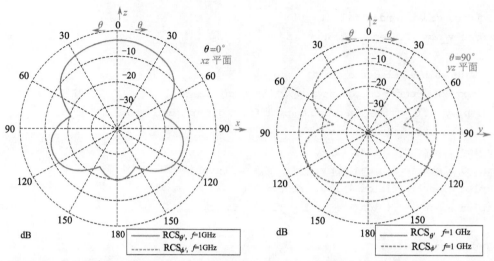

图 11.7 介质球在 xz 平面中的收发分离 RCS　　图 11.8 介质球在 yz 平面中的收发分离 RCS

为了证实 RCS 计算的精确性,仿真的结果与文献[41]给出的解析结果进行了对比。图 11.9 给出了 RCS 在 xz 平面中的 θ 分量与解析结果的对比。RCS 在 yz 平面中的 ϕ 分量与解析结果的对比示于图 11.10 中。两个比较都显示,它们吻合得很好。程序 11.13 显示,动画也定义为一种输出。在 yz 平面所获取散射场,在仿真过程中进行了显示。图 11.11 给出了 120、140、160 和 180 时间步获取的动画快照。

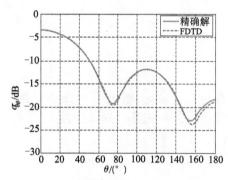 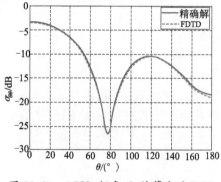

图 11.9　1GHz 频率下,计算出的 RCS_{θ} 　　图 11.10　1GHz 频率下,计算出的 RCS_{θ}
　　在 xz 平面上与解析解的比较($\theta=0°$)　　　　在 yz 平面上与解析解的比较($\theta=90°$)

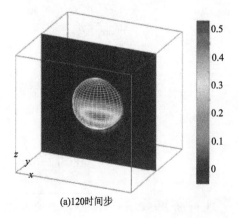 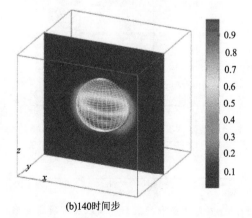

(a) 120 时间步　　　　　　　　　　　　　　(b) 140 时间步

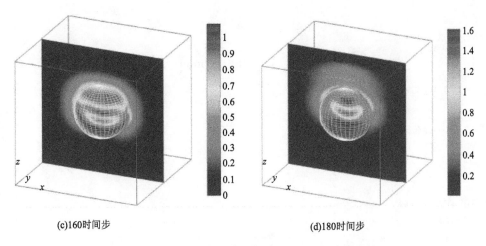

(c)160时间步　　　　　　　　　　　　　　(d)180时间步

图 11.11　由球引起的散射场在 xz 平面上的截面场

11.5.2　介质立方体的散射

上节给出了介质球的双站 RCS,本节将给出用 FDTD 仿真得到的介质立方体的 RCS,并与文献[42]中用矩量法(MoM)计算出的结果进行对比。图 11.12 给出了包含介质立方体的 FDTD 空间。图中也绘出了立方体表面 MoM 方法中使用的三角网格剖分图。

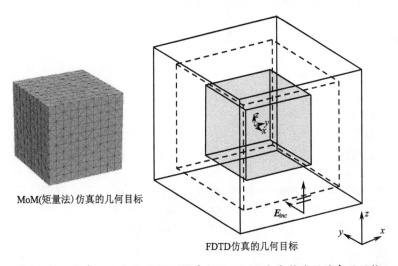

图 11.12　含有一立方体的 FDTD 空间及 MoM 方法所使用的表面网格

FDTD 问题空间是由边长为 0.5cm 的立方体网格单元所构成的。问题空间的定义见程序 11.14。立方体的每边长为 16cm,相对介电常数为 5,相对磁导率为 1。入射平面波的定义见程序 11.15。照射立方体的入射平面波,为 θ 极化。其传播方向可以用角度表示为 $\theta=45°,\phi=30°$,波形为高斯波。远场的输出定义在 1GHz 频率上,见程序 11.16。取样电场定义在原点,以观察问题空间的场是否充分凋落。

317

程序 11.14　define_geometry.m

```
disp ('defining the problem geometry');

bricks = [];
spheres = [];
thin_wires = [];

% define dielectric
bricks(1).min_x = -80e-3;
bricks(1).min_y = -80e-3;
bricks(1).min_z = -80e-3;
bricks(1).max_x = 80e-3;
bricks(1).max_y = 80e-3;
bricks(1).max_z = 80e-3;
bricks(1).material_type = 4;
```

程序 11.15　define_sources_and_lumped_elements.m

```
disp ('defining sources and lumped element components');

voltage_sources = [];
current_sources = [];
diodes = [];
resistors = [];
inductors = [];
capacitors = [];
incident_plane_wave = [];

% define source waveform types and parameters
waveforms.gaussian(1).number_of_cells_per_wavelength = 0;
waveforms.gaussian(2).number_of_cells_per_wavelength = 15;

% Define incident plane wave, angles are in degrees
incident_plane_wave.E_theta = 1;
incident_plane_wave.E_phi = 0;
incident_plane_wave.theta_incident = 45;
incident_plane_wave.phi_incident = 30;
incident_plane_wave.waveform_type = 'gaussian';
incident_plane_wave.waveform_index = 1;
```

程序 11.16 define_output_parameters.m

```
disp ('defining output parameters');

sampled_electric_fields = [];
sampled_magnetic_fields = [];
sampled_voltages = [];
sampled_currents = [];
ports = [];
farfield.frequencies = [];
% figure refresh rate
plotting_step = 10;

% mode of operation
run_simulation = true;
show_material_mesh = true;
show_problem_space = true;

% far field calculation parameters
farfield.frequencies(1) = 1.0e9;
farfield.number_of_cells_from_outer_boundary = 13;

% frequency domain parameters
frequency_domain.start = 20e6;
frequency_domain.end = 4e9;
frequency_domain.step = 20e6;


% define sampled electric fields
% component: vector component 'x','y','z', or magnitude'm'
% display plot = true, in order to plot field during simulation
sampled_electric_fields(1).x = 0;
sampled_electric_fields(1).y = 0;
sampled_electric_fields(1).z = 0;
sampled_electric_fields(1).component = 'x';
sampled_electric_fields(1).display_plot = false;
```

在 FDTD 时进循环完成后,作为远场图,图 11.13~图 11.15 分别给出了 RCS 在平面 xy,xz 和 yz 中的图。同样的问题,在 1GHz 频率下用矩量法进行了仿真,图 11.16 给出了 RCS_θ 在 xz 平面上的比较。图 11.17 给出了 RCS_ϕ 的比较。结果显示它们吻合得很好。

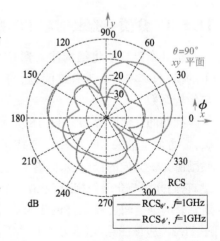

图 11.13 1GHz 频率下,xy 平面中的双站 RCS

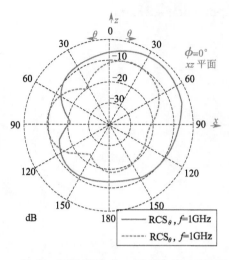
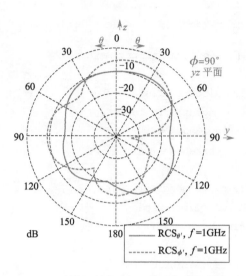

图 11.14 1GHz 频率下，xz 平面中的双站 RCS

图 11.15 1GHz 频率下，yz 平面中的双站 RCS

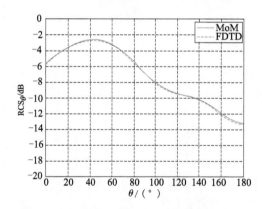
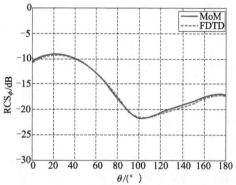

图 11.16 在 1GHz 频率下计算出的 xz 平面中的 RCS_θ 与 MoM 法计算结果的对比($\theta=0°$)

图 11.17 在 1GHz 频率下计算出的 xz 平面中的 RCS_ϕ 与 MoM 法计算结果的对比($\theta=90°$)

11.5.3 介质条的反射与传输系数

第 8 章已证明将结构伸入到 CPML 中，可以模拟无限长的目标体。本例给出了介质条的模拟，其本质上为一维问题。利用入射平面波的有效性，可以计算介质条的反射系数与传输系数。

问题的几何图形如图 11.18 所示。介质条的相对介电常数为 4、厚度为 20cm，在 x_n、x_p、y_n、y_p 方向上插入 CPML 中。FDTD 问题空间由边长为 0.5cm 的立方体网格单元所构成。激励源为 x 方向的极化波，向着 z 的正方向传播。在两个点上定义了两个取样电场的 x 分量，它们分别与介质条相距 5cm，一个在介质条的下方，另一个在介质条的上方，如图 11.18 所示。问题空间边界条件的定义、入射场、介质条以及取样电场的定义见程序 11.17～程序 11.20。应该注意，这里为了 CPML 更好地运行，对 CPML 参量进行了修改。

上节对用入射波来激励问题空间而求解散射场的问题，散射场公式的应用已得到了证明。在模拟中，取样电场是需要获取的参数之一。而由介质条产生的散射即为反射场，

反射场与入射场的比值是计算反射系数所需要的:

$$|\varGamma| = \frac{|\bm{E}_{\text{scat}}|}{|\bm{E}_{\text{inc}}|} \tag{11.23}$$

这里,取样散射场是介质条下方的取样点获得的,入射场也是在相同的点上获得的。因此,一段编码加入到子程序 capture_sampled_electric_fields(程序 11.21)中,以完成在时间循环中的散射场取样工作。计算传输系数需要用到传输场与入射场的比值,这里传输场为总场,即散射场与入射场的和。所以传输系数以下式给出:

$$|T| = \frac{|\bm{E}_{\text{scat}} + \bm{E}_{\text{inc}}|}{|\bm{E}_{\text{inc}}|} \tag{11.24}$$

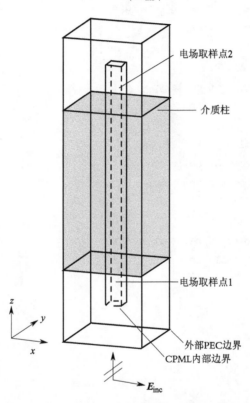

图 11.18 含有一介质条的 FDTD 问题空间

这里,取样散射场是由介质条上方的取样点获得的,入射场也是在相同的点上获取的。

程序 11.17　define_problem_space_parameters.m

```
% = = < boundary conditions> = = = = = = = = =
% Here we define the boundary conditions parameters
% 'pec' : perfect electric conductor
% 'cpml' : conlvolutional PML
% if cpml_number_of_cells is less than zero
% CPML extends inside of the domain rather than outwards
```

```
boundary.type_xn = 'cpml';
boundary.air_buffer_number_of_cells_xn = 0;
boundary.cpml_number_of_cells_xn = - 8;

boundary.type_xp = 'cpml';
boundary.air_buffer_number_of_cells_xp = 0;
boundary.cpml_number_of_cells_xp = - 8;

boundary.type_yn = 'cpml';
boundary.air_buffer_number_of_cells_yn = 0;
boundary.cpml_number_of_cells_yn = - 8;

boundary.type_yp = 'cpml';
boundary.air_buffer_number_of_cells_yp = 0;
boundary.cpml_number_of_cells_yp = - 8;

boundary.type_zn = 'cpml';
boundary.air_buffer_number_of_cells_zn = 10;
boundary.cpml_number_of_cells_zn = 8;

boundary.type_zp = 'cpml';
boundary.air_buffer_number_of_cells_zp = 10;
boundary.cpml_number_of_cells_zp = 8;

boundary.cpml_order = 4;
boundary.cpml_sigma_factor = 1;
boundary.cpml_kappa_max = 1;
boundary.cpml_alpha_min = 0;
boundary.cpml_alpha_max = 0;
```

程序 11.18　define_geometry.m

```
disp('defining the problem geometry');

bricks = [];
spheres = [];
thin_wires = [];

% define dielectric
bricks(1).min_x = - 0.05;
bricks(1).min_y = - 0.05;
bricks(1).min_z = 0;
bricks(1).max_x = 0.05;
```

```
bricks(1).max_y = 0.05;
bricks(1).max_z = 0.2;
bricks(1).material_type = 4;
```

程序 11.19 define_sources_and_lumped_elements.m

```
% define source waveform types and parameters
waveforms.derivative_gaussian(1).number_of_cells_per_wavelength = 20;

% Define incident plane wave, angles are in degrees
incident_plane_wave.E_theta = 1;
incident_plane_wave.E_phi = 0;
incident_plane_wave.theta_incident = 0;
incident_plane_wave.phi_incident = 0;
incident_plane_wave.waveform_type = 'derivative_gaussian';
incident_plane_wave.waveform_index = 1;
```

程序 11.20 define_output_parameters.m

```
% frequency domain parameters
frequency_domain.start = 2e6;
frequency_domain.end = 2e9;
frequency_domain.step = 1e6;

% define sampled electric fields
% component: vector component'x','y','z', or magnitude'm'
% display plot = true, in order to plot field during simulation
sampled_electric_fields(1).x = 0;
sampled_electric_fields(1).y = 0;
sampled_electric_fields(1).z = - 0.025;
sampled_electric_fields(1).component = 'x';
sampled_electric_fields(1).display_plot = false;
```

程序 11.21 capture_sampled_electric_fields.m

```
% Capturing the incident electric fields
if incident_plane_wave.enabled
    for ind= 1:number_of_sampled_electric_fields
        is = sampled_electric_fields(ind).is;
        js = sampled_electric_fields(ind).js;
        ks = sampled_electric_fields(ind).ks;

        switch (sampled_electric_fields(ind).component)
            case 'x'
```

```
                    sampled_value = 0.5 * sum(Exic(is- 1:is,js,ks));
                case 'y'
                    sampled_value = 0.5 * sum(Eyic(is,js- 1:js,ks));
                case 'z'
                    sampled_value = 0.5 * sum(Ezic(is,js,ks- 1:ks));
                case 'm'
                    svx = 0.5 * sum(Exic(is- 1:is,js,ks));
                    svy = 0.5 * sum(Eyic(is,js- 1:js,ks));
                    svz = 0.5 * sum(Ezic(is,js,ks- 1:ks));
                    sampled_value = sqrt(svx^2 + svy^2 + svz^2);
            end
            sampled_electric_fields(ind).incident_field_value(time_step) ...
                                                        = sampled_value;
    end
end
```

运行了此问题的仿真计算,同时在介质柱的下方和上方获取了入射场和散射场并转换到频域,应用式(11.23)和式(11.24)来计算反射系数和传输系数,计算结果和精确解绘于图11.19。精确解是使用文献[43]给出的程序得到的。从图11.19可以看出,在1GHz频率以下两者吻合得很好。

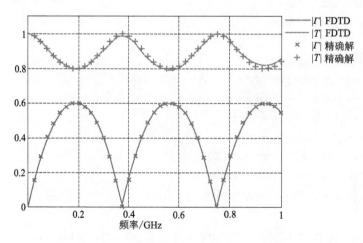

图 11.19 介质条的反射系数与传输系数

11.6 练 习

11.1 考虑 11.5.1 节中证明了的问题。其中计算了,由一向 z 正方向传播的入射波,照射在一介质球上的散射场 RCS 参数。在给出的例子中,入射波的传播方向为 $\theta=0°,\phi=0°$。改变入射波的传播方向为 $\theta=45°,\phi=0°$,运行仿真,求出在 1GHz 的频率下的 RCS。核对 RCS 图,在 xz 平面上的 RCS 图除绕 y 轴旋转 $45°$ 外,应与图 11.7 相同。

11.2 考虑练习 11.1 中的散射问题,其中计算了介质球由于入射场产生的 RCS。RCS 的计算是基于散射场计算基础之上的;用于计算近场到远场变换的虚拟电流和虚拟磁流是用散射电场和散射磁场来计算的。计算空间的总场是散射场和入射场之和。修改程序,使得计算 RCS 是基于总场而不是基于散射场。这样做需要修改程序 calculate_JandM,运行仿真得到介质球的 RCS。证明这样得到的 RCS 与练习 11.1 是相同的。注意,入射场对总场散射完全没有贡献。

11.3 考虑 11.5.3 节中的介质条问题,可以计算垒叠起来的介质条的反射系数和传输系数,即多层介质条,每层介质条具有不同的介电常数。例如,在问题空间创建两介质条,每条厚 10cm。设底部介质条的相对介电常数为 4,顶部介质条的相对介电常数为 2,运行仿真,并计算其反射系数和传输系数。将结果与文献[43]中给出的精确解相对比。作为替代,可以构造基于散射场公式的与第 1 章相似的一维 FDTD 问题的代码,来解决相同的问题。

第12章　时域有限差分计算的图形处理单元的加速

自从进入计算机时代,研究工作依靠计算机中功能强大的中央处理单元(CPU)来完成各种计算任务。在过去的若干年中,人们通过引入更高的时钟频率、大的缓存单元、更快的存储器、多处理器以及在一个芯片中安装多核技术,在提高 CPU 的功能方面取得了很大进展。然而,这种进展也扩展了计算机使用者的应用需求。例如,从互联网观看视频节目及玩电子游戏。由于像这种一般的计算机使用者的需求,商用处理器的指令在附加的处理器中扩展超过 300 条。这样 CPU 就成了"万事通"了,即 CPU 不得不做大量的工作,而不是专门工作于某一特别的领域。

相反,图形处理单元(GPU)被设计成工作在很窄的领域内,它只需执行很少的几个指令。显示卡的设计只有一个目的,即为使用者提供图像所需要的相关指令的执行和数据。

在过去的若干年中,与 CPU 相比,由于执行任务单一,GPU 的设计取得了很大进展。目前,GPU 的设计周期为 12 个月,而 CPU 的设计周期为 18 个月。这导致功能强大的 GPU 得以发展。目前,最新一代的 GPU,工作于 600MHz,数据总线为 384bit,存储器的带宽达到 86GB/s。虽然 GPU 的时钟速度与双核 Pentium 4 CPU 比较,相对落后,但 GPU 是一种专用的处理器(表 12.1),它可以将许多同步指令合并,而以高于一般存储器 1 个数量级的带宽一同馈入存储器。事实上,GPU 中的晶体管数与 CPU 中的晶体管数相当,这就使得 GPU 可以高于 CPU1 个数量级的运算速度来执行特别的指令,如图 12.1 所示。CPU 中的半导体的主要是用来完成非计算任务的。如分枝预测,乱序执行,以及缓存操作。而 GPU 中的晶体管主要用于计算任务。应该指出,GPU 的设计主要是为了图像处理,而不是为计算电磁学。幸运的是,图像处理中的各种计算与诸多矢量运算是相似的。这里将研究怎样将图形卡中各种可用的函数与计算电磁学的应用相联系起来。

表 12.1　GPU 与 CPU 的性能对比

特性	CPU	GPU
时钟频率	3.4GHz	600MHz
主存储器	4GB	768MB
存储带宽	41GB	86GB
存储数据宽	64bit	384bit
缓存类型	FIFO(非流类型)	FILO(流类型)

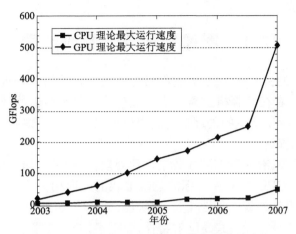

图 12.1 GPU 和 CPU 的理论界最大处理功能

基于时域有限差分法的电磁仿真求解器人们已研究多年,然而近年来人们在计算机技术方面取得的进展才使基于时域有限差分法的计算机电磁仿真得到广泛应用。计算机变得功能越强大,所使用的系统存储器的容量就越大,基于时域有限差分法的应用增长也就越快。时域有限差分法所仿真的目标也变得越来越大,这就要求计算机具备更大的内存和更快的指令处理速度,以便在可以接受的时间内完成仿真任务。即使应用最新一代计算机,时域有限差分法应用于实际的仿真也仍然受到计算机速度的限制。大多数有关时域有限差分法的研究都涉及引入新的公式或是更有效的吸收边界条件来解电磁问题。在过去的若干年中,研究人员开始采用不同的方法来执行时域有限差分法计算,以提高其执行速度。使用可编程门阵列来创建专用于时域有限差分法的芯片的研究工作已经完成,然而这种方法是非常复杂的。另一种可行的方法是利用图形处理器,它已被证明可以提供以高于 CPU 1 个数量级的速度来完成矢量运算。在 GPU 完成时域有限差分法的应用中,在进行运算之前要求掌握许多编程细节[44-46],为了使图形卡进行数学运算,需要对 GPU 中的着色单元进行编程。如果在 GPU 中运行时域有限差分法,则需要了解图形卡中硬件函数的大量细节,并且学习使用者具备注册级水平的编程语言的能力,以便进行 GPU 中着色单元的编程。

对图形卡来说,即使是一般的科学应用,这些障碍也阻止了其广泛的应用。因为它要求一个深入的学习过程。虽然一般的编程人员和工程师熟悉一种或多种高级编程语言,如 MATLAB、C 和 FORTRAN 语言,但是学习错综复杂的低级硬件语言,对他们来说是一种令人生畏的挑战。

目前可以进行 GPU 编程的语言有 nVidia 公司的 CUDA 语言、ATI 公司的 CTM 语言以及 Brook 的独立语言[47]。在执行中每一种语言都有其优、缺点。CUDA、CTM 两种语言都被供应商绑定在各自的硬件上,所以用 CUDA 写出的程序只能用于 nVidia 主板上,CTM 语言也是一样的。而 Brook 语言不属于任何特定的供应商,可以运行于任何兼容的图形卡上。Brook 语言是为一般的编程环境引入的,它是 C 语言的一个子集。此子集,通过引入几个相对简单的 C 语言命令,略去了低级编程语言的细节。通过几个高级语言的命令,Brook 语言可以为编程器自动地产生低级语言代码,而不需要任何目标显卡的硬件系统的知识。它能保持手编低级代码运行速度的 90%。这样,编程人员就不用人工的方式对低级代码进行编码,而在附加命令的帮助下,直接用标准的 C 语言由编辑器生成所需要的代码。

12.1 图像处理与一般的数学

视频卡是为单一的目的而开发的,它的目标就是在计算机上处理和显示图像。这可能是最简单的为使用者在计算机上显示文本文件或者显示最新的计算机三维的游戏图像。显示卡对三维目标所提供的处理功能同样也可以用于计算电磁学的应用计算,并且计算速度得到显著的提高。

在图形卡的处理中,有两种不同的数据得到处理:一种是几何数据,另一种是结构图像数据。几何数据与 GPU 中各种目标的三维形状的外形相关。另一方面,结构图像数据是一二维矩阵,与目标的表面特性相关,即颜色、反射性、粗细等。几何图像由若干个结构图像构成(即球可能是红色的、高反射特性、非平滑的)。为了以不同的方式在几何图形中应用结构图像数据,要求 GPU 能运行不同的算法函数对结构图像进行处理。例如,它可能需要对结构数据进行加、减、乘、除等运算。这些操作仅对结构数据进行矢量计算。这是因为显示卡的设计就是为了能提供高质量的图像,所以处理过程中应能对不同的数据组提供高速率的数字计算功能。这就导致了在 GPU 中高级别的并行操作功能,以处理使用中(例如,在电子游戏中可能出现的)各种目标的显示。

在结构图像中,GPU 中的主要数学运算称为片段处理器(或像素着色器)。在现代显卡中有 4 个~64 个并行片段处理器。其具体数量与显卡的型号相关。每个片段处理器中有 4 个~5 个子处理器。它是可编程的,可以分别与专用于 GPU 数据缓存器相连接。片段处理器的作用在于,将处理结构图像数据中的数学功能形成一个一般特性的矢量处理器

GPU 中许多片段处理器是在并行状态下工作的,每个片段处理器经常运行在与其他片段处理器相同的程序下,但工作在不同的点上。因为有许多片段处理器在同时工作,所以高速缓冲器的高效率工作是非常重要的,否则将存取停止。当高速缓存器中不含有计算所需要数据时,就会发生存取停止,这时片段处理器也将停止工作,直到缓存器更新了其中的数据。此方法重新获得的序列数据是以直接方式得到的,此时序列元素的数学运算是最快的,这就是使用 GPU 的流处理的基础。GPU 的设计使得数据流入单独分离的处理器,进行计算操作后再流回存储器中。在对矢量或矩阵乘法进行运算时,计算效能损失很大,因为事实上矩阵中的元素是随机出现的,从而导致高速缓冲器以很慢的速度更新。这给堆栈的程序操作提供了很大机会。图 12.2 给出了流操作和非流操作之间的对比。

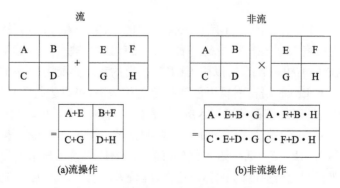

图 12.2 流操作和非流操作的对比

对主要的实质处理,数学运算仅包括在不同矩阵中的相同元素。这表明,对数据的着色处理(着色处理单元是 GPU 的组成部分,主要用于对像素进行运算)是呈流水形式的。换句话说,由于像素中的元素在同级图像中仅使用一次,GPU 对这些矩阵元素可以从存储器中进行流操作,而不是对其中的每一个元素进行随机存取。当数据以这种序列的方式进行存取时,数据操作可以最高速率进行。需要处理的随机数据量越大,处理器的运行任务就越高。例如,在 Nvidia GeForce 8800 GTX 中序列元素的读取速率可达 60GB/s,而总的随机数据的读取速率只有 16GB/s。对大多数现代显卡的高速缓存其速度仅比 CPU 的高速缓存快一点,大多数矩阵完全不适用这样的高速缓存来进行运算处理。

GPU 中的像素本质上是二维结构。显示器只能显示二维图像。不同的显卡对像素尺寸的限制是不同的。目前,最新显卡的像素可达 8192×8192(约 6700 万像素)。因为矩阵是二维的,所以三维以上的多维问题需要对存储在 GPU 存储器中的矩阵进行翻译处理的程序。

在讨论 GPU 中进行 FDTD 编程计算之前,需介绍几个概念。这些概念涉及在 GPU 中进行一般应用的编程。所以在编程之前必须了解。

(1)流:意思是怎样将矩阵馈入到 GPU 中进行处理。在默认时,流意味着矩阵的或阵列的元素顺序馈入到处理器中。如果在处理中矩阵的元素被用到一次以上或以某种随机的次数被使用,就表明流中的长度较长,或流占用的时间较长。

(2)通路:是流的边界,流借助于它而运行。例如,在某些应用中,仅希望对矩阵内部的元素进行运算处理,因此通道应被定义为矩阵内部的流(如果流是从(0)→(X),则通道此时定义为(1)→(X−1))。

(3)核:是用户在 GPU 中执行的功能函数,是对流的处理。通常,经过交叉编译产生与显卡相关的着色算法语言程序,以能达到的最高效率来执行功能计算。

应了解的是,按核编制的程序运行的片段处理器,仅能直接运行数学运算。逻辑与相关的程序流操作(即 if/then/else 控制操作)在核内是不能进行操作的。

为了使 GPU 中运行的程序效率最高,需要了解片段处理器是怎样工作的。如前所述,每个片段处理器中包含 4 个~5 个子处理器。目前的 NVidia 芯片,内部有 4 个完全相同的数学子处理器。而 ATI 芯片内含有 4 个可进行简单数学运算的处理器,以及 1 个可完成高级数学运算的处理器。芯片的这种结构是因为 GPU 主要是为了在屏幕显示图像而设计的。在进行图像显示计算时,像素包含 4 组数据,即 3 种基色数据和 1 组透明度数据。设计成 4 个一组或 5 个一组的模式,是因为图像的像素具有 4 个独立的数据。应注意的是,将所涉及的问题转换为计算公式,以使子处理器的功能得到最大应用。例如,如果两个矩阵相加,一组中只用到一个子处理器,因为每个数据点只有一个数据。因此,如果要处理与电磁场相关的方程,可以使用场的分量的原本概念,即电场的 3 个分量和磁场的 3 个分量,以最大限度地使用 GPU 的处理功能。

12.2　Brook 语言的介绍

本章介绍的 GUP 编码例子,是执行使用 Brook 平台编程的代码。作为一种高级语言扩展,如 C 语言,这里介绍 Brook 编程系统,以方便程序在 GPU 中的执行。Brook 是一种自由的开放源的语言系统。它由美国斯坦福大学图像实验室开发（http://graphics.stanford.edu/projects/broodgpu/），当前的版本可以在标题为 Brook 的开放资源库 Sourceforge.net 中找到（http://sourceforge.net/-projects/brook/）。因为 Brook 并不是针对某个特别的运营商开发的，在 Brook 系统下开发的程序可以用于许多通用的图形卡，如 OpenGL 和 DirectX 都能兼容。使用 Brook 系统，一般的程序流在 GPU 中执行，与标准的 C 语言相比只有轻微的差别，见表 12.2。

表 12.2 Brook 程序流

步骤	操作执行	步骤	操作执行
1	常数定义	4	由核处理流
2	创建数组并初始化	5	流将数据返回数据
3	数组传入 GPU 流	6	数据传送到输出文件

　　Brook 程序包中包含安装指示，以及在安装计算机中对编译 GPU 的依赖要求和对兼容的个人计算机的要求。为保证各种图形卡、系统和 DirectX 调用，之间的互操作性，Brook 需要少数几个第三方工具。另外，将 Brook 集成在系统软件中是可能的。例如，在 Windows Visual Status 中，在默认的安装和系统的兼容性下，使用 PC 版的 GNU 编程工具，Cygwin（http://www.cygwin.com/）。Cygwin 的作用如同 UNIX 外罩，可以提供 Brook 编译及其程序的必要软件工具。Brook 程序包还给出了在默认条件以外的 Cygwin 所需要的详细的安装指示。其他所需要的项目，还包括 nvidia 着色器编译器，如果未装 Windows Visual Status 还需装微软 C++免费编译器，以及微软 DirectX SDK 软件。这些软件的详细说明在 Brook 文件中。Brook 程序包还包括范围宽广的程序例子，可以用来检查和验证各种问题，从傅里叶变换到矩阵求解器，在 GPU 上是怎样运行的。安装指示和 Brook 原代码可以在网站 http://www.sourceforge.net/projects/brook 的程序库中下载。在这里可以找到所有 Brook 文件与附加的例子。

　　一旦安装好了，在 Brook 下的编译程序是非常简单的。Cygwin 是一命令行界面，如同在大多数 UNIX 系统中所见到的。如果生成文件的相关目录都检查过了，设置一个新的程序进行编译是非常简单的。生成文件告诉 Cygwin，到什么目录下寻找源文件，源文件的名字是什么。在 Brook 文件目录中，将文件夹换为"prog"，将使得编译易于进行。一旦"prog"被取代后，要做的就是，在 Brook 目录下使用生成命令来编译所提供的取样二维程序。Brook 编译这些程序，并把可执行文件放置在目录"bin"之下。最后 Brook 需要一个环境变量用来运行 DirectX 或 OpenGL，或者用 GPU 的运行来执行程序。使用 DirectX，设置环境变量名为 BRT_RUNTIME to dx9，对 OpenGL 使用 ogl。

　　Brookr 的操作为，取在 Brook 扩展下用 C 语言格式写的源代码文件，然后用 C 语言代码和着色代码来取代它，随后用标准 C 编译器对其进行编译。Brook 系统用这种简单的扩展来自动地生成代码，而不是写复杂的着色和界面代码。程序 12.1 给出了简单的 Brook 代码，它用来完成两个矩阵的求和。这段代码仅用来证明不同参量的使用，还不能直接进行编译。

程序 12.1 Brook 代码举例

```
kernel void test (float a[], float b[],
          iter float it< > , out float c< > )
  {
    c= a[it]+ b[it];
  }

float a< 100> ;
float b< 100> ;
float c< 100> ;
iter float it< 1,98>
test(a,b,it,c);
```

程序 12.1 所列的代码中,建立了两个数组"a"和"b"的和,它们的边界由"管道"变量"it"来限定。并将它们的和存储在"c"。这就是说,此段代码完成了函数 $c[i]=a[i]+b[i]$ 的计算。其中,在 GPU 内存中,矩阵元素 i 的取值范为 1~98。

由程序 12.1 可以看出,"核"没有任何直接的输出返回到程序。与标准的 C 言语函数不同,核对流的操作直接改变了流,但它没有要求任何输出返回到调用它的说明语句处。在这种特殊的核中,与 C 相关的"out"说明,把这种特殊的流看成被核修改的一种流。在"a"和"b"之后的空的方括号[ ],可认为是一维数据流。其中的任意元素核可以进行存取。"管道"说明将变量"it"视为正在进行操作的输出流的当前位置。在"it"和"c"之后的"＜＞"可认为是由"iter"给定的位置单一变量。

12.3 使用 Brook 系统的二维 FDTD 执行举例

在显卡中执行二维 FDTD 是非常直接的。因为显卡中的数据结构本身就是二维的,它仅简单要求将数据传送到显卡中,程序着色器进行必要的场量迭代更新。程序主要部分的工作方式与标准的 C 语言解决同样问题所进行的工作方式完全相同。常数被初始化,数组被定义并被赋值,当进行时间步迭代时,数据被送到 GPU 中进行计算。这需要,首先使用命令 float Hy＜insize,insize＞,以创建大小适当的数据流。这时也需要创建管道,以定义要操作的矩阵大小。数组 C 然后使用命令 streamRead(Ez,aEz),被复制 GPU 中的数据流中。

本书给出了在 GPU 上执行二维 FDTD 例子的原代码。代码中二维计算区域的大小和时间迭代的步数在运行时可以由使用者输入。代码需要三个运行参数,以便设置运行的时间迭代步数,以及二维区域的 x 方向的大小和 y 方向的大小。在本例中可执行文件,被编译链接后生成的可执行文件名为 TM2D.exe,可以在命令提示符下运行:

```
C:\TM2D- Example\TM2D.exe 1000 100 150
```

这表明,程序在 x 方向上为 100 个网格、y 方向中为 150 个网格的二维区域中迭代

1000 时间步。应该注意的是，在默认的条件下主计算区域包括各边界方向上的 10 个 PML 网格。此例的代码包含一个卷积完善匹配层吸收边界条件[23,48]，点源放置在靠近区域的中心位置，介质散射体从区域中心向 x 正方向延伸 10 个网格、向 y 方向延伸 16 个网格。当计算完成时，此代码输出 4 组数据。数据文件 Port. txt 代表由激励点向后推 10 个网格处的电场 E_z 分量在每一个时间步的取值。数据文件 Ezdata. txt、Hxdata. txt 和 Hydata. txt 代表场各分量在计算的最后时间步的分布状态。对不同的运行时间步，进行仿真是可能的。这可以用来研究场的各种数据。例如，可以分别在 100、200、500、1000 迭代步下运行程序。

  一旦所有的数据流都被复制 GPU 中，就可以调用核来进行时间步迭代，就如同在程序中调用子程序或函数一样。每一核取管道和数据流作为输入，并将被更新的场量返回。导数的计算可以用一偏置项来进行，如 float2 t0＝float2(0.0f, 1.0f)。在计算中，当此项加在 iter 上，如同(Ez[it]－Ez[it＋t0])，这就给出了一个适当的函数导数。核的操作应用于由 iter 给出边界流的每一个元素，而变量 it 是当前操作的位置（在这种情况下，是 float2 类型的变量，用于定义 x 和 y 的位置，如同 Ez[54][60]）。通过加上另一个 float2 类型的常数，为计算定义另一个位置偏置量是完全可能的。在给出的例子中，计算以(Ez[X][Y]－Ez[X][Y])的形式进行。

  一旦流迭代了适当的时间步后，使用流操作命令 Write(Ez, outputEz)，流将返回 C 数组。C 数组就可以输出到可以应用的数据文件中。

  第一部分横向(TM)FDTD 例子代码，为了进行场的计算，对用户的 GPU 的核进行了定义。在本例中定义了三个核：第一个核是为了计算电场 E，第二个核是为了计算磁场 H，第三个核是为了方便抽取场点，以进行计算。在每个定义核的第一部分，定义了传送给此核的变量和发送出去的变量。对输入，每一个变量都定义了它的大小。单一的一对括号代表一维数组，而两对括号代表二维数组。对输出数据的定义也是相同的。在代码的两段中，首先计算 CPML 部分的场，并进行更新；然后计算在更新的边界条件下结构内部的场，并对其进行更新；最后一个核用于将一个流复制到另一个流，并且抽取场点进行保存以便稍后进行检查。

  第二部分代码开始于对 C 代码的初始化。如同此段代码中的其他 C 代码一样，所有程序需要的变量和常数都要进行定义。常数要赋值，而变量要先赋零，便于以后的运用。在这段代码中，所有的数组结构被动态地指定，以便于在运行时可以通过命令线变量确定主程序的内存大小。大多数的常数和变量的值都写成 txt 文件，以便以后检查。

  第三部分代码将所有的数组进行初始化，这里也包括 CPML 参数。另外，沿着结构区域的边界也被定义为完善导体。应该注意的是，在 C 代码中的所有数组都是一维的，而与它们所隐含的维数无关。这是由 GPU 向 CPU 传送或接收数据的方式所确定的。即使为三维数组代码，也在 CPU 中用一维数组来表示以便正确地传送到 GPU 中。

  第四部分代码涉及 CPML 系数的细节，以便吸收边界条件的应用。所有这些数组都是一维数组。它们在 x 方向或 y 方向上展开取决于实际应用。在本段代码中，数据的指定仅限于 CPML 边界之内。在本例中，源点指定在接近区域的中心处。

  第五部分代码开始于对 GPU 代码段的初始化。在这代码段中适当地定义了所有

GPU 流的大小,以及由 CPU 向 GPU 传送数组的大小。应该注意,二维流的大小定义,是以<ysize,xsize>秩序定义的,而在核中是以反向秩序 variable[x][y]进行存取的。在所有的迭代计算中,所有的变量都有两个备份。这是因为对于给定的显卡不可能再更新数据流,又将其输出。所以当进行迭代计算时,它们的复制数据在当前数组和过去数组之间来回传输。

第六部分代码的任务是根据要求的次数完成场的迭代。从这里可以看到,在不同的时间步中怎样用两组数据流来进行数据的更新计算。例如,在第一时间步,过去的场定义为 H_x、H_y 而更新的场值存储于 0_Hx 和 0_Hy 中。此时调用复制核来抽取单一的 E_z 的值。此值被复制到 CPU 中,写进一数据文件。".domain"操作命令用于调用复制核,以确定在 E_z 数据流中哪一点的数据需要复制。此操作需要两个命令告诉它复制从何处开始到何处结束。在此例中它们取同样的值,这表明只有一个数据需要复制。在结束点,一个输入脉冲值被写到一文件中,以备后面的检查。

图 12.3 和图 12.4 给出了 E_z 从编译到执行在给定的时间步 200×200 的网格区域内的场值,以及在单一的观察点观察到的 1000 时间步电场 Ez 值的变化。图 12.5 给出了不同的图形卡在 1000×1000 的区域中,与等效的 CPU 代码相比的计算加速因子。程序 12.2~程序 12.8 提供了名为 tm2d.br 的 Brook 程序文件。

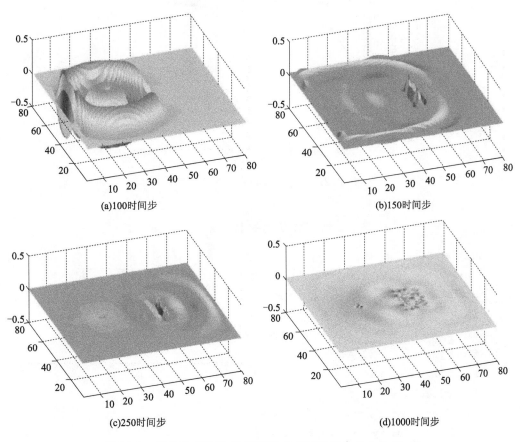

图 12.3 例使用 CPML 的 TM2D 中不同时间步的电场 E_z 值

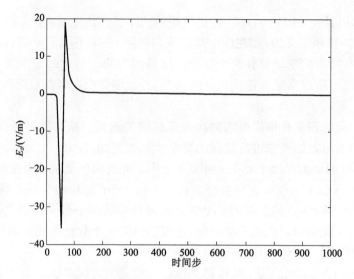

图 12.4 例使用 CPML 的 TM2D 中在观察点处的电场 E_z 值

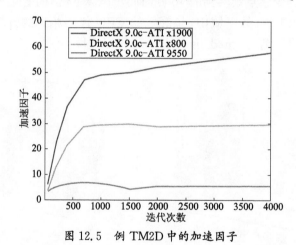

图 12.5 例 TM2D 中的加速因子

程序 12.2　二维 TM 仿真的 Brook 代码　第一部分

```
// GPU Function For H Fields
kernel void process_field_H(float Hx[][], float Chxh[][],
        float Chxe[][], float Hy[][], float Chyh[][],
        float Chye[][], float Ez[][], float Khx[], float Khy[],
        float Bhx[], float Bhy[], float Chx[], float Chy[],
        float psiHxy[][], float psiHyx[][],
        float dx, float dy,
        iter float2 it< >,
        out float o_Hx< >, out float o_Hy< >,
        out float o_psiHxy< >, out float o_psiHyx< > )


{
```

```
    float2 t0 = float2(0.0f, 1.0f);
    float2 t1 = float2(1.0f, 0.0f);

    float pxy, pyx;

    pxy = (Bhy[it.y] * psiHxy[it]) + (Chy[it.y] * (Ez[it+ t0]- Ez[it]));
    pyx = (Bhx[it.x] * psiHyx[it]) + (Chx[it.x] * (Ez[it+ t1]- Ez[it]));

    o_psiHxy= pxy;
    o_psiHyx= pyx;

    o_Hx = (Chxh[it] * Hx[it] ) + (Khy[it.y] * Chxe[it] / dy *
        (Ez[it+ t0]- Ez[it])) + (Chxe[it] * pxy);
    o_Hy = (Chyh[it] * Hy[it] ) + (Khx[it.x] * Chye[it] / dx *
        (Ez[it+ t1]- Ez[it])) + (Chye[it] * pyx);

}

// GPU Function For E Fields
kernel void process_field_Ez( float Ez[][], float Ceze[][],
        float Cezh[][], float Hx[][], float Hy[][],
        float Cs[][], float Kex[], float Key[],
        float Bex[], float Bey[],
        float Cex[], float Cey[],
        float psiEzx[][], float psiEzy[][],
        float dx, float dy,
        float gauss, iter float2 it< > ,
        out float o_Ez< > , out float o_psiEzx< > ,
        out float o_psiEzy< > )

{
    float2 t0 = float2(0.0f, - 1.0f);
    float2 t1 = float2(- 1.0f, 0.0f);

    float pzx, pzy;

    pzx = (Bex[it.x] * psiEzx[it]) + (Cex[it.x] * (Hy[it]- Hy[it+ t1]));
    pzy = (Bey[it.y] * psiEzy[it]) + (Cey[it.y] * (Hx[it]- Hx[it+ t0]));

    o_psiEzx= pzx;
    o_psiEzy= pzy;

    o_Ez = (Ceze[it] * Ez[it]) + (Kex[it.x] * (Cezh[it] / dx) *
```

```
                    (Hy[it]- Hy[it+ t1])) + (Key[it.y] * (Cezh[it] / dy) *
                    (Hx[it]- Hx[it+ t0])) - (Cs[it]* gauss) +
                    (Cezh[it] * pzx) + (Cezh[it] * pzy);

}


// Copy Kernel To Extract Single Points From a Stream
kernel void Copy( float input< > , out float output< > )

{
    output = input;
}
```

程序 12.3　二维 TM 仿真的 Brook 代码　第二部分

```
int main(int argc, char*  argv[]) {

    // Initialize Variables
    int i, j, N, nx, ny, xsize, ysize, insizex, insizey;
    int iPML, kappa, m;
    float sigmax, sigmay, amax;
    float sig1, sig2, a1, a2, k1, k2,ii;
    float eps0, mu0, c, pi , dx, dy, dx2, dy2, dfactor;
    float dt, Nc, tau, t0,fmax, ce;
    float*  t= NULL;
    float*  gauss= NULL;
    float*  outputPort= NULL;

    float*  aHx= NULL;
    float*  aHy= NULL;
    float*  aEz= NULL;
    float*  aCeze= NULL;
    float*  aChxh= NULL;
    float*  aChyh= NULL;
    float*  aCezh= NULL;
    float*  aChxe= NULL;
    float*  aChye= NULL;
    float*  aCs= NULL;

    float*  outputEz =  NULL;
    float*  outputHx =  NULL;
    float*  outputHy =  NULL;
```

```c
float* aKex= NULL;
float* aKey= NULL;
float* aKhx= NULL;
float* aKhy= NULL;

float* abex= NULL;
float* abey= NULL;
float* acex= NULL;
float* acey= NULL;

float* abhx= NULL;
float* abhy= NULL;
float* achx= NULL;
float* achy= NULL;

float* apsi= NULL;


FILE* pFile;
FILE* pFile2;
FILE* pFile3;

// Define Constants
pi = 3.14159265;
c= 2.998e8;

// Broken Down because of floating point
// problems with certain compliers
eps0= 8.854;
eps0= eps0* 1e-6;
eps0= eps0* 1e-6;
mu0= 4* pi;
mu0= mu0* 1e-4;
mu0= mu0* 1e-3;

// Define dx & dy
dx= 1e-3;
dy= 1e-3;
dx2= (1/dx)* (1/dx);
dy2= (1/dy)* (1/dy);

// Define timesteps and domain size
// N,xsize,ysize are all defined
```

```c
// By runtime arguments
N = atoi(argv[1]);
xsize = atoi(argv[2]);
ysize = atoi(argv[3]);
nx= (int) xsize;
ny= (int) ysize;
dfactor= .9;
dt= (1/( c* sqrt ( dx2 + dy2)))* dfactor;
ce= dt/(2* eps0);

// Define source waveform constants
Nc= 25;
tau= (Nc* dt)/(2* sqrt (2.0));
t0= 4.5* tau;
fmax= 1/(tau);

// Define PML Constants
iPML= 10;
kappa= 8;
m= 4;
sigmax = (0.8* m+ 1) / (150* pi * dx);
sigmay = (0.8* m+ 1) / (150* pi * dy);
amax = (fmax/2.1)* 2* pi * (eps0/10);

// Print out Constants for Checking
pFile = fopen ("InputData.txt","wt");
fprintf (pFile,"pi = % f eps0= % e mu0= % e c= % f \n",pi,eps0,mu0,c);
fprintf (pFile,"dx= % e dy= % e dx2= % e dy2= % e \n",dx,dy,dx2,dy2);
fprintf (pFile,"dt= % e tau= % e t0= % e \n",dt,tau,t0);

// Dynamically Allocate Arrays to Allow matrix size to be
// Set at Runtime
gauss= (float* )malloc(N* sizeof(float));
t= (float* )malloc(N* sizeof(float));
outputPort= (float* )malloc(1* sizeof(float));

aHx= (float* )malloc(xsize* ysize* sizeof(float));
aHy= (float* )malloc(xsize* ysize* sizeof(float));
aEz= (float* )malloc(xsize* ysize* sizeof(float));
aCeze= (float* )malloc(xsize* ysize* sizeof(float));
aChxh= (float* )malloc(xsize* ysize* sizeof(float));
aChyh= (float* )malloc(xsize* ysize* sizeof(float));
aCezh= (float* )malloc(xsize* ysize* sizeof(float));
```

```
aChxe= (float* )malloc(xsize* ysize* sizeof(float));
aChye= (float* )malloc(xsize* ysize* sizeof(float));
aCs= (float* )malloc(xsize* ysize* sizeof(float));
outputEz= (float* )malloc(xsize* ysize* sizeof(float));
outputHx= (float* )malloc(xsize* ysize* sizeof(float));
outputHy= (float* )malloc(xsize* ysize* sizeof(float));

// PML Arrays
aKex = (float* )malloc(xsize* sizeof(float));
aKhx = (float* )malloc(xsize* sizeof(float));
aKey = (float* )malloc(ysize* sizeof(float));
aKhy = (float* )malloc(ysize* sizeof(float));

abex = (float* )malloc(xsize* sizeof(float));
abhx = (float* )malloc(xsize* sizeof(float));
abey = (float* )malloc(ysize* sizeof(float));
abhy = (float* )malloc(ysize* sizeof(float));

acex = (float* )malloc(xsize* sizeof(float));
achx = (float* )malloc(xsize* sizeof(float));
acey = (float* )malloc(ysize* sizeof(float));
achy = (float* )malloc(ysize* sizeof(float));

apsi = (float* )malloc(xsize* ysize* sizeof(float));
```

程序 12.4 二维 TM 仿真的 Brook 代码 第三部分

```
// Precalcute input pulse

t[0]= dt;
gauss[0]= 0;

for (i= 1; i< N; i+ + ) {
    t[i]= t[i- 1]+ dt;
    gauss[i]= exp (- ( ((t[i]- t0)* (t[i]- t0))/(tau* tau)));
}


// Define Exterior Size
insizex = xsize;
insizey = ysize;

// Initialize our C field and constant arrays
```

```
// 1D X Arrays
for (i= 0; i< nx; i+ + ) {
    aKex[i]= 1;
    aKhx[i]= 1;
    abex[i]= 0;
    abhx[i]= 0;
    acex[i]= 0;
    achx[i]= 0;
}

// 1D Y Arrays
for (i= 0; i< ny; i+ + ) {
    aKey[i]= 1;
    aKhy[i]= 1;
    abey[i]= 0;
    abhy[i]= 0;
    acey[i]= 0;
    achy[i]= 0;
}

// 2D Arrays
for (j= 0 ; j< ny; j+ + ) {
            for (i= 0 ; i< nx; i+ + ) {
                    aHy[nx* j+ i]= 0;
                    aHx[nx* j+ i]= 0;
                    aEz[nx* j+ i]= 0;
                    aCs[nx* j+ i]= 0;
                    aCeze[nx* j+ i]= 1.0;
                    aChxh[nx* j+ i]= 1.0;
                    aChyh[nx* j+ i]= 1.0;
                    aCezh[nx* j+ i]= (dt/eps0);
                    aChxe[nx* j+ i]= (dt/mu0);
                    aChye[nx* j+ i]= (dt/mu0);
                    apsi[nx* j+ i]= 0;
    }
}

// Set PEC Boundary
// (Easy way, fill with PEC then fill internal with air)

    for (j= 0 ; j< ny; j+ + ) {
                for (i= 0; i< nx; i+ + ) {
```

```
            aCeze[nx* j+ i]= (1- (ce* 1e30))/(1+ (ce* 1e30));
            aCezh[nx* j+ i]= ((2* ce)/(1+ (ce* 1e30)));
        }
    }

    for (j= 2; j< ny- 2; j+ + ) {
        for (i= 2; i< nx- 2; i+ + ) {
            aCeze[nx* j+ i]= 1.0;
            aCezh[nx* j+ i]= (dt/eps0);
        }
    }
```

程序12.5　二维 TM 仿真的 Brook 代码　第四部分

```
// Initialize PML Boundaries
for (i= 1; i< 1+ iPML; i+ + ) {

    ii= (float) i;
    ii= (1+ iPML)- ii;

    sig1= pow(((ii- 0.5)/iPML),m)* sigmax;
    sig2= (mu0/eps0)* pow(((ii)/iPML),m)* sigmax;

    a1= pow(((iPML- (ii- 1+ .5))/iPML),m)* amax;
    a2= (mu0/eps0)* pow(((iPML- (ii- 1))/iPML),m)* amax;

    k1= 1+ (kappa- 1)* pow(((ii- 0.5)/iPML),m);
    k2= 1+ (kappa- 1)* pow(((ii)/iPML),m);

    aKex[i+ 1]= 1/k1;
    aKhx[i]= 1/k2;

    aKex[nx- i- 1]= 1/k1;
    aKhx[nx- i- 1]= 1/k2;

    abex[i+ 1]= exp ((- dt/eps0)* ((sig1/k1)+ a1));
    acex[i + 1]= ((sig1/dx)/((sig1* k1)+ (a1* k1* k1))) *
              (exp ((- dt/eps0)* ((sig1/k1)+ a1))- 1);



    abex[nx- i- 1]= exp ((- dt/eps0)* ((sig1/k1)+ a1));
    acex[nx- i - 1]= ((sig1/dx)/((sig1* k1)+ (a1* k1* k1))) *
```

```
                    (exp((- dt/eps0)* ((sig1/k1)+ a1))- 1);

        abhx[i]= exp((- dt/mu0)* ((sig2/k2)+ a2));
        achx[i]= ((sig2/dx)/((sig2* k2)+ (a2* k2* k2))) *
                    (exp((- dt/mu0)* ((sig2/k2)+ a2))- 1);

        abhx[nx- i- 1]= exp((- dt/mu0)* ((sig2/k2)+ a2));
        achx[nx- i - 1]= ((sig2/dx)/((sig2* k2)+ (a2* k2* k2))) *
                    (exp((- dt/mu0)* ((sig2/k2)+ a2))- 1);

        aKey[i+ 1]= 1/k1;
        aKhy[i]= 1/k2;

        aKey[ny- i- 1]= 1/k1;
        aKhy[ny- i- 1]= 1/k2;

        abey[i+ 1]= exp((- dt/eps0)* ((sig1/k1)+ a1));
        acey[i + 1]= ((sig1/dx)/((sig1* k1)+ (a1* k1* k1))) *
                (exp((- dt/eps0)* ((sig1/k1)+ a1))- 1);


        abey[ny- i- 1]= exp((- dt/eps0)* ((sig1/k1)+ a1));
        acey[ny- i- 1]= ((sig1/dx)/((sig1* k1)+ (a1* k1* k1))) *
                    (exp((- dt/eps0)* ((sig1/k1)+ a1))- 1);

        abhy[i]= exp((- dt/mu0)* ((sig2/k2)+ a2));
        achy[i]= ((sig2/dx)/((sig2* k2)+ (a2* k2* k2))) *
                (exp((- dt/mu0)* ((sig2/k2)+ a2))- 1);

        abhy[ny- i- 1]= exp((- dt/mu0)* ((sig2/k2)+ a2));
        achy[ny- i - 1]= ((sig2/dx)/((sig2* k2)+ (a2* k2* k2))) *
                    (exp((- dt/mu0)* ((sig2/k2)+ a2))- 1);

}



        // Place Our Point Source (Placed in the approximate center)
        aCs[nx* (ysize/2)+ (xsize/2)]= 1/dx;

        // Place Sample Scattering Object Er= 10.2

            // This places a rectangular scattering
```

```
        // Dielectric box 10 cells from the point source
        // That is 16 cells wide and 10 Cells Deep

    for (j= ((ysize/2)- 8); j< ((ysize/2)+ 9); j+ + ) {
      for (i= ((xsize/2)+ 10); i< ((xsize/2)+ 20); i+ + ) {
         aCeze[nx* j+ i]= 1;
         aCezh[nx* j+ i]= (2* ce)/(10.2);
      }
    }

    fprintf (pFile,"Cezh= % e Chxe= % e\n",aCezh[10],aChxe[10]);
```

程序 12.6　二维 TM 仿真的 Brook 代码　第五部分

```
// Begin Code to Initialize and Use GPU
{
// Set the limits of the calculations to the interior points
        iter float2 it< insizey,insizex> = iter ( float2(0.0f, 0.0f),
              float2((float)insizex, (float)insizey));

   // Initialize the streams
   float Obs< 1,1> ;
   float Hy< insizey,insizex> , Hx< insizey,insizex> ;
   float o_Ez< insizey,insizex> , o_Hy< insizey,insizex> ;
   float o_Hx< insizey,insizex> ;
   float Ceze< insizey,insizex> , Chxh< insizey,insizex> ;
   float Chyh< insizey,insizex> ;
   float Cezh< insizey,insizex> , Chxe< insizey,insizex> ;
   float Chye< insizey,insizex> , Cs< insizey,insizex> ;
   float Ez< insizey,insizex> ;
   float Kex< insizex> , Khx< insizex> ;
   float Bex< insizex> , Bhx< insizex> ;
   float Cex< insizex> , Chx< insizex> ;
   float Key< insizey> , Khy< insizey> ;
   float Bey< insizey> , Bhy< insizey> ;
   float Cey< insizey> , Chy< insizey> ;
   float psiEzx< insizey,insizex> , o_psiEzx< insizey,insizex> ;
   float psiEzy< insizey,insizex> , o_psiEzy< insizey,insizex> ;
   float psiHxy< insizey,insizex> , o_psiHxy< insizey,insizex> ;
   float psiHyx< insizey,insizex> , o_psiHyx< insizey,insizex> ;
```

```
// Copy our C arrays into the Streams so the GPU
// can process them
streamRead(Ez, aEz);
streamRead(Hy, aHy);
streamRead(Hx, aHx);
streamRead(o_Ez, aEz);
streamRead(o_Hy, aHy);
streamRead(o_Hx, aHx);
streamRead(Ceze, aCeze);
streamRead(Chxh, aChxh);
streamRead(Chyh, aChyh);
streamRead(Cezh, aCezh);
streamRead(Chxe, aChxe);
streamRead(Chye, aChye);
streamRead(Cs, aCs);

streamRead(Kex, aKex);
streamRead(Khx, aKhx);
streamRead(Bex, abex);
streamRead(Bhx, abhx);
streamRead(Cex, acex);
streamRead(Chx, achx);

streamRead(Key, aKey);
streamRead(Khy, aKhy);
streamRead(Bey, abey);
streamRead(Bhy, abhy);
streamRead(Cey, acey);
streamRead(Chy, achy);

streamRead(psiEzx, apsi);
streamRead(o_psiEzx, apsi);
streamRead(psiEzy, apsi);
streamRead(o_psiEzy, apsi);
streamRead(psiHxy, apsi);
streamRead(o_psiHxy, apsi);
streamRead(psiHyx, apsi);
streamRead(o_psiHyx, apsi);
```

程序 12.7 二维 TM 仿真的 Brook 代码 第六部分

```
// Open Datafile For Observation Port
```

```c
pFile2 = fopen ("Port.txt","wt");

// Do the requested number of iterations
for (i= 0; i< N; i++ ){

    // We use to 2 sets of field streams to have
    // a "New" and "Old" set
        if (i% 2= = 0) {

process_field_H(Hx, Chxh, Chxe, Hy, Chyh, Chye,
    Ez, Khx, Khy, Bhx, Bhy, Chx, Chy, psiHxy, psiHyx,
    dx, dy, it, o_Hx, o_Hy, o_psiHxy, o_psiHyx);

process_field_Ez(Ez, Ceze, Cezh, o_Hx, o_Hy, Cs,
    Kex, Key, Bex, Bey, Cex, Cey, psiEzx, psiEzy,
    dx, dy, gauss[i], it, o_Ez, o_psiEzx, o_psiEzy);

// Save a single Ez point for use later
// Ez point is here is 10 cells from center
Copy(o_Ez.domain( int2( (xsize/2)- 10 , ysize/2 ),
        int2( (xsize/2)- 10 , ysize/2 ) ), Obs);

streamWrite(Obs,outputPort);
fprintf (pFile2,"% e\n",outputPort[0]);

} else {

process_field_H(o_Hx, Chxh, Chxe, o_Hy, Chyh, Chye,
    o_Ez, Khx, Khy, Bhx, Bhy, Chx, Chy, o_psiHxy,
    o_psiHyx, dx, dy, it, Hx, Hy, psiHxy, psiHyx);

process_field_Ez(o_Ez, Ceze, Cezh, Hx, Hy, Cs, Kex,
    Key, Bex, Bey, Cex, Cey, o_psiEzx, o_psiEzy, dx,
    dy, gauss[i], it, Ez, psiEzx, psiEzy);

// Save a single Ez point for use later
// Ez point is here is 10 cells from center

Copy(Ez.domain( int2( (xsize/2)- 10 , ysize/2 ),
        int2( (xsize/2)- 10 , ysize/2 ) ), Obs);

streamWrite(Obs,outputPort);
```

```c
        fprintf(pFile2,"% e\n",outputPort[0]);

    }

    fprintf(pFile,"% e % e\n",gauss[i],t[i]);
}
```

程序 12.8　二维 TM 仿真的 Brook 代码　第七部分

```c
    // Copy the proper streams back into C arrays
    // so we can output them
    // Check which is the last streams updated

        if (i% 2= = 0) {
      streamWrite(Ez, outputEz);
      streamWrite(Hx, outputHx);
      streamWrite(Hy, outputHy);
    } else {
      streamWrite(o_Ez, outputEz);
      streamWrite(o_Hx, outputHx);
      streamWrite(o_Hy, outputHy);
    }

    // Close The Observation and Data Files
    fclose(pFile);
    fclose(pFile2);

    // Output the field states into a text file
    pFile = fopen("Ezdata.txt","wt");
    pFile2 = fopen("Hxdata.txt","wt");
    pFile3 = fopen("Hydata.txt","wt");

    for (j= 0 ; j< ny; j+ + ) {
            for (i= 0 ; i< nx; i+ + ) {
            fprintf(pFile,"% e ",outputEz[nx* j+ i]);
            fprintf(pFile2,"% e ",outputHx[nx* j+ i]);
            fprintf(pFile3,"% e ",outputHy[nx* j+ i]);
      }
      fprintf(pFile,"\n");
      fprintf(pFile2,"\n");
      fprintf(pFile3,"\n");
    }
```

```
    }
    // Close Field Files
    fclose (pFile);
    fclose (pFile2);
    fclose (pFile3);
    printf("Program complete\n");
    return 0;
}
```

12.4　向三维的扩展

基本的 FDTD 技术在 GPU 上有效地执行已有技术文件证明,然而将吸收边界条件的计算包含在其中带来了几项挑战。某些普通的吸收边界条件,如 Mur[49] 和 Liao[50] 吸收边界条件可能不容易执行。这是因为在它们的执行中,更新方程对时间和空间的依赖性,特别是高阶吸收边界条件的计算。另外,对三维问题此问题变得更为复杂。其中,在 GPU 卡中存储数据从三维到二维的转换是必需的,如图 12.6 所示。由于这种转换,区域内部的 x、y、z 边界散落在各种数据组中。因而对某个单一的边界,使用边界条件进行操作变得非常复杂。

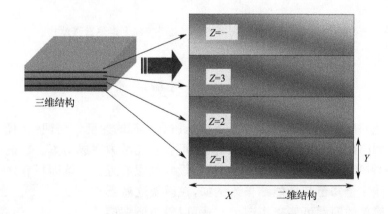

图 12.6　由三维数据结构到二维片状数据结构的转换

图 12.6 给出了如何将一个三维结构转化为二维结构的例子。按照数组在 z 轴方向上的大小,在 y 轴方向排列起来。这是一种最简单的由三维向二维变换的方法,因为这种方式在程序执行中要求的变化最小。在前面给出的二维例子中,x、y 方向的空间偏移是容易理解的。三维结构的转换遵循相同的原则,但不是在 z 方向上取偏置,在 z 方向上下移动,而是在当前的 y 值上增加或减去 y 方向上的网格数。

一旦加入 CPML 类型的吸收边界条件,就应小心理解区域是怎样排列的,以保证适当的程序操作。图 12.7 表示对 CPML 而言边界的位置。图 12.7 给出了对 x、y 和 z 方向,边界的位置。x、z 方向的边界是容易理解的,但 y 方向的边界理解起来有点复杂。因为整个区域数据在 z 向切成片状,而在 y 向边缘接边缘地排列起来。因为结构的边界元素在这样的转换下是散落在各处的,而对 CPML 而言需要处理的是所有边界上的场量,因此操作就变得复杂。当不需要处理 CPML 边界场量时,对计算区域内部的场量仍需要进行计算以简化 GPU 的操作。这样在内部场计算时,CPML 的各项系数应设为零。这导致了在 GPU 中执行三维 CPML 类型吸收边界条件的仿真具有极大困难。

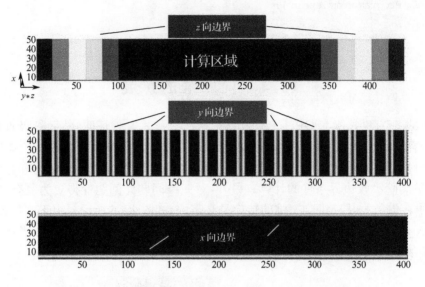

图 12.7　三维结构的完善匹配层边界变换到二维数据结构

12.5　三维参数研究

在 GPU 上进行 FDTD 仿真的主要优势是仿真执行的速度。在现代图形卡上,许多简单的器件,如内贴片天线、微带滤波器等,都可以在几秒内完成仿真。在设计课程或许多公用器件的教学中,分析方法可以给出诸多设计的很好近似。然而只有这些器件最后经过仿真,才能完全知道其性能结果。例如,在教学这些器件时,其中一些简单的问题可能被指定为作业,以得出所期望的结果,由于时间限制这些例题在课堂上无法演示。因为 GPU 可以减小 FDTD 计算仿真的时间到可以接受的程度,所以在课堂上作为演示计算使用它。

第一个用 GPU 进行 FDTD 计算的例子是一矩形贴片天线的仿真。在此例中,天线的尺寸取自文献[14]。偏置馈电贴片如图 12.8 所示,设计在一相对介电常数 $\varepsilon_r = 2.2$ 的基片上,为执行 CPML 吸收边界,设有 10 个网格的空气层。此贴片天线的参量还有贴片的厚度、宽度、位置参量,以及馈入带线的宽度、基片的厚度、馈电参量可选择项。

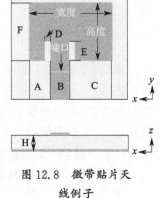

图 12.8　微带贴片天线例子

对此贴片天线结构,创建了三维仿真代码(图 12.8),命令线上可接输入的变量分别为 A、B、C、D、E、F 和 H。这些参量分别代表贴片左边宽度、馈线宽度、贴片右边宽度、馈线插入缝高度,总高度和基片厚度。另外,基片介电常数和网格参量是可以调整的。由这些参量创建了一个 MATLAB GPU,可以调整这些参量并输出回波损耗。选择 MATLAB 作为仿真平台,是因为它能给出简单的使用界面,并允许对结果进行处理。这里 MATLAB GPU 的名称为 PatchUI2,用来运行并显示一个 GPU 使用的简单界面,如图 12.9 所示。此界面的参数是可调整的,同样计算迭代的时间步也可以由使用者来进行调整。在点击了"运行仿真"的按钮后,MATLAB 就调用 GPU FDTD 程序,在所要求的结构参量和时间步下运行仿真。当仿真结束后,图形使用者界面(Graphical User Interface, GUI)将对输出数据进行后处理,并显示所仿真的目标的回波损耗。除回波损耗外,图 12.10~图 12.12 还分别给出了输入端口的瞬时电压、电流以及输入阻抗。此图形使用者界面还提供了对给出的工作频率和尺寸要求来分析或综合天线的功能。GUI 可以进行参量变化的互动,并在若干秒内给出结果。图 12.13 给出了默认条件下输入参量的回波损耗。整个仿真和后处理可以在很短的时间内完成,由此可以用于各种教学和研究应用中。

取文献[14]中的微带滤波器作为第二个三维仿真的例子。它是偏置的微带滤波器,设置在介电常数 $\varepsilon_r=2.2$ 的介质基片上,其中为 CPML 边界设置的空气层厚度为 10 个网格,如图 12.14 所示。这里仍取 7 个可以调整的参数来确定滤波器的微带宽度(A),左边馈入微带边缘到滤波器微带左端的距离(B),输入输出微带的宽度(C、E)、输入和输出微带间距(D),输出微带右端到滤波器右侧端的距离 (F) 和滤波器基片的高度(H)。

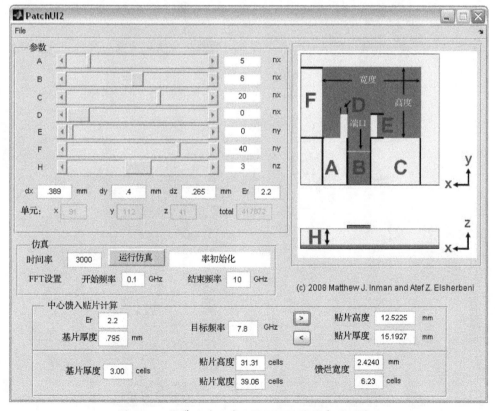

图 12.9 微带贴片天线 MATLAB 使用者图形界面

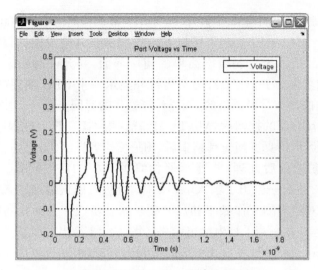

图 12.10　输入端口的瞬时电压

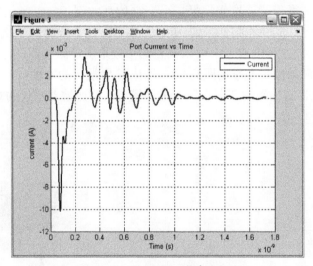

图 12.11　输入端口的瞬时电流

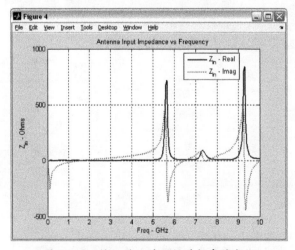

图 12.12　输入端口的阻抗随频率的变化

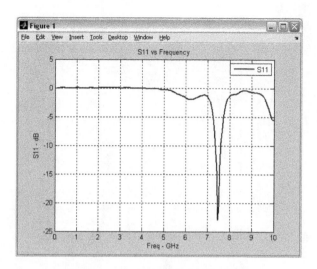

图 12.13 输入端口的回波损耗

用 MATLAB 创建了不同的 GUI，以处理此几何结构，这里回波损耗与传输特性都需要计算和显示。滤波器几何结构如图 12.15 所示。其中参量的默认设置是参考文献[14]的设置。并显示计算的 S_{11} 和 S_{21} 结果。当结构适度时，在个人计算机上改变结构参量可以在若干秒内给出结果。图 12.16 给出了默认参量下滤波器的仿真结果。

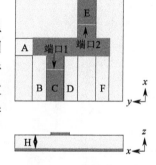

图 12.14 微带滤波器

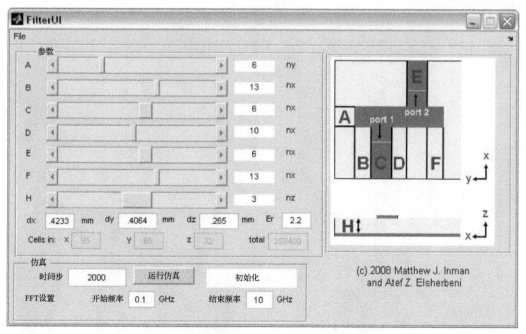

图 12.15 微带滤波器的 MATLB 使用者图形界面

351

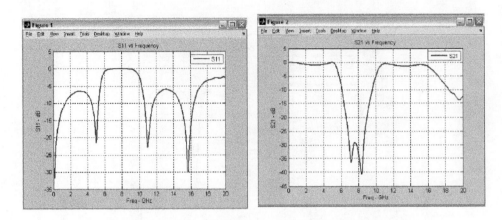

图 12.16 默认设置下微带滤波器的插入损耗和传输特性

附录 A 一维 FDTD 代码

A.1 一维 FDTD，MATLAB 代码

```matlab
% This program demonstrates a one-dimensional FDTD simulation
% The problem geometry is composed of two PEC plates extending to
% infinity in y,and z dimensions,parallel to each other with 1 meter
% separation The space between the PEC plates is filled with air
% A sheet of current source paralle to the PEC plates is placed
% at the center of the problem space. The current source excites fields
% in the problem space due to a z-directed current density Jz,
% which has a Gaussian waveform in time

% Define initial constants
eps_0 = 8.854187817e-12;        % permittivity of free space
mu_0  = 4*pi*le-7;              % permeability of free space
c     = 1/sqrt(mu_0*eps_0);     % speed of light

% Define problem geometry and parameters
domain_size = 1;                % 1D problem space length in meters
dx = 1e-3;                      % cell size in meters
dt = 3e-12;                     % duration of time step in seconds
number_of_time_steps = 2000;    % number of iterations
nx = round(domain_size/dx);     % number of cells in 1D problem space
source_position = 0.5;          % position of the current source jz

% Initialize field and material arrays
Ceze     = zeros(nx+1,1);
Cezhy    = zeros(nx+1,1);
CeZj     = zeros(nx+1,1);
Ez       = zeros(nx+1,1);
Jz       = zeros(nx+1,1);
eps_r_z  = ones(nx+1,1);   % free space
sigma_e_z = zeros(nx+1,1); % free space

Chyh     = zeros(nx,1);
Chyez    = zeros(nx,1);
Chym     = zeros(nx,1);
Hy       = zeros(nx,1);
My       = zeros(nx,1);
```

```matlab
mu_r_y    = ones(nx,1); % free space
sigma_m_y = zeros(nx,1); % free space

% Calculate FDTD updating coefficients
Ceze = (2*eps_r_z*eps_0- dt*sigma_e_z)...
    ./(2*eps_r_z*eps_0+ dt*sigma_e_z);

Cezhy = (2*dt/dx)...
    ./(2*eps_r_z*eps_0+ dt*sigma_e_z);

Cezj = (-2*dt)...
    ./(2*eps_r_z*eps_0+ dt*sigma_e_z);

Chyh = (2*mu_r_y*mu_0- dt*sigma_m_y)...
    ./(2*mu_r_y*mu_0+ dt*sigma_m_y);

Chyez = (2*dt/dx)...
    ./(2*mu_r_y*mu_0+ dt*sigma_m_y);

Chym = (-2*dt)...
    ./(2*mu_r_y*mu_0+ dt*sigma_m_y);

% Define the Gaussian source waveform
time       = dt*[0:number_of_time_steps- 1].';
Jz_waveform= exp(-((time- 2e- 10)/5e- 11).~2);
source_position_index= round(nx*source_position/domain_size)+ 1;

% Subroutine to initialize plotting
initialize_plotting_parameters;

% FDTD loop
for time_step= 1:number_of_time_steps

    % Update Jz for the current time step
    Jz(source_position_index)= Jz_waveform(time_step);

    % Update magnetic field
    Hy(1:nx)= Chyh(1:nx).*Hy(1:nx)...
        + Chyez(1:nx).*(Ez(2:nx+ 1)- Ez(1:nx))...
        + Chym(1:nx).*My(1:nx);

    % Update electric field
    Ez(2:nx)= Ceze(2:nx).*Ez(2:nx)...
        + Cezhy(2:nx).*(Hy(2:nx)- Hy(1:nx- 1))...
        + Cezj(2:nx).*Jz(2:nx);
```

```
Ez(1)     = 0;% Apply PEC boundary condition at x= 0m
Ez(nx+ 1)= 0;% Apply PEC boundary condition at x= 1m

% Subroutine to plot the current state of the fields
plot_fields;
end
```

A.2 绘图参数的初始化

```
% subroutine used to initialize 1D plot
Ez_positions =  [0: nx]* dx;
Hy_positions =  ([0: nx- 1]+ 0.5)* dx;
v = [0 - 0.1 - 0.1; 0 - 0.1 0.1; 0 0.1 0.1; 0 0.1 - 0.1;
     1 - 0.1 - 0.1; 1 - 0.1 0.1; 1 0.1 0.1; 1 0.1 - 0.1];
f= [1 2 3 4; 5 6 7 8];
axis ([0 1 - 0.2 0.2 - 0.2 0.2]);
lez = line ( Ez_positions ,Ez* 0,Ez, 'Color','b','LineWidth' ,1.5)
Ihy = line ( Hy_positions ,377* Hy, Hy* 0, ' Color ' , ' r ' , ...
      'LineWidth ',1 5,'linestyle ','- .');
set (gca , ' fontsize ',12,' FontWeight ', 'bold ');
axis square;
legend ('E_{z}' , 'H_{y}_\ times_377 ' , 'Location ' , 'NorthEast ');
xlabel ( 'x_ [m] ');
ylabel ('[A/m]');
zlabel (' [V/m ]') ;
grid on;
p = patch ( ' vertices ' , v, 'faces',f,'facecolor','g','facealpha',0.2);
text (0,1 ,1.1 , 'PEC ', ' horizontalalignment ' , ' center ', ' fontweight ' ,'bold ');
text (1 , 1 , 1.1 , 'PEC', ' horizontalalignment ' , ' center ', ' fontweight ', ' bold ');
```

A.3 场量绘图

```
% subroutine used to plot 1D transient fields

delete (lez);
delete (Ihy) ;
lez = line ( Ez_positions , Ez* 0,Ez, 'Color', 'b', 'LineWidth' ,1.5);
Ihy = line ( Hy_positions ,377* Hy, Hy* 0, 'Color ', 'r', ...
      'LineWidth' ,1.5,' linestyle ','_.' );
ts= num2str (time_step);
ti = num2str(dr* tlme_step* 1e9);
title ([' time_step_= _'ts',_time_= _'ti ' ns'])
drawnow ;
```

附录 B 三维结构的卷积完善匹配层区域及相关场的更新计算

B.1 卷积完善匹配层区域的 E_x 的更新(图 B.1)

1. 初始化
为 $C_{\psi exy}$、$C_{\psi exz}$ 创建数组：
$$C_{\psi exy} = \Delta y C_{exhz}, C_{\psi exz} = \Delta z C_{exhy}$$
在 CPML 区域中对 C_{exhy}、C_{exhz} 矩阵修改系数：
$$C_{exhz} = (1/\kappa_{ey})C_{exhz} \text{(在 } y_n \text{、} y_p \text{ 区域内)}$$
$$C_{exhy} = (1/\kappa_{ez})C_{exhy} \text{(在 } z_n \text{、} z_p \text{ 区域内)}$$

2. FDTD 时间进程循环
在整个区域内用规定公式更新 E_x 场分量：
$$\begin{aligned}E_x^{n+1}(i,j,k) =\ & C_{exe}(i,j,k)E_{x(i,j,k)}^n + \\ & C_{exhz}(i,j,k) \times [H_x^{n+1/2}(i,j,k) - H_x^{n+1/2}(i,j-1,k)] + \\ & C_{exhy}(i,j,k) \times [H_y^{n+1/2}(i,j,k) - H_y^{n+1/2}(i,j,k-1)]\end{aligned}$$
y_n、y_p 区域计算 $\psi_{exy}^{n+1/2}$：
$$\psi_{exy}^{n+1/2}(i,j,k) = b_{ey}\psi_{exy}^{n-1/2}(i,j,k) + a_{ey}[H_z^{n+1/2}(i,j,k) - H_z^{n+1/2}(i,j-1,k)]$$

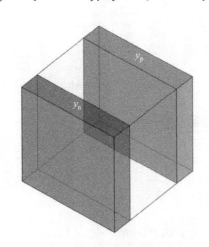
(a) y_n、y_p 区域用 ψ_{exy} 更新 E_x

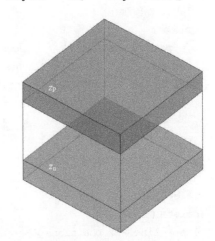
(b) z_n、z_p 区域用 ψ_{exz} 更新 E_x

图 B.1 CPML 区域内更新 E_x

式中
$$a_{ey} = \frac{\sigma_{pey}}{\Delta y(\sigma_{pey}\kappa_{ey} + \alpha_{ey}\kappa_{ey}^2)}[b_{ey} - 1]$$

$$b_{ey} = \mathrm{e}^{-(\frac{\sigma_{pey}}{\kappa_{ey}}+\alpha_{pey})\frac{\Delta t}{\varepsilon_0}}$$

z_n、z_p 区域计算 $\psi_{exz}^{n+1/2}$：

$$\psi_{exz}^{n+1/2}(i,j,k) = b_{ez}\psi_{exz}^{n-1/2}(i,j,k) + a_{ez}(H_y^{n+1/2}(i,j,k) - H_y^{n+1/2}(i,j,k-1))$$

式中

$$a_{ez} = \frac{\sigma_{pez}}{\Delta z(\sigma_{pez}\kappa_{ez} + \alpha_{ez}\kappa_{ez}^2)}(b_{ez} - 1)$$

$$b_{ez} = \mathrm{e}^{-(\frac{\sigma_{pez}}{\kappa_{ez}}+\alpha_{pez})\frac{\Delta t}{\varepsilon_0}}$$

y_n、y_p 区域，在 E_x 上加 CPML 的辅助项：

$$E_x^{n+1} = E_x^{n+1} + C_{\psi exy} \times \psi_{exy}^{n+1/2}$$

z_n、z_p 区域，在 E_x 上加 CPML 的辅助项：

$$E_x^{n+1} = E_x^{n+1} + C_{\psi exz} \times \psi_{exz}^{n+1/2}$$

B.2　CPML 区域内更新 E_y（图 B.2）

1. 初始化

为 $C_{\psi eyz}$、$C_{\psi eyx}$ 创建数组：

$$C_{\psi eyz} = \Delta z C_{eyhx}, C_{\psi eyx} = \Delta x C_{eyhz}$$

在 CPML 区域中对 $Ceyhz$、$Ceyhx$ 矩阵修改系数：

$$C_{eyhx} = (1/\kappa_{ez})C_{eyhx}（在 z_n、z_p 区域内）$$
$$C_{eyhz} = (1/\kappa_{ey})C_{eyhz}（在 x_n、x_p 区域内）$$

2. FDTD 时间进程循环

在整个区域内用规定公式更新 E_y 场分量：

$$E_y^{n+1}(i,j,k) = C_{eye}(i,j,k) \times E_y^n(i,j,k) +$$
$$C_{eyhx}(i,j,k) \times (H_x^{n+1/2}(i,j,k) - H_x^{n+1/2}(i,j,k-1)) +$$
$$C_{eyhz}(i,j,k) \times (H_z^{n+1/2}(i,j,k) - H_z^{n+1/2}(i-1,j,k))$$

z_n、z_p 区域计算 $\psi_{eyz}^{n+1/2}$：

$$\psi_{eyz}^{n+1/2}(i,j,k) = b_{ez}\psi_{eyz}^{n-1/2}(i,j,k) + a_{ez}(H_x^{n+1/2}(i,j,k) - H_x^{n+1/2}(i,j,k-1))$$

式中

$$a_{ez} = \frac{\sigma_{pez}}{\Delta z(\sigma_{pez}\kappa_{ez} + \alpha_{ez}\kappa_{ez}^2)}(b_{ez} - 1)$$

$$b_{ez} = \mathrm{e}^{-(\frac{\sigma_{pez}}{\kappa_{ez}}+\alpha_{pez})\frac{\Delta t}{\varepsilon_0}}$$

x_n、x_p 区域计算 $\psi_{eyx}^{n+1/2}$：

$$\psi_{eyx}^{n+1/2}(i,j,k) = b_{ex}\psi_{eyx}^{n-1/2}(i,j,k) + a_{ex}[H_z^{n+1/2}(i,j,k) - H_z^{n+1/2}(i-1,j,k)]$$

式中

$$a_{ex} = \frac{\sigma_{pex}}{\Delta x(\sigma_{pex}\kappa_{ex} + \alpha_{ex}\kappa_{ex}^2)}(b_{ex} - 1)$$

$$b_{ex} = \mathrm{e}^{-(\frac{\sigma_{pex}}{\kappa_{ex}}+\alpha_{pex})\frac{\Delta t}{\varepsilon_0}}$$

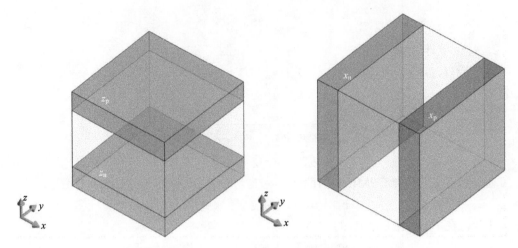

(a) z_n、z_p 区域用 ψ_{eyz} 更新 E_y (b) x_n、x_p 区域用 ψ_{eyx} 更新 E_y

图 B.2 CPML 区域内更新 E_y

z_n、z_p 区域,在 E_y 上加 CPML 的辅助项:
$$E_y^{n+1} = E_y^{n+1} + C_{\psi eyz}\psi_{eyz}^{n+1/2}$$

x_n、x_p 区域,在 E_y 上加 CPML 的辅助项:
$$E_y^{n+1} = E_y^{n+1} + C_{\psi eyx}\psi_{eyx}^{n+1/2}$$

B.3 CPML 区域内更新 E_z(图 B.3)

1. 初始化

为 $C_{\psi ezx}$、$C_{\psi ezy}$ 创建数组:
$$C_{\psi ezx} = \Delta x C_{eyhy}, C_{\psi ezy} = \Delta y C_{ezhx}$$

在 CPML 区域中对 C_{ezhx}、C_{ezhy} 矩阵修改系数:
$$C_{ezhy} = (1/\kappa_{ex})C_{ezhy} (在 x_n、x_p 区域内)$$
$$C_{ezhx} = (1/\kappa_{ez})C_{ezhx} (在 y_n、y_p 区域内)$$

2. FDTD 时间进程循环

在整个区域内用规定公式更新 E_z 场分量:
$$E_z^{n+1}(i,j,k) = C_{eze}(i,j,k) \times E_z^n(i,j,k) + $$
$$C_{ezhy}(i,j,k) \times (H_y^{n+1/2}(i,j,k) - H_y^{n+1/2}(i-1,j,k)) + $$
$$C_{ezhx}(i,j,k) \times (H_x^{n+1/2}(i,j,k) - H_x^{n+1/2}(i,j-1,k))$$

x_n、x_p 区域计算 $\psi_{ezx}^{n+1/2}$:
$$\psi_{ezx}^{n+1/2}(i,j,k) = b_{ex}\psi_{ezx}^{n-1/2}(i,j,k) + a_{ex}(H_y^{n+1/2}(i,j,k) - H_y^{n+1/2}(i-1,j,k))$$

式中

$$a_{ex} = \frac{\sigma_{pex}}{\Delta x(\sigma_{pex}\kappa_{ex} + a_{ex}\kappa_{ex}^2)}(b_{ex} - 1)$$

$$b_{ex} = \exp\alpha\left(-\left(\frac{\sigma_{pey}}{\kappa_{ey}} + \sigma_{pey}\right)\frac{\Delta t}{\varepsilon_0}\right)$$

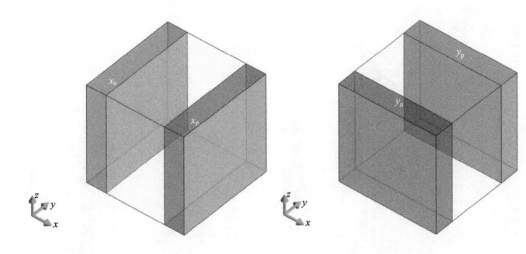

(a) x_n、x_p 区域用 ψ_{ezx} 更新 E_z (b) y_n、y_p 区域用 ψ_{ezy} 更新 E_z

图 B.3 CPML 区域内更新 E_z

y_n、y_p 区域计算 $\psi_{ezy}^{n+1/2}$：
$$\psi_{ezy}^{n+1/2}(i,j,k) = b_{ey}\psi_{ezy}^{n-1/2}(i,j,k) + a_{ey}(H_x^{n+1/2}(i,j,k) - H_x^{n+1/2}(i,j-1,k))$$

式中
$$a_{ey} = \frac{\sigma_{pey}}{\Delta y(\sigma_{pey}\kappa_{ey} + a_{ey}\kappa_{ey}^2)}(b_{ey}-1)$$
$$b_{ey} = e^{-(\frac{\sigma_{pey}}{\kappa_{ey}} + a_{pey})\frac{\Delta t}{\varepsilon_0}}$$

x_n、x_p 区域，E_z 上加 CPML 的辅助项：
$$E_z^{n+1} = E_z^{n+1} + C_{\psi ezx} \times \psi_{ezx}^{n+1/2}$$

y_n、y_p 区域，在 E_z 上加 CPML 的辅助项：
$$E_z^{n+1} = E_z^{n+1} + C_{\psi ezy} \times \psi_{ezy}^{n+1/2}$$

B.4 CPML 区域内更新 H_x（图 B.4）

1. 初始化

为 $C_{\psi hxy}$、$C_{\psi hxz}$ 创建数组：
$$C_{\psi hxy} = \Delta y C_{hxez}, C_{\psi hxz} = \Delta z C_{hxey}$$

在 CPML 区域中对 C_{hxey}、C_{hxez} 矩阵修改系数：
$$C_{hxez} = (1/\kappa_{my})C_{hxez} \quad (y_n、y_p \text{ 区域内})$$
$$C_{hxey} = (1/\kappa_{mz})C_{hxey} \quad (z_n、z_p \text{ 区域内})$$

2. FDTD 时间进程循环

在整个区域内用规定公式更新 H_x 场分量：
$$H_x^{n+1/2}(i,j,k) = C_{hxh}(i,j,k) \times H_x^{n-1/2}(i,j,k) +$$
$$C_{hxez}(i,j,k) \times (E_z^n(i,j+1,k) - E_z^n(i,j,k)) +$$
$$C_{hxey}(i,j,k) \times (E_y^n(i,j,k+1) - E_y^n(i,j,k))$$

y_n、y_p 区域计算 ψ_{hxy}^n：
$$\psi_{hxy}^n(i,j,k) = b_{my}\psi_{hxy}^{n-1}(i,j,k) + a_{my}(E_z^n(i,j+1,k) - E_z^n(i,j,k))$$

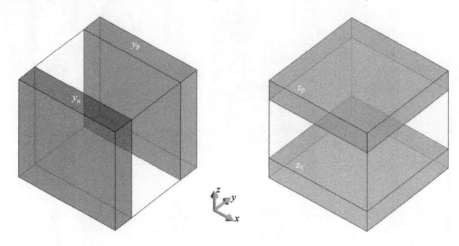

(a) y_n、y_p 区域用 ψ_{hxy} 更新 H_x　　(b) z_n、z_p 区域用 ψ_{hxz} 更新 H_x

图 B.4　CPML 区域更新 H_x

式中

$$a_{my} = \frac{\sigma_{pmy}}{\Delta y(\sigma_{pmy}\kappa_{my} + \alpha_{my}\kappa_{my}^2)}(b_{my} - 1)$$

$$b_{my} = e^{-(\frac{\sigma_{pmy}}{\kappa_{my}} + \alpha_{pmy})\frac{\Delta t}{\varepsilon_0}}$$

z_n、z_p 区域计算 $\psi_{hxz}^{n+1/2}$：

$$\psi_{hxz}^n(i,j,k) = b_{mz}\psi_{hxz}^{n-1}(i,j,k) + a_{mz}(E_y^n(i,j,k+1) - E_y^n(i,j,k))$$

式中

$$a_{mz} = \frac{\sigma_{pmz}}{\Delta z(\sigma_{pmz}\kappa_{mz} + \alpha_{mz}\kappa_{mz}^2)}(b_{mz} - 1)$$

$$b_{mz} = e^{-(\frac{\sigma_{pmz}}{\kappa_{mz}} + \alpha_{pmz})\frac{\Delta t}{\varepsilon_0}}$$

y_n、y_p 区域,在 H_x 上加 CPML 的辅助项：

$$H_x^{n+1/2} = H_x^{n+1/2} + C_{\psi hxy}\psi_{hxy}^n$$

z_n、z_p 区域,在 E_x 上加上 CPML 的辅助项：

$$H_x^{n+1/2} = H_x^{n+1/2} + C_{\psi hxz}\psi_{hxz}^n$$

B.5　CPML 区域内更新 H_y（图 B.5）

1. 初始化

为 $C_{\psi hyz}$、$C_{\psi hyx}$ 创建数组：

$$C_{\psi hyz} = \Delta z C_{hyex}, C_{\psi hyx} = \Delta z C_{hyez}$$

在 CPML 区域中对 C_{hyez}、C_{hyex} 矩阵修改系数：

$$C_{hyex} = (1/\kappa_{mz})C_{hyex}(z_n、z_p \text{ 区域内})$$
$$C_{hyez} = (1/\kappa_{mx})C_{hyez}(x_n、x_p \text{ 区域内})$$

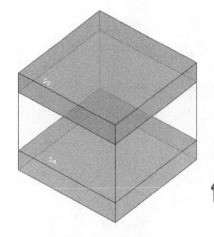 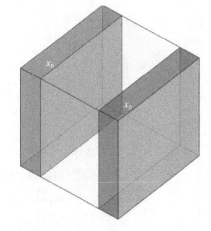

（a）$z_n、z_p$ 区域用 ψ_{hyz} 更新 H_y （b）$x_n、x_p$ 区域用 ψ_{hyx} 更新 H_x

图 B.5　CPML 区域内更新 H_y

2. FDTD 时间进程循环

在整个区域内用规定公式更新 H_y 场分量：

$$H_y^{n+1/2}(i,j,k) = C_{hyh}(i,j,k) \times H_y^{n-1/2}(i,j,k) + \\ C_{hyex}(i,j,k) \times (E_x^n(i,j,k+1) - E_x^n(i,j,k)) + \\ C_{hyez}(i,j,k) \times (E_z^n(i+1,j,k) - E_z^n(i,j,k))$$

$z_n、z_p$ 区域计算 ψ_{hyz}^n：

$$\psi_{hyz}^n(i,j,k) = b_{mz}\psi_{hyz}^{n-1}(i,j,k) + a_{mz}(E_x^n(i,j,k+1) - E_x^n(i,j,k))$$

式中

$$a_{mz} = \frac{\sigma_{pmz}}{\Delta y(\sigma_{pmz}\kappa_{mz} + \alpha_{mz}\kappa_{mz}^2)}(b_{mz} - 1)$$
$$b_{mz} = e^{-(\frac{\sigma_{pmz}}{\kappa_{mz}} + \alpha_{pmz})\frac{\Delta t}{\varepsilon_0}}$$

$x_n、x_p$ 区域计算 $\psi_{hyx}^{n+1/2}$：

$$\psi_{hyx}^n(i,j,k) = b_{mx}\psi_{hyx}^{n-1}(i,j,k) + a_{mx}(E_z^n(i+1,j,k) - E_z^n(i,j,k))$$

式中

$$a_{mx} = \frac{\sigma_{pmx}}{\Delta x(\sigma_{pmx}\kappa_{mx} + \alpha_{mx}\kappa_{mx}^2)}(b_{mx} - 1)$$
$$b_{mx} = e^{-(\frac{\sigma_{pmx}}{\kappa_{mx}} + \alpha_{pmx})\frac{\Delta t}{\varepsilon_0}}$$

$z_n、z_p$ 区域，在 H_y 上加 CPML 的辅助项：

$$H_y^{n+1/2} = H_y^{n+1/2} + C_{\psi hyz}\psi_{hyz}^n$$

$x_n、x_p$ 区域，在 H_y 上加 CPML 的辅助项：

$$H_y^{n+1/2} = H_y^{n+1/2} + C_{\psi hyx}\psi_{hyx}^n$$

B.6 CPML 区域内更新 H_z(图 B.6)

1. 初始化

为 $C_{\psi hzx}$、$C_{\psi hzy}$ 创建数组：

$$C_{\psi hzy} = \Delta x C_{hzey}, C_{\psi hzy} = \Delta y C_{hzex}$$

在 CPML 区域中对 C_{hzex}、C_{hzey} 矩阵修改系数：

$$C_{hzey} = (1/\kappa_{mx})C_{hzey} \quad (x_n、x_p \text{ 区域内})$$

$$C_{hzex} = (1/\kappa_{my})C_{hzex} \quad (y_n、y_p \text{ 区域内})$$

2. FDTD 时间进程循环

在整个区域内用规定公式更新 H_z 场分量：

$$H_z^{n+1/2}(i,j,k) = C_{hzh}(i,j,k) \times H_z^{n-1/2}(i,j,k) + \\ C_{hzey}(i,j,k) \times [E_y^n(i+1,j,k) - E_y^n(i,j,k)] + \\ C_{hzex}(i,j,k) \times [E_x^n(i,j+1,k) - E_x^n(i,j,k)]$$

x_n、x_p 区域计算 ψ_{hzx}^n：

$$\psi_{hzx}^n(i,j,k) = b_{mx}\psi_{hzx}^{n-1}(i,j,k) + a_{mx}[E_y^n(i+1,j,k) - E_y^n(i,j,k)]$$

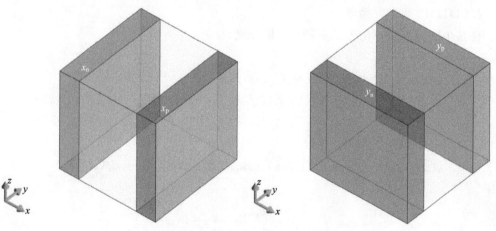

(a) x_n、x_p 区域用 ψ_{hyz} 更新 H_z (b) y_n、y_p 区域用 ψ_{hyx} 更新 H_z

图 B.6 CPML 区域内更新 H_z

式中

$$a_{mx} = \frac{\sigma_{pmx}}{\Delta x(\sigma_{pmx}\kappa_{mx} + \alpha_{mx}\kappa_{mx}^2)}(b_{mx} - 1)$$

$$b_{mx} = e^{-(\frac{\sigma_{pmx}}{\kappa_{mx}} + \alpha_{pmx})\frac{\Delta t}{\varepsilon_0}}$$

y_n、y_p 区域计算 $\psi_{hzy}^{n+1/2}$：

$$\psi_{hzy}^n(i,j,k) = b_{my}\psi_{hzy}^{n-1}(i,j,k) + a_{my}[E_y^n(i,j+1,k) - E_y^n(i,j,k)]$$

式中

$$a_{my} = \frac{\sigma_{pmy}}{\Delta y(\sigma_{pmy}\kappa_{my} + \alpha_{my}\kappa_{my}^2)}(b_{my} - 1)$$

$$b_{my} = e^{-(\frac{\sigma_{pmy}}{\kappa_{my}} + a_{pmy})\frac{\Delta t}{\varepsilon_0}}$$

x_n、x_p 区域,在 H_z 上加 CPML 的辅助项:

$$H_z^{n+1/2} = H_z^{n+1/2} + C_{\psi hzx} \times \psi_{hzx}^n$$

y_n、y_p 区域,在 H_z 上加 CPML 的辅助项:

$$H_z^{n+1/2} = H_z^{n+1/2} + C_{\psi hzy} \times \psi_{hzy}^n$$

附录 C 计算远场方向的 MATLAB 代码

C.1 绘制 θ 为常数时的平面内的远场方向图

```matlab
function polar_plot_constant_heta(phi,patter_1,pattern_2,…
    max_val,step_size,number_of_rings,…
    line_style_1,line_style_2,constant_theta,…
    legend_1,legend_2,scale_type)

% this function plots two polar plots in the same figure
plot_range= step_size* number_of_rings;
min_val= max_val_plot_range;

hold on;
th= 0:(pi/50):2*pi;circle_x= cos(th);circle_y= sin(th);
for mi= 1:number_of_rings
    r= (1/number_of_rings)* mi;
    plot(r* circle_x,r* circel_y,':','color','k','linewidth',1);
    text(0.04,r,[num2str(min_val+ step_size* mi)],…
        'verticalalignment','bottom','color','k',…
        'fontweight','demi','fontsize',10);
end

r= [0:0.1:1];
for mi= 0:11
    th= mi* pi/6;
    plot(r* cos(th),r* sin(th),':','color','k','linewidth',1);
text(1.1* cos(th),1:1* sin(th),[num2str(30* mi)]…
    'horizontalaingnment','center','color','k',…
    'fontweight','demi','fontsize',10);

end
pattern_1(find(pattern_1< min_val= min_Val;
pattern_1= (pattern_1- min_val)/plot_range;
pattern_2(find(pattern_2< min_val)) min_val;
pattern_2= (pattern_2- min_val)/plot_range;

% transform data to Cartesian coordinates
x1= pattern_1.* cos(phi);
```

```
y1= pattern_1.* sin (phi);

x2= pattern_2.* cos (phi);
y2= pattern_2.* sin (phi);

% plot data on top of grid
p= plot (x1,y1,line_style_1,x2,y2,line_style_2,'linewidth',2);
text (1.2* cos (pi /4),1.2* sin (pi /4),…
    ['\theta = 'num2str (constant_theta)'o'],…
color,'b','fontweight','demi');
legend (p,legend_1,legend_2,'location','southeast');
text (- 1,- 1.1,scale_type,'fontsize',12);
text (1.02* 1.1,0.13* 1.1,'1/4','fontname','symbol',…
    'color','b','fontweight','demi');
text (1.08* 1.1,0.13* 1.1,'\phi',…
    'fontname','arial','color','b','fontweight','demi','fontsize',12);
if constant_theta= = 90
    text (1.2,0.06,'x','fontname','arial',…
        'color','b','fontweight','demi');
    text (1.2,0.0,'I','fontname','symbol',…
        'color','b','fontweight','demi,);
    text (0.06,1.23,'y','fontname','symbol',…
        'color','b','fontweight','demi,);
    text(0,1.23,'1/4','fontname',……'
        symbil','color','b','fonweighi','demi');
    text (1.2* cos (pi /4),1.18* sin (pi /4)- 0.12,…
        'xy plane','color','b','fontweight','demi');
end

axis ([- 1.2  1.2- 1.2- 1.2]);
axis ('equal');axis('off');
hold off;
set (gcf,'paperpositionMode','auto');
set (gca,'fontsize',12);
```

C.2 绘制 φ 为常数的平面的远场方向图

```
function polar_plot_constant_phi(theta,pattern_1,pattern_2,…
    max_val,step_size,number_of_rings,…
    line_stye_1,line_style_2,constant_phi,…
    legend_1,legend_2,scale_type)
```

```matlab
% this function plots two polar plots in the same figure
plot_range= step_size* number_of_rings;
min_val= max_val- plot_range;

hold on;
th= 0:(pi /50):2* pi ; circle_x= cos (th);circle_y= sin (th);
for mi= 1:number_of_rings
    r= (1/number_of_rings)* mi;
text (1.2* cos (pi /4),1.18* sin (pi /4)- 0.12.'xz_plane',…
        'color',b','fontweight','demi');
end
if constant_phi= = 90
   text (1.2,0.06,'y','fontame','arial','color','b'fontweight','demi');
   text (1.2,0 '1',fontname','symbol'.'color','b','fontweight','demi');
   text (0.06,1.23, 'z','fontname','arial'.'color','b','fontweight','demi');
   text (0,1.23,'1/4','fontame','symbol','color','b','fontweight','demi');
   text (1.2* cos (pi /4),1.18* sin (pi /4))- 0.12,'yz_plane'…
   'color','b','fontweight'.'demi');
end

axis([_1.2 1.2- 1.2 1.2]);
axis ('equal');axis('off');
hold off;
set (f,'Paper Positim Mode','auto');
ste (gca ,'fontsize,12);
```

参 考 文 献

[1] A. Taflove and S. C. Hagness, Computational Electrodynamics: The Finite Difference Time Domain Method, 3rd ed. Norwood, MA: Artech House Publishers, 2005.

[2] K. S. Kee, "Numerical solution of inital boundary value problems involving Maxwell's equations in isotropic media,"IEEE Transactions on Antennas and Propagation, vol. 14, pp. 302—307, 1966.

[3] R. Courant, K. Friedrichs, and H. Lewy,"On the Partial Difference Equations of Mathematical Physics,"IBM Journal of Research and Development, vol. 11, no. 2, pp. 215—234, 1967.

[4] J. A. Kong, Electromagnetic Wave Theory. Cambridge, MA: EMW Publishing, 2000.

[5] S. Dey and R. Mittra,"Conformal finite-difference time-domain technique for modeling cylindrical dielectric resonators,"IEEE Transactions on Microwave Theory and Techniques, vol. 47, no. 9, pp. 1737—1739, September 1999.

[6] R. Schechter, M. Kragalott, M. Kluskens, and W. Pala, "Splitting of material cells and averaging properties to improve accuracy of the FDTD method at interfaces,"Applied Computational Electromagnetics Society Journal, vol. 17, no. 3, pp. 198—208, 2002.

[7] D. E. Aspnes,"Bounds on allowed values of the effective dielectric function of two-component composites at finite frequencies,"Physical Review B, vol. 25, no. 2, pp. 1358—1361, January 1982.

[8] N. Kaneda, B. Houshmand, and T. Itoh, "FDTD analysis of dielectric resonators with curved surfaces,"IEEE Transactions on Microwave Theory and Techniques, vol. 45, no. 9, pp. 1645—1649, 1997.

[9] J. -Y. Lee and N. -H. Myung,"Locally tensor conformal FDTD method for modeling arbitrary dielectric surfaces," Microwave and Optical Technology Letters, vol. 23, no. 4, pp. 245—249, 1999.

[10] R. F. Harrington, Time-Harmonic ElectrOmagnetic Fields. Hoboken, NJ: Wiley-IEEE Press, 2001.

[11] J. Fang and D. Xeu, "Numerical errors in the computation of impedances by the FDTD method and ways to eliminate them," IEEE Microwave and Guided Wave Letters, vol. 5, no. 1, pp. 6—8, January 1995.

[12] R. W. Anderson,"S-parameter techniques for faster, more accurate network design," Hewlett-Packard Company, Tech. Rep. , November 1996.

[13] K. Kurokawa, "Power waves and the scattering matrix," IEEE Transactions on Microwave Theory, vol. 13, no. 2, pp. 194—202, 1965.

[14] D. Sheen, S. Ali, M. Abouzahra, and J. Kong, "Application of the three-dimensional finite-difference time-domain method to the analysis of planar microstrip circuits," IEEE Transactions on Microwave Theory, vol. 38, no. 7, pp. 849—857, 1990.

[15] J. -P. Berenger, "A perfectly matched layer for the absorption of electromagnetic waves," Journal of Computational Physics, vol. 114, no. 2, pp. 185—200, October 1994.

[16] ——"Three-dimensional perfectly matched layer for the absorption of electromagnetic waves," Journal of Computational Physics, vol, 127, no. 2, pp. 363—379, September 1996.

[17] W. V. Andrew, C. A. Balanis, and P. A. Tirkas, "Comparison of the Berenger perfectly matched layer and the Lindman higher-order ABC's for the FDTD method," IEEE Microwave and Guided Wave Letters, vol. 5, no. 6, pp. 192—194, 1995.

[18] J. -P. Berenger, "Perfectly matched layer for the FDTD solution of wave-structure interaction prob lems,"IEEE Transactions on Antennas and Propagation, vol. 44, no. 1, pp. 110—117, 1996.

[19] J. C. Veihl and R. Mittra, "Efficient implementation of Berenger's perfectly matched layer (PML) for finite-difference time-domain mesh truncation,"IEEE Microwave and Guided Wave Letters, vol. 6, no. 2, pp. 94—96, 1996.

[20] S. D. Gedney, "An anisotropic perfectly matched layer-absorbing medium for the truncation of FDTD lattices," IEEE Transactions on Antennas and Propagation, vol. 44, no. 12, pp. 1630−1639, 1996.

[21] A. Taflove, Computational Electrodynamics: The Finite Difference Time Domain Method. Norwood, MA: Artech House Publishers, 1995.

[22] A. Z. Elsherbeni, "A comparative study of two-dimensional multiple scattering techniques," Radio Science, vol. 29, no. 4, pp. 1023−1033, 1994.

[23] J. Roden and S. Gedney, "Convolution PML (CPML): an efficient FDTD implementation of the CFS-PML for arbitrary media," Microwave and Optical Technology Letters, vol. 27, no. 5, pp. 334−339, 2000.

[24] F. Teixeira and W. Chew, "On causality and dynamic stability of perfectly matched layers for FDTD simulations," IEEE Transactions on Microwave Theory and Techniques, vol. 47, no. 6, pp. 775−785, 1999.

[25] M. Kuzuoglu and R. Mittra, "Frequency dependence of the constitutive parameters of causal perfectly matched anisotropic absorbers," IEEE Microwave and Guided Wave Letters, vol. 6, no. 12, pp. 447−449, 1996.

[26] J.-P. B. erenger, Perfectly Matched Layer (PML) for Computational Electromagnetics. San Rafael, CA: Morgan & Claypool Publishers, 2007.

[27] W. C. Chew and W. H. Weedon, "A 3D perfectly matched medium from modified Maxwell's equations with stretched coordinates," Microwave and Optical Technology Letters, vol. 7, no. 13, pp. 590 − 604, September 1994.

[28] W. L. Stutzman and G. A. Thiele, Antenna Theory and Design, 2nd ed. New York: John Wiley & Sons, 1998.

[29] R. J. Luebbers, K. S. Kunz, M. Schnizer, and F. Hunsberger, "A finite-difference time-domain near zone to far zone transformation," IEEE Transactions on Antennas and Propagation, vol. 39, no. 4, pp. 429 − 433, 1991.

[30] R. J. Luebbers, D. Ryan, and J. Beggs, "A two dimensional time domain near zone to far zone trans formation," IEEE Transactions on Antennas and Propagation, vol. 40, no. 7, pp. 848−851, 1992.

[31] S. A. Schelkunoff, "Some equivalence theorem of electromagnetics and their application to radiation problem," Bell System Technical Journal, vol. 15, pp. 92−112, 1936.

[32] C. A. Balanis, Advanced Engineering Electromagnetics. New York: Wiley, 1989.

[33] ——Antenna Theory: Analysis and Design, 3rd ed. Hoboken, NJ: John Wiley & Sons, 2005.

[34] H. Nakano, Helical and Spiral Antennas-A Numerical Approach. Herts, UK: Research Studies Press Ltd.

[35] A. Z. Elsherbeni, C. G. Christodoulou, and J. Gomez-Tagle, Handbook of Antennas in Wireless Commu nications. Boca Raton, FL: CRC Press, 2001.

[36] V. Demir, C.-W. P. Huang, and A. Z. Elsherbeni, "Novel dual-band WLAN antennas with integrated band-select filter for 802.11 a/b/g WLAN radios in portable devices," Microwave and Optical Technology Letters, vol. 49, no. 8, pp. 1868−1872, 2007.

[37] B. Li and K. W. Leung, "Strip-fed rectangular dielectric resonator antennas with/without a parasitic patch," IEEE Transactions on Antennas and Propagation, vol. 53, no. 7, pp. 2200−2207, 2005.

[38] K. Umashankar, A. Taflove, and B. Beker, "Calculation and experimental validation of induced currents on coupled wires in an arbitrary shaped cavity," IEEE Transactions on Antennas and Propagation, [legacy, pre−1988], vol. AP−35, no. 11, pp. 1248−1257, November 1987.

[39] B. M. Kolundzija, J. S. Ognjanovic, and T. Sarkar, WIPL-D Microwave: Circuit and 3D EM Sintulation for RF & Microwave Applications: Software and Users Manual. Norwood, MA: Artech House Publishers, 2006.

[40] F. E. Terman, Radio Engineers' Handbook. London: McGraw-Hill, 1950.

[41] V. Demir, A. Z. Elsherbeni, D. Worasawate, and E. Arras, "A graphical user/interface (GUI) for plane-wave scattering from a conducting, dielectric, or chiral sphere," IEEE Antennas and Propagation Magazine, vol. 46, no. 5, pp. 94−99, October 2004.

[42] D. Worasawate, J. R. Mautz, and E. Arras, "Electromagnetic scattering from an arbitrarily shaped three-dimensional homogeneous chiral body," IEEE Transactions on Antennas and Propagation, vol. 51, no. 5, pp.

1077—1084, May 2003.

[43] V. Demir and A. Z. Elsherbeni, "A graphical user interface for calculation of the reflection and transmission coefficients of a layered medium," Antennas and Propagation Magazine, IEEE, February 2006.

[44] M. J. Imnan, A. Z. Elsherbeni, and C. E. Smith, "Gpu programming for FDTD calculations," Applied Computational Electromagnetics Society (ACES) Conference, Honolulu, HI, 2005.

[45] M. J. Inman and A. Z. Elsherbeni, "3D FDTD accelleration using graphical processing units," Applied Computational Electromagnetics Society (ACES) Conference, Miami, FL, 2006.

[46] ——"Programming video cards for computational electromagnetics applications" Antennas and Prop agation Magazine, IEEE, vol. 47, no. 6, pp. 71—78, December 2005.

[47] 1. Buck, Brook Spec vO. 2. Stanford, CA: Stanford University, 2003.

[48] M. Inman, A. Elsherbeni, B. N. Baker, and J. Maloney, "Practical implementation of a CPML absorbing boundary for GPU accelerated FDTD technique," IEEE APS Symposium, Honolulu, HI, 2006.

[49] G. Mur, "Absorbing boundary conditiofis for the finite difference approximation of the time domain electromagnetic field equations," IEEE Tramactiom on Electromagnetic Compatibility, vol. 23, no. 4, pp. 377—382, 1981.

[50] Z. P. Liao, H. L. Wong, B. -P. Yang, and Y. -F. Yuan, "A transmitting boundary for transient wave analysis," Scientia Sinica, Ser. A, vol. 27, no. 10, pp. 1063—1076, 1984.

[51] M. J. Inman and A. Z. Elsherbeni, "Interactive GPU based FDTD simulations for teaching applica tions," Applied Computational Electromagnetics Society (ACES) Conference, Naigara Falls, Canada, March 2008.

作者介绍

Atef Z. Elsherbeni 分别于 1976 年、1979 年和 1982 年,在埃及开罗大学获得电子和通信学士学位应用物理学士学位、电子工程硕士学位。1987 年在加拿大 Winnipeg, Manitoba 大学获得电子工程博士学位。1980 年 3 月至 1982 年 12 月,在埃及开罗自动数据系统中心做兼职软件工程师。1987 年 2 月至 8 月,他在加拿大 Winnipeg, Manitoba 大学从事博士后研究。**Elsherbeni** 博士,1987 年成为美国密西西比大学的电子工程助教,1991 年成为副教授,1997 年成为教授。2002 年他成为密西西比大学 CAD 工程主任及应用电磁系统研究中心副主任,2004 年他被任命为意大利 Syracuse 大学电子工程和计算机系 L. C. Smith 工程和计算科学学院的兼职教授。1996 年他在美国加州大学电子工程系伯克利分校度假,并在 2005 年的暑期成为 Magdeburg 大学的访问教授。

Elsherbeni 博士,由于其杰出的研究成果,2006 年获得工程学院高级教工研究奖。2005 年获得工程学院高级教工杰出科学服务奖。2004 年获得应用计算电磁学会(ACES)杰出服务奖,以表彰其 2003 年作为该学会主席所做出的贡献。2003 年获得密西西比杰出科学学术贡献奖。2002 年获得 IEEE3 区域杰出工程教育奖。2002 年获得工程学院杰出工程教员年度奖。2001 年获得 ACES 典范服务奖,以表彰其 1999 年至 2001 年作为领导和电子出版管理编辑所作出的贡献。2001 年获得密西西比大学电子工程系年度杰出研究和学者奖。1996 年获得 IEEE 颁布的最佳会员和教育工作者奖。

Elsherbeni 博士的研究涉及电磁波在介质金属物体上的散射和绕射,无源和有源微波器件的时域有限差分分析。其中包括平面传输线,场的可视化,电磁教育的软件开发电磁波与人体的相互作用,土壤湿度,机场噪声,空气质量阴霾与湿度等方面的传感器开发,反射器与印制天线和雷达阵列天线的研究。还涉及无人驾驶飞行器(UAV)、个人通信系统、天线的宽带应用和媒质特性测试等方面的研究。他与其他人一起发表了 94 篇技术期刊论文,并在各种专著中写作了 24 章节内容,并且做了 266 场专业报告。他教授了 17 期短期训练班,应邀参加了 18 期专业讨论会。他是多本图书的合著者:《天线设计及 MATLAB 可视化》(Scitech,2006)、《雷达系统设计的 MATLAB 仿真》(CRC Press,2007)、《使用多区域迭代的电磁散射》(Morgan & Claypool,2007)、《使用 Tagucbi 方法的电磁和天线的最优化》(Morgan & Claypool)。他是无线通信天线手册(CRC Press,2001)中的主要章节"手持天线"和"微带天线用时域有限差分法"的作者。他是 31 位硕士、8 位博士的导师。

Elsherbeni 博士是 IEEE 和 ACES 协会的成员,并且是 ACES 期刊的主编,无线电科学期刊的副编辑。他是电磁研究进展丛书和电磁波及应用杂志与工程和教育中的计算机应用杂志编辑委员会成员。他还担任密西西比州学术与科学工程和物理分部主席,同时还是 IEEE 教育活动委员会区域三分部的主席。

Veysel Demir,1997 年获得土尔其安卡拉中东部技术大学学士学位。2000 年至 2004

年在美国文艺复兴学术计划中获得学术奖,期间他正在读研究生。他在美国纽约 Syracuse 大学学习,分别在 2000 年至 2004 年获得硕士学位和博士学位。在研究生学习期间,他作为助理研究员在纽约 Sonnet 软件有限公司工作。2004 年至 2007 年,在密西西比大学电子工程系作访问学者。2007 年 8 月,成为伊里诺伊斯大学电子工程系的助教。他的研究兴趣包括时域有限差分法的数值分析技术(FDTD)、频域差分法(FDFD)、矩量法(MoM),以及微波及射频电路分析与设计。Demir 博士为 IEEE 和 ACES 协会的成员,他发表了 20 篇以上的论文。他是专著《使用多区域迭代的电磁散射》(Morgan & Claypool,2007)的合著者。目前,他是应用计算电磁学会期刊及微波理论与技术(MTT)杂志的审稿人。

作者的感谢

作者首先要感谢上帝给予我们耐力来开始和完成本书的写作。特别要感谢家人在本书的准备和完成过程中的支持和牺牲。作者感谢 Matthew J. Inman 对于第 12 章"图形处理单元加速时域有限差分法"的贡献。同时还要对 Branko Kolundzija 所提供的 WIPL-D 软件包用于给出的计算例子的评语证明表示感谢。

本书的第一作者要感谢已故的 Charles E. Smith 多年来的支持和建议，没有他的鼓励和支持，本书是不可能完成的。同时要感谢他的同事，和同他共同工作的与 FDTD 课题相关的博士后研究人员、访问学者以及研究生，他们将想法变成可执行代码。作者要感谢参加课题的研究生，Allen Glisson, Fan Yang, Abdel-Fattah A. Elsohly, Joe Lo LoVetri, Veysel Demir, Matthew J. Inman, Chun-Wen Paul Huang, Clayborne D. Taylor, Mohamed Al Sharkawy, Vicente Rodriguez-Pereyra, Jianbing (James) Chen, Adel M. Abdin, Bradford N. Braker, Asem Mokaddem, Liang Xu, Nithya L. Iyer, Shixiong Dai, Xuexun Hu, Cuthbert Martindale Allen, Khaled Elmahgoub and Terry Gerald。

作者要对科学技术(SciTech)出版社的 Dudley Kay 和 Susan Manning 在本书成稿和出版中的鼓励、耐心和有益的建议表示感谢。

对审稿人的感谢

SciTech 出版社和作者要感谢技术审稿人，在帮助本书出版过程中所花费的时间和他们的专门知识。他们的评语帮助作者提高了陈述的简洁性以及 MATLAB 程序的执行效率。细读本书的草稿不是一件轻松的事情，学术和工程专家所提供的建议，必将有益于在工作和学习中阅读使用此书希望提高他们的 FDTD 知识的读者。

Prof. Mohamed Bakr-McMcster University

Prof. Kent Chamberlin-University of New Hampshire

Prof. Christos Christodoulou-University of New Mexico

Prof. Islam Eshrah-University of Cairo

Prof. Allen Glisson-University of Mississippi

Prof. Randy Haupt-Pennsylvania State University

Dr. Paul Huang-SiGe Semiconductor

Mr. Jay Kralovec-Harris Corporation

Prof. Wan Kuang-Boise State University

Prof. Anthony Q. Martin-Clemson University

Prof. Andrew Peterson-Georgia Institute of Technology
Dr. Kurt Shlager-Lockheed Martin Corporation
Prof. William Wieserman-University of Pittsburgh-Johnsrown
Prof. Thomas Wu-University of Central Florida
Prof. Fan Yang-University of Mississippi
Mr. Taeyoung Yang-Virginia Institute of Technology

内 容 简 介

MATLAB 语言具有编程简单,并可以给出精美图像的特点,它已成为理工科大学生必备的系统工具平台。其完备的工具箱功能,使得 MATLAB 日益受到大学生和工程师们的喜爱。本书介绍了近年来在电磁领域内发展较快的时域有限差分法(FDTD)的 MATLAB 语言编程要点,并配有丰富实例。它可作为电类专业高年级本科生或研究生学习时域有限差分法的入门书,也适合对时域有限差分法感兴趣的其他学科工程师阅读。